普通高等学校"十四五"规划机械类专业精品教材

机 械 设 计

（第二版）

主　编　辛绍杰　崔艳梅　解占新

副主编　王美茹　闫石林

参　编　赵　爽　张晓峰　刘　刚　王　成

主　审　刘树林

华中科技大学出版社

中国·武汉

内 容 简 介

本书根据"高等学校工科本科机械设计课程教学基本要求"编写,以培养学生综合机械设计能力为主线,以机械设计的基本概念、基础知识和基本设计计算方法为主要内容,突出了设计性、实践性和综合性的特点。

全书共 18 章,内容包括绪论,机械设计的基础知识,机械零件的强度,摩擦、磨损与润滑,带传动,链传动,齿轮传动,蜗杆传动,螺旋传动,轴,滚动轴承,滑动轴承,联轴器和离合器,螺纹连接设计,轴毂连接,弹簧,平面连杆机构的结构设计,以及机械传动系统方案设计。

本书可作为高等院校工科机械类、近机械类专业"机械设计"课程教材,也可供其他相关专业师生和工程技术人员参考。

图书在版编目(CIP)数据

机械设计/辛绍杰,崔艳梅,解占新主编.—2 版.—武汉:华中科技大学出版社,2023.8
ISBN 978-7-5680-9885-4

Ⅰ.①机… Ⅱ.①辛… ②崔… ③解… Ⅲ.①机械设计-高等学校-教材 Ⅳ.①TH122

中国国家版本馆 CIP 数据核字(2023)第 156624 号

机械设计(第二版)
Jixie Sheji (Di-er Ban)

辛绍杰 崔艳梅 解占新 主编

策划编辑:万亚军
责任编辑:杨赛君
封面设计:原色设计
责任监印:周治超
出版发行:华中科技大学出版社(中国·武汉)   电话:(027)81321913
　　　　　武汉市东湖新技术开发区华工科技园   邮编:430223
录　　排:武汉楚海文化传播有限公司
印　　刷:武汉洪林印务有限公司
开　　本:787mm×1092mm　1/16
印　　张:23.75
字　　数:620 千字
版　　次:2023 年 8 月第 2 版第 1 次印刷
定　　价:69.80 元

前　　言

本书是根据"高等学校工科本科机械设计课程教学基本要求"及教育部组织实施的"高等教育面向 21 世纪教学内容和课程体系改革计划",在吸取了近几年应用型本科学校机械设计课程建设和改革实践经验的基础上编写而成的。

全书共 18 章,内容包括绪论,机械设计的基础知识,机械零件的强度,摩擦、磨损与润滑,带传动,链传动,齿轮传动,蜗杆传动,螺旋传动,轴,滚动轴承,滑动轴承,联轴器和离合器,螺纹连接设计,轴毂连接,弹簧,平面连杆机构的结构设计,以及机械传动系统方案设计。

本书主要特点如下。

(1) 以设计为主线,引入整机设计的概念,强调机械整体结构的分析、设计和创新,为学生后续专业课程、毕业设计和今后的工作打下基础。机械设计课程的教学重点:一是正确设计或选择机械零件,二是对机械结构进行设计。就目前的机械设计教材而言,前者可以满足,而后者则主要围绕减速器进行。对于实际机械中常用的平面连杆机构,现有教材未全面阐述。因此,本书增加了第 17 章平面连杆机构的结构设计和第 18 章机械传动系统方案设计的内容。

(2) 本书采用新版本的标准、规范和资料。

(3) 本书适合用于应用型本科人才的培养,满足一般工科院校机械类专业的实际要求,同时适当兼顾了教材的系统性和完整性。

(4) 强调理论联系实际,并反映时代要求,如增加了滚动导轨等新结构的介绍。

(5) 难度适中,知识面宽,重在应用,务求实效。

(6) 设计了适量习题,便于学生复习、巩固。

本书由上海电机学院辛绍杰、崔艳梅和晋中学院解占新担任主编,由广东石油化工学院王美茹、晋中学院闫石林担任副主编,由上海电机学院赵爽、张晓峰、王成和晋中学院刘刚担任参编。具体编写分工如下:辛绍杰(第 1、17、18 章),王美茹(第 2、8 章),张晓峰(第 3、4、10 章),解占新(第 5、14、15 章),闫石林(第 6、9 章),崔艳梅(第 7、11 章),赵爽(第 12 章),王成(第 13 章),刘刚(第 16 章)。

本书由上海大学博士生导师刘树林教授担任主审,他仔细审阅了本书,提出了许多宝贵的意见和建议。上海电机学院、广东石油化工学院及晋中学院从事机械设计教学的许多老师和参加第一版教材编写的老师提出了许多宝贵的意见,并提供了一些资料。他们的工作为本书质量的提升起到了很大作用。在此对以上人员一并表示衷心的感谢!

编者在本书编写过程中,查阅、参考并借鉴了国内外其他同类教材及各种文献,在此对所有相关作者表示诚挚的感谢!

　　本书可作为高等院校工科机械类、近机械类专业"机械设计"课程教材，也可供其他相关专业师生和工程技术人员参考。

　　由于编者水平有限，书中不足和错误在所难免，恳请广大读者批评、指正。

编　者

2023 年 3 月

目　　录

第1章　绪　　论

【本章学习要求】
1. 了解机械设计课程的研究对象和内容；
2. 了解机械设计课程的学习目的和学习方法；
3. 了解机械创新设计。

人类在生产劳动中创造并使用了各种各样的机器，小到葡萄酒启瓶器，大到航空母舰。机器既能承担人不能或不便进行的工作，又相较于人工生产大大提高了劳动生产率和产品质量，同时还便于实现产品的标准化、系列化和通用化，尤其便于实现生产的高度机械化、电气化和自动化。大量地设计、制造和广泛采用各种先进的机器，对于促进国民经济发展和加速我国的现代化建设具有重要的意义。

1.1　机械设计课程的研究对象和内容

机器是人们改造世界和现代化生活方式的重要工具，其质量基本上取决于设计质量。而制造过程对机器质量所起的作用，本质上就在于实现设计时所规定的质量要求，设计阶段是决定机器质量的关键。机械设计是为了实现机器的某些特定功能而进行的创造性工作。一台完整的机器由五部分组成，如图 1-1 所示。

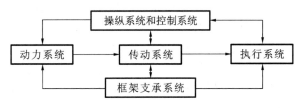

图 1-1　机器的组成

机械结构是机器的主体，机械运动大都是通过机构来实现的。一台机器的机械结构通常由一个或几个机构组成。机构则是由构件通过运动副连接而成的。从制造和装配的角度看，机器是由许多独立加工、独立装配的不可拆分的最小单元体所组成的，这些单元体称为零件。一个构件可以是一个零件，如内燃机曲轴。由于结构、工艺等方面的原因，构件也可由几个零件组成，如内燃机连杆就是由单独加工的连杆体、连杆头、轴瓦、轴套、螺栓、螺母、开口销等零件组成的一个刚性构件。工作时，构件各个零件之间没有相对运动，作为刚性体参与运动。有些零件是各种机器中常用的，称为通用零件，如齿轮、蜗杆、蜗轮、传动带、传动链、轴、螺栓、键、销、弹簧、丝杠、滚动轴承、滑动轴承、机架等；有些零件只在特定的机器中才用到，称为专用零件，如离心泵的叶片、军械中的枪栓等。在工程中，常常把组成机器的某一部分的零件组合体称为部件。部件用于完成特定的工作，企业往往将它们独立加工装配。各类机器中常用的部件称为通用部件，如减速器、联轴器、离合器等；而只在特定的机器中才用到的部件称为专用部件，如工业机器人的末端执行器、飞机起落架等。

机械设计课程是一门设计性的技术基础课，主要从研究一般机械装置的设计出发，研究一般工作条件和常用参数的机械零部件的工作原理、结构特点、基本设计理论和常用设计计算方法。

本课程的主要内容如下：机械系统设计的基础知识；一般尺寸和参数的通用零部件设计方法；机械的结构设计方法。

1.2　机械设计课程的学习目的和学习方法

机械设计工作要根据社会需要，设计出满足要求的机械装置。本课程综合运用工程图学、理论力学、材料力学、金属工艺学、工程材料、公差与技术测量和机械原理等先修课程的知识及生产实践经验，解决机械设计问题，使学生得到通用零件及机械装置设计的初步训练，初步掌握机械设计的理论和方法，具备一般机械的设计能力，为学生后续专业课的学习和今后从事机械设计工作打下基础。因此，本课程是机械类或近机械类专业的培养计划中的主干课程，起到承上启下的重要作用。

本课程的主要任务如下：

（1）培养学生树立正确的设计思想；

（2）掌握通用机械零部件的设计原理、方法和机械设计的一般规律，具有设计一般传动装置和一般机械的能力，具有一定的工程意识和创新能力；

（3）具有计算、分析、绘图以及查阅与运用文献、标准、规范等有关技术资料的能力；

（4）掌握课程实验的基本知识，并获得实验技能的基本训练；

（5）了解机械设计领域的最新动态。

机械设计课程是一门涉及面广，且综合性、实践性都很强的设计型课程，仅读懂书是不够的，要多联系生产实际，注重实践环节。通常学习本课程时应注意以下几点。

（1）要理论联系实际　本课程所研究的机械零部件与工程实际联系紧密，只有从机器的整体功能要求出发，从原理结构方案设计入手，并将机械零部件的设计放到整个机械系统中加以考虑，才能设计出满足实际要求的机械零部件和性能优异的机器。因此，在学习时学生应利用各种机会深入生产现场、工业产品展览会和实验室，注意观察实物和模型，增强对机械及通用零部件的感性认识，提高提出、分析与解决工程实际问题的能力，以设计出方案合理、参数及结构正确的机械零部件或整台机器。

（2）要抓住"设计"这条主线，掌握常用机械零部件和一般机械装置的设计规律　本课程的内容丰富，不同的机械零部件各有特点，设计方法各异，但在设计时都遵循相同的设计规律，只要抓住"设计"这条主线，就能把本课程的各章节内容贯穿起来。因此，学习时一定要抓住"设计"这条主线，熟练掌握机械零部件和一般机械装置的设计规律。

（3）要注重解决工程实际问题能力的培养和工程素质的提高　影响一台机器设计质量的因素很多，既包括满足设计参数的原理方案选择、设计公式或经验数据的选用，还包括结构设计，这些都是在解决工程实际问题中经常会遇到的问题，也是学生学习本课程的难点。因此，学生在学习本课程时应按照解决工程实际问题的思维方法，努力培养自己的机械设计能力，尤其是要注重结构设计能力培养，特别是要掌握正确的设计方法。

（4）要综合运用先修课程的知识，解决机械设计问题　本课程所涉及的各种机械零部件的设计，从分析研究到设计计算，直到完成部件装配图和零件工作图以及总装配图，要用到多门先修课程的知识，因此在学习本课程时学生必须及时复习先修课程的有关内容，做到融会贯通、综合应用。

1.3 机械的设计与创新

"设计是在正式做某项工作之前,根据一定的目的要求,预先制定方法、图样等的工作"。设计的本质是革新和创造。设计是人类社会最基本的一种生产实践活动,是创造精神财富和物质文明的重要环节。设计的发展与人类历史的发展一样,是逐步进化的。由满足人类生存的需要,发展到提高人类的生活质量,并满足人们精神的某种需要,设计尤其是现代设计,使得产品更新换代的周期逐步缩短。创新设计属于技术创新范畴,创新设计的要求要比常规设计的要求高得多。创新设计是涉及多种学科的复合性工作,不仅是注重新颖、独创的创造性活动,还是一种具有经济性、时效性的活动,其最终目的在于应用。同时,创新设计还要受到意识、制度、管理及市场的影响与制约。强调创新设计是要求在设计中更充分地发挥设计者的创造力,利用最新科技成果,在现代设计理论和方法的指导下,设计出更具有竞争力的新颖产品。

机械创新设计是相对常规机械设计而言的,它特别强调人在设计过程,尤其是总体方案、结构设计中的主导性及创造性作用。一般来说,在进行机械创新设计时很难找出固定的创新方法。创新成果是知识、智慧、勤奋和灵感的结合,现有的机械创新设计方法大都是对大量机械装置的组成、工作原理以及设计过程进行分析后,进一步归纳整理,找出形成新机械的方法,再用于指导新机械的设计。机械创新设计主要包括机械系统方案的创新设计、机构的创新设计和机械结构的创新设计三部分。第一部分围绕既定的机械设计目标,综合运用机、光、电、磁、热等各种物理效应,搜寻实现机械运动的各种可能的工作原理,并从运动产生的最基本原理入手,利用创造原理和创新技法确定机械的原理方案,通过评价筛选出可行的最优原理方案。第二部分则通过机构的变异、组合及再生设计与创新获得能够实现原理方案所提出的运动要求的最合理的机构构型。第三部分将原理方案结构化,即确定结构中构件的材料、形状、尺寸、加工方法、装配方法等,包括实现零部件功能的结构创新、适应材料结构性能的创新和方便制造与操作的结构创新等。

机械设计课程将为完成机械创新设计准备必要的知识和能力。结合课程的学习,要努力培养以下几个方面的能力。

(1) 观察事物、发现问题的能力 在复杂的情况下,提高对周围环境事物的敏感性,能够首先发现社会的潜在需求,并设计出满足这一需求的合适机械产品。

(2) 善于联想,激发灵感 如由高楼想到了电梯,由材料的热处理装置想到了材料的冷处理装置等。

(3) 获取和应用新技术信息 将最新的技术、工艺、材料和结构或物理、化学、生物学的研究成果用于机械产品,往往会提高产品的性能或开发出新产品。

(4) 良好的创造心理 创造性设计能力不仅受观察力、想象力、思考力等智力的影响,还要受信念、情感、兴趣、意志、性格等非智力因素的影响,二者不可偏废。同时,还要掌握一些创新思维的方法和创新的技术与技法。

培养机械创新设计能力是一项十分重要且难度较大的课题,只有通过努力学习和不断实践才能取得成功。

习　题

1.1　选择题

(1) 下列各项中，_____为专用零件。

A. 蜗轮　　　　　　　　B. 泵叶片　　　　　　C. 轴　　　　　　　D. 机架

(2) 下列各项中，_____为专用部件。

A. 减速器　　　　　　　B. 离合器　　　　　　C. 飞机起落架　　　D. 联轴器

(3) 下列各项中，_____为标准件。

A. 减速器中的滚动轴承　　　　　　　　　　B. 减速器输出轴

C. 柴油机气门弹簧　　　　　　　　　　　　D. 船用曲轴轴瓦

1.2　判断题

(1) 起重吊钩是通用零件。　　　　　　　　　　　　　　　　　　　(　　)

(2) 机器人末端执行器是专用部件。　　　　　　　　　　　　　　　(　　)

(3) 机械设计是为了实现机器的某些特定功能而进行的创造性工作。　(　　)

1.3　分析下列机器的组成：汽车、工业机器人和全自动洗衣机。

1.4　机械设计课程的性质和任务是什么？

1.5　机械设计课程有何特点？学习时应注意哪些问题？

1.6　为减小垃圾处理站各种废塑料瓶或易拉罐的占用空间，试设计一种压缩塑料瓶或易拉罐的小型机械装置。

1.7　为提高山楂脱核效率，试设计一种小型山楂脱核装置。

1.8　试提出一种娱乐用自行车的原理方案。

第 2 章　机械设计的基础知识

【本章学习要求】

1. 了解机械设计的基本要求和一般程序；
2. 了解机械零件设计的基本要求和设计步骤；
3. 熟练掌握机械零件的主要失效形式和计算准则；
4. 了解机械零件设计中的材料选择、标准化及结构设计等。

机械设计是指开发新的机器设备或改进现有的机器设备的活动，包括机器设计和机构设计两大部分内容。本书只讨论机器设计，所以，本书中机械设计与机器设计同义。零件是组成机器的基本单元，是机械设计和制造的最小单元，本书重点介绍机械零部件的设计。

机械设计是一项极富创造性的工作，其最终目的是为市场提供优质高效、价廉物美的机械产品，在市场竞争中取得优势，赢得用户，取得良好的经济效益。要想学好本课程，掌握机械设计的基本知识、基本理论和基本方法，首先必须对机械设计的基本要求、设计程序和内容、设计方法等有一定的了解。

2.1　机器设计的基本要求

设计机器时，一般应满足以下几个方面要求。

1. 使用功能要求

人们为了满足生产和生活上的需要才设计和制造各式各样的机器，因此，机器必须具有预定的使用功能，能满足人们某方面的需要。这是机械设计的基本出发点，主要靠正确选择机器的工作原理，正确地设计或选用原动机、传动机构和执行机构，以及合理地配置控制系统及辅助系统来保证。

2. 经济性要求

机器的经济性是一个综合性指标，体现在机器的设计、制造和使用的全过程中，包括设计制造经济性和使用经济性。设计制造经济性表现为机器的成本低；使用经济性表现为生产过程中的高生产率、高效率和较低的能源与原材料消耗，以及较低的管理和维护费用等。设计机器时应最大限度地考虑其经济性。

提高机器设计制造经济性的主要途径有：① 制定合理的机械总体方案，并运用现代设计理论和方法，力求参数最优化；② 合理地组织设计和制造全过程；③ 最大限度地采用标准化、系列化及通用化的零部件；④ 合理地选用材料，改善零件的结构工艺性，尽可能采用新材料、新结构、新工艺和新技术，使其用料少、质量轻、加工费用低、易于装配；⑤ 尽力改善机器的造型设计，扩大销售量。

提高机器使用经济性的主要途径有：① 提高机器的机械化、自动化水平，以提高机器的生产率和生产产品的质量；② 选用高效率的传动系统和支承装置，降低能源消耗和生产成本；③ 注意采用适当的防护、润滑和密封装置，以延长机器的使用寿命，并避免环境污染。

3. 寿命与可靠性要求

机器在其工作期限内必须具有一定的可靠性。机器可靠性可用可靠度 R 来表示。机器的可靠度是指机器在规定的工作期限和工作条件下,无故障地完成规定功能的概率。机器在规定的工作期限和条件下丧失规定功能的概率称为不可靠度,或称破坏概率,用 F 表示。显然,机器的可靠度与破坏概率应满足

$$R = 1 - F$$

提高机器可靠度的关键是提高其组成零部件的可靠度。此外,从机器设计的角度考虑,确定适当的可靠性水平,力求结构简单,减少零件数目,尽可能选用标准件及高可靠度零件,合理设计机器的组件和部件,以及必要时选取较大的安全系数等,对提高机器可靠度也是十分有效的。

4. 社会要求

设计机器时应对劳动保护要求和环境保护要求给予高度重视,一般可以从以下两个方面着手。

(1) 注意操作者的操作安全,减轻操作时的劳动强度　具体措施有:对外露的运动件加设防护罩;减少操作动作单元,缩短动作距离;设置完善的保险、报警装置,以消除和避免不正确操作等引起的危害;操作应简便省力,简单而重复的劳动要利用机器本身的机构来完成。

(2) 改善操作者及机器的环境　具体措施有:降低机器工作时的振动与噪声;防止有毒、有害介质渗漏;进行废水、废气和废液的治理;美化机器的外形。

总之,所设计的机器应符合国家的劳动保护和环境保护法律法规的要求。

5. 其他专门要求

不同的机器,还有一些该机器所特有的要求,例如,食品机械有保持清洁、不能污染产品的要求;机床有长期保持高精度的要求;飞机有质量轻、飞行阻力小等要求。设计机器时,不仅要满足前述共同的基本要求,还要满足其特殊要求。

此外,随着社会的不断进步和经济的高速增长,在许多国家,机器的广泛使用使自然资源被大量消耗和浪费,对环境造成了严重的破坏。这一切使人类自身的生存和发展受到了严重的威胁,人们对此已有了较为深刻的认识,并提出了可持续发展的观念和战略,即人类的进步必须建立在经济增长与环境保护相协调的基础之上。因此,设计机器时除了要满足以上基本要求和某些特殊要求外,还应该考虑满足可持续发展战略的要求,采取必要的措施,尽量减少机器对环境和资源的不良影响。具体措施包括:① 使用清洁的能源,如太阳能、水力、风力,或对现有燃料采用清洁燃烧方式;② 采用清洁的材料,即采用低污染、无毒、易分解、可回收的材料;③ 采用清洁的制造过程,不消耗对环境产生污染的资源,无"废气、废水、废料"排放;④ 使用清洁的产品,即机器使用过程中不污染环境,机器报废后易回收。

2.2　机械设计的一般程序和方法

机械设计应满足的基本要求是,在满足预期功能的前提下,性能好、效率高、成本低,在设计使用期限内安全可靠、操作方便、维修简单和造型美观等。

2.2.1　机械设计的内容和一般程序

机器的质量基本上是由设计质量所决定的,而制造过程主要实现设计时所规定的质量要

求。机器的设计是一项复杂的工作,必须按照科学的程序来进行。其一般程序如图 2-1 所示。

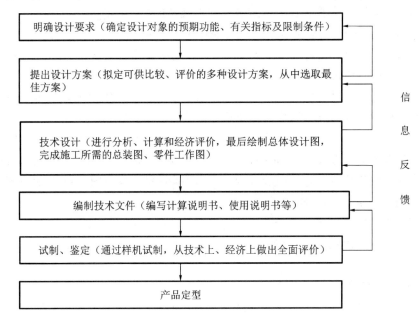

图 2-1　机械设计的一般程序

1. 产品规划阶段

产品规划阶段是机械设计整个过程中的准备阶段。在产品规划阶段,应对所设计的机器的需求情况进行充分的调查研究和分析。通过分析,进一步明确新机器应具有的功能和性能参数,并根据现有的技术、资料、研究成果、环境、经济、加工能力及时限等方面的约束条件,分析其实现的可能性,明确设计中的关键问题,拟定设计任务书。

设计任务书大体上应包括:机器的功能,技术经济指标(应与国内外同类产品进行对比),主要参考资料和样机,制造关键技术,特殊材料,必要的试验项目,完成设计任务的预期期限以及其他特殊要求等。只有在充分调查研究和仔细分析的基础上,才能形成切实可行的设计任务书。

2. 方案设计阶段

方案设计的优劣,直接关系到整个机器设计的成败。方案设计阶段的主要工作有以下几部分。

1) 分析机器功能要求,确定功能参数

机器的功能分析,就是对设计任务书提出的机器功能中必须达到的要求、最低要求及希望达到的要求进行综合分析,分析这些功能能否实现,多项功能间有无矛盾,相互之间能否代替等。最后确定功能参数,作为进一步设计的依据。在此过程中,要处理好需要与可能、理想与现实、发展目标与当前目标等之间可能产生的矛盾。

2) 工作原理设计

确定功能参数后,就可提出可能的解决办法,即进行方案设计。寻求方案时,可按原动部分、传动部分和执行部分分别进行研究。较为常用的办法是先从执行部分开始进行研究。

(1) 执行部分　讨论机器的执行部分时,首先要选择工作原理。生产方法不同,工作原理也不同,所设计出的机器就不同。例如,设计齿轮加工的机器时,其工作原理既可采用仿形法(在普通铣床上即可完成),也可采用展成法。即使同一工作原理,也可由多种不同的执行机构(如滚齿机、插齿机等)来实现。因此,设计一台机器,首先要根据预期的机器功能选择机器的工作原理，再进行工艺动作分析，定出其运动形式，从而拟订所需要执行构件的数目和运动规律。要设计更好、更新的机器就必须不断研究和发展新的工作原理。

根据不同的工作原理，可以拟定出多种不同执行机构的具体方案。设有 N_1 种方案。

（2）原动部分　原动部分的方案也可以有多种选择。常用的动力源有电动机、热力原动机、液压马达等。但一般机器中大多选用电动机。设有 N_2 种方案。

（3）传动部分　传动部分的方案更为复杂、多样，是整个工作原理设计的关键，完成同一传动任务，可以有多种机构及不同机构的组合。设有 N_3 种方案。

通过上述方案分析，得到机器总体可能的方案数应为 $N = N_1 N_2 N_3$ 个。对其中可行的方案从技术、经济及环境保护等多方面进行综合评价，从中确定一个综合性能最佳的方案。最终，确定原动机类型及其动力和运动参数；画出传动部分和各执行机构的运动简图；考虑总体布局并画出整个系统的运动简图。

3. 技术设计阶段

技术设计的目标是给出正式的机器总装配图、部件装配图和零件工作图，主要包括以下几方面的工作。

1）零部件工作能力设计和结构设计

根据零部件的工作特性、环境条件、失效形式，拟定设计准则。从整体出发，考虑零部件的体积、质量及技术经济性等，确定零部件的结构及基本尺寸。

2）部件装配草图和总装配草图的设计

草图设计应根据已定出的主要零部件的基本尺寸，对所有零件进行结构设计，协调各零件的结构和尺寸，全面考虑零部件的结构工艺性。

3）主要零件校核计算

有些零件（如转轴等）需在草图设计后才能确定其基本结构和尺寸，所以，草图完成后，各零件的外形尺寸、相互关系均已确定，此时可较为精确地计算出作用于零件上的载荷，找出影响工作能力的各因素。因此，就需对重要零件及外形和受力较复杂的零件进行精确的校核计算。

4）零件工作图设计

充分考虑零件的加工、装配工艺性，反复修改零件的结构尺寸，直至满意后，完成零件的工作图。

5）完成部件装配图和总装配图设计

按最后定型的零件工作图上的结构尺寸，重新绘制机器的部件装配图及总装配图。这一过程可以检查出零件工作图中隐藏的尺寸和结构上的错误。通常把这一过程称为"纸上装配"。

4. 编制技术文件阶段

技术文件的种类较多，常用的有机器设计计算说明书、使用说明书、标准件明细表及易损件（或备用件）清单及其他相关文件等。

设计说明书应包括方案选择及技术设计的全部结论性的内容。使用说明书应向用户介绍机器的性能参数范围、使用操作方法、日常保养及简单的维修方法。其他相关文件，如检验合格单、外购件明细表（验收条件）等，视需要另行编制。

实际设计工作中，上述设计步骤往往是相互交叉或相互平行的，并不是一成不变的。例如，校核计算和装配图及零件图的绘制，就往往是相互交叉、互为补充的。一些机器的继承性设计或改型设计，则常常直接从技术设计开始，使整个设计步骤大为简化。设计过程还少不了各种审核环节,如方案设计与技术设计的审核、工艺审核和标准化审核等。

此外,从产品设计开发的全过程来看,完成上述设计工作后,接着是样机试制,这一阶段随时都会因工艺原因而修改原设计。甚至在产品推向市场一段时间后,还会根据用户反馈意见修改原设计或进行改型设计。作为一个合格的设计工作者,应该将自己的设计视野延伸到制造和使用乃至报废利用的全过程,这样才能不断地改进设计和提高机器质量,更好地满足人们生产及生活需要。但这些设计工作毕竟属于另一层次的设计工作,机器设计的主要内容与步骤,则仍然是以上介绍的四大部分。

2.2.2　机械设计的方法

机械设计的方法很多,通常可分为两类:一类是过去长期采用的传统(或常规的)设计方法,另一类是近几十年发展起来的现代设计方法。本书重点介绍传统的设计方法。

1. 传统设计方法

传统设计方法是综合运用与机械设计有关的基础学科(如理论力学、材料力学、弹性力学、流体力学、热力学、互换性与技术测量、机械制图等)知识而逐渐形成的机械设计方法。传统设计方法是以经验总结为基础,运用力学和数学形成经验公式、图表、设计手册等作为设计的依据,通过经验公式、近似系数或类比等方法进行设计的方法。这是一种以静态分析、近似计算、经验设计、人工劳动为特征的设计方法。目前,在我国的许多场合下,传统设计方法仍被广泛使用。传统设计方法可以划分为以下三种。

1) 理论设计

根据长期研究和实践总结出来的传统设计理论及试验数据所进行的设计,称为理论设计。理论设计的计算又可分设计计算和校核计算两种。前者是按照已知的运动要求、载荷情况及零件的材料特性等,运用一定的理论公式设计零件尺寸和形状的计算过程,如按转轴的强度、刚度条件计算转轴的直径等;后者是先根据类比法、试验法等方法初步定出零件的尺寸和形状,再用理论公式进行零件的强度、刚度等校核及精确校核的计算过程,如转轴的弯扭组合强度校核和精确校核等。设计计算多用于能通过简单的力学模型进行设计的零件;校核计算则多用于结构复杂、应力分布较复杂,又能用现有的分析方法进行计算的场合。

理论设计可得到比较精确而可靠的结果,重要的零部件大都应该选择这种设计方法。

2) 经验设计

根据对某类零件归纳出的经验公式或设计者本人的工作经验用类比法所进行的设计,称为经验设计。对一些不重要的零件(如不太受力的螺钉等),或者对一些理论上不够成熟或虽有理论方法但没有必要进行复杂、精确计算的零部件,如机架、箱体等,通常采用经验设计方法。

3) 模型试验设计

将初步设计的零部件或机器制成小模型或小尺寸样机,经过试验对其各方面的性能进行检验,再根据试验结果对原设计进行逐步的修改,从而获得尽可能完善的设计结果,这样的设计过程称为模型试验设计。该设计方法费时、昂贵,一般只用于特别重要的设计中。一些尺寸巨大、结构复杂而又十分重要的零部件,如新型重型设备及飞机的机身、新型舰船的船体等,常采用这种设计方法。

2. 现代设计方法简介

20 世纪 60 年代以来,随着科学技术的迅速发展以及计算机技术的广泛应用,机械设计在传统设计方法的基础上发展了一系列新兴的设计理论与方法。现代设计方法种类极多,内容十分丰富,这里仅简略介绍几种国内近一二十年来在机械设计中应用较为成熟、影响较大的方法,具体使用时应进一步参考有关资料。

1) 机械优化设计

机械优化设计是将最优化数学理论(主要是数学规划理论)应用于机械设计领域而形成的一种设计方法。该方法先将设计问题的物理模型转化为数学模型,再选用适当的优化方法并借助计算机求解该数学模型,经过对优化方案的评价与决策后,从而求得最佳设计方案。采用优化设计方法可以在多变量、多目标的条件下,获得高效率、高精度的设计结果,极大地提高了设计质量。

近些年来,优化设计还与可靠性设计、模糊设计等其他一些设计方法结合起来,形成了可靠性优化设计、模糊优化设计等一些新的设计方法。

2) 机械可靠性设计

机械可靠性设计是将概率论、数理统计、失效物理和机械学相结合而成的一种设计方法。其主要特点是,将传统设计方法中视为单值而实际上具有多值性的设计变量(如载荷、应力、强度、寿命等)如实地作为服从某种分布规律的随机变量来对待,用概率统计方法定量设计出符合机械产品可靠性指标要求的零部件和整机的主要参数及结构尺寸。机械可靠性设计的主要内容有:① 从规定的目标可靠度出发,设计零部件和整机的有关参数及结构尺寸,这是机械可靠性设计最基本的内容;② 可靠性预测,即根据零部件和机器(或系统)目前的状况及失效数据,预测其实际可能达到的可靠度,预测它们在规定的条件下和在规定的时间内完成规定功能的概率;③ 可靠度分配,即根据确定的机器(或系统)的可靠度,分配其组成零部件或子系统的可靠度,这对复杂产品和大型系统来说尤为重要。

3) 机械系统设计

机械系统设计是应用系统工程的观点进行机械产品设计的一种设计方法。传统设计只注重机械内部系统设计,且以改善零部件的特性为重点,对各零部件之间、内部与外部系统之间的相互作用和影响考虑较少。机械系统设计则遵循系统的观点,研究内、外系统和各子系统之间的相互关系,通过各子系统的协调工作,取长补短来实现整个系统最佳的总功能。

机械系统设计的一般过程包括计划、外部系统设计(简称外部设计)、内部系统设计(简称内部设计)和制造销售四个阶段。

4) 有限元法

有限元法是随着计算机的发展而迅速发展起来的一种现代设计计算方法。它的基本思想是:先把连续的介质(如零件、结构等)看作由在有限个节点处连接起来的有限个小块(称为元素)所组成,然后对每个元素通过取定的插值函数,将其内部每一点的位移(或应力)用元素节点的位移(或应力)来表示,再根据介质整体的协调关系,建立包括所有节点的未知量的联立方程组,最后用计算机求解该联立方程组,以获得所需要的解答。当元素足够"小"时,可以得到十分精确的解答。

有限元法适用性极强,不仅可用来计算一般(二维或三维)零件及杆系结构、板、壳等的静应力或热应力问题,还可计算它们的弹塑性、蠕变、大挠度变形等非线性问题,以及振动、稳定性等问题。

5) 计算机辅助设计

计算机辅助设计(CAD)是利用计算机运算快速、准确、存储量大、逻辑判断功能强等特点进行设计信息处理,并通过人机交互完成设计工作的一种设计方法。一个完备的 CAD 系统由科学计算、图形系统和数据库三方面组成。与传统设计方法相比,该法具有以下优点:① 显著提高设计效率,缩短设计周期,有利于加快产品更新换代,增强市场竞争能力;② 能获得一定条件下的最佳设计方案,提高了设计质量;③ 能充分应用其他各种先进的现代设计方法;④ 随着 CAD 系统的日益完备和高度自动化,设计工作显得越来越方便,设计人员从烦琐的重复性工作中解脱出来,可从事更富创造性的工作;⑤ 可与计算机辅助制造(CAM)结合形成 CAD/CAM 系统,再与计算机辅助检测(CAT)、计算机辅助工程(CAE)、计算机管理自动化结合,形成计算机集成制造系统(CIMS),综合进行市场预测、产品设计、生产计划、制造和销售等一系列工作,实现人力、物力和时间等各种资源的有效利用,有效地促进现代企业生产组织、管理和实施的自动化、无人化,提高企业的总效益。

现代设计方法是综合应用现代各个领域科学技术的发展成果于机械设计领域所形成的设计方法,同时又是在传统设计方法的基础上发展形成的。它包含了哲学、思维科学、心理学和智能科学的研究成果,解剖学、生理学和人体科学的研究成果,社会学、环境科学、生态学的研究成果,现代应用数学、物理学与应用化学的研究成果,应用力学、摩擦学、技术美学、材料科学的研究成果以及机械电子学、控制理论与技术、自动化的研究成果。特别是计算机的广泛应用和现代信息科学与技术的发展,极大地并迅速地推动了现代设计方法的发展。与传统设计方法相比,现代机械设计方法具有如下一些特点:① 以科学设计取代经验设计;② 以动态的设计和分析取代静态的设计和分析;③ 以定量的设计计算取代定性的设计分析;④ 以变量取代常量进行设计计算;⑤ 以注重"人-机-环境"大系统的设计准则,如人机工程设计准则、绿色设计准则,取代偏重于结构强度的设计准则;⑥ 以优化设计取代可行性设计,以及以自动化设计取代人工设计。

现代设计方法的应用将弥补传统设计方法的不足,从而有效地提高设计质量;但它并不能离开或完全取代传统设计方法。现代设计方法还将随着科学技术的飞速发展而不断发展。

2.3　机械零件设计

2.3.1　机械零件设计的基本要求

机器是由机械零件组成的。因此,设计的机器是否满足前述基本要求,零件设计的质量将起着决定性的作用。为此对机械零件设计提出以下基本要求。

1. 强度、刚度及寿命要求

强度是指零部件抵抗破坏的能力。零件强度不足,将导致过大的塑性变形甚至断裂破坏,使机器停止工作甚至发生严重事故。采用高强度材料,增大零件截面尺寸及合理设计截面形状,采用热处理及化学处理方法,提高运动零件的制造精度,以及合理配置机器中各零件的相互位置等,均有利于提高零件的强度。

刚度是指零件抵抗弹性变形的能力。零件刚度不足,将导致过大的弹性变形,引起载荷集中,从而影响机器工作性能,甚至造成事故。例如,机床的主轴、导轨等,若因刚度不足导致变形过大,将严重影响所加工零件的精度。零件的刚度分整体变形刚度和表面接触刚度两种。增大零件截面尺寸或增大惯性矩、缩短支承跨距或采用多支点结构等措施,有利于提高零件的整体变形刚度。增大贴合面及采用精细加工等措施,有利于提高零件的表面接触刚度。

寿命是指零件正常工作的期限。材料的疲劳、腐蚀,相对运动零件接触表面的磨损以及高温下零件的蠕变等,均为影响零件寿命的主要因素。提高零件抗疲劳破坏能力的主要措施有减小应力集中、保证零件有足够的尺寸及提高零件表面质量等。提高零件耐蚀性的主要措施有选用耐腐蚀材料和采取各种防腐蚀的表面保护措施。至于提高零件耐磨性问题以及抗蠕变问题,可参阅有关文献。

2. 结构工艺性要求

零件应具有良好的结构工艺性。也就是说,在一定的生产条件下,零件应能方便而经济地生产出来,并便于装配成机器。零件的结构工艺性应从零件的毛坯制造、机械加工过程及装配等几个生产环节加以综合考虑。因此,在进行零件的结构设计时,零件除了要满足功能上的要求和强度、刚度及寿命要求外,还应该在加工、测量、安装、维修、运输等方面予以重视。

3. 可靠性要求

零件可靠性的定义和机器可靠性的定义是相同的。机器的可靠性主要是由零件的可靠性来保证的。由于机械零件的工作条件和其材料的力学性能等均具有随机性,零件能在设计寿命内正常工作是有概率的。可靠性要求就是要保证这种正常工作的概率不小于许用值。提高零件的可靠性,应从工作条件(如载荷、环境、温度等)和零件性能两个方面综合考虑,使其随机变化尽可能小。同时,加强使用中的维护与监测,也可提高零件的可靠性。

4. 经济性要求

零件的经济性主要取决于零件的材料成本和加工成本。因此,提高零件的经济性主要从零件的材料选择和结构设计两个方面加以考虑。如用廉价材料代替贵重材料,采用轻型结构以减少材料用量,采用少余量、无余量毛坯,简化零件结构以减少加工工时,采用合理的公差等级以降低对机加工设备和人员的要求,尽可能采用标准零部件,尽可能采用标准参数以减少加工刀具和检测量具的数量。改善零件的结构工艺性,就意味着加工及装配费用降低,所以零件工艺性对其经济性有着直接的影响。

5. 质量小的要求

尽可能减小质量对绝大多数机械零件都是必要的。减小质量既可节约材料,也可减小运动零件的惯性力,从而改善机器的动力性能。对于运输机械,减小零件质量就可减小机械本身的质量,从而可增加运载量。要达到零件质量小的目的,应从多方面采取设计措施。

2.3.2　机械零件设计的一般步骤

机械零件是组成机器的基本要素。因此,机械零件设计是机器设计中极其重要的环节,且设计工作量通常都比较大。由于零件种类的不同,其具体的设计步骤也不一样,一般按下列步骤进行。

(1)类型选择　根据零件功能要求、使用条件及载荷性质等选定零件的类型。为此,必须对各种常用机械零件的类型、特点及适用范围有明确的了解。通常应经过多方案比较择优确定。

(2)受力分析　分析零件的工作情况,计算作用在零件上的载荷。

(3)材料选择　根据零件的工作条件及对零件的特殊要求,选择合适的材料及热处理方法。

(4)确定设计计算准则　根据工作情况分析零件的失效形式,从而确定其设计计算准则。

(5)理论设计计算　根据确定的设计计算准则,设计并确定零件的主要尺寸和主要参数。

（6）结构设计　根据工艺性、经济性及标准化等要求进行零件的结构设计，确定其结构类型及结构尺寸。这是零件设计中极为重要的内容，而且往往是工作量较大的工作。

（7）精确校核　对于重要的零件，在理论设计计算及结构设计完成后，必要时还应进行精确校核计算，若不合适应修改原结构设计。

（8）绘制零件工作图　理论设计和结构设计的结果最终由零件工作图表达。零件工作图应严格按机械制图的标准绘制。

（9）编写计算说明书及有关技术文件　将设计计算的过程整理成设计计算说明书等，作为技术文件备查。

上述步骤（1）～步骤（7）为设计过程，步骤（8）和步骤（9）反映设计成果。

2.3.3　机械零件的主要失效形式

机器功能的正常发挥，要靠所有零件的正常、协调工作来保证。只要有一个零件不能正常工作，就会影响整台机器功能的正常发挥。机械零件在规定的时间内和规定的条件下不能完成规定的功能称为失效。机械零件的主要失效形式有以下几种。

1. 整体断裂

在载荷的作用下，零件因危险截面上产生的应力大于材料的极限应力而引起的断裂称为整体断裂，如螺栓的断裂、齿轮轮齿的折断、轴的折断等。整体断裂分静强度断裂和疲劳断裂两种。静强度断裂产生于静应力作用下，而疲劳断裂则是在交变应力作用下，当零件中的应力达到其疲劳极限或应力循环次数超过了规定值时所引起的断裂。据统计，机械零件的整体断裂中大部分为疲劳断裂。

2. 过大的弹性变形或塑性变形

机械零件受载荷时都会产生弹性变形。弹性变形量超过许可范围会破坏零件间相互位置及配合关系，有时还会引起附加动载荷及振动，从而使零件或机器不能正常工作。

当载荷过大使零件内的应力超过了材料的屈服强度时，零件将产生塑性变形。塑性变形会使零件的尺寸和形状发生永久性改变，使零件不能正常工作。

3. 零件表面失效

表面失效是发生在机械零件工作表面上的。零件的工作表面一旦出现某种表面失效，将破坏表面精度，改变表面尺寸和形状，使运动性能降低，摩擦增大，能耗增加，严重时会导致零件完全不能工作。零件的表面破坏主要是磨损、点蚀和腐蚀。

磨损、点蚀和腐蚀都是随工作时间的延续而逐渐发生的，零件表面失效判断，一般取决于零件表面的破坏程度以及机器对性能的要求。

4. 破坏正常工作条件引起的失效

有些零件只有在一定的工作条件下才能正常工作，若破坏了这些必备条件，则将发生不同类型的失效。例如：带传动和摩擦轮传动，当传递的有效圆周力大于摩擦力的极限值时将发生打滑失效；液体润滑的滑动轴承，当润滑条件不能保证产生完整的油膜时，将会发生过热、胶合、磨损等形式的失效；高速转动的零件，当其转速与转动系统的固有频率相一致时会发生共振，以致引起断裂等。

零件工作时到底会发生哪种形式的失效，这与很多因素有关，并且不同行业不同机器的失效形式也不尽相同。因此在零件设计时，要根据具体的情况进行分析，确定零件可能出现的主要失效形式。

2.3.4 机械零件的计算准则

在不发生失效的条件下,零件能安全工作的限度称为工作能力。通常此限度是对载荷而言的,习惯上又称为承载能力。为了避免机械零件的失效,设计的机械零件应具有足够的工作能力。零件的工作能力是通过建立计算准则来体现的。目前,针对零件的各种不同失效形式,已分别提出了相应的计算准则,其中常用的计算准则有以下几种。

1. 强度准则

强度准则就是要求零件在工作载荷作用下和预期的设计寿命内不发生断裂、过大的残余变形或表面疲劳破坏等失效的计算准则。强度准则要求零件危险截面上的应力不得超过其许用应力,其一般表达式为

$$\sigma \leqslant [\sigma]$$

式中:σ 为零件工作时产生的应力;$[\sigma]$ 为零件的许用应力,由零件的极限应力 σ_{lim} 和安全系数 S 决定,即

$$[\sigma] = \frac{\sigma_{lim}}{S}$$

式中的 σ_{lim} 为材料的极限应力(MPa),其值要根据零件的失效形式来确定:静强度问题中,塑性材料的 σ_{lim} 为材料的屈服极限,脆性材料的 σ_{lim} 为材料的强度极限;疲劳失效时 σ_{lim} 为材料的疲劳极限。

一般来讲,各种零件都应满足规定的强度要求,因而强度准则是零件设计最基本的准则。

2. 刚度准则

刚度准则就是指零件在给定的工作载荷下产生的弹性变形量 y 不得大于许用变形量 $[y]$ 的计算准则,即

$$y \leqslant [y]$$

弹性变形量 y 可根据不同的变形形式由理论计算或试验方法来确定,许用变形量 $[y]$ 主要根据机器的工作要求、零件的使用场合等,由理论计算或工程经验来确定其合理的数值。

3. 寿命准则

影响零件寿命的主要失效形式是腐蚀、磨损和疲劳,它们的产生机理、发展规律及对零件寿命的影响是完全不同的,应分别加以考虑。迄今为止,还未能提出有效而实用的腐蚀寿命计算方法,所以尚不能列出相应的计算准则。对于摩擦和磨损,人们已充分认识到它们的严重危害性,进行了大量的研究工作,取得了很多研究成果,并已建立了一些有关摩擦、磨损的设计准则,也对某些领域中的具体问题进行了有效的应用。但由于摩擦、磨损的影响因素十分复杂,发生的机理还未完全弄清楚,所以至今还未形成供工程实际使用的定量计算方法。对于疲劳寿命计算,通常是求出零件使用寿命期内的疲劳极限作为疲劳寿命计算的依据,本书将在第 3 章作进一步介绍。

4. 振动稳定性准则

做回转运动的零件一般都会产生振动,轻微振动对机器的正常工作妨碍不大,但剧烈振动将会严重影响机器的性能。机器中存在着许多周期性变化的激振源,如齿轮的啮合、轴的偏心转动、滚动轴承中的振动等。当零件(或部件)的固有频率 f 与上述激振源的频率相等或成整数倍关系时,零件就会发生共振,这不仅会影响机械的正常工作,甚至还会造成破坏性事故。振动稳定性准则就是要求所设计的零件固有频率 f 应与其工作时所受的激振频率 f_p 错开的

计算准则。因此,高速回转的零件,应满足一定的振动稳定性条件,相应的计算准则为

$$f_p < 0.85f \quad 或 \quad f_p > 1.15f$$

若不满足振动稳定性条件,则可改变零件或系统的刚度或采取隔振、减振措施来改善零件的振动稳定性。如提高零件的制造精度、提高回转零件的动平衡精度、增加阻尼系数、提高材料或结构的衰减系数,以及采用减振、隔振装置等,都可改善零件的振动稳定性。

设计零件时,要根据具体零件的主要失效形式选择和确定计算准则。

在现代机器的设计中,除了以上常用的计算准则外,热平衡准则、摩擦学准则、可靠性准则等也已越来越受到了人们的重视,在有些场合已成为必须遵守的基本准则,从而更加有效地提高机械零件的设计质量和机器的质量。

2.4　机械零件的材料及选择

在工程实际中,机械零件的常用材料主要有金属材料、非金属材料和复合材料等几大类。其中,金属材料尤其是钢铁的使用最为广泛,设计工作者应对各种钢铁材料的性能特点、影响因素、工艺性及热处理性能等有全面的了解。非铁金属中的铜、铝及其合金各自具有独特的优点,应用也较多。机械零件使用的非金属材料主要是各种工程塑料和新型的陶瓷材料等,它们各自具有金属材料所不具备的一些优点,如强度高、刚度大、耐磨、耐腐蚀、耐高温、耐低温、密度低等,常常被应用在工作环境较为特殊的场合。复合材料是由两种或两种以上具有不同的物理和力学性能的材料复合制成的,可以获得单一材料难以达到的优良性能。复合材料由于价格比较高,目前主要应用于航空、航天等高科技领域。机械零件的常用材料绝大多数已标准化,可查阅有关的国家标准、设计手册等资料,在"金属材料及热处理"等相关教材中有较详细的介绍。了解它们的性能特点和使用场合,以备选用。本书在后面的有关章节中也将对具体零件的适用材料分别加以介绍。

材料的选择是机械零件设计中非常重要的环节,特别是随着工程实际对现代机器及零件要求的不断提高,以及各种新材料的不断出现,合理选择零件材料已成为提高零件质量、降低成本的重要手段。通常零件材料的选择应遵循以下原则。

1. 使用要求

满足使用要求是选择零件材料的最基本要求。使用要求一般包括:① 零件的受载情况,即载荷、应力的大小和性质;② 零件的工作情况,主要是指零件所处的环境、介质、工作温度、摩擦、磨损等的情况;③ 对零件尺寸和质量的限制;④ 零件的重要程度;⑤ 其他特殊要求,如绝缘、抗磁、防静电等要求。在考虑使用要求时要抓住主要问题,兼顾其他方面。

2. 工艺要求

为使零件便于加工制造,选择材料时应考虑零件结构的复杂程度、尺寸大小、毛坯类型和加工制造方法等。对于外形复杂、尺寸较大的零件,若考虑采用铸造毛坯,则需选择铸造性能好的材料;若考虑采用焊接毛坯,则应选择焊接性能好的低碳钢。对于外形简单、尺寸较小、生产批量较大的零件,若采用冲压或模锻,则应选择塑性较好的材料。对于需要热处理的零件,所选材料应具有良好的热处理性能。此外,还应考虑材料的易加工性。

3. 经济性要求

材料的经济性不仅指材料本身的价格,还包括加工制造费用、使用维护费用等。提高材料经济性可从以下几方面加以考虑。

（1）考虑材料本身的价格,在满足使用要求和工艺要求的条件下,应尽可能选择价格低廉的材料,特别是对于生产批量大的零件,更为重要。

（2）采用热处理或表面强化(如喷丸、碾压等)工艺,充分发挥和利用材料潜在的力学性能。

（3）合理采用表面镀层(如镀铬、镀铜、发黑、发蓝等)方法,以减轻腐蚀或磨损的程度,延长零件的使用寿命。

（4）改善工艺方法,提高材料利用率,降低制造费用,如采用无切削、少切削工艺(如冷墩、碾压、精铸、模锻、冷拉工艺等),可减少材料的浪费,减少加工工时,还可使零件内部金属流线连续、强度提高。

（5）节约稀有材料,如采用我国资源较丰富的锰硼系合金钢代替资源较少的铬镍系合金钢,采用铝青铜代替锡青铜等。

（6）采用组合式结构,节约价格较高的材料,如组合式结构的蜗轮齿圈用减摩性较好但价贵的锡青铜,轮心采用价廉的铸铁。

（7）考虑材料的供应情况,应选本地现有且便于供应的材料,以降低采购、运输、储存的费用。

此外,应尽可能减少材料的品种和规格,以简化供应和管理,并可使加工及热处理工序更容易掌握,操作方法最合理,从而提高制造质量,减少废品,提高劳动生产率。

总之,在选用材料时,应结合零件的使用情况、制造方法和各种材料的性能等因素予以综合考虑,分清主次,以满足主要要求,协调次要要求。

2.5　机械零件的标准化

机械零件的标准化就是对零件尺寸、规格、结构要求、材料性能、检验方法、设计方法、公差配合及制图要求等,制定出大家共同遵守的标准的工作。贯彻标准是一项重要的技术经济政策和法规,同时也是进行现代化生产的重要手段。目前,标准化程度已成为评定设计水平及产品质量的重要指标之一。

标准化工作实际上包括三方面内容,即标准化、系列化和通用化。系列化是指在同一基本结构下,按主要参数分挡,规定若干个规格尺寸不同的产品,形成产品系列,以满足不同的使用条件,如圆柱齿轮减速器系列。系列化是标准化的重要组成部分。通用化是对不同规格的同类或不同类机械产品,在设计中尽量采用相同的零件或部件,如同一品牌的几种不同车型的轿车或不同品牌的几种轿车都可以采用相同的轮胎。通用化是广义的标准化。

国家标准化法律法规规定,我国实行的标准分国家标准(GB)、行业标准(如 JB、DB 等)、企业标准(QB)。国际标准化组织还制定了国际标准(ISO)。

产品及其零件标准化的重大意义在于:在制造上,可以实行专业化大批量生产,既能提高产品的质量又能降低成本;在设计上,可以大大减少设计工作量;在售后服务上,可以减少库存量和方便产品维修时零件的更换。设计人员在产品的设计中,一般优先选用标准零件。所以设计人员必须了解和掌握有关的各项标准并认真地贯彻执行,不断提高设计产品的标准化程度。

2.6　机械零件的结构设计

在一定的生产条件和生产规模下,花费最少的劳动量和最低的生产成本把零部件制造和装配出来,这样的零部件就被认为具有良好的结构工艺性。因此,零件的结构形状除了要满足功能上的要求外,还应该有利于零件符合在强度、刚度、加工、装配、调试、维护等方面的要求。零件的结构工艺性贯穿于生产过程的各个阶段之中。

设计零件的结构时,零件的结构形状要与生产规模、生产条件、材料、毛坯制作、工艺技术等相适应,一般可从以下几方面加以考虑。

1. 零件形状简单合理

一般来讲,零件的结构和形状越复杂,制造、装配和维修将越困难,成本也越高。所以,在满足使用要求的情况下,零件的结构形状应尽量简单,应尽可能采用平面和圆柱面及其组合形状,各面之间应尽量相互平行或垂直,避免倾斜、突变等不利于制造的形状。

2. 合理选用毛坯类型

例如,根据尺寸大小、生产批量和结构的复杂程度来确定齿轮的毛坯类型:尺寸小、结构简单、批量大时用模锻件;结构复杂、批量大时采用铸件;单件或少量生产时则可采用焊接件。

3. 铸件的结构工艺性

铸造毛坯的采用较为广泛,设计其结构时应注意壁厚均匀、过渡平缓,以免产生缩孔和裂纹。保证铸造质量,要有适当的结构斜度及起模斜度,以便于起模,铸件各面的交界处要采用圆角过渡,为增强刚度,应设置必要的加强肋。

4. 切削加工工艺性

在机床上加工零件时,要有合适的基准面,便于定位与夹紧,并尽量减少工件的装夹次数。在满足使用要求的条件下,应减少加工面的数量和减小加工面积;加工面要尽量布置在同一平面或同一母线上;应尽量采用相同的形状和元素,如相同的齿轮模数、螺纹、键、圆角半径、退刀槽等;结构尺寸应便于测量和检查;应选择适当的精度公差等级和表面粗糙度,过高的精度和过低的表面粗糙度要求,将极大地增加加工成本和装配难度。

5. 零部件的装配工艺性

装配工艺性是指零件组装成部件或机器时,相互连接的零件不需要再加工或只需要少量加工就能顺利地装上或拆卸,并达到技术要求的性质。关于装配工艺性,结构设计时要注意以下几点:① 要有正确的装配基准面,保证零件间相对位置的固定;② 配合面大小要合适;③ 定位销位置要合理,不致产生错装;④ 装配端面要有倒角或引导锥;⑤ 绝对不允许出现装不上或拆不下的现象。

6. 零部件的维修工艺性

良好的维修工艺性主要体现在以下几方面:① 可达性,指容易接近维修处,并易于观察到维修部位;② 易于装拆;③ 便于更换,因此应尽量采用标准件或采用模块化设计;④ 便于修理,即对损坏部分容易修配或更换。

知识链接

机械零件设计中的绿色思维

绿色制造工程是人类社会可持续发展的必由之路,是当前制造业解决日益严峻的环境问题的现代制造模式。产品的绿色概念是绿色制造的关键所在,是现代产品设计与制造的一种发展趋势。产品要"绿色",组成产品的最小单元——零件必须是"绿色"的。因此,必须在零件设计中考虑环境要求。

一、零件的设计要贯彻以人为本的设计理念

在进行零件设计时,必须以人的心理、生理学为基础,从优化生命质量、缩短操作时间、提高工作效率、减少无谓的脑力劳动和体力劳动等方面全面审视设计方案。

二、零件的设计应优先选择与环境友好的材料

零件要"绿色",在很大程度上取决于材料的选择。选材时不仅要考虑产品的使用条件和性能,还应考虑环境约束准则。因此,设计者需要关注新材料的发展,了解材料的环境属性,使所选材料在满足一般功能要求的前提下,具有来源广、不破坏生态、易于制造、成本低的特性,避免选用高能耗、重污染、有毒、有害和有辐射的材料。

1.零件的设计应"小而精"

在同一性能情况下,零件结构越小,所用材料越少,可节约资源的使用量,使零件的"绿色"性能得以提高。因此,我们在零件的设计过程中要尽量采用先进的设计理论和方法,提高机械零件计算载荷的准确度,尽量降低安全系数;尽量使结构简单而不降低功能,力争使消耗原材料最少而不影响使用寿命。

2.零件的设计要有利于绿色制造

(1) 铸造和锻造工艺对环境污染严重,能耗高,在零件设计时尽可能不采用这类毛坯。如传统的机床支承件、传动箱一般都是采用铸件结构,不利于改善机床的绿色性能。重庆机床(集团)有限责任公司在开发的 YKS3120 系列六轴数控滚齿机中成功地采用了钢板焊接立柱、传动箱等结构,不但提高了机床强度和刚度,而且由于减少使用铸造工艺而大大减轻了机床制造过程对环境污染,减少了能源的消耗,具有良好的绿色制造特性,取得了良好的效果。

(2) 在进行连接类零件设计时,优先采用易于拆卸的连接方式,减少紧固件用量,尽量避免破坏性拆卸方式,如采用拉锁式、按扭式安装技术取代传统的焊接、铆接技术,在满足连接安全性要求的前提下,优先采用嵌入咬合式的连接方式。

(3) 在进行零件技术要求设计时,应以能量损耗最少为原则。如金属构件需要时效处理时,应优先采用振动时效。因为利用热时效、自然时效方法处理金属构件费时、耗能,而振动时效方法具有节能、高效,不受工件大小、形状及加工场地的限制的特点,特别是在环境保护方面成效卓越。

(4) 在零件的设计过程中要考虑零件废弃后的回收、再利用及处理等问题,减轻或消除废弃零件对环境所造成的污染。

(5) 在零件的设计过程中要重视标准化工作,降低零件的多样性。

"绿色"是 21 世纪产品的主要特征之一,只有在设计的初期阶段按照绿色产品的特点规划,从零件设计开始就考虑绿色要求,才能保证产品最终的"绿色"。

(资料来源:从文库)

习　　题

2.1　选择题

(1) 机械设计的一般过程通常不包含_____。

A.产品规划阶段　　　　　　　　　　　　　B.编制技术文件阶段

C.方案设计阶段　　　　　　　　　　　　　D.运行维护方案设计阶段

（2）机械零件设计的一般步骤不包含_____。

A.类型选择　　　　　　B.受力分析　　　　　C.结构设计　　　　　D.运行方案设计

（3）选择零件材料通常遵循的原则不包含_____。

A.使用要求　　　　　　B.高性能要求　　　　C.工艺要求　　　　　D.经济性要求

（4）机械零件的计算准则不包含_____。

A.强度准则　　　　　　B.经济性准则　　　　C.振动稳定性准则　　D.可靠性准则

（5）零件的刚度不足，将导致_____。

A.整体断裂　　　　　　B.过大的弹性变形　　C.塑性变形　　　　　D.零件表面失效

2.2　判断题

（1）标准化工作主要包括智能化、系列化、标准化和通用化。　　　　　　（　　）

（2）刚度准则是针对零件因刚度不足而产生失效的计算准则。　　　　　　（　　）

（3）机械零件不能完成规定的功能称为失效。　　　　　　　　　　　　　（　　）

2.3　设计机器时应满足哪些基本要求？

2.4　设计机械零件时应满足哪些基本要求？

2.5　机械零件的设计准则与失效形式有什么关系？常用的计算准则有哪些？它们各针对什么失效形式？

2.6　什么叫作机械零件的可靠度？机械零件的可靠度与破坏概率有什么关系？

2.7　机械零件的设计计算有哪几种方法？它们各包括哪些内容？各在什么条件下采用？

2.8　机械零件设计的一般步骤有哪些？其中哪个步骤对零件尺寸的确定起决定性的作用？为什么？

2.9　选择零件材料时要了解材料的哪些主要性能？合理选择零件材料的原则是什么？

2.10　机械设计时为什么要考虑零件的结构工艺性问题？主要应从哪些方面来考虑零件的结构工艺性？

2.11　什么是标准化、系列化和通用化？标准化的重要意义是什么？

2.12　机械设计方法通常分哪几大类？简述它们的区别和联系。

2.13　什么是传统设计方法？传统设计方法分为哪几种？各在什么条件下被采用？

2.14　什么是现代设计方法？简述现代设计方法的特点。

第3章　机械零件的强度

【本章学习要求】
1.了解疲劳曲线的概念、图形和疲劳曲线方程;
2.掌握机械零件疲劳强度的计算。

3.1　概　　述

1. 载荷的分类

载荷可分为静载荷和变载荷两类。大小和方向不随时间变化而变化或变化缓慢的载荷称为静载荷,如锅炉所受压力、物体的重力等;随时间变化而作周期性变化或非周期性变化的载荷称为变载荷,前者如内燃机气门弹簧所受的载荷,后者如支承车身重量的弹簧所受到的载荷。作非周期性变化的载荷可用统计规律来表征。

在设计计算中,载荷常分为名义载荷和计算载荷两种。根据机器原动机的额定功率或机器在稳定和理想工作条件下的工作阻力,用力学公式计算所得作用在零件上的载荷称为名义载荷(如力 F、功率 P、转矩 T 等)。名义载荷没有反映动力机和工作机间的实际载荷随时间变化而变化的特征、载荷在零件上分布的不均匀性、机械振动及其他影响零件受力情况的因素。严格地说,它不能作为零件设计计算时的真实载荷,考虑各种因素的综合影响,将名义载荷乘载荷系数 K(或工作情况系数),得到计算载荷(如 $F_{\mathrm{Ca}}=KF,P_{\mathrm{Ca}}=KP,T_{\mathrm{Ca}}=KT$)。计算载荷是综合考虑了各种实际影响因素之后用于机械零件设计计算的载荷。

2. 应力的分类

与载荷相似,应力也可分为静应力和变应力两大类。不随时间变化而变化或变化缓慢的应力称为静应力(见图 3-1(a)),它只能在静载荷作用下产生;随时间变化而变化的应力称为变应力,它可由变载荷产生,也可由静载荷产生。变应力分为稳定变应力(见图 3-1(b))和非稳定变应力两类。非稳定变应力又可分为有规律的非稳定变应力(见图 3-1(c))和无明显规律的随机变应力(见图 3-1(d))两类。稳定变应力又可分为非对称循环(见图 3-1(b))、脉动循环(见图 3-2(a))和对称循环(见图 3-2(b))三种典型变应力。

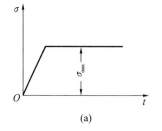
(a)

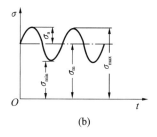
(b)

图 3-1　应力的类型

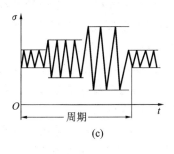

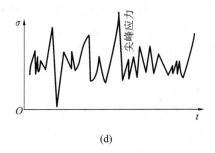

(c)　　　　　　　　　　　　　　(d)

续图 3-1

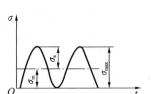

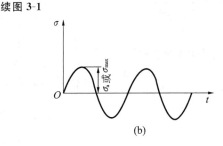

(a)　　　　　　　　　　　　　　(b)

图 3-2　脉动循环变应力和对称循环变应力

在稳定变应力中,最大应力 σ_{max}、最小应力 σ_{min}、平均应力 σ_m 和应力幅 σ_a 之间的关系为

$$\sigma_m = \frac{\sigma_{max} + \sigma_{min}}{2} \tag{3-1}$$

$$\sigma_a = \frac{\sigma_{max} - \sigma_{min}}{2} \tag{3-2}$$

最小应力与最大应力之比称为应力的循环特性,用 γ_σ 表示,即

$$\gamma_\sigma = \frac{\sigma_{min}}{\sigma_{max}} \tag{3-3}$$

由上可知,五个变应力参量中只要知道其中两个参量,便可求出其余三个参量。变应力特性可用五个参量中的任意两个来描述,常用的有:①σ_m 和 σ_a;②σ_{max} 和 σ_{min};③σ_{max} 和 σ_m。

静应力和几种典型变应力的变化规律如表 3-1 所示。

表 3-1　静应力和几种典型变应力的变化规律

序　号	名　称	循环特性	应力特点	图　例
1	静应力	$\gamma_\sigma = 1$	$\sigma_{max} = \sigma_{min} = \sigma_m, \sigma_a = 0$	图 3-1(a)
2	非对称循环变应力	$-1 < \gamma_\sigma < 1$	$\sigma_{max} = \sigma_m + \sigma_a, \sigma_{min} = \sigma_m - \sigma_a$	图 3-1(b)
3	脉动循环变应力	$\gamma_\sigma = 0$	$\sigma_m = \sigma_a = \sigma_{max}/2, \sigma_{min} = 0$	图 3-2(a)
4	对称循环变应力	$\gamma_\sigma = -1$	$\sigma_{max} = \sigma_a = -\sigma_{min}, \sigma_m = 0$	图 3-2(b)

3.2　材料的疲劳特性

3.2.1　疲劳断裂特征

在变应力下工作的零件,其强度失效将是疲劳断裂。据统计,在机械零件和构件的断裂事故中有 80% 属于疲劳破坏。因此,疲劳强度设计在机械设计中占有重要地位。

表面无缺陷的金属材料,其疲劳断裂的过程一般可分为三个阶段:第一阶段,在零件表面上应力集中处,循环变化的弹塑性应力-应变使材料发生剪切滑移而产生初始裂纹,形成疲劳源,疲劳源可以有一个或数个;第二阶段,裂纹尖端在切应力下反复发生塑性变形,使裂纹逐渐扩展;第三阶段,裂纹扩展到一定程度使剩余截面的静强度不足,就发生瞬断。

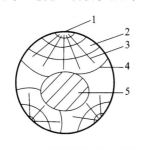

图 3-3 疲劳断裂断口截面
1—疲劳源(初始裂纹);2—光滑的疲劳区;
3—垄沟纹;4—前沿线;
5—粗糙的断裂区

如图 3-3 所示,疲劳断裂截面呈现两个区域:一个是在变应力重复作用下裂纹两边互相摩擦形成的光滑疲劳区;另一个是最终发生断裂的粗糙断裂区。

疲劳破坏的特征是:① 疲劳断裂是损伤的积累,是在循环变应力多次反复作用下产生的;② 循环变应力远小于材料的静强度极限;③ 无宏观的、明显的塑性变形;④ 对材料的组成和零件的形状、尺寸、表面状态、使用条件和外界环境等都非常敏感。总之,疲劳破坏的突发性、高度局部性以及对各种缺陷的敏感性,使其具有更大的危险性。

3.2.2 材料的疲劳曲线

在循环特性 γ_σ 下的变应力,经过 N 次循环后,材料不发生疲劳破坏的最大应力称为疲劳极限 $\sigma_{\gamma_\sigma N}$ 或 $\tau_{\gamma_\sigma N}$。

机械零件材料的抗疲劳性能是通过试验测定的,即在材料的标准试件上加上给定循环特性为 γ_σ 的等幅变应力,通常是加上循环特性 $\gamma_\sigma = -1$ 的对称循环变应力或者 $\gamma_\sigma = 0$ 的脉动循环变应力,通过试验,记录在不同最大应力下引起试件疲劳破坏所经历的应力循环次数 N。由此得到的循环次数 N 与疲劳极限之间的关系曲线,称为疲劳曲线(σ-N 或 τ-N 曲线)。典型的疲劳曲线如图 3-4 所示。

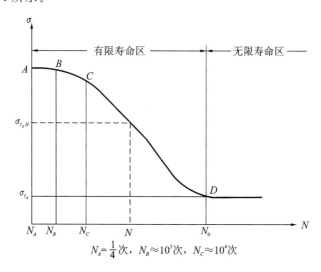

$$N_A = \frac{1}{4} \text{次}, \quad N_B \approx 10^3 \text{次}, \quad N_C \approx 10^4 \text{次}$$

图 3-4 材料疲劳曲线

由图 3-4 可见,疲劳曲线可以分成两个区域:$N < N_0$ 为有限寿命区;$N \geq N_0$ 为无限寿命区。N_0 为循环基数。

1. 有限寿命区

$N < 10^3$ 次的一段曲线,相当于疲劳曲线中的 AB 段,疲劳极限几乎与循环次数的变化无关,称为低周循环疲劳。疲劳极限较高,接近屈服强度,对于低周循环疲劳的零件,一般可按静

应力强度计算,但在重要情况(如压力容器等)下,应按低周循环疲劳强度设计。

循环次数为 $10^3 \sim 10^4$ 次的一段曲线,相当于疲劳曲线中的 BC 段,材料发生疲劳破坏时伴随着塑性变形,称为应变疲劳。该段应力循环次数较少,所以也称为低周循环疲劳。由于绝大多数的通用零件在受变应力作用时,其应力循环次数总是大于 10^4 次的,所以本书不讨论低周循环疲劳问题。

$N \geqslant 10^4$ 次时的疲劳断裂,称为高周循环疲劳,其中 10^4 次 $\leqslant N < N_0$ 的一段曲线,相当于疲劳曲线中的 CD 段,此时疲劳极限随循环次数的增加而降低。

按照有限寿命区的疲劳极限所作的疲劳强度设计称为有限寿命设计。

2. 无限寿命区

$N \geqslant N_0$ 时,疲劳曲线为水平线,即疲劳极限不再随循环次数的增加而降低,当最大工作应力小于这个区间的疲劳极限时,无论应力循环变化多少次,材料都不会发生疲劳破坏,因此称为无限寿命区。N_0 次循环时的疲劳极限,在循环特性 γ_σ 下记为 σ_{γ_σ}、τ_{γ_σ},对称循环时记为 σ_{-1}、τ_{-1},脉动循环时记为 σ_0、τ_0。按照无限寿命区的疲劳极限所作的疲劳强度设计称为无限寿命设计。

大多数钢的疲劳曲线类似于图 3-4 所示的曲线。非铁金属和高强度合金钢的疲劳曲线没有无限寿命区。

当缺少钢的疲劳曲线时,只要知道 N_0 时的疲劳极限 σ_{γ_σ}(D 点)和 $N = 10^3$ 次时的疲劳极限 $\sigma_{\gamma_\sigma 10^3}$[通常取为 $0.9\sigma_s$(B 点)],即可画出其疲劳曲线的 BD 段。各种材料 N_0 次循环时的疲劳极限可从有关材料力学性能数据表或设计手册中查得。当查不到这方面的资料时,可根据表 3-2 所列经验公式求出。

表 3-2　极限应力的经验公式

材　　料	变 形 形 式	对称循环疲劳极限	脉动循环疲劳极限
结构钢	弯曲	$\sigma_{-1} = 0.27(\sigma_s + \sigma_b)$	$\sigma_0 = 1.33\sigma_{-1}$
	拉伸	$\sigma_{-1t} = 0.23(\sigma_s + \sigma_b)$	$\sigma_{0t} = 1.42\sigma_{-1t}$
	扭转	$\tau_{-1} = 0.23(\sigma_s + \sigma_b)$	$\tau_0 = 1.50\tau_{-1}$
铸铁	弯曲	$\sigma_{-1} = 0.45\sigma_b$	$\sigma_0 = 1.33\sigma_{-1}$
	拉伸	$\sigma_{-1t} = 0.40\sigma_b$	$\sigma_{0t} = 1.42\sigma_{-1t}$
	扭转	$\tau_{-1} = 0.36\sigma_b$	$\tau_0 = 1.35\tau_{-1}$
青铜	弯曲	$\sigma_{-1} = 0.21\sigma_b$	—

注:σ_s 为屈服强度;σ_b 为抗拉强度;t 为拉伸脚标。

3. 有限寿命区内应力循环次数为 N 时的疲劳极限

在有限寿命区内,CD 段疲劳曲线方程为

$$\left.\begin{array}{l} \sigma_{\gamma_\sigma N}^m N = \sigma_{\gamma_\sigma}^m N_0 = C \\ \tau_{\gamma_\sigma N}^m N = \tau_{\gamma_\sigma}^m N_0 = C' \end{array}\right\} \tag{3-4}$$

式中:m 为随材料和应力状态而定的常数;C、C' 为试验常数。

若已知循环基数 N_0 和疲劳极限 σ_{γ_σ}、τ_{γ_σ},则循环次数为 N 时疲劳极限为

$$\left.\begin{array}{l} \sigma_{\gamma_\sigma N} = \sqrt[m]{\dfrac{N_0}{N}}\sigma_{\gamma_\sigma} = k_N \sigma_{\gamma_\sigma} \\ \tau_{\gamma_\sigma N} = \sqrt[m]{\dfrac{N_0}{N}}\tau_{\gamma_\sigma} = k_N \tau_{\gamma_\sigma} \end{array}\right\} \tag{3-5}$$

式中:k_N 为寿命系数。

$$k_N = \sqrt[m]{\frac{N_0}{N}} \tag{3-6}$$

表面接触疲劳曲线的形状和方程式基本上与图 3-4 和式(3-4)的相似。

4. 有关疲劳曲线方程的几个问题的说明

(1) 循环基数 N_0 及循环次数 N　材料性质不同，N_0 值也不同。钢的硬度（强度）越高，N_0 值越大。按硬度粗略分：对不大于 350 HBW 的钢，$N_0 = 10^6 \sim 10^7$ 次；对大于 350 HBW 的钢，$N_0 = 10 \times 10^7 \sim 25 \times 10^7$ 次。对于非铁金属，$N_0 \approx 25 \times 10^7$ 次。由于 N_0 值有时很大，所以人们在做疲劳试验时，常规定一个循环次数 N_0 值。通常金属材料的疲劳极限是在循环基数 $N_0 = 10^7$ 次（也有定为 10^6 次或 5×10^6 次）下由试验得来的，因此在计算 k_N 时，取 $N_0 = 10^7$ 次。对硬度不大于 350 HBW 的钢，若 $N > 10^7$ 次，取 $N = N_0 = 10^7$ 次，$k_N = 1$；对硬度大于 350 HBW 的钢，若 $N > 25 \times 10^7$ 次，取 $N = 25 \times 10^7$ 次。非铁金属的疲劳曲线没有水平部分，只能规定当 $N > 25 \times 10^7$ 次时，取 $N = 25 \times 10^7$ 次。

(2) 材料常数 m　材料常数 m 与应力状态、材料性质和热处理方法有关，其数值变化范围较大。因此，m 值最好根据具体零件材料的疲劳曲线来确定。已知疲劳曲线方程 $\sigma_{\gamma_\sigma N}^m N = \sigma_{\gamma_\sigma}^m N_0$，对此式取对数，得 m 的平均值为

$$m = \frac{\lg N_0 - \lg N}{\lg \sigma_{\gamma_\sigma N} - \lg \sigma_{\gamma_\sigma}} \tag{3-7}$$

在一般设计计算中，对于钢，拉应力、弯曲应力和切应力作用的，$m = 9$，接触应力作用的，$m = 6$；对于青铜，弯曲应力作用的，$m = 9$，接触应力作用的，$m = 8$。

(3) 不同循环特性 γ_σ 时的疲劳曲线　相同材料不同循环特性 γ_σ 时的疲劳曲线有相似的形状，γ_σ 越大，$\sigma_{\gamma_\sigma N}$ 也越大。

3.2.3　材料的疲劳极限应力线图

将不同的循环特性下由试验得到的疲劳极限数值描绘在 σ_m-σ_a 坐标系中得到的线图称为疲劳极限应力图。

塑性材料的疲劳极限应力图近似呈抛物线分布，如图 3-5 所示。图中曲线上任一点的横坐标 $\sigma_{\gamma_\sigma m}$ 和纵坐标 $\sigma_{\gamma_\sigma a}$ 之和均代表某一循环特性 γ_σ 时的材料疲劳极限 σ_{γ_σ}（最大极限应力）。$\sigma_{\gamma_\sigma m}$ 和 $\sigma_{\gamma_\sigma a}$ 分别为材料的平均极限应力和极限应力幅。纵坐标轴上各点的平均应力都等于零，循环特性 γ_σ 均为 -1，故曲线上的 A 点代表了材料的对称循环疲劳极限 σ_{-1}，称为对称循环点。横坐标轴上各点的应力幅都等于零，循环特性 γ_σ 均为 1，即静应力，故曲线上的 F 点代表了材料的抗拉强度 σ_b，称为静强度极限点。曲线上的 B 点是由原点 O 所作 $45°$ 射线与曲线的交点，该点的横坐标与纵坐标相等，循环特性 $\gamma_\sigma = 0$，故 $\sigma_{\gamma_\sigma m} = \sigma_{\gamma_\sigma a} = \sigma_0/2$，$\sigma_0$ 是材料的脉动循环疲劳极限，称为脉动循环点。

为便于计算，常将塑性材料的疲劳极限应力图进行简化。工程上常用的塑性材料简化疲劳极限应力图如图 3-6 所示，具体做法是：考虑到塑性材料的最大应力不得超过材料的屈服强度，在横坐标轴上取屈服点 $S(\sigma_{r_\sigma m} = \sigma_s)$，过 S 点作与横坐标轴成 $135°$ 直线与 AB 连线的延长线交于 E，得折线 AES。AE 为材料的疲劳极限曲线，ES 为塑性极限曲线，ES 线上各点有 $\sigma_{\lim} = \sigma_{\gamma_\sigma m} + \sigma_{\gamma_\sigma a} = \sigma_s$。试件的工作应力点 (σ_m, σ_a) 处于折线 AES 以内时，其最大应力既不超过疲劳极限，也不超过屈服强度，故折线 AES 以内为疲劳和塑性安全区，在折线 AES 以外为疲劳和塑性失效区。在安全区内，工作应力点距 AES 折线越远，安全程度越高。

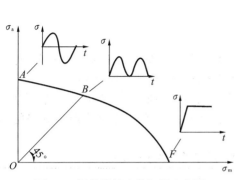

图 3-5　塑性材料疲劳极限应力图　　　　图 3-6　塑性材料简化疲劳极限应力图

在塑性材料简化疲劳极限应力图中,直线 AE 的方程为

$$
\left.
\begin{aligned}
\sigma_{-1} &= \sigma_{\gamma_\sigma a} + \psi_\sigma \sigma_{\gamma_\sigma m} \\
\psi_\sigma &= \frac{2\sigma_{-1} - \sigma_0}{\sigma_0}
\end{aligned}
\right\}
\tag{3-8}
$$

直线 ES 的方程为

$$
\sigma_{\gamma_\sigma m} + \sigma_{\gamma_\sigma a} = \sigma_s \tag{3-9}
$$

式中:ψ_σ 为将平均应力折合为应力幅的等效系数,其值表示材料对循环不对称性的敏感程度。根据试验,对于碳钢,$\psi_\sigma = 0.1 \sim 0.2$;对于合金钢,$\psi_\sigma = 0.2 \sim 0.3$。

对于切应力,同理得直线 AE 的方程为

$$
\left.
\begin{aligned}
\tau_{-1} &= \tau_{\gamma_\sigma a} + \psi_\tau \tau_{\gamma_\sigma m} \\
\psi_\tau &= \frac{2\tau_{-1} - \tau_0}{\tau_0}
\end{aligned}
\right\}
\tag{3-10}
$$

直线 ES 的方程为

$$
\tau_{\gamma_\sigma m} + \tau_{\gamma_\sigma a} = \tau_s \tag{3-11}
$$

3.3　机械零件的疲劳强度计算

零件尺寸及几何形状变化、加工质量及强化因素的影响,使得零件的疲劳极限要小于标准试件的疲劳极限。因此,在进行零件的疲劳强度设计时必须考虑这些因素对其疲劳强度的影响。

3.3.1　影响机械零件疲劳强度的主要因素

影响零件疲劳强度的因素有应力集中、绝对尺寸、表面状态、环境介质、加载顺序和频率等,其中前三种最为重要。

1. 应力集中的影响

零件受载时,在几何形状突然变化处(如过渡圆角、横孔、键槽、螺纹等)要产生很大的局部应力(远大于名义应力),这种现象称为应力集中。引起应力集中的几何不连续因素称为应力集中源。考虑零件几何形状的理论应力集中系数 α_σ、α_τ 定义为

$$
\left.
\begin{aligned}
\alpha_\sigma &= \sigma_{max}/\sigma \\
\alpha_\tau &= \tau_{max}/\tau
\end{aligned}
\right\}
\tag{3-12}
$$

式中:σ_{max}、τ_{max} 分别为应力集中源处产生的最大正应力和最大切应力;σ、τ 分别为应力集中源处的名义正应力和切应力。

零件对应力集中的敏感性还与零件材料有关,实际上常以有效应力集中系数 k_σ、k_τ 来考虑

应力集中对疲劳强度的影响。其定义为

$$\left.\begin{array}{l} k_\sigma = \sigma_{-1}/\sigma_{-1k} \\ k_\tau = \tau_{-1}/\tau_{-1k} \end{array}\right\} \qquad\qquad (3\text{-}13)$$

式中：σ_{-1}、τ_{-1} 分别为无应力集中源光滑试件的对称循环弯曲疲劳极限和扭转剪切疲劳极限；σ_{-1k}、τ_{-1k} 分别为有应力集中源试件的对称循环弯曲疲劳极限和扭转剪切疲劳极限。

对于若干典型零件结构，其有效应力集中系数可从有关设计手册中查得，本书中常用到的如表 3-3、表 3-4 和表 3-5 所示。当缺少这方面的数据时，可根据从有关设计手册中查得的理论应力集中系数求得。

表 3-3　螺纹、键、花键、横孔处及配合边缘处的有效应力集中系数 k_σ、k_τ

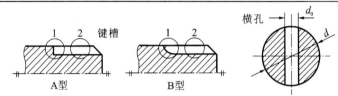

$\sigma_b/$ MPa	螺纹 k_σ	键槽			花键槽			横孔			配合					
		k_σ		k_τ	k_σ	k_τ		k_σ		k_τ	H7/r6		H7/k6		H7/h6	
		A 型	B 型	A、B 型		矩形	渐开 线形	$d_0/d=$ 0.05~ 0.15	$d_0/d=$ 0.05~ 0.25	$d_0/d=$ 0.05~ 0.15	k_σ	k_τ	k_σ	k_τ	k_σ	k_τ
400	1.45	1.51	1.30	1.20	1.35	2.10	1.40	1.90	1.70	1.70	2.05	1.55	1.55	1.25	1.33	1.14
500	1.78	1.64	1.38	1.37	1.45	2.25	1.43	1.95	1.75	1.75	2.30	1.69	1.72	1.36	1.49	1.23
600	1.96	1.76	1.46	1.54	1.55	2.35	1.46	2.00	1.80	1.80	2.52	1.82	1.89	1.46	1.64	1.31
700	2.20	1.89	1.54	1.71	1.60	2.45	1.49	2.05	1.85	1.80	2.73	1.96	2.05	1.56	1.77	1.40
800	2.32	2.01	1.62	1.88	1.65	2.55	1.52	2.10	1.90	1.85	2.96	2.09	2.22	1.65	1.92	1.49
900	2.47	2.14	1.69	2.05	1.70	2.65	1.55	2.15	1.95	1.90	3.18	2.22	2.39	1.76	2.08	1.57
1000	2.61	2.26	1.77	2.22	1.72	2.70	1.58	2.20	2.00	1.90	3.41	2.36	2.56	1.86	2.22	1.66
1200	2.90	2.50	1.92	2.39	1.75	2.80	1.60	2.30	2.10	2.00	3.87	2.62	2.90	2.05	2.50	1.83

注：① 对子键，表中数值为示意图标号 1 处的有效应力集中系数，示意图标号 2 处 k_τ 为表中值，$k_\sigma=1$；

② 蜗杆螺旋根部的有效应力集中系数可取 $k_\tau=2.3\sim2.5$，$k_\sigma=1.7\sim1.9$；

③ 齿轮轴的齿取 $k_\tau=1$，k_σ 与渐开线形花键的相同；

④ 滚动轴承与轴的配合按 H7/r6 配合选择系数；

⑤ 螺纹的 $k_\tau=1$。

表 3-4　圆角处的有效应力集中系数 k_σ、k_τ

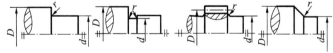

$\dfrac{D-d}{r}$	$\dfrac{r}{d}$	k_σ								k_τ							
		σ_b/MPa								σ_b/MPa							
		400	500	600	700	800	900	1000	1200	400	500	600	700	800	900	1000	1200
2	0.01	1.34	1.36	1.38	1.40	1.41	1.43	1.45	1.49	1.26	1.28	1.29	1.29	1.30	1.30	1.31	1.32
	0.02	1.41	1.44	1.47	1.49	1.52	1.54	1.57	1.62	1.33	1.35	1.36	1.37	1.37	1.38	1.39	1.42
	0.03	1.59	1.63	1.67	1.71	1.76	1.80	1.84	1.92	1.39	1.40	1.42	1.44	1.45	1.47	1.48	1.52
	0.05	1.54	1.59	1.64	1.69	1.73	1.78	1.83	1.93	1.42	1.43	1.44	1.46	1.47	1.50	1.51	1.54
	0.10	1.38	1.44	1.50	1.55	1.61	1.66	1.72	1.83	1.37	1.38	1.39	1.42	1.43	1.45	1.46	1.50

续表

$\dfrac{D-d}{r}$	$\dfrac{r}{d}$	k_σ								k_τ							
		σ_b/MPa								σ_b/MPa							
		400	500	600	700	800	900	1000	1200	400	500	600	700	800	900	1000	1200
4	0.01	1.51	1.54	1.57	1.59	1.62	1.64	1.67	1.72	1.37	1.39	1.40	1.42	1.43	1.44	1.46	1.47
	0.02	1.76	1.81	1.86	1.91	1.96	2.01	2.06	2.16	1.53	1.55	1.58	1.59	1.61	1.62	1.65	1.68
	0.03	1.76	1.82	1.88	1.94	1.99	2.05	2.11	2.23	1.52	1.54	1.57	1.59	1.61	1.64	1.66	1.71
	0.05	1.70	1.76	1.82	1.88	1.95	2.01	2.07	2.19	1.50	1.53	1.57	1.59	1.62	1.65	1.68	1.74
6	0.01	1.86	1.90	1.94	1.99	2.03	2.08	2.12	2.21	1.54	1.57	1.59	1.61	1.64	1.66	1.68	1.73
	0.02	1.90	1.96	2.02	2.08	2.13	2.19	2.25	2.37	1.59	1.62	1.66	1.69	1.72	1.75	1.79	1.86
	0.03	1.89	1.96	2.03	2.10	2.16	2.23	2.30	2.44	1.61	1.65	1.68	1.72	1.74	1.77	1.81	1.88
10	0.01	2.07	2.12	2.17	2.23	2.28	2.34	2.39	2.50	2.12	2.18	2.34	2.30	2.37	2.42	2.48	2.60
	0.02	2.09	2.16	2.23	2.30	2.38	2.45	2.52	2.66	2.03	2.08	2.12	2.17	2.22	2.26	2.31	2.40

注：当 r/d 值超过表中给出的最大值时，按最大值查得 k_σ、k_τ 值。

表 3-5　环槽处的有效应力集中系数 k_σ、k_τ

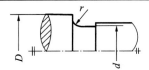

系数	$\dfrac{D-d}{r}$	$\dfrac{r}{d}$	σ_b/MPa						
			400	500	600	700	800	900	1000
k_σ	1	0.01	1.88	1.93	1.98	2.04	2.09	2.15	2.20
		0.02	1.79	1.84	1.89	1.95	2.00	2.06	2.11
		0.03	1.72	1.77	1.82	1.87	1.92	1.97	2.02
		0.05	1.61	1.66	1.71	1.77	1.82	1.88	1.93
		0.10	1.44	1.48	1.52	1.55	1.59	1.62	1.66
	2	0.01	2.09	2.15	2.21	2.27	2.34	2.39	2.45
		0.02	1.99	2.05	2.11	2.17	2.23	2.28	2.35
		0.03	1.91	1.97	2.03	2.08	2.14	2.19	2.25
		0.05	1.79	1.85	1.91	1.97	2.03	2.09	2.15
	4	0.01	2.29	2.36	2.43	2.50	2.56	2.63	2.70
		0.02	2.18	2.25	2.32	2.38	2.45	2.51	2.58
		0.03	2.10	2.16	2.22	2.28	2.35	2.41	2.47
	6	0.01	2.38	2.47	2.56	2.64	2.73	2.81	2.90
		0.02	2.28	2.35	2.42	2.49	2.56	2.63	2.70
k_τ	任何比值	0.01	1.60	1.70	1.80	1.90	2.00	2.10	2.20
		0.02	1.51	1.60	1.69	1.77	1.86	1.94	2.03
		0.03	1.44	1.52	1.60	1.67	1.75	1.82	1.90
		0.05	1.34	1.40	1.46	1.52	1.57	1.63	1.69
		0.10	1.17	1.20	1.23	1.26	1.28	1.31	1.34

试验结果证明，k_σ、k_τ 总是小于 α_σ、α_τ。根据大量试验，总结出了理论应力集中系数与有效应力集中系数的关系式为

$$k-1=q(\alpha-1) \tag{3-14}$$

式中：q 为考虑材料对应力集中感受程度的敏感系数，其值如图 3-7 所示。

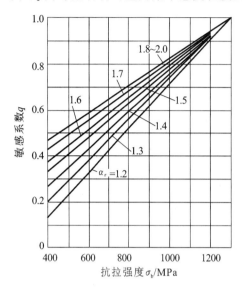

图 3-7　钢的敏感系数

抗拉强度越高的钢，其敏感系数 q 值越大，说明其对应力集中越敏感。对铸铁零件，由结构形状引起的应力集中远低于内部组织的应力集中，故取 $q=0$，而

$$k_\sigma=k_\tau=1$$

根据式(3-14)，即可求出有效应力集中系数值为

$$\left.\begin{array}{r}k_\sigma=1+q(\alpha_\sigma-1)\\k_\tau=1+q(\alpha_\tau-1)\end{array}\right\} \tag{3-15}$$

若在同一截面上同时有几个应力集中源，则应采用其中最大有效应力集中系数进行计算。

2. 绝对尺寸的影响

当其他条件相同时，零件截面的绝对尺寸越大，其疲劳极限越低。产生这种现象的原因是，截面尺寸大时材料晶粒较粗，出现缺陷的概率大，以及机械加工后表面加工硬化层相对厚度较薄等。

零件截面绝对尺寸对其疲劳强度的影响可用绝对尺寸系数 ε_σ、ε_τ 表示。其定义为

$$\left.\begin{array}{r}\varepsilon_\sigma=\sigma_{-1d}/\sigma_{-1}\\\varepsilon_\tau=\tau_{-1d}/\tau_{-1}\end{array}\right\} \tag{3-16}$$

式中：σ_{-1d}、τ_{-1d} 分别为直径为 d 的无应力集中试件的弯曲疲劳极限和扭转剪切疲劳极限；σ_{-1}、τ_{-1} 分别为无应力集中标准试件($d=8$ mm 或 10 mm)的对称循环弯曲疲劳极限和扭转剪切疲劳极限。

钢的绝对尺寸系数如表 3-6 所示。

表 3-6　钢的绝对尺寸系数 ε_σ、ε_τ

直径 d/mm		>20~30	>30~40	>40~50	>50~60	>60~70	>70~80	>80~100	>100~120	>120~150	>150~500
ε_σ	碳钢	0.91	0.88	0.84	0.81	0.78	0.75	0.73	0.70	0.68	0.60
	合金钢	0.83	0.77	0.73	0.70	0.68	0.66	0.64	0.62	0.60	0.54
ε_τ	各种钢	0.89	0.81	0.78	0.76	0.74	0.73	0.72	0.70	0.68	0.60

3. 表面状态的影响

零件的表面状态对疲劳强度的影响可以用表面质量系数 β_σ、β_τ 表示。其定义为

$$\left.\begin{array}{r}\beta_\sigma=\sigma_{-1\beta}/\sigma_{-1}\\\beta_\tau=\tau_{-1\beta}/\tau_{-1}\end{array}\right\} \tag{3-17}$$

式中：$\sigma_{-1\beta}$、$\tau_{-1\beta}$ 分别为某种表面质量的试件的弯曲疲劳极限和扭转剪切疲劳极限；σ_{-1}、τ_{-1} 分别为表面抛光试件的对称循环弯曲疲劳极限和扭转剪切疲劳极限。

当无 β_τ 资料时，可取其近似地等于 β_σ，并可表示为 $\beta_\sigma=\beta_\tau=\beta$。零件材料为钢时的 β 值可查表 3-7、表 3-8、表 3-9。铸铁对加工后的表面状态很不敏感，故可取 $\beta_\sigma=\beta_\tau=1$。

由表 3-7 可见，钢的强度极限越高，表面越粗糙，表面质量系数越低。所以用高强度合金钢制造的零件，为使疲劳强度有所提高，其表面应有较高的加工质量。

此外，对零件表面实施不同的强化处理，如表面化学热处理、高频表面淬火、表面硬化加工等，均可不同程度地提高零件的疲劳强度。其表面质量系数如表 3-8 所示。

表 3-7　不同表面粗糙度的表面质量系数 β

加 工 方 法	轴表面粗糙度 Ra/mm	σ_b/MPa		
		600	800	1200
磨削	$0.0004\sim0.0002$	1	1	1
车削	$0.0032\sim0.0008$	0.95	0.90	0.80
粗车	$0.025\sim0.0063$	0.85	0.80	0.65
未加工面		0.75	0.65	0.45

表 3-8　各种强化方法的表面质量系数 β

强 化 方 法	心部强度 σ_b/MPa	β		
		光轴	低应力集中的轴 $k_\sigma\leqslant1.5$	高应力集中的轴 $k_\tau\geqslant1.8\sim2$
高频淬火	$600\sim800$	$1.5\sim1.7$	$1.6\sim1.7$	$2.4\sim2.8$
	$800\sim1000$	$1.3\sim1.5$	—	—
渗氮	$900\sim1200$	$1.1\sim1.25$	$1.5\sim1.7$	$1.7\sim2.1$
渗碳	$400\sim600$	$1.8\sim2.0$	3	—
	$700\sim800$	$1.4\sim1.5$	—	—
	$1000\sim1200$	$1.2\sim1.3$	2	—
喷丸硬化	$600\sim1500$	$1.1\sim1.25$	$1.5\sim1.6$	$1.7\sim2.1$
滚子滚压	$600\sim1500$	$1.1\sim1.3$	$1.3\sim1.5$	$1.6\sim2.0$

注：① 高频淬火是根据直径为 $10\sim20$ mm、淬硬层厚度为 $(0.05\sim0.20)d$ 的试件，由试验求得的数据，对大尺寸试样，表面质量系数的值会有所降低；

② 渗氮层厚度为 $0.01d$ 时用小值，在 $(0.03\sim0.04)d$ 时用大值；

③ 喷丸硬化是根据直径为 $8\sim40$ mm 的试样求得的数据，喷丸速度低时用小值，速度高时用大值；

④ 滚子滚压是根据直径为 $17\sim130$ mm 的试样求得的数据。

表 3-9　各种腐蚀情况的表面质量系数 β

工 作 条 件	σ_b/MPa										
	400	500	600	700	800	900	1000	1100	1200	1300	1400
淡水中，有应力集中	0.7	0.63	0.56	0.52	0.46	0.43	0.40	0.38	0.36	0.35	0.33
淡水中，无应力集中 海水中，有应力集中	0.58	0.50	0.44	0.37	0.33	0.28	0.25	0.23	0.21	0.20	0.19
海水中，无应力集中	0.37	0.30	0.26	0.23	0.21	0.18	0.16	0.14	0.13	0.12	0.12

4. 综合影响系数

试验研究表明：应力集中、绝对尺寸和表面状态都只对变应力的变化部分即应力幅有影响，而对变应力的不变部分即平均应力没有明显影响。为此，可将这三个影响系数合并为一个综合影响系数 $K_\sigma(K_\tau)$，并可表示为试件的对称循环弯曲（扭转剪切）疲劳极限 $\sigma_{-1}(\tau_{-1})$ 与零件的对称循环弯曲（扭转剪切）疲劳极限 $\sigma_{-1e}(\tau_{-1e})$ 的比值，即

$$\left.\begin{aligned} K_\sigma &= \frac{\sigma_{-1}}{\sigma_{-1e}} = \frac{k_\sigma}{\varepsilon_\sigma \beta_\sigma} \\ K_\tau &= \frac{\tau_{-1}}{\tau_{-1e}} = \frac{k_\tau}{\varepsilon_\tau \beta_\tau} \end{aligned}\right\} \tag{3-18}$$

3.3.2　零件的疲劳极限应力线图

考虑综合影响系数 $K_\sigma(K_\tau)$ 和寿命系数 k_N 对疲劳强度的影响，对图 3-8 所示材料的疲劳极限应力线图 A-B-S 进行修正，得到图 3-8 所示 A'-B'-S 折线，即零件的疲劳极限应力线图。

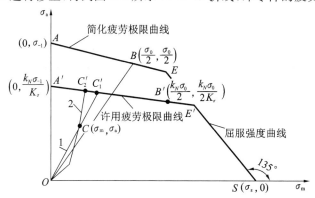

图 3-8　零件的疲劳极限应力线图

值得注意的是，综合影响系数只对极限应力幅有影响，寿命系数对平均应力和应力幅均有影响。可参看图 3-8 中标出的 A、B 和 A'、B' 各点的坐标。关于直线 ES 部分，由于是按照静应力的要求来考虑的，故不需进行修正。

工作应力点 $C(\sigma_m, \sigma_a)$ 必须落在 $OA'E'SO$ 安全区域内。零件的极限应力点的位置取决于工作应力的增长规律，如工作应力按图 3-8 中直线 1 所示的规律增长时，零件的极限应力点为 $C_1'(\sigma'_{\gamma_\sigma m}, \sigma'_{\gamma_\sigma a})$；如按曲线 2 所示的规律增长，则零件的极限应力点为 C_2'。$\sigma'_{\gamma_\sigma m}$ 为零件的极限平均应力，$\sigma'_{\gamma_\sigma a}$ 为零件的极限应力幅。由此可见，虽然零件的工作应力点相同，但由于零件工作应力的增长规律不同，零件的极限应力点也不同，故零件的疲劳强度也不相等。

3.3.3　许用安全系数

进行疲劳强度计算时常用的方法是安全系数法，即计算零件危险截面处的安全系数，判断其安全系数是否大于许用安全系数。

计算安全系数有两种方法：一种方法是以极限应力与最大工作应力之比作为安全系数，则其强度条件为

$$\left.\begin{aligned} S_\sigma &= \frac{\sigma_{\lim}}{\sigma_{\max}} \geqslant [S_\sigma] \\ S_\tau &= \frac{\tau_{\lim}}{\tau_{\max}} \geqslant [S_\tau] \end{aligned}\right\} \tag{3-19}$$

另一种方法是以极限应力幅与工作应力幅之比作为安全系数,则其强度条件为

$$
\left.\begin{array}{l}
S_{\sigma a} = \dfrac{\sigma_{\mathrm{alim}}}{\sigma_a} \geqslant [S_{\sigma a}] \\[3mm]
S_{\tau a} = \dfrac{\tau_{\mathrm{alim}}}{\tau_a} \geqslant [S_{\tau a}]
\end{array}\right\} \tag{3-20}
$$

合理选择许用安全系数是强度设计的一项重要工作。许用安全系数过大,会使机器笨重,在用料、加工、运输等方面都不符合经济性原则;许用安全系数过小,机器又可能不够安全。因此,许用安全系数的选取原则是:在保证机器安全可靠的前提下,尽可能选用较小的许用安全系数。

选择许用安全系数时,要考虑的因素有:① 载荷和应力的性质及计算的准确性;② 材料的性质和材质的不均匀性;③ 零件的重要程度;④ 工艺质量和探伤水平;⑤ 运行条件(如平稳、冲击等);⑥ 环境状况(如腐蚀、温度等);等等。所以,在确定许用安全系数时,应结合具体情况斟酌选取。

各个不同的机器制造部门,常编制有许用安全系数或许用应力的专用规范,有时还附有计算说明。一般都应严格按照这些规范中的规定来确定许用安全系数或许用应力。但是,在使用这些规范时必须充分注意这些规范所规定的使用条件,绝不能随意套用。若无规范可循,则可遵循以下原则选择许用安全系数。

(1) 对于由塑性材料制成的零件,静应力下以屈服强度作为极限应力,其许用安全系数 $[S]$ 可参照表 3-10 选取。

表 3-10　静应力下的许用安全系数

	塑 性 材 料				脆 性 材 料
σ_s/σ_b	0.45~0.55	0.55~0.70	0.70~0.90	铸件	
$[S]([S_\sigma],[S_\tau])$	1.2~1.5	1.4~1.8	1.7~2.2	1.6~2.5	3~4
说明	如载荷和应力的计算不十分准确,$[S]$应加大 20%~50%				如计算不十分准确,$[S]$应加大 50%~100%

(2) 对于由组织不均匀材料制成的零件或脆性材料制成的零件,静应力下以强度极限作为极限应力,可取 $[S]=3~4$;对于由组织均匀的低塑性材料制成的零件,可取 $[S]=2~3$;如果计算不十分准确,可加大 50%~100%。

(3) 变应力下以疲劳极限作为极限应力时,对于由塑性材料制成的零件,取 $[S]=1.5~4.5$,对于由脆性材料和低塑性材料制成的零件,取 $[S]=2~6$。无应力集中时取小值。

(4) 在接触应力情况下(如齿轮),如果疲劳点蚀发生后零件仍能工作,则接触疲劳强度的许用安全系数可取 $[S]=1$。

许用安全系数也可采用部分系数法来确定,这时的安全系数等于几个部分系数之积,即

$$[S] = S_1 S_2 S_3$$

式中:S_1 反映载荷和应力计算的准确性,$S_1=1~1.5$;S_2 反映材料性能的均匀性,对于轧制和铸造的钢零件,$S_2=1.2~1.5$,对于铸铁零件,$S_2=1.5~2.5$;S_3 反映零件的重要程度,$S_3=1~1.5$。

3.3.4　单向稳定变应力下机械零件的疲劳强度

单向应力是指零件只受一维纯拉、压、弯、扭的应力状态。单向稳定变应力下机械零件的疲劳强度条件为式(3-19)和式(3-20)。

由图 3-8 可知,由于工作应力的增长规律不同,零件的极限应力点也不同,故零件的疲劳强度也不相等。

常见的工作应力增长规律有以下几种(见图 3-9):① 循环特性 γ_σ＝常数,如绝大多数转轴中的应力状态;② 平均应力 σ_m＝常数,如振动着的受载弹簧中的应力状态;③ 最小应力 σ_{min}＝常数,如紧螺栓连接中的螺栓受轴向变载荷作用时的应力状态。通常将第一种称为简单加载,后两种称为复杂加载。

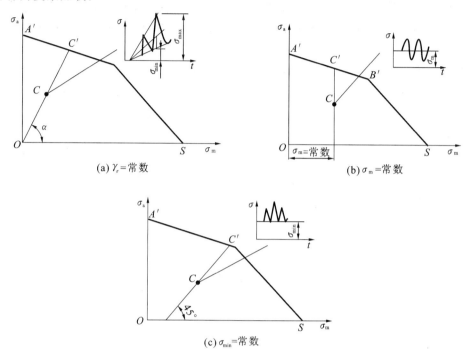

(a) γ_σ＝常数

(b) σ_m＝常数

(c) σ_{min}＝常数

图 3-9　三种工作应力增长规律

下面分别介绍三种情况下机械零件的疲劳强度计算。

1. γ_σ＝常数时零件的疲劳强度计算

若 γ_σ＝常数,则

$$\frac{\sigma_a}{\sigma_m}=\frac{\sigma_{max}-\sigma_{min}}{\sigma_{max}+\sigma_{min}}=\frac{1-\gamma_\sigma}{1+\gamma_\sigma}=\text{常数} \tag{3-21}$$

由上式可见,要使 γ_σ＝常数, σ_a 与 σ_m 的比值必须保持不变,即 σ_a 和 σ_m 应按同一比例增长。

在零件的疲劳极限应力图(见图 3-10)中,从坐标原点 O 过工作应力点 $C(\sigma_m,\sigma_a)$ 作射线交零件疲劳极限曲线 $A'E'$ 于 $C'(\sigma'_m,\sigma'_a)$ 点,此 C' 点即简单加载情况下零件的疲劳极限应力点(C 点位于 $OA'E'O$ 疲劳安全区域内时)。

根据 A' 和 B' 两点坐标求得直线 $A'E'$ 的方程为

$$k_N\sigma_{-1}=K_\sigma\sigma'_a+\psi_\sigma\sigma'_m \tag{3-22}$$

直线 OC' 的方程为

$$\frac{\sigma_a}{\sigma_m}=\frac{\sigma'_a}{\sigma'_m} \tag{3-23}$$

联立式(3-22)和式(3-23)可得

$$\sigma'_m=\frac{k_N\sigma_{-1}\sigma_m}{K_\sigma\sigma_a+\psi_\sigma\sigma_m}$$

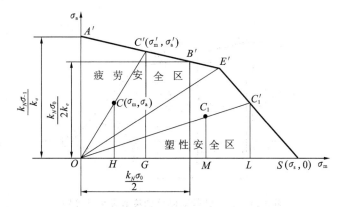

图 3-10　简单加载下零件的疲劳强度计算图

$$\sigma'_a = \frac{k_N \sigma_{-1} \sigma_a}{K_\sigma \sigma_a + \psi_\sigma \sigma_m}$$

故对应于 C' 点的零件的疲劳极限应力为

$$\sigma'_{max} = \sigma'_m + \sigma'_a = \frac{k_N \sigma_{-1}(\sigma_m + \sigma_a)}{K_\sigma \sigma_a + \psi_\sigma \sigma_m} = \frac{k_N \sigma_{-1} \sigma_{max}}{K_\sigma \sigma_a + \psi_\sigma \sigma_m} \qquad (3\text{-}24)$$

于是,零件的疲劳强度安全系数为

$$S_\sigma = \frac{\sigma_{lim}}{\sigma} = \frac{\sigma'_{max}}{\sigma_{max}} = \frac{k_N \sigma_{-1}}{K_\sigma \sigma_a + \psi_\sigma \sigma_m} \geqslant [S_\sigma] \qquad (3\text{-}25)$$

对于切应力,同理得零件的疲劳强度安全系数为

$$S_\tau = \frac{\tau_{lim}}{\tau} = \frac{\tau'_{max}}{\tau_{max}} = \frac{k_N \tau_{-1}}{K_\tau \tau_a + \psi_\tau \tau_m} \geqslant [S_\tau] \qquad (3\text{-}26)$$

对于塑性材料,当工作应力点 C_1 位于 $OE'SO$ 塑性安全区域内时,对应的极限应力点 C'_1 位于 $E'S$ 直线上,极限应力则为屈服强度,可能发生屈服失效,故只需进行静强度计算,则零件的屈服强度安全系数为

$$S_\sigma = \frac{\sigma_{lim}}{\sigma} = \frac{\sigma'_{max}}{\sigma_{max}} = \frac{\sigma_s}{\sigma_m + \sigma_a} \geqslant [S_\sigma] \qquad (3\text{-}27)$$

对于切应力,同理得零件的屈服强度安全系数为

$$S_\tau = \frac{\tau_{lim}}{\tau} = \frac{\tau'_{max}}{\tau_{max}} = \frac{\tau_s}{\tau_m + \tau_a} \geqslant [S_\tau] \qquad (3\text{-}28)$$

计算时若不能判断工作应力点所在的区域,为安全考虑,疲劳强度和屈服强度安全系数都应计算。

2. $\sigma_m =$ 常数时零件的疲劳强度计算

在图 3-11 中,过工作应力点 $C(\sigma_m, \sigma_a)$ 作纵轴的平行线与零件疲劳极限曲线 $A'E'$ 交于 $C'(\sigma'_m, \sigma'_a)$ 点,此 C' 点即为 $\sigma_m =$ 常数时零件的疲劳极限应力点(C 点位于 $OA'E'QO$ 疲劳安全区域内时)。

直线 CC' 的方程为

$$\sigma_m = \sigma'_m$$

代入式(3-22),得

$$\sigma'_a = \frac{k_N \sigma_{-1} - \psi_\sigma \sigma_m}{K_\sigma}$$

则对应于 C' 点的零件的疲劳极限应力为

$$\sigma'_{max} = \sigma'_m + \sigma'_a = \frac{k_N \sigma_{-1} + (K_\sigma - \psi_\sigma)\sigma_m}{K_\sigma} \qquad (3\text{-}29)$$

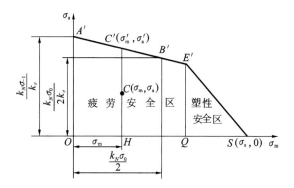

图 3-11 $\sigma_{\mathrm{m}}=$ 常数时零件的疲劳强度计算图

于是，零件的疲劳强度安全系数为

$$S_{\sigma}=\frac{\sigma_{\lim}}{\sigma}=\frac{\sigma'_{\max}}{\sigma_{\max}}=\frac{k_N\sigma_{-1}+(K_{\sigma}-\psi_{\sigma})\sigma_{\mathrm{m}}}{K_{\sigma}(\sigma_{\mathrm{a}}+\sigma_{\mathrm{m}})}\geqslant[S_{\sigma}]\qquad(3\text{-}30)$$

在 $\sigma_{\mathrm{m}}=$ 常数的情况下，按最大应力与最大应力幅计算所得的安全系数是不相等的。按最大应力幅计算零件的疲劳强度安全系数为

$$S_{\sigma\mathrm{a}}=\frac{\sigma_{\mathrm{alim}}}{\sigma_{\mathrm{a}}}=\frac{\sigma'_{\mathrm{a}}}{\sigma_{\mathrm{a}}}=\frac{k_N\sigma_{-1}-\psi_{\sigma}\sigma_{\mathrm{m}}}{K_{\sigma}\sigma_{\mathrm{a}}}\geqslant[S_{\sigma\mathrm{a}}]\qquad(3\text{-}31)$$

对于切应力，同理得零件的疲劳强度安全系数为

$$\left.\begin{array}{l}S_{\tau}=\dfrac{k_N\tau_{-1}+(K_{\tau}-\psi_{\tau})\tau_{\mathrm{m}}}{K_{\tau}(\tau_{\mathrm{a}}+\tau_{\mathrm{m}})}\geqslant[S_{\tau}]\\[4mm]S_{\tau\mathrm{a}}=\dfrac{k_N\tau_{-1}-\psi_{\tau}\tau_{\mathrm{m}}}{K_{\tau}\tau_{\mathrm{a}}}\geqslant[S_{\tau\mathrm{a}}]\end{array}\right\}\qquad(3\text{-}32)$$

3. $\sigma_{\min}=$ 常数时零件的疲劳强度计算

因为 $\sigma_{\min}=\sigma_{\mathrm{m}}-\sigma_{\mathrm{a}}=$ 常数，直线的斜率为 1，所以在图 3-12 中，过工作应力点 $C(\sigma_{\mathrm{m}},\sigma_{\mathrm{a}})$ 作与横轴成 $45°$ 的斜线，与零件疲劳极限曲线 $A'E'$ 交于 $C'(\sigma'_{\mathrm{m}},\sigma'_{\mathrm{a}})$ 点，此 C' 点即为 $\sigma_{\min}=$ 常数情况下零件的疲劳极限应力点（C 点位于 $OA'E'PO$ 疲劳安全区域内时）。

联立求解

$$\left.\begin{array}{l}k_N\sigma_{-1}=K_{\sigma}\sigma'_{\mathrm{a}}+\psi_{\sigma}\sigma'_{\mathrm{m}}\\[2mm]\sigma'_{\mathrm{m}}-\sigma'_{\mathrm{a}}=\sigma_{\min}\end{array}\right\}$$

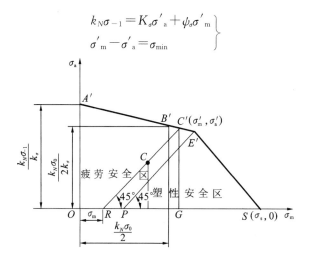

图 3-12 $\sigma_{\min}=$ 常数时零件的疲劳强度计算图

得

$$\left.\begin{array}{l} \sigma'_m = \dfrac{k_N\sigma_{-1}+K_\sigma\sigma_{min}}{K_\sigma+\psi_\sigma} \\[3mm] \sigma'_a = \dfrac{k_N\sigma_{-1}-\psi_\sigma\sigma_{min}}{K_\sigma+\psi_\sigma} \end{array}\right\}$$

则对应于 C' 点的零件的疲劳极限应力为

$$\sigma'_{max} = \sigma'_m + \sigma'_a = \frac{2k_N\sigma_{-1}+(K_\sigma-\psi_\sigma)\sigma_{min}}{K_\sigma+\psi_\sigma} \tag{3-33}$$

则零件的疲劳强度安全系数为

$$S_\sigma = \frac{\sigma'_{max}}{\sigma_{max}} = \frac{2k_N\sigma_{-1}+(K_\sigma-\psi_\sigma)\sigma_{min}}{(K_\sigma+\psi_\sigma)(2\sigma_a+\sigma_{min})} \geqslant [S_\sigma] \tag{3-34}$$

在 $\sigma_{min}=$ 常数的情况下，按最大应力和最大应力幅计算所得的安全系数也是不相等的。按最大应力幅计算零件的疲劳强度安全系数为

$$S_{\sigma a} = \frac{\sigma_{alim}}{\sigma_a} = \frac{\sigma'_a}{\sigma_a} = \frac{k_N\sigma_{-1}-\psi_\sigma\sigma_{min}}{(K_\sigma+\psi_\sigma)\sigma_a} \geqslant [S_{\sigma a}] \tag{3-35}$$

同理，可得 $\tau_{min}=$ 常数时零件的疲劳强度安全系数为

$$\left.\begin{array}{l} S_\tau = \dfrac{k_N\tau_{-1}+(K_\tau-\psi_\tau)\tau_{min}}{(K_\tau-\psi_\tau)(2\tau_a+\tau_{min})} \geqslant [S_\tau] \\[3mm] S_{\tau a} = \dfrac{k_N\tau_{-1}-\psi_\tau\tau_{min}}{(K_\tau+\psi_\tau)\tau_a} \geqslant [S_{\tau a}] \end{array}\right\} \tag{3-36}$$

当工作应力点 C_1 位于 $PE'SP$ 塑性安全区域内时，零件的屈服强度安全系数为

$$\left.\begin{array}{l} S_\sigma = \dfrac{\sigma_s}{2\sigma_a+\sigma_{min}} \\[3mm] S_\tau = \dfrac{\tau_s}{2\tau_a+\tau_{min}} \end{array}\right\} \tag{3-37}$$

例 3-1 一阶梯轴如图 3-13 所示，$d=50$ mm，$D=56$ mm，车削加工，表面粗糙度 Ra 为 1.6 μm，$\sigma_m=80$ MPa，$\sigma_a=80$ MPa，$\psi_\sigma=0.34$，按无限寿命设计，有表 3-11 所示三种设计方案，比较这三种设计方案的疲劳强度。

图 3-13 阶梯轴

表 3-11 例 3-1 的设计方案

方案	材料和热处理	圆角半径 r/mm	抗拉强度 σ_b/MPa	屈服强度 σ_s/MPa	疲劳极限 σ_{-1}/MPa
1	45 钢调质	1	640	355	275
2	45 钢调质	3	640	355	275
3	38SiMnMo 调质	1	735	590	365

解 计算 $(D-d)/r$、r/d。

对于方案 1 和方案 3，有

$$\frac{D-d}{r} = \frac{56-50}{1} = 6, \quad \frac{r}{d} = \frac{1}{50} = 0.02$$

对于方案 2，有

$$\frac{D-d}{r} = \frac{56-50}{3} = 2, \quad \frac{r}{d} = \frac{3}{50} = 0.06$$

分别查表 3-4、表 3-6、表 3-7，得到 k_σ、ε_σ、β_σ（$\beta=\beta_\sigma$），如表 3-12 所示。

应用疲劳强度安全系数计算公式 $S_\sigma = \dfrac{k_N\sigma_{-1}}{K_\sigma\sigma_a+\psi_\sigma\sigma_m}$，所得结果如表 3-12 所示。

表 3-12　例 3-1 的计算结果

方案	材料和热处理	圆角半径 r/mm	有效应力集中系数 k_σ	绝对尺寸系数 ε_σ	表面质量系数 β_σ	综合影响系数 K_σ	疲劳安全系数 S_σ
1	45 钢调质	1	2.04	0.84	0.92	2.73	1.12
2	45 钢调质	3	1.63	0.84	0.92	2.11	1.40
3	38SiMnMo 调质	1	2.15	0.7	0.81	3.79	1.11

由结果可以看出，合金钢对应力集中比较敏感，其安全系数比碳钢的略小。在某些情况下（如应力集中较大时），加大圆角半径比提高材料强度更有利于满足设计要求。

例 3-2　一优质碳素结构钢零件，其材料经调质处理，$\sigma_b = 560$ MPa，$\sigma_s = 280$ MPa，$\sigma_{-1} = 200$ MPa，硬度为 200～230 HB，受循环变应力作用，$\sigma_{max} = 155$ MPa，$\sigma_{min} = 30$ MPa，$\gamma_\sigma = $ 常数，零件的有效应力集中系数 $k_\sigma = 1.65$，绝对尺寸系数 $\varepsilon_\sigma = 0.81$，表面质量系数 $\beta_\sigma = 0.95$（精车），等效系数 $\psi_\sigma = 0.2$，要求应力循环次数不低于 5×10^5 次，如取许用安全系数 $[S_\sigma] = 1.5$，试校核该零件的强度。

解　（1）计算平均应力 σ_m 和应力幅 σ_a。

$$\sigma_m = \frac{\sigma_{max} + \sigma_{min}}{2} = \frac{155 + 30}{2} \text{ MPa} = 92.5 \text{ MPa}$$

$$\sigma_a = \frac{\sigma_{max} - \sigma_{min}}{2} = \frac{155 - 30}{2} \text{ MPa} = 62.5 \text{ MPa}$$

$$\gamma_\sigma = \frac{\sigma_{min}}{\sigma_{max}} = \frac{30}{155} = 0.1935$$

（2）计算综合影响系数 K_σ。

由式（3-18）得

$$K_\sigma = \frac{k_\sigma}{\varepsilon_\sigma \beta_\sigma} = \frac{1.65}{0.81 \times 0.95} = 2.14$$

（3）计算寿命系数 k_N。

取 $m = 9$（拉应力），$N_0 = 10^7$ 次（$\leqslant 350$HB），由式（3-6）得

$$k_N = \sqrt[m]{\frac{N_0}{N}} = \sqrt[9]{\frac{10^7}{5 \times 10^5}} = 1.39$$

（4）疲劳强度安全系数校核。

由式（3-25）得

$$S_\sigma = \frac{k_N \sigma_{-1}}{K_\sigma \sigma_a + \psi_\sigma \sigma_m} = \frac{1.39 \times 200}{2.14 \times 62.5 + 0.2 \times 92.5} = 1.82 > [S_\sigma]$$

故安全。

（5）静强度安全系数校核。

由式（3-27）得

$$S_\sigma = \frac{\sigma_s}{\sigma_m + \sigma_a} = \frac{280}{92.5 + 62.5} = 1.81 > [S_\sigma]$$

故安全。

本例中由于疲劳极限应力线图未知，不能判定属何种形式失效，故对疲劳强度和静强度都进行了校核。

3.3.5　单向不稳定变应力下机械零件的疲劳强度

不稳定变应力可分为规律性不稳定变应力和非规律性不稳定变应力两大类。

规律性不稳定变应力,其变应力参数的变化有一个简单的规律。如专用机床的主轴、高炉上料机构的零件等承受的变应力是按简单规律变化的。对于承受规律性不稳定变应力的零件,可以根据疲劳损伤积累理论进行计算。这个理论认为:当材料承受高于疲劳极限的应力时,每一循环都使材料产生一定量的损伤,而该损伤是可以积累的,当损伤积累到临界值时即发生疲劳破坏。疲劳损伤积累理论同样也适用于零件。

到目前为止,已建立的疲劳损伤积累理论有几十种,但应用最为广泛的是线性疲劳损伤积累理论。这种理论认为:材料在各个应力下的疲劳损伤是独立进行的,并且总损伤是可以线性地累加起来的。其中,最有代表性的是 Miner 理论。

图 3-14 所示为一规律性不稳定变应力直方图与材料的 σ-N 曲线,图中 σ_1,σ_2,$\cdots$,σ_n 为各个对称循环变应力的最大应力(非对称循环变应力时为等效的对称循环变应力),N_1,N_2,$\cdots$,N_n 为与各个应力相对应的工作循环次数,N'_1,N'_2,$\cdots$,N'_n 为与各个应力相对应的材料发生疲劳破坏时的极限循环次数。大于材料疲劳极限 σ_{-1} 的各个应力,每循环一次就造成一次寿命损失,经 N_1,N_2,$\cdots$,N_n 次循环后,其寿命损伤率分别为 N_1/N'_1,N_2/N'_2,$\cdots$,N_n/N'_n。

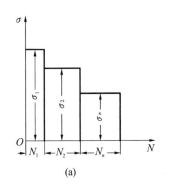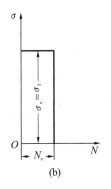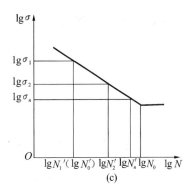

图 3-14　规律性不稳定变应力直方图与材料的 σ-N 曲线

小于材料疲劳极限 σ_{-1} 的工作应力,对材料不起疲劳损伤作用,故在计算时可以不予考虑。

当大于 σ_{-1} 的各级应力对材料的寿命损伤率之和达到 100% 时,材料即发生疲劳破坏。故对应于极限状况,其总寿命损伤率为

$$F = \frac{N_1}{N'_1} + \frac{N_2}{N'_2} + \cdots + \frac{N_n}{N'_n} = \sum_{i=1}^{n} \frac{N_i}{N'_i} = 1 \tag{3-38}$$

式(3-38)即为线性疲劳损伤积累理论的数学表达式,又称 Miner 方程。试验结果表明,当作用的各级应力幅无巨大差别以及无短时的强烈过载时,这个规律是正确的;当各级应力是先作用最大的,然后依次降低时,式(3-38)将小于 1;当各级应力是先作用最小的,然后依次升高时,则式(3-38)将大于 1。总寿命损伤率为 $0.7 \sim 2.2$。由于疲劳试验数据有很大的离散性,从平均的意义上来说,在设计中应用式(3-38)是可以得出一个较为合理的结果的。因此,计算时通常取 $F=1$,当 $F<1$ 时,则可认为材料未达到疲劳寿命极限。

规律性不稳定变应力下零件的疲劳强度计算是,先将不稳定变应力折算成单一的与其总寿命损伤率相等的等效稳定变应力(简称等效应力)σ_v,然后按稳定变应力进行疲劳强度计算。

通常取等效应力 σ_v 等于不稳定变应力中作用时间最长和（或）起主要作用的应力。例如，图 3-14(a) 所示曲线中取 $\sigma_v = \sigma_1$。对应 σ_v 的是等效循环次数 N_v（见图 3-14(b)），材料发生疲劳破坏时的极限循环次数为 N'_v。根据总寿命损伤率应相等的条件，可列出

$$\frac{N_1}{N'_1} + \frac{N_2}{N'_2} + \cdots + \frac{N_n}{N'_n} = \frac{N_v}{N'_v}$$

上式各项的分子和分母相应乘 σ_1^m、σ_2^m、$\cdots$、σ_n^m，并利用式(3-4)给出的 $\sigma_i^m N'_i = C$ 的关系，得

$$\sigma_1^m N_1 + \sigma_2^m N_2 + \cdots + \sigma_n^m N_n = \sigma_v^m N_v$$

则等效循环次数 N_v 为

$$N_v = \sum_{i=1}^{n} \left(\frac{\sigma_i}{\sigma_v}\right)^m N_i \tag{3-39}$$

可得循环次数为 N_v 时材料的对称循环疲劳极限 σ_{-1N_v} 和寿命系数 k_N 为

$$\left.\begin{array}{l} \sigma_{-1N_v} = \sqrt[m]{\dfrac{N_0}{N_v}}\,\sigma_{-1} = k_N \sigma_{-1} \\[3mm] k_N = \sqrt[m]{\dfrac{N_0}{N_v}} = \sqrt[m]{\dfrac{N_0}{\displaystyle\sum_{i=1}^{n}\left(\dfrac{\sigma_i}{\sigma_v}\right)^m N_i}} \end{array}\right\} \tag{3-40}$$

对于切应力，同理得

$$\left.\begin{array}{l} \tau_{-1N_v} = \sqrt[m]{\dfrac{N_0}{N_v}}\,\tau_{-1} = k_N \tau_{-1} \\[3mm] k_N = \sqrt[m]{\dfrac{N_0}{N_v}} = \sqrt[m]{\dfrac{N_0}{\displaystyle\sum_{i=1}^{n}\left(\dfrac{\tau_i}{\tau_v}\right)^m N_i}} \end{array}\right\} \tag{3-41}$$

根据安全系数的定义可得零件的疲劳强度安全系数为

$$\left.\begin{array}{l} S_\sigma = \dfrac{\sigma_{-1N_v e}}{\sigma_v} = \dfrac{\sigma_{-1N_v}/K_\sigma}{\sigma_v} = \dfrac{k_N \sigma_{-1}/K_\sigma}{\sigma_v} \geqslant [S_\sigma] \\[3mm] S_\tau = \dfrac{\tau_{-1N_v e}}{\tau_v} = \dfrac{\tau_{-1N_v}/K_\tau}{\tau_v} = \dfrac{k_N \tau_{-1}/K_\tau}{\tau_v} \geqslant [S_\tau] \end{array}\right\} \tag{3-42}$$

非规律性的不稳定变应力，其参数的变化受很多因素的影响，是随机变化的。如汽车的板弹簧，作用在它上面的载荷和应力要受到载重量、行车速度、轮胎充气程度、路面状况和驾驶员操作水平等一系列因素影响，而这些因素都具有随机性。对于这类问题，应先根据大量试验，求得载荷及应力的统计分布规律，然后用统计强度理论，将随机变应力转化为规律性的不稳定变应力，再根据疲劳损伤积累理论进一步将其转化为稳定的变应力，最后按前面所述的疲劳强度理论进行分析。

例 3-3　一转轴截面上受规律性不稳定对称循环弯曲应力作用，$\sigma_1 = 120$ MPa，$\sigma_2 = 100$ MPa，$\sigma_3 = 40$ MPa，各应力的循环次数分别为 $N_1 = 5 \times 10^4$ 次，$N_2 = 2 \times 10^5$ 次，$N_3 = 10^5$ 次。转轴材料为 45 钢，调质处理，硬度为 200 HB，$\sigma_{-1} = 270$ MPa，$m = 9$，$N_0 = 10^7$ 次，$K_\sigma = 2.5$，$[S_\sigma] = 1.5$。校核该轴的疲劳强度。

解　(1) 求等效循环次数 N_v。

取等效稳定变应力 $\sigma_v = \sigma_1 = 120$ MPa，由式(3-39)得

$$N_v = \sum_{i=1}^{3} \left(\frac{\sigma_i}{\sigma_v}\right)^m N_i = \left[\left(\frac{120}{120}\right)^9 \times 5 \times 10^4 + \left(\frac{100}{120}\right)^9 \times 2 \times 10^5 + \left(\frac{40}{120}\right)^9 \times 10^5\right]次$$

$$= (50000 + 38761.34 + 5.08)次 = 8.877 \times 10^4 次 < 10^7 次$$

对于较小应力,在考虑了安全系数后若仍小于零件的疲劳极限,则计算时可不计入。若仍计入,从以上计算结果可看出,对 N_v 影响很小,也可忽略不计。

(2)求寿命系数 k_N。

由式(3-40)得

$$k_N = \sqrt[m]{\frac{N_0}{N_v}} = \sqrt[9]{\frac{10^7}{8.877 \times 10^4}} = 1.69$$

(3)求安全系数 S_σ。

由式(3-42)得

$$S_\sigma = \frac{k_N \sigma_{-1}}{K_\sigma \sigma_v} = \frac{1.69 \times 270}{2.5 \times 120} = 1.52 > [S_\sigma] = 1.5$$

故安全。

3.3.6 双向稳定变应力下机械零件的疲劳强度

双向应力是指零件横截面同时受到法向应力和切向应力作用的状态。多数零件(如转轴)工作在双向应力状态。在零件截面上同时作用有同相位的法向和切向对称循环稳定变应力 σ_a 和 τ_a 时,根据试验及理论分析,对于塑性材料,其疲劳极限应力曲线在图 3-15 所示坐标系中近似于一条椭圆曲线,可表达为

$$\left(\frac{\sigma_{\gamma_\sigma a}}{\sigma_{-1}}\right)^2 + \left(\frac{\tau_{\gamma_\sigma a}}{\tau_{-1}}\right)^2 = 1 \tag{3-43}$$

式中:$\sigma_{\gamma_\sigma a}$、$\tau_{\gamma_\sigma a}$ 分别为材料的极限正应力幅和极限切应力幅。

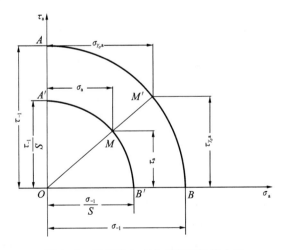

图 3-15 弯扭双向应力疲劳极限应力图

工作应力点 $M(\sigma_a, \tau_a)$ 位于椭圆曲线以内,未达到极限条件,因而是安全的。过 M 点作等安全系数曲线 $A'MB'$,该曲线也应是一个椭圆曲线。材料的计算安全系数为

$$S = \frac{OM'}{OM} = \frac{\sigma_{\gamma_\sigma a}}{\sigma_a} = \frac{\tau_{\gamma_\sigma a}}{\tau_a} \tag{a}$$

当考虑了影响疲劳强度的各个因素及寿命系数后,零件的计算安全系数为

$$S = \frac{k_N \sigma_{\gamma_\sigma a}/K_\sigma}{\sigma_a} = \frac{k_N \tau_{\gamma_\sigma a}/K_\tau}{\tau_a} \qquad\qquad (b)$$

将式(b)代入式(3-43),得

$$\left[\frac{S}{S_\sigma}\right]^2 + \left[\frac{S}{S_\tau}\right]^2 = 1 \qquad\qquad (c)$$

式中:S_σ、S_τ 分别为零件的正应力安全系数和切应力安全系数。

$$S_\sigma = \frac{k_N \sigma_{-1}/K_\sigma}{\sigma_a}, \quad S_\tau = \frac{k_N \tau_{-1}/K_\tau}{\tau_a}$$

由式(c)可得零件在双向对称循环稳定变应力下的疲劳强度复合安全系数为

$$S = \frac{S_\sigma S_\tau}{\sqrt{S_\sigma^2 + S_\tau^2}} \geqslant [S] \qquad\qquad (3\text{-}44)$$

当零件所承受的复合变应力均为非对称循环变应力时,可先分别按式(3-25)和式(3-26)求出 S_σ 和 S_τ,然后按式(3-44)计算零件的复合安全系数 S。

3.4　机械零件的接触强度

1. 接触应力

机械中各零件之间力的传递,总是通过两零件的接触来实现的。高副零件工作时理论上力是通过线接触(见图 3-16(a)、(b))或点接触(见图 3-16(c)、(d))传递的。图 3-16(a)、(c)所示的接触称为外接触;图 3-16(b)、(d)所示的接触称为内接触。渐开线直齿圆柱齿轮齿面间的接触为线接触,外啮合时为外接触,内啮合时为内接触。球面间的接触为点接触。理论上载荷是通过点或线传递的。考虑到高副零件接触受载后材料的弹性变形,实际接触处为一很小的区域,最大应力发生在接触面的中央。通常在此小区域中会产生很大的局部应力,这种应力称为接触应力,用 σ_H 表示。

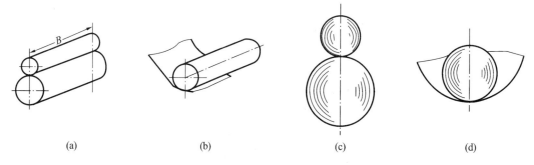

(a)　　　　　　　　(b)　　　　　　　　(c)　　　　　　　　(d)

图 3-16　几种曲面接触情况

图 3-17 所示为外接触的两个轴线平行的圆柱体。未受力前,两圆柱体沿与轴线平行的一条线接触;受力后,由于材料的弹性变形,接触处变成宽度为 $2a$ 的矩形面。接触应力沿矩形接触面呈半椭圆柱形分布。最大接触应力 σ_{Hmax} 位于接触面宽中线处,即初始接触线处。两球体接触时,受力后由初始的点接触变成圆形面接触,接触应力在接触面上呈半椭球形分布,最大接触应力位于圆形接触面的中心。

接触应力的计算是一个弹性力学问题。对于两个轴线平行的圆柱体接触,由弹性力学给出的接触面宽 a 为

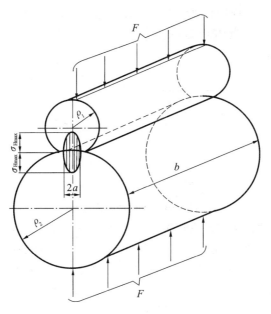

图 3-17 两圆柱体接触变形与应力分布

$$a=\sqrt{\dfrac{4F}{\pi b}\left(\dfrac{\dfrac{1-\mu_1^2}{E_1}+\dfrac{1-\mu_2^2}{E_2}}{\dfrac{1}{\rho_\Sigma}}\right)} \tag{3-45}$$

最大接触应力 σ_{Hmax} 为

$$\sigma_{Hmax}=\frac{4}{\pi}\frac{F}{2ab}=\sqrt{\frac{F}{\pi b}\left(\frac{\dfrac{1}{\rho_\Sigma}}{\dfrac{1-\mu_1^2}{E_1}+\dfrac{1-\mu_2^2}{E_2}}\right)} \tag{3-46}$$

当 $\mu_1=\mu_2=0.3$ 和 $E_1=E_2=E$ 时，有

$$\sigma_{Hmax}=0.418\sqrt{\frac{FE}{b\rho_\Sigma}} \tag{3-47}$$

式中：ρ_Σ 为综合曲率半径，$\dfrac{1}{\rho_\Sigma}=\dfrac{1}{\rho_1}\pm\dfrac{1}{\rho_2}$，正号用于外接触，负号用于内接触，$\rho_1$、$\rho_2$ 为两接触体初始接触线处的曲率半径；平面与圆柱体接触时，取平面曲率半径 $\rho_2=\infty$；E 为综合弹性模量，$E=\dfrac{2E_1E_2}{E_1+E_2}$，$E_1$、$E_2$ 为两接触体材料的弹性模量；μ_1、μ_2 为两接触体材料的泊松比；F 为作用于接触面上的总压力；b 为初始接触线长度。

2. 接触疲劳强度

当零件在循环接触条件下工作（如齿轮传动）时，零件上任一点处的接触应力只能在 0 到 σ_{Hmax} 之间改变，因此，接触应力是脉动循环变应力。接触表面的失效主要由疲劳破坏引起，称为表面疲劳磨损。表面疲劳磨损的过程是，接触应力的循环作用，使表面下 15～25 μm 处的最大切应力所引起的剪切塑性变形发生循环变化，产生初始疲劳裂纹（见图 3-18(a)上），并沿最大切应力方向扩展到表面（见图 3-18(b)），最后以贝壳状的小片剥落（见图 3-18(c)），在零件表面上形成小坑（见图 3-18(d)），引起表面材料损失，所以称为表面疲劳磨损，也称为疲劳点蚀，简称点蚀。初始裂纹也可能由表面材料循环剪切塑性变形，引起晶体沿滑移面滑移而产生(见图 3-18(a)下),然后向内层扩展发生材料剥落,形成点蚀。此外,初始裂纹的发生还要受到材料存在的微裂纹、杂质等缺陷的影响。

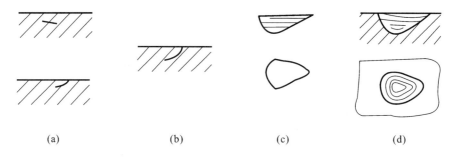

| (a) | (b) | (c) | (d) |

图 3-18　点蚀的形成过程

点蚀的形成与润滑油的存在有密切关系,润滑油从表面裂纹开口处渗入裂纹中,若裂纹开口方向与零件运动方向一致,则在运动时裂纹开口先与另一零件表面接触而被封住,在载荷作用下,导致裂纹内部产生巨大油压,从而促进裂纹的发展和表层剥落。油的黏度越低,油越易渗入裂纹,点蚀发展越快。如果没有润滑油,表面便直接接触,引起磨粒磨损。因磨粒磨损的速度远远超过裂纹发展的速度,故点蚀来不及形成。

点蚀形成后,零件的有效接触面积减小,传递载荷的能力随之降低。此外,零件由于表面被破坏,失去正确的形状,工作时将引起振动和噪声。点蚀常是闭式传动齿轮、滚动轴承等零件的主要失效形式。

金属表面接触疲劳强度计算的极限应力是接触疲劳极限 σ_{Hlim},即在规定的应力循环次数下材料不发生点蚀现象时的极限应力。零件的表面接触疲劳强度条件为

$$\sigma_H \leqslant [\sigma_H] = \frac{\sigma_{\text{Hlim}}}{[S]} \tag{3-48}$$

式中:$[\sigma_H]$ 为许用接触应力。

知识链接

高机械强度材料——石墨烯

随着科学技术的不断进步,人类对世界的探索也愈发频繁。其中,航天技术的不断成熟,打开了人们拘于地球的眼界;潜水技术的完善,让我们更加了解海底世界的生存法则。总之,"上天入地"这个词被人们用实际行动展现了出来。

与此同时,科学家对我们肉眼看不到的元素也进行了孜孜不倦的探究,好在皇天不负有心人,我们不仅发现了它们,还充分利用其具备的性能来推动社会的发展。通过这些元素,我们也发现了与其相关的稀有材料,石墨就是其中一种。

近年来,我国通过对石墨的研究探索已独立自主研发了一种材料。据悉,该材料就是石墨烯,石墨烯硬度比钢高 100 倍,但厚度却比头发丝还小,而随着它的投入使用,或许中国进入石墨烯的时代指日可待。那么能让各国都想拥有的石墨烯究竟具备哪些性能呢?

(1)石墨烯具备韧性好、强度大的优点,而这也让它成为某些特种装备的重要组成部分之一,其中就包括手机的三防(防尘、防摔、防水)坚固设置。它可替代之前手机屏幕使用的钢化玻璃。毕竟与钢化玻璃相比,石墨烯既透明又坚固的性能就已完胜。据悉,凭借着较高的机械强度,石墨烯或将成为太空电梯缆索的主要构成部分,可见其对人类社会发展的贡献之大。

（2）石墨烯的导热性能相较于其他材料要好得多，原因就在于其所特有的网状结构。因此，很多以生产高发热装备为主的生产商会在热管接触面和芯片表面填充粉末状的石墨烯，这样一来就能有效提升电子装备的散热效能。

为了充分利用石墨烯的导热性能，研发商们还打算将石墨烯制作成散热片与均热板，进而达到帮芯片散发热量的作用。除此之外，石墨烯具备超高的导电性能。利用石墨烯制作芯片的刻蚀线路或半导体，就可以大大降低芯片的能量损耗。

（3）将石墨烯作为芯片中的高导热材料，首先以石墨烯为晶圆基底，将芯片的超高耐温极限从单晶硅材料的 100 ℃，提高到碳材料的 225 ℃，从而生产出更加耐热的芯片。

目前，能将石墨烯成功研发且投入各行业使用的国家少之又少。对此，我国仍应深入探究，为跨进石墨烯时代而不断努力。

（资料来源：腾讯网）

习　　题

3.1　选择题

（1）下列四项叙述中，_____是正确的。

A. 变应力只能由变载荷产生　　　　　　　B. 变应力只能由静载荷产生

C. 静载荷不能产生变应力　　　　　　　　D. 变应力也可能由静载荷产生

（2）发动机连杆横截面上的应力变化规律如图 3-19 所示，则该变应力的循环特性 γ_σ 为_____。

A. 0.24　　　　　　　　　　　　B. -0.24

C. 4.17　　　　　　　　　　　　D. -4.17

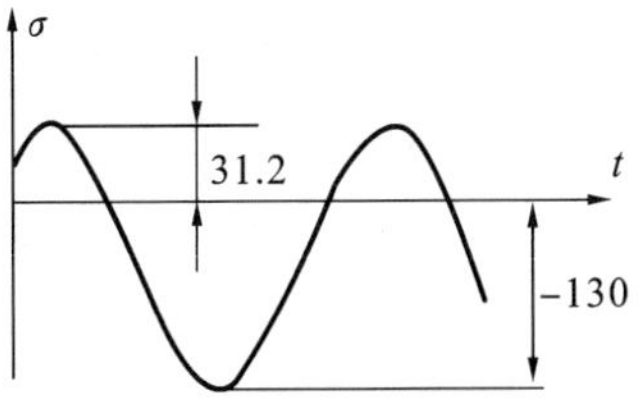

（3）应力的变化规律如图 3-19 所示，则应力副 σ_a 和平均应力 σ_m 分别为_____。

图 3-19　题 3.1图 1

A. $\sigma_a=80.6$ MPa，$\sigma_m=49.4$ MPa

B. $\sigma_a=80.6$ MPa，$\sigma_m=-49.4$ MPa

C. $\sigma_a=49.4$ MPa，$\sigma_m=-80.6$ MPa

D. $\sigma_a=-49.4$ MPa，$\sigma_m=-80.6$ MPa

（4）变应力特性可用 σ_{max}、σ_{min}、σ_m、σ_a 和 γ_σ 五个参数中的任意_____来描述。

A. 1 个　　　　　　B. 2 个　　　　　　C. 3 个　　　　　　D. 4 个

（5）零件的许用安全系数为_____。

A. 零件的极限应力比许用应力　　　　　　B. 零件的最大工作应力比许用应力

C. 零件的极限应力比最大工作应力　　　　D. 零件的最大工作应力比极限应力

（6）机械零件的强度条件可以写成_____。

A. $\sigma\leqslant[\sigma]$，$\tau\leqslant[\tau]$ 或 $S_\sigma\leqslant[S_\sigma]$，$S_\tau\leqslant[S_\tau]$　　　B. $\sigma\geqslant[\sigma]$，$\tau\geqslant[\tau]$ 或 $S_\sigma\geqslant[S_\sigma]$，$S_\tau\geqslant[S_\tau]$

C. $\sigma\leqslant[\sigma]$，$\tau\leqslant[\tau]$ 或 $S_\sigma\geqslant[S_\sigma]$，$S_\tau\geqslant[S_\tau]$　　　D. $\sigma\geqslant[\sigma]$，$\tau\geqslant[\tau]$ 或 $S_\sigma\leqslant[S_\sigma]$，$S_\tau\leqslant[S_\tau]$

（7）在进行材料的疲劳强度计算时，其极限应力应为材料的_____。

A. 屈服点　　　　　B. 疲劳极限　　　　　C. 强度极限　　　　　D. 弹性极限

（8）45 钢的对称循环疲劳极限 $\sigma_{-1}=270$ MPa，疲劳曲线方程的幂指数 $m=9$，应力循环基数 $N_0=5\times10^6$ 次，当实际应力循环次数 $N=10^4$ 次时，有限寿命疲劳极限为_____ MPa。

A. 539　　　　　　B. 135　　　　　　　C. 175　　　　　　　D. 417

(9) 有一根阶梯轴,用 45 钢制造,截面变化处过渡圆角的有效应力集中系数 $k_\sigma = 1.58$,表面质量系数 $\beta = 0.82$,绝对尺寸系数 $\varepsilon_\sigma = 0.68$,则其疲劳强度综合影响系数 $K_\sigma = $ _____ 。

A. 0.35　　　　　　　　B. 0.88　　　　　　　　C. 1.14　　　　　　　　D. 2.83

(10) 零件的截面形状一定,如绝对尺寸(横截面尺寸)增大,疲劳强度将随之 _____ 。

A. 增高　　　　　　　　B. 不变　　　　　　　　C. 降低　　　　　　　　D. 提高或不变

(11) 当形状、尺寸、结构相同时,磨削加工的零件与精车加工的零件相比,其疲劳强度 _____ 。

A. 较高　　　　　　　　B. 较低　　　　　　　　C. 相同　　　　　　　　D. 相同或较低

(12) 绘制零件的 σ_m-σ_a 极限应力简图时,所必需的已知数据是 _____ 。

A. σ_{-1},σ_0,σ_s,k_σ　　B. σ_{-1},σ_0,ψ_σ,K_σ　　C. σ_{-1},σ_0,σ_s,K_σ　　D. σ_{-1},σ_s,ψ_σ,k_σ

(13) 在图 3-20 所示的 σ_m-σ_a 极限应力简图中,如工作应力点 M 所在的 ON 线与横轴间夹角 $\theta = 45°$,则该零件受的是 _____ 。

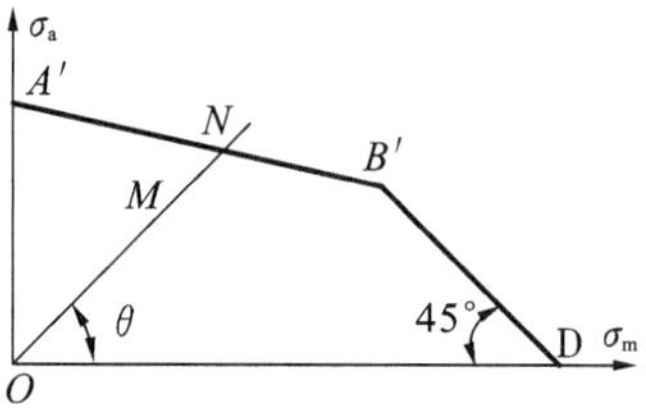

A. 同向的非对称循环变应力

B. 不同向的非对称循环变应力

C. 对称循环变应力

D. 脉动循环变应力

图 3-20　题 3.1 图 2

(14) 在图 3-20 所示零件的 σ_m-σ_a 极限应力简图中,如工作应力点 M 所在 ON 线与横轴之间的夹角 $\theta = 90°$,则该零件受的是 _____ 。

A. 脉动循环变应力　　　　　　　　　　　B. 对称循环变应力

C. 不同向的非对称循环变应力　　　　　　D. 同向的非对称循环变应力

(15) 在应力变化中,如果周期、应力幅和平均应力有一个变化,则称为 _____ 。

A. 稳定变应力　　　　　　　　　　　　　B. 非稳定变应力

C. 非对称循环变应力　　　　　　　　　　D. 脉动循环变应力

(16) 在静应力作用下,塑性材料的极限应力为 _____ 。

A. σ_b　　　　　　　　B. σ_s　　　　　　　　C. σ_0　　　　　　　　D. σ_{-1}

(17) 已知 45 钢调质后的力学性能为 $\sigma_b = 620$ MPa,$\sigma_s = 350$ MPa,$\sigma_{-1} = 280$ MPa,$\sigma_0 = 450$ MPa,则 ψ_σ 为 _____ 。

A. 1.6　　　　　　　　B. 2.2　　　　　　　　C. 0.24　　　　　　　　D. 0.26

(18) 塑性材料在脉动循环变应力作用下的极限应力为 _____ 。

A. σ_b　　　　　　　　B. σ_s　　　　　　　　C. σ_0　　　　　　　　D. σ_{-1}

(19) 对于受循环变应力作用的零件,影响疲劳破坏的主要应力成分是 _____ 。

A. 最大应力　　　　　　B. 最小应力　　　　　　C. 平均应力　　　　　　D. 应力幅

(20) 零件表面经淬火、氮化、喷丸及滚子碾压等处理后,其疲劳强度 _____ 。

A. 提高　　　　　　　　B. 不变　　　　　　　　C. 降低　　　　　　　　D. 不能确定

3.2　图 3-21 所示各零件均受静载荷作用,试判断零件上 A 点的应力是静应力还是变应力。

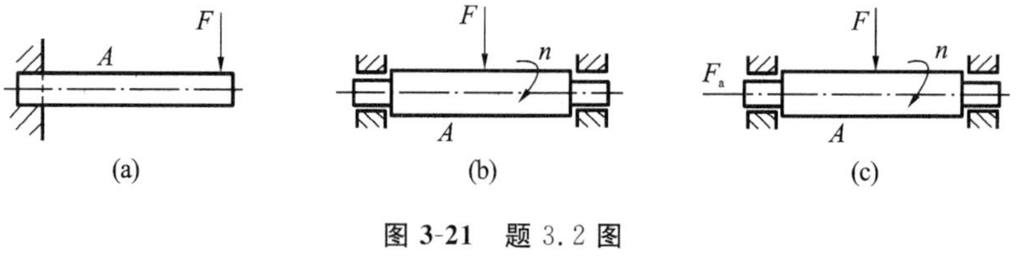

(a)　　　　　　　　　　(b)　　　　　　　　　　(c)

图 3-21　题 3.2 图

3.3　某钢材料的对称循环弯曲疲劳极限 $\sigma_{-1}=210$ MPa，取循环基数 $N_0=10^7$ 次，材料指数 $m=9$，硬度为 240 HBW。试求循环次数 N 分别为 8000 次、25000 次、650000 次时的有限寿命弯曲疲劳极限。

3.4　某零件如图 3-22 所示，材料的强度极限 $\sigma_b=650$ MPa，表面精车，不进行强化处理。已知轴的 Ⅰ—Ⅰ 截面承受的弯矩 $M=300$ N·m，扭矩 $T=800$ N·m，弯曲应力为对称循环，扭转切应力为脉动循环。轴材料为 40Cr 钢调质，$\sigma_{-1}=355$ MPa，$\tau_{-1}=200$ MPa，$\psi_\sigma=0.2$，$\psi_\tau=0.1$。

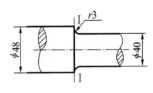

图 3-22　题 3.4 图

（1）试确定 Ⅰ—Ⅰ 截面处的弯曲疲劳极限的综合影响系数 K_σ 和剪切疲劳极限的综合影响系数 K_τ。

（2）计算考虑弯矩和扭矩共同作用时的计算安全系数 S。

3.5　某受弯曲变应力作用的零件，其危险截面上的最大工作应力 $\sigma_{max}=300$ MPa，最小工作应力 $\sigma_{min}=-50$ MPa，循环次数 $N=5\times10^5$ 次，有效应力集中系数 $k_\sigma=1.2$，绝对尺寸系数 $\varepsilon_\sigma=0.85$，表面质量系数 $\beta_\sigma=0.95$；零件材料的力学性能为：$\sigma_s=750$ MPa，$\sigma_{-1}=445$ MPa，$\psi_\sigma=0.2$，$N_0=10^7$ 次，硬度为 280 HBW，$[S]=1.9$。

（1）试绘制材料和零件的简化疲劳极限应力线图，并在图中标出工作应力点，分析说明该零件在 $\gamma_\sigma=$ 常数情况下可能的主要失效形式并校核该零件危险截面的疲劳强度。

（2）按无限寿命计算结果又如何？

3.6　试分别按 $\sigma_m=$ 常数、$\sigma_{min}=$ 常数复杂加载规律计算题 3.5 的零件危险截面安全系数。

3.7　45 钢经过调质处理后的性能为 $\sigma_{-1}=307$ MPa，$m=9$，$N_0=10^7$ 次。现用此材料做试件进行试验，以对称循环变应力 $\sigma_1=500$ MPa 作用 10^4 次，以 $\sigma_2=400$ MPa 作用 10^5 次，试计算该试件在此条件下的疲劳强度安全系数。若以后再以 $\sigma_3=350$ MPa 作用于该试件，还需要循环多少次才能使试件破坏。

3.8　某轴转速 $n=50$ r/min，所受的规律性不稳定对称循环弯曲变应力如图 3-23 所示，要求使用寿命为 5 年（每年工作 100 d，每天工作 2 h），材料的力学性能为：$\sigma_b=675$ MPa，$\sigma_s=400$ MPa，$\sigma_{-1}=290$ MPa，$\psi_\sigma=0.2$，硬度为 260 HBW；危险截面的有效应力集中系数 $k_\sigma=1.8$，绝对尺寸系数 $\varepsilon_\sigma=0.8$，表面质量系数 $\beta_\sigma=0.95$；取循环基数 $N_0=10^7$ 次，材料指数 $m=9$，许用安全系数 $[S_\sigma]=1.5$。试校核该轴的疲劳强度。

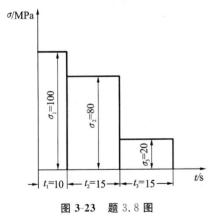

图 3-23　题 3.8 图

第 4 章　摩擦、磨损与润滑

【本章学习要求】

1. 熟悉摩擦的基本概念、类型及基本性质；
2. 掌握流体润滑基本原理。

　　两个接触的物体在法向力的作用下，有相对移动的趋势或做相对移动时，其接触面会产生切向阻力，这种现象称为摩擦，在摩擦表面间产生的切向阻力称为摩擦力。机器的运转都要依靠其零件的相对运动来实现，而零件的相对运动必然产生摩擦。摩擦是一种不可逆的过程，摩擦导致传递的能量被消耗、摩擦表面及工作环境温度升高、工作条件恶化，甚至有些零件因过热而失效；摩擦还使零件接触表面发生物质的损耗或迁移，即磨损。过度的磨损会使机器的精度降低，产生振动和噪声，缩短使用寿命。磨损是消耗材料、缩短机械寿命和降低使用性能的主要根源。润滑是减少摩擦和磨损、降低功耗、提高效率的主要措施。当然摩擦并非都是有害的，如摩擦传动、摩擦制动和摩擦连接等，其效能、生产率、可靠度的提高，往往取决于摩擦的增大。润滑是控制摩擦和减少磨损、保证机器可靠工作最有效的手段。

　　科学技术的不断进步，使机器朝着高速、重载和大功率的方向发展。零部件的工作条件越来越恶劣，所以，摩擦、磨损和润滑问题显得越发重要。摩擦、磨损和润滑科学与技术统称为摩擦学（tribology）。它是研究相对运动、相互作用表面的科学和有关的应用技术。本章将介绍有关机械零部件的摩擦、磨损和润滑的基本知识。

4.1　摩　　擦

　　可从不同角度对摩擦进行分类：发生在物质内部，阻碍分子间相对运动的摩擦为内摩擦；相互接触的两个物体发生相对运动或有相对运动趋势时，发生在两接触表面间阻碍相对运动的摩擦为外摩擦。机械设计学主要讨论的是外摩擦。仅有相对运动趋势时的摩擦为静摩擦，产生相对运动时的摩擦为动摩擦，动摩擦又包括滑动摩擦和滚动摩擦。在机械摩擦副中几乎都注有润滑剂，以减少两接触表面间的摩擦和磨损，所以滑动摩擦按表面润滑状态可分为干摩擦、边界摩擦（边界润滑）、流体摩擦（流体润滑）和混合摩擦（混合润滑）等，如图 4-1 所示。

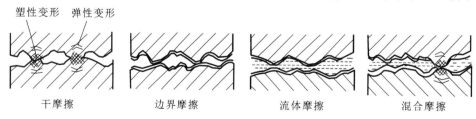

图 4-1　摩擦的种类

1. 干摩擦

　　干摩擦是指摩擦面间无任何润滑剂或保护膜的纯金属接触式的摩擦。在工程实际中并不存在真正的干摩擦，因为任何零件的表面会因氧化而形成氧化膜或多少会被润滑油所湿润。

在工程中只要不加入任何润滑剂的摩擦,都认为是干摩擦。干摩擦的特点是摩擦因数大、发热多、磨损严重、零件寿命短等。在机械工程中应避免干摩擦的出现。

2. 边界摩擦

摩擦表面被吸附在表面的边界膜隔开,摩擦性质取决于边界膜和表面吸附性能的摩擦称为边界摩擦。边界摩擦广泛地存在着,如普通滑动轴承、气缸与活塞环之间、凸轮与导杆之间以及机床导轨等处。

润滑剂在摩擦表面由吸附作用或化学反应(如金属的氧化物、硫化物等)生成一层与介质性质不同的薄膜称为边界膜,边界膜的性质取决于摩擦表面的性质和边界膜的结构及其物理化学性质。按边界膜形成原理,边界膜分为吸附膜和反应膜两种。

润滑剂中的脂肪酸是一种极性化合物,它的极性分子能够牢固地吸附在金属表面上,就形成物理吸附膜;润滑剂中分子受化学键作用而贴附在金属表面上形成化学吸附膜。吸附膜的吸附强度随温度升高而下降,达到一定温度后,吸附膜发生软化、失向和脱吸现象,从而润滑作用降低,磨损率和摩擦因数都迅速增大。

反应膜是当润滑剂中含有以原子形式存在的硫、氯、磷时,在较高的温度(150~200 ℃)下,这些元素与金属起化学反应而生成硫、氯、磷的化合物并在油与金属界面处形成的薄膜。这种反应膜具有较低的剪切强度和较高的熔点,比前面的吸附膜更稳定。

边界膜的厚度很薄,一般在 0.1 μm 以下,两摩擦表面的表面粗糙度值之和一般都超过边界膜的厚度,所以边界摩擦时,不能完全避免金属的直接接触,这时仍有微小的摩擦力,其摩擦因数通常在 0.1 左右。合理选择摩擦副材料和润滑剂,降低表面粗糙度,在润滑剂中加入适量的油性添加剂和极压添加剂都能提高边界膜强度。

3. 流体摩擦

两相对滑动表面被一流体层完全隔开,表面微观凸峰不直接接触,摩擦的性质取决于流体内部分子间黏性阻力,以流体压力的形式传递两个表面间的相互作用力,这种摩擦状态称为流体摩擦。

当摩擦面间的润滑膜厚度大到足以将两个摩擦表面的轮廓峰完全隔开时,即形成了完全的流体摩擦。这时润滑剂中的分子大都不受金属表面吸附作用的支配而自由活动,摩擦发生在流体内部分子间,摩擦因数小,而且不会有磨损的产生,是理想的摩擦状态。形成流体膜的介质可以是液体也可以是气体,液体润滑剂应用广泛,气体润滑剂只适用于高速轻载的场合。

4. 混合摩擦

当摩擦表面间有润滑油,但不能保证流体摩擦时,就可能有部分接触是边界摩擦,其余部分是流体摩擦,也可能在局部微观凸峰接触处其摩擦是干摩擦而其余部分是边界摩擦与流体摩擦,这两种状态统称为混合摩擦。研究表明,两摩擦表面所处的摩擦(润滑)状态可用膜厚比 λ 来大致估计,膜厚比 λ 为

$$\lambda = \frac{h_{\min}}{\sqrt{R_{q_1}^2 + R_{q_2}^2}} \tag{4-1}$$

式中:$h_{\min}$ 为两表面间的最小公称油膜厚度,μm;R_{q_1}、R_{q_2} 分别为两表面的表面轮廓均方根偏差,$R_q = (1.2 \sim 1.25)Ra$,Ra 为轮廓算术平均偏差(表面粗糙度),μm。

一般认为,当 $\lambda \leqslant 1$ 时,两表面处于边界摩擦(润滑)状态;当 $1 < \lambda \leqslant 3.0$ 时,两表面处于混合摩擦(润滑)状态或部分弹性流体动力摩擦(润滑)状态;随 λ 值增大,油膜承担载荷的比例增大,当 $\lambda > 3$ 时,则两表面处于流体摩擦(润滑)状态或完全弹性流体动力摩擦(润滑)状态。

在实际机器中,工作时的载荷、速度等参数往往是变化的,因此相对运动表面间的摩擦状态也会随这些工作参数的改变而从一种摩擦状态转换到另一种摩擦状态。图 4-2 所示为通过试验得到的摩擦特性曲线,横坐标是引起摩擦状态转换的参数群 $\eta n/p_m$(η 为润滑油的动力黏度,n 为轴颈转速,p_m 为轴径平均压强),纵坐标为摩擦因数 μ,由图可知,当 $\eta n/p_m$ 超过一定值时,摩擦表面间就能建立起流体动压油膜,即最小油膜厚度大于金属表面粗糙度之和;当 $\eta n/p_m$ 值降低到一定程度时,表面处于边界摩擦或混合摩擦状态;当 $\eta n/p_m$ 值很低时,摩擦表面之间的最小油膜厚度近乎等于零,表面凸峰的相互接触进一步加强,摩擦因数 μ 急剧增加,趋于无润滑摩擦状态。

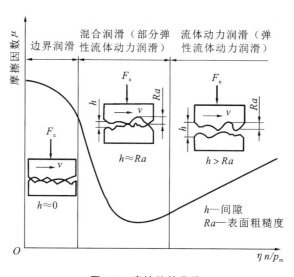

图 4-2　摩擦特性曲线

4.2　磨　　损

磨损是摩擦的机械作用使两接触表面物质逐渐损耗的过程。在机械中,除非采取特殊措施(如静压润滑、电磁悬浮等),磨损几乎是不可避免的。磨损使零件间的配合间隙增大,导致机械精度和可靠度降低,产生冲击载荷后又往往会加剧磨损,使机械零件丧失工作能力或遭到破坏。统计资料表明,一般机械中有 $89\%\sim90\%$ 的零件因磨损而报废。在规定的使用年限内,其磨损量不超过许用值,就属于正常磨损。但磨损并非都是有害的,如跑合、研磨加工等的磨损,都是有益的磨损,它可以提高零件表面的质量,延长使用寿命。

磨损的材料损耗用体积、厚度、质量等参数来度量,称为磨损量。单位时间的磨损量称为磨损率。磨损率的倒数称为耐磨度,它反映材料抵抗磨损的能力。

磨损是一个具有多影响因素,且又非常复杂的过程。研究磨损的目的在于弄清楚磨损的机理和各种影响因素,以便控制磨损过程。

在机械的正常运转中,一个零件的磨损过程大致可分为三个阶段,即跑合磨损阶段、稳定磨损阶段和剧烈磨损阶段,如图 4-3 所示。

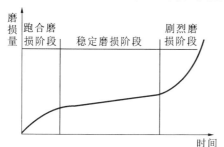

图 4-3　磨损过程

跑合磨损阶段,又称初期磨损阶段,磨损速度先快而后逐渐减慢到一稳定值。这是因为新的摩擦副表面粗糙,真实接触面积小,压强较大,在开始运转的较短时间内磨损量大。经跑合后,表面微观凸峰减少,接触面积增大,压强变小,表面微观凸峰被磨平,磨损速度减缓并趋向稳定。实践表明,初期磨损是一种有益的磨损,可利用它来改善表面性能,延长使用寿命。如新装配好的减速器,首先加入足量而合适的润滑油后进行跑合,跑合后放掉脏油,清洗减速器并注入新油,再交付使用。

跑合时应注意如下事项:

（1）载荷由轻至重缓慢加载,加载速度由低到高;

（2）润滑油保持清洁,防止污染;

（3）跑合后润滑油应更换,或过滤后再用。

表面跑合后进入稳定磨损阶段,由于摩擦面经跑合后基本被磨平,故此阶段中磨损率趋于稳定,经历的时间也较长。这个阶段零件的磨损率很低。这个阶段的长短就代表零件使用寿命的长短。

经过长时间的稳定磨损后,磨损速度急剧增大,磨损量增大,运动副的间隙增大,机械效率下降,产生异常的振动及噪声,最后导致零件失效。此为剧烈磨损阶段。

上述三个阶段并无明显的界限,若不经跑合,或压力过大、速度过高、润滑不良等,则会很快进入剧烈磨损阶段。为了延长机械零件的使用寿命,应力求缩短跑合磨损阶段,尽量延长稳定磨损阶段,推迟剧烈磨损阶段的到来。

磨损大体可依据两种方法分类:一种是根据磨损结果对磨损表观的描述,分为点蚀磨损、胶合磨损、擦伤磨损等;另一种是根据磨损机理,分为黏附磨损、磨粒磨损、疲劳磨损、流体磨粒磨损和流体侵蚀磨损、机械化学磨损、微动磨损等。

1. 黏附磨损

金属表面接触时,实际上只是少数凸起的峰顶在接触,因而局部受到很大的压力而产生塑性变形,而摩擦产生的高温,造成基体金属的"焊接"现象,当摩擦表面发生相对滑动时,切向力将黏着点切开,软金属被撕脱而黏附在硬金属的表面上,形成凸起,在软金属的表面形成沟痕。这种因黏着作用使摩擦表面的材料由一个表面转移到另一个表面所引起的磨损称为黏附磨损,黏附磨损是机械中最为常见的一种磨损。载荷越大、温度越高、材料越软,黏着现象也就越严重。

黏附磨损按破坏程度分为以下几种。

（1）轻微磨损 剪切破坏发生在界面上,表面材料的转移极为轻微。

（2）涂抹 剪切发生在软金属浅层,并转移到硬金属表面。

（3）划伤 剪切发生在摩擦副一方或双方基体金属较深层。

（4）咬死 严重黏附,摩擦表面彼此咬住,相对运动停止。

通常上述最后两种磨损称为胶合,胶合是高速重载摩擦副常见的失效形式。

2. 磨粒磨损

从外部进入摩擦面间的游离硬质颗粒（如空气中的沙尘或磨损造成的金属颗粒）或摩擦表面上的硬质突出物,对较软表面进行"磨削或刮擦"引起表面材料脱落而形成很多沟痕的现象称为磨粒磨损。磨粒磨损与摩擦材料的硬度和磨粒的硬度有关,如图 4-4 所示。图中 H_m 为金属表面硬度,H_a 为磨粒硬度,为保证摩擦表面有一定的使用寿命,要求 $H_m > H_a$。

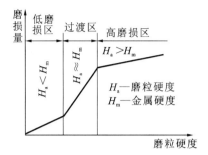

图 4-4　磨粒硬度对磨损的影响

为了减轻磨粒磨损,除了注意润滑外,还可采用合理选择摩擦副配对材料、降低表面粗糙度,以及改进密封装置、清洁润滑油、防止沙尘等外来颗粒等措施。

3. 疲劳磨损

受接触应力作用的摩擦副,表面材料微体积在重复变形时,因疲劳而形成的材料剥落现象称为疲劳磨损。其特征是开始破坏阶段表面上出现一个个小的凹坑,故又称为点蚀。点蚀是滚动轴承、齿轮等点、线接触零件的主要失效形式之一。

影响疲劳磨损的因素如下。

(1)零件表面的硬度　硬度越高,产生疲劳裂纹的危险性越小。

(2)摩擦表面的表面粗糙度　摩擦表面越粗糙,越容易形成疲劳裂纹,适当减小表面粗糙度,可显著改善零件的疲劳寿命,但超过一定界限后,影响就不明显了。

(3)润滑油的黏度　润滑油的黏度过低,则易于挤压疲劳裂纹,在封闭的裂缝中形成高压,从而促进疲劳裂纹的扩展。从这一点看,高黏度的润滑油有利于延长零件工作寿命。

4. 流体磨粒磨损和流体侵蚀磨损(冲蚀磨损)

流体磨粒磨损是指由流动的液体或气体中夹带着的硬质物体或硬质颗粒引起的材料机械损伤。利用高压空气输送型砂或用高压水输送碎矿石的管道内壁所产生的机械磨损即属此类磨损。

流体侵蚀磨损是指磨粒或不含固体粒子的高速液流或气流激烈地冲击固体表面而使固体表面上出现点状伤痕的机械损伤。近年来,燃气涡轮机的叶片、火箭发动机的尾喷管这样一些部件出现破坏,引起了人们对这种磨损形式的特别注意。

5. 机械化学磨损(腐蚀磨损)

由机械作用及材料与环境的化学作用或电化学作用共同造成材料转移的过程称为机械化学磨损。

最常见的是氧化磨损,这是因为除金、铂等少数金属外,大多数金属均能与大气中的氧很快形成一层氧化膜。脆性氧化膜(如氧化铁膜)磨损快,韧性氧化膜(如氧化铝膜)则不易磨损。在高温环境中氧化磨损会很严重。

摩擦副在酸、碱、盐特殊介质中,其磨损机理与氧化磨损相同,但磨损率较高。

影响腐蚀磨损的主要因素,除了零件所接触的特殊介质(如酸、碱、盐)外,还有零件表面的氧化膜性质和环境的湿度。

6. 微动磨损

微动磨损是一种隐蔽的磨损,它是由黏附磨损、磨粒磨损、机械化学磨损和疲劳磨损共同形成的复合磨损形式。它发生在宏观静止、微观相对运动的两个紧密接触的表面(如孔与轴过盈配合面、旋合螺纹的工作面)上。这种微观相对滑移是在循环变应力或振动条件下,由两接触表面上产生弹性变形的差异引起的,其滑移幅度非常小(一般仅为微米数量级),但接触面上的正压力较大,致使接触面间产生的氧化磨损微粒难以从接触部位排出,微粒在两个接触表面间反复摩擦而造成接触表面划伤,形成微动磨损。其机理是先黏附磨损,再氧化磨损,氧化后的颗粒留在接触处成为磨粒,造成表面磨粒磨损,反复作用多次后工作表面变粗糙,引起疲劳裂纹。微动磨损不仅损坏配合表面的品质,而且导致疲劳裂纹的萌生,从而急剧降低零件的疲劳强度。

　　磨损的类型随工作条件的改变而转化,实际上大多数的磨损是上述诸磨损形式的复合,如微动磨损就是典型的复合磨损。在生产实践中,磨损常常是许多现象共同导致的结果,磨损类型可能随着工作条件(如相对滑动速度和工作载荷)的变化而发生变化。

4.3 润　滑

　　润滑是指在具有相对运动的两物体接触表面间加入第三种物质(润滑剂),用该物质的内摩擦代替两物体之间的摩擦的技术。该物质由于抗剪强度低,易产生相对滑动,因此可达到减小摩擦、降低磨损的目的。

4.3.1 润滑剂

　　凡是能降低摩擦阻力的介质都可作为润滑剂。常用的润滑剂有液体(如油、水、液态金属等)、气体(如空气、氢气等)、半固体(润滑脂)和固体(如石墨、二硫化钼、聚四氟乙烯等)。其中固体和气体润滑剂多应用在高温、高速及要求防止污染等特殊场合。橡胶、塑料制成的零件常用水进行润滑。气体润滑剂用得最多的是空气,主要用于气体轴承中。绝大多数场合则采用润滑油或润滑脂润滑。

1. 润滑油

　　可作润滑油的有动物油、植物油、矿物油和合成油。矿物油因来源充足、成本较低、适用范围广而且稳定性好,故应用最广。动、植物油虽然有很好的润滑性能,但易氧化变质,且来源有限,使用不多。合成油多是针对某种特殊需求而研制的,适用面窄、费用高,应用甚少。无论哪类润滑油,从润滑观点来考虑,评判其性能优劣的指标有如下几种。

　　1) 黏度

　　润滑油的黏度是指润滑油抵抗变形的能力,它表征流体内摩擦阻力的大小。黏度常用的表示方法有动力黏度、运动黏度和条件黏度三种。

　　(1) 动力黏度 η　流体流动时,流体与固体表面的黏着力、流体内部的分子运动和内聚力,使流体各处的速度产生差异。如图 4-5 所示,在两个平行板间充满具有一定黏度的润滑油,若移动件以速度 v 移动,则油分子与平板表面的吸附作用,将使黏附在移动件上的油层以同样的速度随板移动,而黏附在静止件上的油层静止不动,平行板间流体层的速度各不相同,按一定规律变化。速度快的流层带动较慢的流层,不同速度流层之间相互制约,产生类似固体摩擦过程中的摩擦阻力,称为内摩擦力。流体在流动时产生内摩擦力的这种性质称为黏性。根据牛顿的试验,在层流状态下,两层流体间切应力的大小和垂直于流动方向的速度梯度成正比,即

$$\tau = -\eta \frac{\partial u}{\partial y} \tag{4-2}$$

式中:τ 为流体单位面积上的切应力;$\frac{\partial u}{\partial y}$ 为流体沿垂直于运动方向上的速度梯度;"$-$"号表示 u 随 y 的增大而减小;η 为表征流体黏性的比例常数,称为流体的动力黏度。

如图 4-6 所示,长、宽和高各为 1 m 的液体,若使其上下表面产生 1 m/s 的相对速度所需的切向力为 1 N,则规定该液体的动力黏度为 1 N·s/m²,或 1 Pa·s。Pa·s 是国际单位制(SI)的黏度单位。

当作用力一定时,润滑油的黏度越大,则产生相对滑动的速度也就越小。

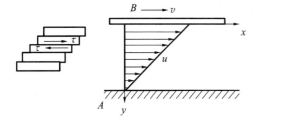

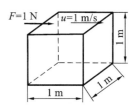

图 4-5　润滑油的流速　　　　　　图 4-6　动力黏度单位示意图

(2)运动黏度 ν　在某一温度下,润滑油的动力黏度与其密度的比值称为运动黏度,其量纲为 m²/s。因含有运动学中的长度和时间,故称为运动黏度。运动黏度 ν 为

$$\nu = \frac{\eta}{\rho} \tag{4-3}$$

式中:η 为动力黏度,N·s/m²;ρ 为润滑油密度,kg/m³,对于矿物油,$\rho = 850 \sim 900$ kg/m³。

润滑油常用牌号、性能和用途可翻阅相关文献。

(3)条件黏度 η_E　条件黏度是在一定条件下,利用某种规格的黏度计测定润滑油穿过规定孔道的时间来进行计量的黏度。我国常用恩氏度($°E_t$)作为条件黏度的单位,1 $°E_t$ 等于 200 mL 待测油在规定温度(20 ℃)下流过恩氏黏度计的时间与同体积蒸馏水在 20 ℃ 时流过该黏度计的时间之比。美国习惯用赛氏通用秒(SUS)作单位,英国习惯用雷氏秒(RIS)。

运动黏度 ν_t(单位为 mm²/s)与条件黏度 η_E(单位为 $°E_t$)可按下列关系换算(ν_t 指平均温度为 t 时的运动黏度):

$$\left. \begin{array}{ll} \text{当 } 1.35 \ °E_t < \eta_E \leqslant 3.2 \ °E_t \text{ 时} & \nu_t = 8.0 \eta_E - \dfrac{8.64}{\eta_E} \\[2mm] \text{当 } 3.2 \ °E_t < \eta_E \leqslant 16.2 \ °E_t \text{ 时} & \nu_t = 7.6 \eta_E - \dfrac{4.0}{\eta_E} \\[2mm] \text{当 } \eta_E > 16.2 \ °E_t \text{ 时} & \nu_t = 7.41 \eta_E \end{array} \right\} \tag{4-4}$$

温度对润滑油黏度的影响很大,温度升高时黏度降低。几种常用润滑油的黏度-温度曲线如图 4-7 所示。

压力升高时润滑油的黏度会加大。实践证明,当压力在 5 MPa 以下时,润滑油黏度随压力变化极小,可以忽略不计,而当压力超过 20 MPa 时,黏度才随压力的增高而加大,压力达到 100 MPa 时黏度变化显著。在齿轮传动中,啮合处的局部压力可能高达 4000 MPa,因此,分析滚动轴承、齿轮等高副接触零件的润滑状态时,不能忽视高压下润滑油黏度的变化。

2)润滑性(油性)

润滑性是指润滑油中极性分子与碱金属表面吸附形成边界油膜,以减小摩擦和磨损的性能。在工作过程中,油中的极性物质吸附于金属表面,形成一层定向排列的极性分子吸附层,将相互接触的金属表面隔开。如果这层薄油膜对金属的吸附力大,吸附层不易破裂,则两接触面相互滑动时的摩擦因数小,这种润滑油的油性好,润滑效果就好。但至今还没有判断油性好坏的标准,一般认为,动、植物油的油性比矿物油的好。

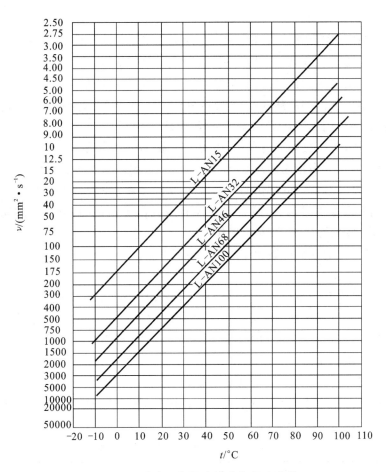

图 4-7　几种常用润滑油的黏度-温度曲线

3）极压性

极压性是指润滑油中加入含硫、氯、磷的有机极性化合物后，油中极性分子在金属表面生成抗磨、耐高压的化学反应边界膜的性能。它在重载、高速、高温条件下，可改善边界润滑性能。

4）闪点

润滑油在标准仪器内加热蒸发的油气，遇到火焰发出闪光的最低温度称为润滑油的闪点，它是衡量润滑油易燃性的尺度。对于高温下工作的机器，其工作温度应比润滑油的闪点低 30～40 ℃。

5）凝点

在规定的条件下，润滑油冷却到不能流动时的温度，称为润滑油的凝点，它是衡量在低温下润滑油工作性能的一个重要指标，直接影响机器在低温下的启动性能和磨损情况。

6）氧化稳定性

氧化稳定性是指润滑油抵抗与大气（或氧气）发生化学作用而保持其性质不发生变化的能力。从化学意义上讲，矿物质油是很不活泼的，但当它们暴露在高温气体中时，也会发生氧化并生成含硫、氯、磷的酸性化合物，氧化后会产生泥状沉淀物，导致润滑油黏度增加。

2.润滑脂

润滑脂是以润滑油作为基础油,加入稠化剂制成的膏状物质。常用的稠化剂为金属皂,如钙基皂、钠基皂、锂基皂等,所制成的润滑脂就分别称为钙基润滑脂、钠基润滑脂、锂基润滑脂等。

钙基润滑脂具有良好的抗水性,但耐热能力差,其工作温度为 55~65 ℃。

钠基润滑脂具有较高的耐热性,工作温度可达 120 ℃,但抗水性能差。它能与少量水发生乳化,从而保护金属免遭腐蚀,较钙基润滑脂有更好的防锈能力。

锂基润滑脂不仅具有良好的耐水性,还能耐高温,在 100 ℃条件下可长期工作,并具有较好的机械安定性,是一种多用途的润滑脂,有取代钙基、钠基润滑脂的趋势,特别是 12-羟基硬脂酸锂皂,对矿物油和合成油的稠化能力都很强,耐用寿命比钙基、钠基润滑脂高 1 倍以上。

铝基润滑脂有良好的耐水性,对金属表面有较高的吸附能力,有一定的防锈作用,但在 70 ℃时开始软化,故只能在 50 ℃左右工作。

除此之外,还有复合基润滑脂和专门的特种润滑脂。

润滑脂的主要质量指标如下。

(1)锥入度(或稠度) 锥入度是表征润滑脂稠度的一个指标,用来反映润滑脂内阻力的大小和流动性的强弱。测定锥入度方法为,在 25 ℃恒温下,重力为 1.5 N 的标准圆锥体,从润滑脂表面自由沉下经过 5 s 后刺入的深度(以 0.1 mm 计)称为锥入度。润滑脂的牌号即为该润滑脂锥入度的等级。

(2)滴点 滴点是指在规定的加热条件下,润滑脂从标准测量杯的孔口滴下第一滴时的温度。润滑脂的滴点决定了它的工作温度。润滑脂的工作温度至少应低于滴点 20 ℃。

常用润滑脂的牌号、性能和用途如表 4-1 所示。

表 4-1 常用润滑脂的主要性能和用途

名　　称	牌　号	滴点(不低于)/℃	锥入度/(0.1 mm)	主 要 用 途
极压锂基润滑脂 (GB/T 7323—2019)	0	170	355~385	具有良好的机械稳定性、耐水性、防锈性、极压性、抗磨性和泵送性,适用温度范围为 -20~120 ℃,用于压延机、锻造机、减速机等高负荷机械设备及齿轮、轴承润滑,0、1 号可用于集中润滑系统
	1		310~340	
	2		265~290	
通用锂基润滑脂 (GB/T 7324—2010)	1	170	310~340	具有良好的耐水性、机械稳定性、防锈性和氧化安定性,适用于温度范围为 -20~120 ℃的各种机械设备的滚动轴承、滑动轴承及其他摩擦部位的润滑
	2	175	265~295	
	3	180	220~250	
钠基润滑脂 (GB 492—1989)	2	160	265~295	适用于 -10~110 ℃温度范围的一般中等负荷机械设备的润滑,不适用于与水接触的润滑部位
	3		220~250	
钙基润滑脂 (GB/T 491—2008)	ZGN-1	120	250~290	用于工作温度为 80~100 ℃,有水分或较潮湿环境中工作的机械润滑,多用于铁路机车、列车、小型电动机、小型发电机滚动轴承(温度较高者)的润滑,不适用于低温工作
	ZGN-2	135	200~240	

续表

名　　称	牌　号	滴点(不低于)/℃	锥入度/(0.1 mm)	主要用途
7407 号齿轮润滑脂 (SH/T 0469—1994)	—	160	75～90	用于各种低速、中载及重载齿轮、链和联轴器等部位的润滑,最高使用温度为 120 ℃,油膜可承受的冲击负荷为 25000 N/m²
工业凡士林 (SH 0039—1990)	—	54	—	当机械的工作温度不高、载荷不大时,可用作减摩润滑脂

4.3.2　添加剂

普通润滑剂在十分恶劣的工作条件(如高温、低温、重载、真空等)下会很快劣化变质,失去润滑能力,为了提高油的品质和使用性能,常在普通润滑油和润滑脂中加入少量物质,这些物质可以使润滑油的性能发生根本变化,这类物质称为添加剂。

添加剂的作用如下。

(1) 提高润滑剂的油性、极压性和在极端工作条件下的工作能力。

(2) 推迟润滑剂的老化变质,延长其正常使用寿命。

(3) 改善润滑剂的物理性能,如降低凝点、消除泡沫、提高黏度、改进黏-温特性等。添加剂对摩擦因数的作用见图 4-8。

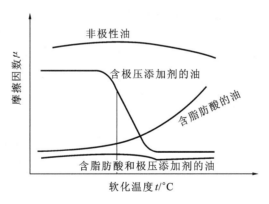

图 4-8　添加剂对摩擦因数的作用

添加剂的类型很多,抗氧化添加剂(如二烷基苯基、二硫代磷酸等)可抑制润滑油氧化变质;极压添加剂(如二烷苯化硫、二锌二硫化磷酸锌等)可以在金属表面上形成一层保护膜,以减轻磨损;降凝添加剂(如烷基萘等)可降低油的凝点;油性添加剂(如硬脂酸铝、磷酸三乙酸等)可提高油性;等等。使用添加剂是改善润滑性能的重要手段。

4.3.3　润滑剂的选用原则

1. 类型选择

一般情况多选用润滑油,但由橡胶、塑料制成的零件(如轴瓦等)宜用水润滑;润滑脂常用于不宜用油润滑或重载低速场合;气体润滑剂多用于高速轻载场合,如空气用于气体轴承中;固体润滑剂一般用于不宜使用润滑油或润滑脂的特殊情况,如高温、高压、极低温、真空、强辐射下,以及不允许污染环境和无法给油等场合或作为润滑油或润滑脂添加剂等。

2. 工作条件

润滑油的黏度越大,其油膜承载能力越大,所以工作载荷大时,应选用黏度大且油性和极压性好的润滑油;承受重载、间断或冲击载荷时要加入油性剂或极压添加剂,以提高边界膜和极压膜的承载能力。

低速不易形成动压油膜的场合,宜选用黏度大的润滑油或锥入度小的润滑脂;高速场合,为了减小功率损失,宜选用黏度小的润滑油或锥入度大的润滑脂。

低温下工作,选用黏度小、凝点低的润滑油;高温下工作,选用黏度大、闪点高及抗氧化性能好的润滑油;在极低温下工作,当采用抗凝剂也不满足要求时,应选用固体润滑剂。

3. 结构条件及环境特点

垂直润滑面、开式齿轮、链条等应采用高黏度油、润滑脂或固体润滑剂,以保持较好的附着性。多尘、潮湿环境条件下,宜采用抗水的钙基、锂基润滑脂;在酸碱化学介质环境及真空、辐射条件下,宜选用固体润滑剂。

按照上述原则选用润滑剂时,必须要根据实际情况加以考虑。

4.3.4 润滑方法

要获得良好的润滑效果,除了正确地选择润滑剂以外,还应选择适当的润滑方式和采用相应的润滑装置。

1. 油润滑

(1) 手工润滑 手工润滑是一种最普遍、最简单的方法。由操作工人定期用油壶或油枪向油孔、油杯加油,油通过孔进入润滑部位,扩散至摩擦表面,只能做到间歇润滑。加油量依靠操作人员的感觉和经验。因润滑油量不均匀、不连续、无压力而且依靠操作人员的自觉性,故手工润滑只适用于低速、轻载或间歇工作的部件和部位。图4-9所示为常用的四种注油杯。

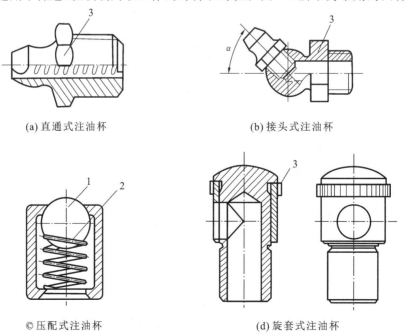

(a) 直通式注油杯　　　　　　　　　　(b) 接头式注油杯

ⓒ 压配式注油杯　　　　　　　　　　(d) 旋套式注油杯

图4-9　常用注油杯

1—钢球;2—弹簧;3—旋套

（2）滴油润滑　滴油润滑主要是用滴油式油杯润滑，它依靠油的自重向润滑部位滴油，简单、使用方便。其缺点是给油量不易控制，机械的振动、低温都会改变滴油量。图 4-10 所示为常用的滴油油杯。

（3）油绳润滑　这种润滑方法是用将油绳和油垫的一端（侧）浸入油池，另一端（侧）与摩擦副中运动表面直接接触，利用毛细管作用使油进入摩擦副。油绳、油垫本身可起到过滤作用，因此能使油保持清洁，且供油连续均匀。其缺点是油量不易调节，同时当油中的水含量超过 0.5% 时油绳就会停止供油。油绳润滑多用在低、中速机械的小型轻载普通润滑轴承和滑动导轨处。图 4-11 所示为油绳油杯。

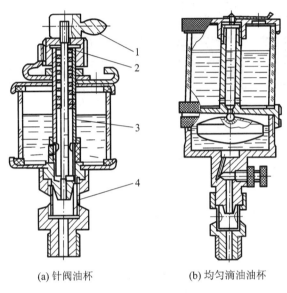

(a) 针阀油杯　　　　　(b) 均匀滴油油杯

图 4-10　滴油油杯

1—手柄；2—调节螺母；3—针阀；4—观察孔

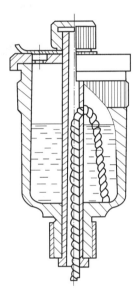

图 4-11　油绳油杯

（4）油雾润滑　油雾润滑是用压缩空气或蒸汽管线将润滑油经过滤后送入油雾发生器，油雾化后经喷嘴喷射到需要润滑的摩擦表面。由于压缩空气和油一起被送到润滑部位，因此有较好的冷却润滑效果。压缩空气具有一定压力，可以防止摩擦表面被灰尘、磨屑所污染。其缺点是排出的空气中含有油雾粒子，会造成环境污染。油雾润滑主要用于高速的滚动轴承及封闭齿轮、链条等部件。图 4-12 所示为油雾润滑装置。

（5）油气润滑　油气润滑的机理是以步进式给油器，定时、定量间断地供给润滑油，用 $3 \times 10^5 \sim 4 \times 10^5$ Pa 的压缩空气，沿油管内壁将油吹向润滑点，将油准确地供应到最需要润滑的部位上。油气润滑与油雾润滑在流体性质上截然不同。油雾润

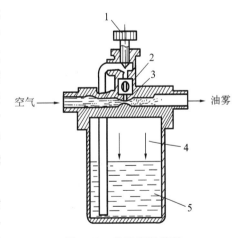

图 4-12　油雾润滑装置

1—调节螺钉；2—观察窗；3—文氏管；
4—压缩空气；5—油

滑时，油被雾化成 0.5～2 μm 的雾粒，雾化后的油雾随空气前进，二者的流速相等；油气润滑时，油不被雾化，油是以连续油膜的方式被导入，再以极细油滴方式，喷射到润滑处。在油气润

滑中,润滑油的流速为 $2\sim5$ cm/s;而空气速度为 $30\sim80$ m/s,特殊情况可高达 $150\sim200$ m/s。

（6）油浴、飞溅润滑　把摩擦表面浸入油池的润滑方法称为油浴润滑。靠浸入油池的旋转零件使润滑油飞溅到摩擦表面上的润滑方法即为飞溅润滑（见图 4-13），或通过壳体上的油沟将飞溅起的润滑油收集起来,使其沿油沟流入润滑部位。采用飞溅润滑时,浸在油中的零件（如齿轮、甩油盘等）的圆周速度应为 $5\sim13$ m/s。零件速度低于 2 m/s 时,润滑油不能被甩起;速度太大时,润滑油产生大量泡沫,不利于润滑且油易氧化变质。

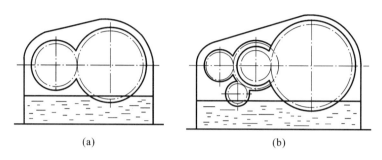

(a)　　　　　　　　　　(b)

图 4-13　飞溅润滑

（7）油环、油盘润滑　这是一种靠随轴一起旋转的环或盘把润滑油带到摩擦表面的润滑方法。图 4-14 所示为油环润滑装置。油环套装在轴颈上,油环的下部浸入油池中,轴旋转时带动油环滚动,把润滑油带到轴颈上,油沿轴颈流入润滑部位。油环润滑只能用于水平位置的、转速不低于 $50\sim60$ r/min 的轴承。转速太低,油环带油量不足;转速过高,油环上的油大部分被甩掉,也会造成供油不足。

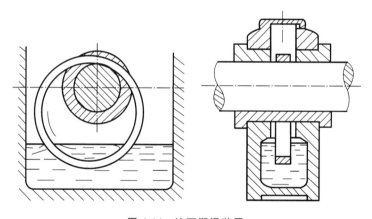

图 4-14　油环润滑装置

（8）压力供油、喷油润滑　当润滑油的需要量很大,采用前几种润滑方式满足不了润滑要求时,必须采用压力循环供油润滑（见图 4-15）。用油泵进行压力供油润滑,可以保证供油充分,也可用喷油嘴将高压油喷射到摩擦表面。这种润滑方法能带走摩擦热以冷却零件,多用于高速、重载轴承或齿轮传动上。

2. 脂润滑

润滑脂只能间歇供应。图 4-16 所示的旋盖式油脂杯是应用最广的脂润滑装置。润滑脂贮存在杯体里,杯盖用螺纹与杯体连接,旋拧杯盖可将润滑脂压送到轴承孔内。也常见用黄油枪向轴承补充润滑脂。

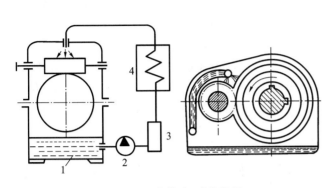

图 4-15 压力供油、喷油润滑

1—润滑油；2—油泵；3—过滤器；4—冷却器

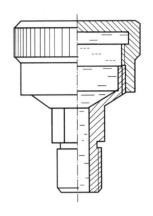

图 4-16 旋盖式油脂杯

4.4 流体润滑原理简介

流体润滑是一种理想摩擦润滑状态，按照油膜形成的原理，流体润滑可分为流体动力润滑、弹性流体动力润滑和流体静力润滑三类；根据工作介质，可分为液体摩擦润滑和气体摩擦润滑两类。

1. 流体动力润滑

流体动力润滑是依靠具有一定几何形状的两摩擦表面做相对运动时，将具有一定黏度的流体带入两表面间，借助黏性流体的动力学作用，自动建立具有足够压力的流体膜来承受载荷，使两摩擦表面完全分开的润滑方式。

下面以液体动力润滑为例，说明其工作原理。如图 4-17(a)所示，A、B 两板互相平行，其间充满具有一定黏度的润滑油。当 B 板静止不动，A 板以速度 v 沿平行于 B 板方向运动时，由于润滑油的黏性及其与平板间的吸附作用，与 A 板紧贴的流层的流速 u 等于 A 板的速度 v，其他各流层的流速则按线性规律分布。这种流动是因油层受到剪切作用而产生的，所以称为剪切流。因平行板间的入口和出口间隙相同，润滑油流动不受挤压，故不能产生压力油膜，即润滑油对 A 板不会产生升力，所以 A 板不能承受载荷。

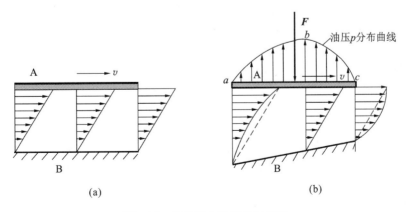

(a)   (b)

图 4-17 流体动力润滑机理模型

　　若使两平板相互倾斜形成楔形间隙（见图 4-17(b)），当 A 板以速度 v 从间隙较大的一方移向间隙较小的一方时，把润滑油从入口的大间隙端带到出口的小间隙端，那么进入间隙的油量必多于流出间隙的油量。设液体是不可压缩的，并假定沿垂直于纸面方向板的宽度无穷大，油不能沿该方向流动，必然在楔形间隙中产生能把 A 板向上托起的油压 p，由此 A 板可以承受载荷。进入楔形间隙的过剩油量将由进口和出口两截面处被挤出，这种因压力而引起的流动称为压力流。压力流使油在入口处流速呈凹形抛物线状，在出口处流速呈凸形抛物线状，以维持流入油量与流出油量的平衡。从入口端到出口端必然有某个截面不存在由压力引起的附加流速，此处压力最大，即 $dp/dx=0$，整个承载区压力分布如图 4-17(b)所示。显然，A 板的速度越高，油的黏度越大，则油楔内的压力越高。

　　由以上分析可知，获得流体动力润滑的基本条件如下：

　　（1）两板间沿运动方向的间隙必须成楔形；

　　（2）必须有足够的相对运动速度，其速度方向应使润滑油从楔形大口流入，从小口流出；

　　（3）润滑油应具有一定的黏度，且供油要充分。

　　这种具有一定黏性的流体流入楔形收敛间隙而产生压力的效应称为流体动力润滑的楔形效应。

2. 弹性流体动力润滑

　　流体动力润滑理论中，通常将摩擦表面视为刚体，并认为润滑剂的黏度不随压力的变化而改变。理论和实践表明，对于齿轮传动、滚动轴承及凸轮机构等点或线接触的摩擦副，接触区单位面积上的压力很高，接触区材料会出现不能忽略的局部弹性变形。同时，在较高压力作用下，润滑剂在此区内的黏度也将随压力变化而发生变化。弹性流体动力润滑理论研究在相互滚动并伴有滑动的条件下，两弹性物体间的流体动力润滑膜的力学性质，以及把计算在油膜压力下摩擦表面变形的弹性方程、表述润滑剂黏度与压力间关系的黏压方程与流体动力润滑的主要方程结合起来，以求解油膜压力分布、润滑膜厚度分布等问题。

　　弹性流体动力润滑的特点如下：

　　（1）润滑油膜的压力很高，达到 1000 MPa 以上；

　　（2）油膜厚度很薄，处于 μm 级；

　　（3）接触区的弹性变形很大，与油膜厚度处于同一数量级；

　　（4）在接触区的高压处，润滑油的黏度很高，接近固体状态。

　　两个圆柱体在弹性流体动力润滑下的油膜厚度变化和接触区内的油膜压力分布如图 4-18 所示。最小油膜厚度可按道森和希金森等人给出的公式计算。

　　线接触最小油膜厚度计算公式为

$$h_{\min}=2.65\alpha^{0.54}(\eta_0 U)^{0.7}\rho_{\Sigma}^{0.43}E^{-0.03}w^{-0.13} \tag{4-5}$$

　　点接触最小油膜厚度计算公式为

$$h_{\min}=3.63\alpha^{0.49}(\eta_0 U)^{0.68}R_x^{0.466}E^{-0.117}F^{-0.073}(1-e^{0.68k}) \tag{4-6}$$

式中：U 为接触副的滚动速度，$U=\dfrac{1}{2}(U_1+U_2)$；ρ_{Σ} 为综合曲率半径；E 为接触体的综合弹性模量，参见 3.4 节；R_x 为 x 方向（滚动方向）的综合曲率半径；α 为润滑油黏压指数；η_0 为大气压下润滑油黏度；w 为单位接触宽度的载荷；F 为接触处的法向载荷；k 为椭圆率参数；e 为自然对数的底。

3. 流体静力润滑

　　流体静力润滑是靠液压泵将加压后的液体送入两摩擦表面间，利用液体静压力来平衡外载荷的润滑方法。图 4-19 所示为流体静力润滑系统,由油泵不断供给一定压力的油,当两表面间的油压与外载荷平衡时,就将轴颈顶起,并保持一定厚度的油膜。显然,这种润滑油膜的建立与表面间有无相对速度无关,它的承载能力也不依赖于液体黏度。所以,静止的、平行的摩擦表面间能采用流体静力润滑形成静压油膜,适用于经常启动、停车或低速下工作的摩擦副。但是这种润滑因需要一套供油系统而增加了设备费用。

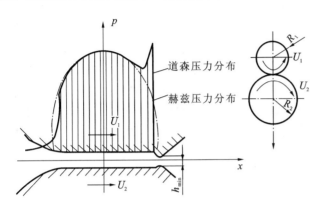

图 4-18　弹性流体动力润滑压力分布

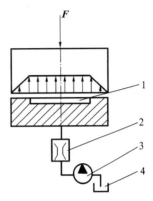

图 4-19　流体静力润滑系统
1—油腔;2—节流器(补偿元件);
3—油泵;4—油箱

知识链接

金属减摩修复技术助力工业节能降耗

在 2010 年的全国机械设备减摩修复节能技术创新研讨会上,一种新的金属减摩修复技术产品引起众多企业和专家的关注。据了解,这种具有自主知识产权、名为"摩安"(MORUN)的金属减摩修复剂产品具有减摩抗磨、增加动力、降低油耗、减少尾气、降低噪声、延长机械寿命的作用。国产金属减摩修复剂的研制成功和批量生产为在我国全面推广应用金属减摩修复技术创造了物质条件。

"推广应用金属减摩修复技术,可以有效地减少机械摩擦、降低材料磨损、节约能源和减少燃气排放,对我国走新型工业化道路、建设循环经济、实现节能减排的发展战略具有十分重要的现实意义,"中国工程院院士徐滨士表示。和工业发达国家相比,我国相同工业产值的能耗高,机械装备使用寿命短,资源浪费很大,节能降耗一直是我国工业发展努力追求的目标。

据统计,全世界大约有三分之一的能源以各种形式消耗在摩擦上,约有 80% 的机器零部件是因为磨损而失效的。各类机器在工作时,其各零件做相对运动的接触部分都存在着摩擦。摩擦是机器运转过程中不可避免的物理现象。摩擦不仅消耗能量,而且使零件发生磨损,甚至导致零件失效,造成资源的大量浪费。据中国工程院发布的摩擦学调查报告,我国每年因摩擦磨损造成高达 9500 亿元经济损失,全国因机械摩擦、磨损所带来的能源、材料年消耗量惊人,而由汽车等热能动力机械所带来的排放污染更是触目惊心。

金属减摩修复技术是近年来出现的一种新技术,主要是以润滑油脂为载体,将微纳米层状硅酸盐粉体材料输送到摩擦副表面,利用摩擦过程中产生的瞬间高温、高压,在金属摩擦表面形成一层类金属陶瓷修复层,实现金属磨损表面的不解体修复。这种材料还具有精细磨合的功能,在形成修复层的过程中可显著降低摩擦表面的粗糙度,改善设备的润滑状态,最终实现延长设备使用寿命、减小摩擦功率损失的目的。

金属减摩修复技术可广泛用于变速箱、齿轮传动机构、发动机等零件,解决苛刻条件下的运动零件因磨损严重而导致的装备使用寿命短、运行能耗高等问题。我国铁路近10年来有关金属减摩修复技术的专项试验和规模化生产应用,已经证明了这种材料的安全性、有效性、实用性。试验结果表明,这项技术用在铁路内燃机机车的柴油机上,可节约燃油 2.5%,有的达到 6%,主要摩擦副气缸套可延长使用寿命 3~4 倍,同时提高了高速铁路车辆的传统齿轮、滚动轴承减摩耐磨性,在安全性方面也有很好的应用前景。同时,在冶金行业钢厂齿轮传动设备的应用试验,得到了降低 9.0% 电能消耗的成果。家用汽车采用该项技术后,恢复发动机压缩压力幅度可达 30% 以上;汽车尾气污染排放可减少20%~30%。金属减摩修复技术在各工业领域显示出巨大的应用潜力。

（资料来源:《经济日报》）

习　　题

4.1　选择题

（1）两相对滑动的接触表面,依靠吸附油膜进行润滑的摩擦状态称为_____。

A. 液体摩擦　　　　　B. 干摩擦　　　　　C. 混合摩擦　　　　　D. 边界摩擦

（2）两摩擦表面被一层液体隔开,摩擦性质取决于液体内部分子间黏性阻力的摩擦状态称为_____。

A. 液体摩擦　　　　　B. 干摩擦　　　　　C. 混合摩擦　　　　　D. 边界摩擦

（3）当温度升高时,润滑油的黏度_____。

A. 随之升高　　　　　　　　　　　B. 随之降低

C. 保持不变　　　　　　　　　　　D. 视润滑油的性质而定

4.2　按磨损机理不同,磨损分为哪几种?

4.3　润滑剂的主要作用是什么? 常用的润滑剂有哪几种?

4.4　润滑油黏度的意义是什么? 黏度的单位有哪几种? 影响黏度的主要因素是什么,它们是如何影响的?

4.5　润滑油及润滑脂的主要性能指标是什么?

4.6　润滑剂中添加剂的作用是什么?

4.7　实现流体摩擦有哪几种方法,各有何特点?

4.8　何谓摩擦、磨损和润滑? 它们之间有何关联?

4.9　机械零件的磨损过程分为哪几个阶段? 各阶段有什么特点?

第5章 带 传 动

5.1 概 述

带传动是主动轮、从动轮通过中间挠性曳引元件传动带传递运动和动力的机械传动形式之一。带传动结构简单,易于制造,得到了广泛的应用。

5.1.1 带传动的工作原理及特点

根据工作原理,带传动可分为摩擦带传动和啮合带传动两类。与其他传动相比,带传动是一种适用于两轴中心距较远且比较经济的传动形式。

如图5-1(a)所示,摩擦带传动是靠传动带2与主动轮1、从动轮3间的摩擦力来传递运动和动力的。传动带在带轮上必须张紧,使传动带与带轮的接触面上产生一定的正压力,工作时传动带与带轮的接触面间产生摩擦力。主动轮转动时,其作用于传动带上的摩擦力方向和主动轮圆周速度方向相同,驱使传动带与主动轮同向运动;传动带作用于从动轮上的摩擦力方向与传动带的运动方向相同,此摩擦力使从动轮转动,从而实现主动轮到从动轮间的运动和动力的传递。

带的弹性和柔性使摩擦带传动具有如下优点:运动平稳,噪声小;有缓冲和吸振作用;结构简单,对制造精度要求低,制造成本低;可通过选择带长以适应不同的中心距要求;当带传动过载时,传动带会在带轮上打滑,对传动系统其他部件或机器有保护作用。其缺点是:传动效率较低;传递相同圆周力时,外廓尺寸和作用在轴上的载荷比啮合传动的大;传动带的寿命短;传动带与带轮接触面间有相对滑动,不能保证准确的传动比;不宜在高温、易燃易爆场合使用。

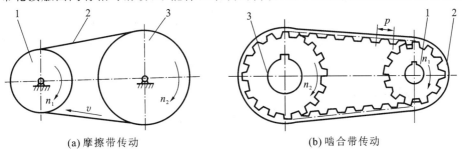

(a) 摩擦带传动   (b) 啮合带传动

图 5-1 带传动的组成

1—主动轮;2—传动带;3—从动轮

　　啮合带传动是指同步带传动。同步带传动是靠带内环表面的齿与带轮上相应齿槽的啮合来传递运动和动力的,如图5-1(b)所示。同步带传动时,传动带与带轮之间不会产生相对滑动,能够获得准确的传动比,因此,它兼有带传动和齿轮啮合传动的优点。

5.1.2　摩擦带传动的类型、特点及应用

　　摩擦带传动按传动带的截面形状,分为平带传动、圆带传动、V带传动、多楔带传动等,如图5-2所示。

(a)平带传动　　　　(b)圆带传动　　　　(c)V带传动　　　　(d)多楔带传动

图5-2　摩擦带传动的截面形状

1. 平带传动

　　平带的横截面形状为扁平矩形。常用的平带有帆布芯平带、编织(如丝、麻、棉织、毛织等)平带、锦纶片复合平带等多种。平带质量小,具有较小的离心力和较好的挠曲性能,常用在高速场合。平带的规格已经标准化,使用时根据所需长度截取,并将其端部连接起来。

　　平带传动结构简单,价格较便宜,且柔性好,适用于较大中心距的远距离传动,并可用于交叉传动和角度传动,在农业机械、轻工机械中应用较多。

2. 圆带传动

　　圆带的横截面形状为圆形。圆带结构简单,其材料多为皮革、棉、麻、锦纶、聚氨酯等,传递功率较小,常用于低速轻载机械,如仪器、缝纫机等。

3. V带传动

　　V带的横截面形状为等腰梯形,带轮上也做出相应的轮槽。传动时,V带的两侧面为工作面,与轮槽的两侧面接触。因槽面摩擦因数大于平面摩擦因数,在相同的张紧力下,V带传动较平带传动能产生较大的摩擦力。另外,V带传动允许较大传动比,结构较为紧凑,无接头,传动较平稳,大多数V带已标准化并大批量生产,因此,V带的应用比平带广泛。

　　V带有普通V带、窄V带、联组V带、齿形V带、大楔角V带、宽V带等多种类型。其中,普通V带应用最广泛,窄V带在国外发展迅速,在我国逐渐得到广泛的应用。因此,本章重点介绍普通V带传动和窄V带传动。

4. 多楔带传动

　　多楔带的横截面形状为多楔形,带轮上也做出相应的环形轮槽。多楔带是在平带基体上制出若干等距纵向V形楔的环形传动带。工作时,其楔的侧面与带轮上相应的环形轮槽侧面接触。由于多楔带薄而轻,工作时弯曲应力和离心应力都小,可使用较小的带轮,减小了传动的尺寸。多楔带传动兼有平带挠曲性好和V带摩擦力大的优点,并克服了多根V带传动时各带长短不一、传动带受力不均的问题,通常用于要求传递功率较大、结构紧凑的场合。

5.1.3　带传动的形式

　　常用的带传动形式,如图5-3所示。开口传动形式使用最多,如图5-3(a)所示,两轴平行,主、从动轮回转方向相同;对于平带和圆带,如有特殊情况,可采用交叉传动和半交叉传动形式,如图5-3(b)、(c)所示。交叉传动形式,两轴平行,主、从动轮回转方向相反,由于交叉处传动带的摩擦和扭转,带的寿命短;半交叉传动形式,两轴交错,只能单方向传动且不能逆转。

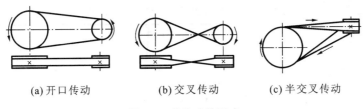

(a) 开口传动　　　　(b) 交叉传动　　　　(c) 半交叉传动

图 5-3　带传动的形式

5.2　V 带和带轮

5.2.1　V 带的结构、类型及型号

1. 普通 V 带

V 带是无接头的环形带,由承载层、顶胶、底胶和包布四部分组成,如图 5-4 所示。承载层是 V 带承受载荷的主体,有帘布芯和绳芯两种结构;顶胶和底胶均由弹性较好的橡胶制成,在传动带弯曲时分别承受拉伸和压缩变形;包布是 V 带的保护层,用胶帆布制成。帘布芯 V 带制造方便,抗弯强度较高,多用于大载荷场合,但易伸长、发热和脱层;绳芯 V 带柔韧性好,抗弯强度高,适用于带轮直径较小、转速较高的场合。

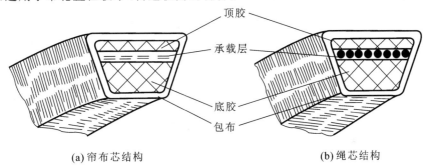

顶胶
承载层
底胶
包布

(a) 帘布芯结构　　　　　　　　　　(b) 绳芯结构

图 5-4　V 带的结构

当 V 带传动时,传动带绕在带轮上而弯曲,顶胶纵向伸长,横向收缩;底胶纵向收缩,横向伸长;在二者之间的中性层保持长度和宽度不变,称为节面。V 带的节面宽度称为节宽,用 b_p 表示。V 带的节面长度称为基准长度,用 L_d 表示。节面相对应的带轮直径称为基准直径 d_d。

普通 V 带按照横截面尺寸由小到大,有 Y、Z、A、B、C、D、E 七种型号,各种型号带的截面尺寸和单位带长质量如表 5-1 所示;基准长度系列及带长修正系数如表 5-2 所示。

表 5-1　普通 V 带的截面尺寸和单位带长质量

参　　数	V 带的型号						
	Y	Z	A	B	C	D	E
节宽 b_p/mm	5.3	8.5	11.0	14.0	19.0	27.0	32.0
顶宽 b/mm	6	10	13	17	22	32	38
高度 h/mm	4	6	8	11	14	19	25
截面面积 A/mm²	18	47	81	138	230	476	692
单位带长质量 q/(kg·m^{-1})	0.04	0.06	0.10	0.17	0.30	0.60	0.87

表 5-2　基准长度系列及带长修正系数

基准长度 L_d/mm	带长修正系数 K_L						
	Y	Z	A	B	C	D	E
400	0.96	0.87					
450	1.00	0.89					
500	1.02	0.91					
560		0.94					
630		0.96	0.81				
710		0.99	0.83				
800		1.00	0.85				
900		1.03	0.87	0.82			
1000		1.06	0.89	0.84			
1120		1.08	0.91	0.86			
1250		1.11	0.93	0.88			
1400		1.14	0.96	0.90			
1600		1.16	0.99	0.92	0.84		
1800		1.18	1.01	0.95	0.86		
2000			1.03	0.98	0.88		
2240			1.06	1.00	0.91		
2500			1.09	1.03	0.93		
2800			1.11	1.05	0.95	0.83	
3150			1.13	1.07	0.97	0.86	
3550			1.17	1.09	0.99	0.89	
4000			1.19	1.13	1.02	0.91	
4500				1.15	1.04	0.93	0.90
5000				1.18	1.07	0.96	0.92
5600					1.09	0.98	0.95
6300					1.12	1.00	0.97
7100					1.15	1.03	1.00
8000					1.18	1.06	1.02

2. 窄 V 带

窄 V 带采用合成纤维绳或钢丝绳作承载层。其剖面结构与普通 V 带相似。与普通 V 带

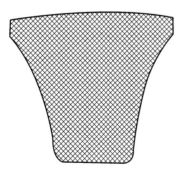

图 5-5　窄 V 带的截面形状

相比,当高度相同时,窄 V 带的宽度缩小约 30%,使其看上去比普通 V 带窄。窄 V 带的两个工作侧面向内凹,如图 5-5 所示。在窄 V 带套到带轮上后,工作侧面近似为平面,使之与带轮轮槽的两个工作侧面贴合紧密,工作能力可提高 1.5～2.5 倍,允许速度和挠曲次数高,传动中心距小,适用于传递功率较大且又要求结构紧凑的场合。其工作原理和设计方法与普通 V 带类似。

窄 V 带有基准宽度制和有效宽度制两种。基准宽度制窄 V 带有 SPZ、SPA、SPB、SPC 四种型号,具体截面尺寸可查阅相关国家标准。

5.2.2　V 带轮

1. V 带轮设计的基本要求

V 带轮设计的基本要求是：质量小且分布均匀；加工工艺性好；无过大的铸造或焊接内应力；带轮的轮槽工作面应精细加工，保证适当的表面粗糙度，以减少传动带的磨损；各轮槽的尺寸和角度应保持一定的精度，以使载荷分布较为均匀。当 $v > 25$ m/s 时，带轮要进行动平衡校正。

2. V 带轮的材料

V 带轮通常采用铸铁、钢或非金属材料制成。对于带速 $v \leqslant 30$ m/s 的带传动，其 V 带轮一般用 HT150 或 HT200 制造；对于带速 $v > 25 \sim 45$ m/s 的带传动，其 V 带轮用球墨铸铁或铸钢制造，也可用钢板冲压后焊接而成；轻载时可用铸铝合金或工程塑料制造。

3. V 带轮的结构

V 带轮由轮缘、轮毂和轮辐三部分组成，如图 5-6 所示。轮缘是指轮的外圈圆形部分，用于安装传动带；轮毂是指与轴配装在一起的筒形部分；轮辐是指连接轮缘与轮毂的部分。

根据轮辐结构，V 带轮可以分为实心式、腹板式、孔板式、椭圆轮辐式等几类。当带轮基准直径 $d_d \leqslant 2.5d$（d 为轴的直径）时，可采用实心式，如图 5-7(a) 所示。当带轮基准直径 $d_d \leqslant$ 300 mm 时，若 $D_1 - d_1 < 100$ mm，采用腹板式，如图 5-7(b) 所示；若 $D_1 - d_1 > 100$ mm，可采用孔板式，如图 5-7(c) 所示。当带轮基准直径 $d_d > 300$ mm 时，采用椭圆轮辐式，如图 5-7(d) 所示。

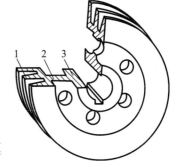

图 5-6　V 带轮的组成
1—轮缘；2—轮辐；3—轮毂

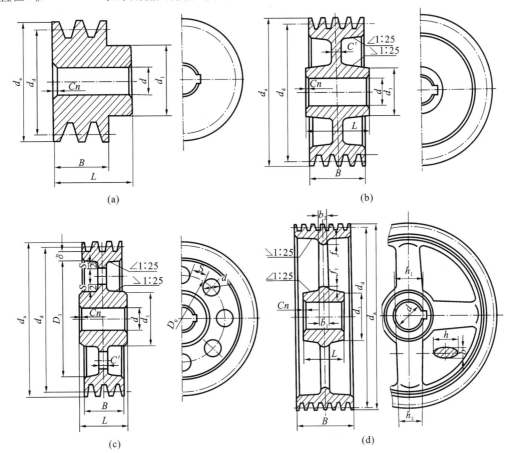

图 5-7　V 带轮的结构形式

普通 V 带轮的轮槽截面尺寸如表 5-3 所示。带轮其他结构尺寸可参考机械设计手册选取。

由表 5-3 所示数据可知,带轮轮槽楔角 φ 的规格有32°、34°、36°、38°等,而普通 V 带楔角为40°,这是因为在 V 带绕上带轮后,弯曲会使带的截面形状发生变化。带的顶层受拉变窄,底层受压变宽,从而使 V 带工作楔角变小。因此,为保证 V 带和带轮轮槽的良好接触,带轮轮槽楔角根据传动型号及带轮基准直径作适当调整。

表 5-3 轮槽截面尺寸 (单位:mm)

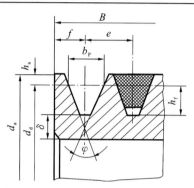

结 构 参 数		槽 型						
		Y	Z SPZ	A SPA	B SPB	C SPC	D	E
b_p		5.3	8.5	11.0	14.0	19.0	27.0	32.0
h_{amin}		1.60	2.00	2.75	3.50	4.80	8.10	9.60
h_{fmin}		4.7	7.0 9.0	8.7 11.0	10.8 14.0	14.3 19.0	19.9	23.4
δ_{min}		5	5.5	6	7.5	10	12	15
e		8±0.3	12±0.3	15±0.3	19±0.4	25.5±0.5	37±0.6	45.5±0.7
f_{min}		6	7	9	11.5	16	23	28
B		$B=(z-1)e+2f$, z 为带轮槽数						
φ	32°	对应的 带轮基准 直径 d_d	≤60	—	—	—	—	—	—
	34°		—	≤80	≤118	≤190	≤315	—	—
	36°		>60	—	—	—	—	≤475	≤600
	38°		—	>80	>118	>190	>315	>475	>600

5.3 带传动的受力分析及运动特性

5.3.1 带传动的受力分析

1. 带传动的力

摩擦带传动在安装时,传动带必须以一定的张紧力张紧,即以一定的初拉力紧套在两个带轮上,传动带和带轮相互压紧,如图 5-8(a)所示。带传动工作前,传动带的两边所受的拉力 F_0

相等，F_0 称为初拉力。

如图 5-8(b)所示，在带传动正常工作时，由于传动带与带轮工作面间摩擦力的作用，传动带两边的拉力不再相等。传动带绕进主动轮的一边被拉紧，称为紧边，拉力由 F_0 增加到 F_1，F_1 称为紧边拉力；而传动带绕进从动轮的一边被放松，称为松边，拉力由 F_0 减为 F_2，F_2 称为松边拉力。

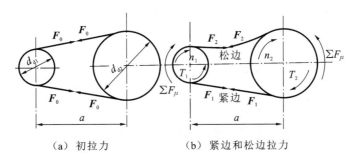

（a）初拉力　　　　　　　（b）紧边和松边拉力

图 5-8　带传动的受力情况

假设传动带在静止和工作两种状态时的总长度不变，因传动带是弹性体，符合胡克定律，则传动带的紧边拉力增加量应等于松边拉力的减小量，即

$$F_1 - F_0 = F_0 - F_2$$

或

$$F_1 + F_2 = 2F_0 \tag{5-1}$$

紧边拉力 F_1 与松边拉力 F_2 之差称为传动带的有效拉力，用 F_e 表示，即

$$F_e = F_1 - F_2 \tag{5-2}$$

如果取与带轮接触的传动带为受力研究对象，根据传动带上各力对带轮中心的力矩平衡条件可得：有效拉力 F_e 等于沿带轮接触弧上各点摩擦力的总和 $\sum F_\mu$。

带传动是依靠有效拉力实现功率传递的，所以，带传递的功率可表示为

$$P = F_e v / 1000 \tag{5-3}$$

式中：P 为带传递的功率，kW；F_e 为带的有效拉力，N；v 为带速，m/s。

由式(5-1)和式(5-2)得

$$\left.\begin{array}{l} F_1 = F_0 + F_e/2 \\ F_2 = F_0 - F_e/2 \end{array}\right\} \tag{5-4}$$

由式(5-4)可知，传动带的紧边拉力 F_1 和松边拉力 F_2 的大小取决于初拉力 F_0 和带传动的有效拉力 F_e。又由式(5-3)可知，在带传动的传动能力范围内，有效拉力 F_e 的大小与传递的功率 P 及传动带的速度 v 有关。

2. 带传动的最大有效拉力及其影响因素

带传动工作中，F_e 的变化实际上反映了传动带与带轮接触面上摩擦力的变化，在一定条件下，摩擦力有一极限值。当传动带有打滑趋势时，传动带与带轮间的摩擦力即达到极限值，带传动的有效拉力达到最大值，用 F_{ec} 表示，称为带传动的最大有效拉力，其大小限制着带传动的传动能力。当 $F_e \leqslant F_{ec}$ 时，带传动能正常工作；否则，传动带将在带轮上打滑，带传动不能正常工作。

若带速很低，可忽略离心力，则传动带在带轮上即将打滑时，传动带的紧边拉力 F_1 与松边拉力 F_2 之间的关系为

$$F_1 = F_2 e^{\mu a} \tag{5-5}$$

式中: e 为自然对数的底, $e = 2.718\cdots$; μ 为传动带与轮缘间的摩擦因数, 对于 V 带, 用当量摩擦因数 μ_v, $\mu_v = \mu/\sin\dfrac{\varphi}{2}$; α 为传动带在带轮上的包角, rad。

式(5-5)即为著名的欧拉公式, 是解决柔韧体摩擦的基本公式。

将式(5-4)代入式(5-5), 可得最大有效拉力的表达式为

$$F_{ec} = 2F_0(e^{\mu a} - 1)/(e^{\mu a} + 1) = 2F_0[1 - 2/(1 + e^{\mu a})] \tag{5-6}$$

由式(5-6)可知, 带传动的最大有效拉力 F_{ec} 即摩擦力的极限值, 取决于初拉力 F_0、包角 α 及传动带与轮缘间的摩擦因数 μ。当其他条件相同时, 初拉力 F_0、包角 α 越大, 摩擦力的极限值越大, 带传动的最大有效拉力 F_{ec} 也越大。但要注意 F_0 不能过大, 否则将会导致传动带的磨损加剧及传动带的拉应力增大, 缩短传动带的工作寿命。因此, 在进行带传动设计时必须确保初拉力 F_0 合适和维持包角 α 不要过小。包角的要求限制了带传动的最小中心距和最大传动比。

5.3.2　传动带的应力分析

带传动工作时, 传动带中将产生三种应力, 如图 5-9 所示。

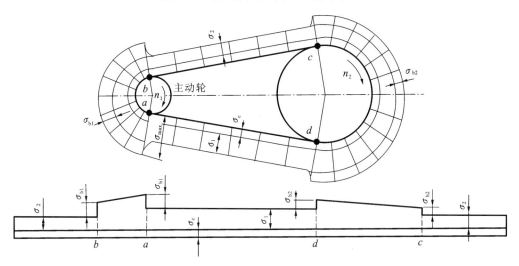

图 5-9　传动带的应力分布图

1. 拉应力

拉应力由传动带的紧边拉力 F_1 和松边拉力 F_2 产生。

紧边拉应力 σ_1 为

$$\sigma_1 = F_1/A \tag{5-7}$$

松边拉应力 σ_2 为

$$\sigma_2 = F_2/A \tag{5-8}$$

式中: A 为传动带的横截面面积, mm^2, 其值可查表 5-1。

显然, σ_1 与 σ_2 不相等, 当传动带绕过主动轮时, 拉应力由 σ_1 逐渐降低为 σ_2; 而当传动带绕过从动轮时, 拉应力则由 σ_2 逐渐增大为 σ_1。

2. 离心应力

带传动工作时, 与带轮接触部分的传动带, 随带轮轮缘做圆周运动, 传动带本身的质量将

产生离心力。由离心力所引起的传动带的拉应力称为离心应力,其大小可表示为

$$\sigma_c = qv^2/A \tag{5-9}$$

式中:q 为传动带单位长度的质量,kg/m,其值可查表 5-1;v 为传动带的线速度,m/s;A 为传动带的横截面面积,mm^2,其值可查表 5-1;σ_c 为传动带的离心应力,MPa。

虽然离心力只存在于传动带做圆周运动的弧段上(即包角所对应的弧段上),但由此而产生的离心应力却作用于全部带长的各个截面上。

由式(5-9)可知,离心应力 σ_c 与 q 及 v^2 成正比,故设计高速带传动时宜采用轻质带,以利于减小离心应力;对于一般带传动,带速不宜过高。

3. 弯曲应力

当传动带绕过主、从动带轮时,传动带由于发生弯曲变形将产生弯曲应力。如果近似认为带的材料性能符合胡克定律,则由材料力学公式可得

$$\sigma_b \approx Eh/d_d \tag{5-10}$$

式中:E 为传动带材料的弹性模量,MPa;h 为传动带的高度,mm,其值可查表 5-1;d_d 为带轮的基准直径,mm;σ_b 为传动带所受的弯曲应力,MPa。

由式(5-10)可知,带轮直径 d_d 越小,带越厚,带中的弯曲应力越大。所以,同一型号的带绕过小带轮时的弯曲应力 σ_{b1} 大于绕过大带轮时的弯曲应力 σ_{b2}。为避免弯曲应力过大,带轮直径不宜过小。因此,对各种型号的普通 V 带都规定了带轮的最小基准直径 d_{dmin},如表 5-4 所示。

表 5-4　V 带带轮的最小基准直径 d_{dmin}　　　　　　　　　　(单位:mm)

槽　　型	Y	Z	A	B	C	D	E
d_{dmin}	20	50	75	125	200	355	500

将上述三种应力进行叠加,可得带传动工作时的应力分布情况,如图 5-9 所示。图中小带轮为主动轮,最大应力发生在紧边进入小带轮处,其值为

$$\sigma_{max} = \sigma_1 + \sigma_{b1} + \sigma_c \tag{5-11}$$

由图 5-9 可见,传动带各截面上的应力均随其工作位置作周期性变化,即传动带处于变应力状态下,所以当传动带的应力循环次数达到一定数值时,传动带将发生疲劳破坏,如脱层、松散、撕裂或拉断等。

5.3.3　带传动的弹性滑动与传动比

1. 带传动的弹性滑动和打滑

如图 5-10 所示,用相邻横向间隔线的距离大小表示传动带在不同位置处的相对伸长程度,弧形小箭头表示带轮对传动带的摩擦力方向。传动带是弹性体,当其受到拉力后会产生弹性变形,且弹性变形量与拉力大小成正比。带传动在工作时,因紧边拉力 F_1 大于松边拉力 F_2,所以,传动带在紧边的伸长量大于松边的伸长量。当传动带在主动轮上从紧边 A_1 点绕到松边 B_1 点的过程中,传动带所受的拉力由 F_1 逐渐减小到 F_2,传动带的伸长量(弹性变形)也逐渐减小,因而传动带在带轮上产生微量向后滑动,使得传动带的运动滞后于带轮,即带速 v 小于主动轮的圆周速度 v_1,这说明传动带在绕过主动轮轮缘的过程中,传动带与主动轮轮缘之间发生了微量的相对滑动。这种相对滑动现象也发生在从动轮上。当传动带在从动轮上从松边 A_2 点绕到紧边 B_2 点的过程中,传动带所受的拉力由 F_2 逐渐增加到 F_1,传动带的伸长量

(弹性变形)也逐渐增加,因而传动带在带轮上产生微量向前滑动,传动带的运动超前于从动轮,即带速 v 大于从动轮的圆周速度 v_2,亦即传动带在绕过从动轮轮缘的过程中,传动带与从动轮轮缘之间也发生了微量的相对滑动。这种由传动带的弹性变形引起的传动带与带轮之间微量相对滑动的现象,称为带传动的弹性滑动。弹性滑动是摩擦带传动正常工作时不可避免的固有特性。由于带的伸长量与弹性模量有关,选用弹性模量大的带材料,带的相对变形量小,可以缓解弹性滑动情况。

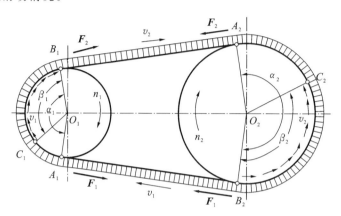

图 5-10　带传动中的弹性滑动

　　一般来说,并不是全部接触弧上都发生弹性滑动。在正常情况下,当带传动传递的有效拉力较小时,弹性滑动只发生在传动带离开主、从动带轮前的那部分接触弧上,如图 5-10 所示,$\overset{\frown}{C_1B_1}$ 和 $\overset{\frown}{C_2B_2}$ 称为滑动弧,所对应的中心角 β_1 和 β_2 称为滑动角;而未发生弹性滑动的接触弧 $\overset{\frown}{A_1C_1}$ 和 $\overset{\frown}{A_2C_2}$ 则称为静弧,所对应的中心角称为静角。静弧总是发生在带进入带轮的这一边。带不传递载荷时,滑动弧为零。滑动弧随着有效拉力的增大而增大,当传递的有效拉力达到最大值 F_{ec} 时,小带轮上的滑动弧增至全部接触弧,C_1 点移动到与 A_1 点重合,滑动角 β_1 增大到 α_1。如果外载荷继续增大,则传动带与小带轮接触面间将发生显著的相对滑动,这种现象称为打滑。打滑将使传动带严重磨损和发热,从动轮转速急剧下降,使带传动失效,因此,应避免打滑现象的发生。但在带传动突然超载时,打滑却可以起到过载保护的作用,避免其他零件发生破坏。

　　对于开式带传动,带在大轮上的包角总是大于在小带轮上的包角,所以,打滑总是在小带轮上先开始。

　　在带传动中,弹性滑动与打滑是两个不同的概念,不能混淆。打滑是过载所引起的带在整个轮面上发生的全面滑动,是可以避免的;弹性滑动是带传动的固有特性,是不可避免的。

2. 滑动率和传动比

　　弹性滑动导致从动轮的圆周速度 v_2 低于主动轮的圆周速度 v_1。从动轮圆周速度相对于主动轮的降低率称为滑动率,用 ε 表示,有

$$\varepsilon = (v_1 - v_2)/v_1 = (\pi n_1 D_1 - \pi n_2 D_2)/(\pi n_1 D_1) = 1 - (D_2 n_2/D_1 n_1) \tag{5-12}$$

式中:n_1、n_2 为主、从动轮转速,r/min;D_1、D_2 为主、从动轮直径,对于 V 带传动,为基准直径,mm。

　　由式(5-12)可得带传动的传动比 i 为

$$i = n_1/n_2 = D_2/[D_1(1-\varepsilon)] \tag{5-13}$$

滑动率 ε 的值与传动带的材料以及受力的大小等因素有关,不能得到准确的数值,因此带传动不能保持恒定的传动比。带传动的滑动率 ε 一般为 $1\% \sim 2\%$,粗略计算时可以忽略不计。

5.4　普通 V 带传动的设计计算

5.4.1　带传动的失效形式和设计准则

如图 5-9 所示,带每绕过带轮一次,应力就由小变大,又由大变小。单位时间内带绕过带轮的次数越多,转速越高,带越短,应力变化越频繁。因此,带传动的主要失效形式是打滑和传动带的疲劳破坏。

带传动的设计准则是,在保证不打滑的条件下,传动带具有一定的疲劳强度和寿命。

5.4.2　单根 V 带所能传递的功率

单根 V 带所能传递的功率是指在一定的初拉力作用下,带传动不发生打滑且具有足够的疲劳强度和寿命时所能传递的最大功率。

由式(5-11)可知,V 带的疲劳强度条件为

$$\sigma_{max} = \sigma_1 + \sigma_{b1} + \sigma_c \leqslant [\sigma] \tag{5-14}$$

式中:$[\sigma]$ 为在一定条件下,由疲劳强度所决定的 V 带的许用应力,MPa。

对于一定规格、材质的带,在特定试验条件(载荷平稳,$\alpha_1 = \alpha_2 = 180°$,特定带长,$N = N_0 = 10^8$ 次,承载层为化学纤维绳芯结构)下,可求出疲劳方程 $\sigma^m N = C$ 中的 C 值。因此

$$[\sigma] = \sqrt[m]{C/N} = \sqrt[11.1]{CL_d/(3600 z_p v L_h)} \tag{5-15}$$

式中:$[\sigma]$ 为 V 带的许用应力,MPa;z_p 为 V 带上某一点绕行一周所绕过的带轮数,通常 $z_p = 2$;v 为 V 带的速度,m/s;L_h 为 V 带的使用寿命,h;L_d 为 V 带的基准长度,m;m 为指数,对于普通 V 带传动,$m = 11.1$。

由 $\sigma^m N = C$ 可知,若带的应力降低 10%,则带的寿命可提高约两倍。

当带传动的结构与主动轮的转速一定时,σ_{b1}、σ_c 基本不变,故式(5-14)可写成

$$\sigma_1 \leqslant [\sigma] - \sigma_{b1} - \sigma_c \tag{5-16}$$

从不打滑的条件出发,根据式(5-2)、式(5-5)和式(5-7),并用当量摩擦因数 μ_v 代替平面摩擦因数 μ,可推导出 V 带传动的最大有效拉力 F_{ec} 为

$$F_{ec} = F_1[1 - (1/e^{\mu_v \alpha})] = \sigma_1 A[1 - (1/e^{\mu_v \alpha})] \tag{5-17}$$

将式(5-16)代入式(5-17)得

$$F_{ec} = ([\sigma] - \sigma_{b1} - \sigma_c) A[1 - (1/e^{\mu_v \alpha})] \tag{5-18}$$

将式(5-18)代入式(5-3),可得出满足设计准则条件下单根 V 带所能传递的功率 P_0 为

$$P_0 = \{([\sigma] - \sigma_{b1} - \sigma_c)[1 - (1/e^{\mu_v \alpha})]\}Av/1000 \tag{5-19}$$

式中:P_0 为单根 V 带所能传递的功率,kW;A 为 V 带的横截面面积,mm²;其余各符号的含义及单位同前。

由式(5-19)可知,P_0 值与 V 带的型号、速度、包角、长度、材料以及带轮直径等多种因素有关。在上述试验条件下,由式(5-19)计算所得的 P_0 称为单根普通 V 带所能传递的基本额定

功率,其值如表 5-5 所示。

表 5-5　单根普通 V 带所能传递的基本额定功率 P_0　　　　　　　　(单位:kW)

型号	小带轮基准直径 d_{d1}/mm	小带轮转速 n_1/(r/min)													
		400	730	800	980	1200	1460	1600	2000	2400	2800	3200	3600	4000	5000
Y	20	—	—	—	0.02	0.02	0.02	0.03	0.03	0.04	0.04	0.05	0.06	0.06	0.08
	31.5	—	0.03	0.04	0.04	0.05	0.06	0.06	0.07	0.09	0.10	0.11	0.12	0.13	0.15
	40	—	0.04	0.05	0.06	0.07	0.08	0.09	0.11	0.12	0.14	0.15	0.16	0.18	0.20
	50	0.05	0.06	0.07	0.08	0.09	0.11	0.12	0.14	0.16	0.18	0.20	0.22	0.23	0.25
Z	50	0.06	0.09	0.10	0.12	0.14	0.16	0.17	0.20	0.22	0.26	0.28	0.30	0.32	0.34
	63	0.08	0.13	0.15	0.18	0.22	0.25	0.27	0.32	0.37	0.41	0.45	0.47	0.49	0.50
	71	0.09	0.17	0.20	0.23	0.27	0.32	0.33	0.39	0.46	0.50	0.54	0.58	0.61	0.62
	80	0.14	0.20	0.22	0.26	0.30	0.36	0.39	0.44	0.50	0.56	0.61	0.64	0.67	0.66
	90	0.14	0.22	0.24	0.28	0.33	0.37	0.40	0.48	0.54	0.60	0.64	0.68	0.72	0.73
A	75	0.27	0.42	0.45	0.52	0.60	0.68	0.73	0.84	0.92	1.00	1.04	1.08	1.09	1.02
	90	0.39	0.63	0.68	0.79	0.93	1.07	1.05	1.34	1.50	1.64	1.75	1.83	1.87	1.82
	100	0.47	0.77	0.83	0.97	1.14	1.32	1.42	1.66	1.87	2.05	2.19	2.28	2.34	2.25
	125	0.67	1.11	1.19	1.40	1.66	1.93	2.07	2.44	2.74	2.98	3.16	3.26	3.28	2.91
	160	0.94	1.56	1.69	2.00	2.36	2.74	2.94	3.42	3.80	4.06	4.19	4.17	3.98	2.67
B	125	0.84	1.34	1.44	1.67	1.93	2.20	2.33	2.64	2.85	2.96	2.94	2.80	2.51	1.09
	140	1.05	1.69	1.82	2.13	2.47	2.83	3.00	3.42	3.70	3.85	3.83	3.63	3.24	1.29
	160	1.32	2.16	2.32	2.72	3.17	3.64	3.86	4.40	4.75	4.89	4.80	4.46	3.82	0.81
	200	1.85	3.06	3.30	3.86	4.50	5.15	5.46	6.13	6.47	6.43	5.95	4.98	3.47	—
	250	2.50	4.14	4.46	5.22	6.04	6.85	7.20	7.87	7.89	7.14	5.60	3.12	—	—
	280	2.89	4.77	5.13	5.93	6.90	7.79	8.13	8.60	8.22	6.80	4.26			

型号	小带轮基准直径 d_{d1}/mm	小带轮转速 n_1/(r/min)													
		200	300	400	500	600	730	800	980	1200	1460	1600	1800	2000	2200
C	200	1.39	1.92	2.41	2.87	3.30	3.80	4.07	4.66	5.29	5.86	6.07	6.28	6.34	6.26
	250	2.03	2.85	3.62	4.33	5.00	5.82	6.23	7.18	8.21	9.06	9.38	9.63	9.62	9.34
	315	2.86	4.04	5.14	6.17	7.14	8.34	8.92	10.23	11.53	12.48	12.72	12.67	12.14	11.08
	400	3.91	5.54	7.06	8.52	9.82	11.52	12.10	13.67	15.04	15.51	15.24	14.08	11.95	8.75
	450	4.51	6.40	8.20	9.81	11.29	12.98	13.80	15.39	16.59	16.41	15.57	13.29	9.64	4.44
D	355	5.31	7.35	9.24	10.90	12.39	14.04	14.83	16.30	17.25	16.70	15.63	12.97	—	—
	450	7.90	11.02	13.85	16.40	18.67	21.12	22.25	24.16	24.84	22.42	19.59	13.34	—	—
	560	10.76	15.07	18.95	22.38	25.32	28.28	29.55	31.00	29.67	22.08	15.13	—	—	—
	710	14.55	20.35	25.45	29.76	33.18	35.97	36.87	35.58	27.88	—	—	—	—	—
	800	16.76	23.39	29.08	33.72	37.13	39.26	39.55	35.26	21.32	—	—	—	—	—

续表

型号	小带轮基准直径 d_{d1}/mm	小带轮转速 n_1/(r/min)												
		200	300	400	500	600	730	800	980	1200	1460	1600	1800	2000	2200
E	500	10.86	14.96	18.55	21.65	24.21	26.62	27.57	28.52	25.53	16.25	—	—	—	—
	630	15.65	21.69	26.95	31.36	34.83	37.64	38.52	37.14	29.17	—	—	—	—	—
	800	21.70	30.05	37.05	42.53	46.26	47.79	47.38	39.08	16.46	—	—	—	—	—
	900	25.15	34.71	42.49	48.20	51.48	51.13	49.21	34.01	—	—	—	—	—	—
	1000	28.52	39.17	47.52	53.12	55.45	52.26	48.19	—	—	—	—	—	—	—

当带传动的传动比 $i>1$ 时,因从动轮的直径比主动轮直径大,传动带在从动轮上的弯曲应力较小,故在寿命相同条件下,可增大传递的功率,即单根普通 V 带有一功率增量 ΔP_0,其值如表 5-6 所示,这时单根普通 V 带所能传递的功率为 $P_0+\Delta P_0$。

表 5-6　单根普通 V 带额定功率的增量 ΔP_0　　　　　　　　　　　(单位:kW)

型号	小带轮转速 n_1/(r/min)	传动比 i									
		1.00~1.01	1.02~1.04	1.05~1.08	1.09~1.12	1.13~1.18	1.19~1.24	1.25~1.34	1.35~1.51	1.52~1.99	≥2.0
Z	400	0.00	0.00	0.00	0.00	0.00	0.00	0.00	0.00	0.01	0.01
	700	0.00	0.00	0.00	0.00	0.00	0.01	0.01	0.01	0.01	0.01
	800	0.00	0.00	0.00	0.00	0.01	0.01	0.01	0.01	0.02	0.02
	950	0.00	0.00	0.00	0.01	0.01	0.01	0.01	0.02	0.02	0.02
	1200	0.00	0.00	0.01	0.01	0.01	0.01	0.02	0.02	0.02	0.03
	1460	0.00	0.00	0.01	0.01	0.01	0.02	0.02	0.02	0.02	0.03
	2800	0.00	0.01	0.02	0.02	0.03	0.03	0.03	0.04	0.04	0.04
A	200	0.00	0.00	0.01	0.01	0.01	0.01	0.02	0.02	0.02	0.03
	400	0.00	0.01	0.01	0.02	0.02	0.03	0.03	0.04	0.04	0.05
	700	0.00	0.01	0.02	0.03	0.04	0.05	0.06	0.07	0.08	0.09
	800	0.00	0.01	0.02	0.03	0.04	0.05	0.06	0.08	0.08	0.10
	950	0.00	0.01	0.03	0.04	0.05	0.06	0.07	0.08	0.10	0.11
	1450	0.00	0.02	0.04	0.06	0.08	0.09	0.11	0.13	0.15	0.17
	2800	0.00	0.04	0.08	0.11	0.15	0.19	0.23	0.26	0.30	0.34
	4000	0.00	0.05	0.11	0.16	0.22	0.27	0.32	0.38	0.43	0.48
	5000	0.00	0.07	0.14	0.20	0.27	0.34	0.40	0.47	0.54	0.60
B	200	0.00	0.01	0.01	0.02	0.03	0.04	0.04	0.05	0.06	0.06
	400	0.00	0.01	0.03	0.04	0.06	0.07	0.08	0.10	0.11	0.13
	700	0.00	0.02	0.05	0.07	0.10	0.12	0.15	0.17	0.20	0.22
	800	0.00	0.03	0.06	0.08	0.11	0.14	0.17	0.20	0.23	0.25
	950	0.00	0.03	0.07	0.10	0.13	0.17	0.20	0.23	0.26	0.30
	1450	0.00	0.05	0.10	0.15	0.20	0.25	0.31	0.36	0.40	0.46
	2800	0.00	0.10	0.20	0.29	0.39	0.49	0.59	0.69	0.79	0.89
	4000	0.00	0.11	0.28	0.42	0.56	0.70	0.84	0.99	1.13	1.27

型号	小带轮转速 n_1/(r/min)	传动比 i									
		1.00～1.01	1.02～1.04	1.05～1.08	1.09～1.12	1.13～1.18	1.19～1.24	1.25～1.34	1.35～1.51	1.52～1.99	≥2.0
C	200	0.00	0.02	0.04	0.06	0.08	0.10	0.12	0.14	0.16	0.18
	400	0.00	0.04	0.08	0.12	0.16	0.20	0.23	0.27	0.31	0.35
	700	0.00	0.70	0.14	0.21	0.27	0.34	0.41	0.48	0.55	0.62
	800	0.00	0.08	0.16	0.23	0.31	0.39	0.47	0.55	0.63	0.71
	950	0.00	0.09	0.19	0.27	0.37	0.47	0.56	0.65	0.74	0.83
	1450	0.00	0.14	0.28	0.42	0.58	0.71	0.85	0.99	1.14	1.27
	2000	0.00	0.20	0.39	0.59	0.78	0.98	1.17	1.37	1.57	1.76
	2800	0.00	0.27	0.55	0.82	1.10	1.37	1.64	1.92	2.19	2.47
D	200	0.00	0.70	0.14	0.21	0.28	0.35	0.42	0.49	0.56	0.63
	400	0.00	0.14	0.28	0.42	0.56	0.70	0.83	0.97	1.11	1.25
	600	0.00	0.21	0.42	0.62	0.83	1.04	1.25	1.46	1.67	1.88
	950	0.00	0.33	0.66	0.99	1.32	1.60	1.92	2.31	2.64	2.97
	1200	0.00	0.42	0.84	1.25	1.67	2.09	2.50	2.92	3.34	3.75
	1450	0.00	0.51	1.01	1.51	2.02	2.52	3.02	3.52	4.03	4.53
	1600	0.00	0.56	1.11	1.67	2.23	2.78	3.33	3.89	4.45	5.00
E	200	0.00	0.14	0.28	0.41	0.55	0.69	0.83	0.96	1.10	1.24
	400	0.00	0.28	0.55	0.83	1.00	1.38	1.65	1.93	2.20	2.48
	600	0.00	0.41	0.83	1.24	1.65	2.07	2.48	2.89	3.31	3.72
	800	0.00	0.55	1.10	1.65	2.21	2.76	3.31	3.86	4.41	4.96
	950	0.00	0.65	1.29	1.95	2.62	3.27	3.92	4.58	5.23	5.89

　　如果再考虑带传动的实际工况与特定条件不相同时的影响，引入系数对上述功率进行修正，可得单根普通 V 带实际所能传递的功率为

$$[P_0] = (P_0 + \Delta P_0) K_\alpha K_L \tag{5-20}$$

式中：K_α 为包角修正系数，考虑包角 $\alpha \neq 180°$ 时对传动能力的影响，其值可查表 5-7；K_L 为长度修正系数，考虑带的实际长度不为特定长度时对传动能力的影响，其值可查表 5-2。

表 5-7　小带轮包角修正系数 K_α

α/(°)	180	170	160	150	140	130	120	110	100	90	80	70
K_α	1.00	0.98	0.95	0.92	0.89	0.86	0.82	0.78	0.74	0.69	0.64	0.58

5.4.3　普通 V 带传动的设计步骤与参数选择

1. V 带传动设计的原始数据

设计 V 带传动时，一般给定的已知条件如下。

（1）传递的功率 P。

（2）主、从动轮转速 n_1、n_2（或传动比 i）。

（3）传动的用途、工作情况和原动机的类型。

（4）对传动位置和外部尺寸的要求。

2. 设计计算确定的内容

(1) 确定 V 带的型号、长度和根数。

(2) 确定带轮的材料、基准直径及结构尺寸。

(3) 计算传动中心距。

(4) 计算初拉力和作用于轴上的压力等。

3. 设计计算步骤及参数选择

1) 确定计算功率 P_c

计算功率 P_c 是根据传递的功率和带的工作条件而确定的,即

$$P_c = K_A P \tag{5-21}$$

式中: P_c 为计算功率,kW; K_A 为工作情况系数,其值可查表 5-8; P 为传递的额定功率,kW。

表 5-8 工作情况系数

载荷性质	工 作 机	K_A					
		空、轻载启动			重载启动		
		每天工作时长/h					
		<10	10~16	>16	<10	10~16	>16
载荷变动微小	液体搅拌机、通风机和鼓风机(≤7.5 kW)、离心式水泵和压缩机、轻型输送机	1.0	1.1	1.2	1.1	1.2	1.3
载荷变动小	带式输送机(载荷不均匀)、通风机(>7.5 kW)、旋转式水泵和压缩机(非离心式)、发电机、金属切削机床、旋转筛、锯木机和木工机械	1.1	1.2	1.3	1.2	1.3	1.4
载荷变动较大	制砖机、斗式提升机、往复式水泵和压缩机、起重机、磨粉机、冲剪机床、橡胶机械、振动筛、纺织机械、重载输送机	1.2	1.3	1.4	1.4	1.5	1.6
载荷变动很大	破碎机(旋转式、颚式等)、磨碎机(球磨、棒磨、管磨等)	1.3	1.4	1.5	1.5	1.6	1.8

注:①空、轻载启动的原动机为星-三角降压启动的交流电动机、并励直流电动机、四缸以上内燃机、装有离心式离合器或液力联轴器的动力机等;

②重载启动的原动机为联机启动的交流电动机、高启动转矩和高滑差率电动机、复励或串励直流电动机、四缸以下内燃机等。

2) 选择 V 带型号

根据计算功率 P_c 和小带轮转速 n_1,由图 5-11 初选普通 V 带型号。

当坐标点 (P_c, n_1) 位于两种型号分界线附近时,可以对两种型号同时进行计算。若选用截面较小的型号,则带的根数较多,传动尺寸相同时可获得较小的 h/D,带的使用寿命较长。如果认为带的根数过多,可以选用截面稍大型号的带,这时,带的根数可减少,但带轮的尺寸、传动的中心距会有所增加。

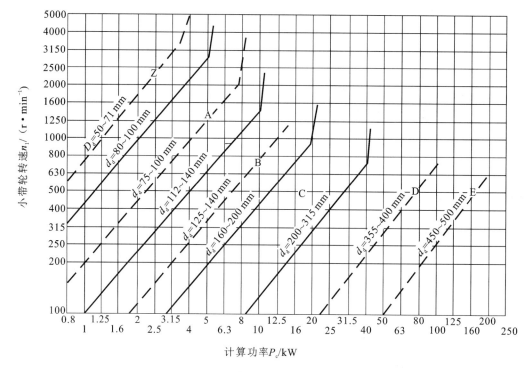

图 5-11　普通 V 带型号的选择

3）确定带轮的基准直径 d_{d1} 和 d_{d2}

（1）初选小带轮的基准直径 d_{d1}　带轮直径过小，传动尺寸紧凑，但弯曲应力大，使传动带的疲劳强度降低，在传递同样的功率时，所需有效拉力也大，这会使带的根数增多，因此，应根据 V 带型号，参考表 5-3 选取基准直径 d_{d1} 满足 $d_{d1} \geqslant d_{dmin}$。为了提高普通 V 带的寿命，在结构尺寸允许的条件下，宜选取较大的带轮直径。

（2）验算 V 带的速度 v　带速过高则离心力大，传动带与带轮间的压力减小，易发生打滑。因此，在初选小带轮基准直径 d_{d1} 后，应验算 V 带的速度 v，使

$$v = \pi d_{d1} n_1 / (60 \times 1000) \leqslant v_{max} \tag{5-22}$$

式中：v 为带速，m/s；d_{d1} 为小带轮基准直径，mm；n_1 为小带轮转速，r/min。

对于普通 V 带，$v_{max} = 25 \sim 30$ m/s。当 $v > v_{max}$ 时，应减小 d_{d1}。

另外，带速也不宜过低，否则，当传递一定功率时，有效拉力 $\boldsymbol{F}_e$ 会过大，从而使 V 带的根数过多。一般应使 $v = 5 \sim 25$ m/s，最佳带速为 $20 \sim 25$ m/s。

（3）计算大带轮基准直径 d_{d2}　当要求传动比 i 较精确时，按式（5-13）得 $d_{d2} = i d_{d1}(1-\varepsilon)$（可取 $\varepsilon = 0.02$），一般可忽略滑动率 ε。计算出的 d_{d2} 应按 V 带带轮的基准直径系列进行圆整，并取标准值。

4）确定中心距 a 和 V 带的基准长度 L_d

（1）初选中心距 a_0　中心距小时，传动外廓尺寸小，结构紧凑，但小带轮包角 α_1 会减小，传动能力降低。同时 V 带短，单位时间绕转次数多，使 V 带的疲劳寿命降低。中心距大，有利于增大包角 α_1，并使带的应力变化减慢，但在载荷变化或高速运转时会引起带的抖动，也会使带的工作能力降低。

一般根据传动的结构需要来初定中心距 a_0，并使其满足

$$0.7(d_{d1}+d_{d2})\leqslant a_0\leqslant 2(d_{d1}+d_{d2})$$

（2）确定 V 带的基准长度 L_d　初选 a_0 后，根据带传动的几何关系，按式(5-23)初算带的基准长度 L_{d0}，即

$$L_{d0}\approx 2a_0+(\pi/2)(d_{d1}+d_{d2})+(d_{d2}-d_{d1})^2/(4a_0) \tag{5-23}$$

算出 L_{d0} 后，查表 5-2，选取与 L_{d0} 相近的 V 带的基准长度 L_d 标准值。

（3）确定实际中心距 a　由于 V 带传动的中心距一般是可以调整的，所以也可以用式(5-24)近似计算 a，即

$$a\approx a_0+(L_d-L_{d0})/2 \tag{5-24}$$

考虑安装、调整和补偿初拉力（例如带伸长后松弛的张紧），中心距的变化范围为

$$a_{min}=a-0.015L_d$$

$$a_{max}=a+0.03L_d$$

5）验算小带轮包角 α_1

小带轮包角 α_1 是影响 V 带传动工作能力的重要因素，通常应保证

$$\alpha_1\approx 180°-[(d_{d2}-d_{d1})/a]\times 57.3°\geqslant 120° \tag{5-25}$$

特殊情况允许 $\alpha_1\geqslant 90°$。

从式(5-25)可知，两带轮基准直径 d_{d1} 与 d_{d2} 相差越大，包角 α_1 就越小。所以，为了保证在中心距较小的条件下包角不至于过小，传动比不宜取得太大。普通 V 带传动的传动比一般推荐 $i\leqslant 7$，必要时可达到 10。

6）确定 V 带根数 z

$$z=P_c/[P_0]=P_c/[(P_0+\Delta P_0)K_aK_L] \tag{5-26}$$

式中：各符号的含义及单位同前。

计算出的 z 应取整数。为使每根 V 带在工作过程中受力趋于均匀，V 带的根数不宜太多，通常不超过 10 根；否则应增大带轮直径或改选较大型号的 V 带重新设计。

7）确定传动带的初拉力 F_0

初拉力的大小是保证带传动正常工作的重要因素。初拉力过小，则传动带与带轮间的极限摩擦力小，在带传动还未达到额定载荷时就可能出现打滑；反之，初拉力过大，传动带中应力过大，会使传动带的寿命大大缩短，同时还加大了轴和轴承的受力。实际上，由于传动带不是完全弹性体，对于非自动张紧的带传动，过大的初拉力将使带易于松弛。

对于非自动张紧的普通 V 带传动，当既要保证传递所需的功率时不打滑，又要保证传动带具有一定寿命时，推荐单根普通 V 带张紧后的初拉力为

$$F_0=[500P_c/(zv)][(2.5/K_a)-1]+qv^2 \tag{5-27}$$

式中：各符号的含义及单位同前。

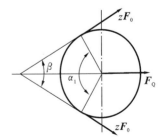

图 5-12　轴上的压力

8）计算传动带作用在轴上的压力 F_Q

为了设计支承带轮的轴及轴承，必须计算 V 带传动作用在轴上的压力 F_Q（见图 5-12），如果不考虑传动带的紧边拉力与松边拉力的差别以及离心拉力的影响，可近似按初拉力 F_0 的合力来计算 F_Q，即

$$F_Q=2zF_0\cos(\beta/2)=2zF_0\sin(\alpha_1/2) \tag{5-28}$$

式中：各符号的含义及单位同前。

5.5　带传动的张紧、使用与维修

5.5.1　带传动的张紧装置

　　摩擦型传动只能在张紧状态下才能传递载荷,安装时必须把传动带张紧在带轮上,而且由于实际的传动带并不是完全的弹性体,传动带在工作一段时间之后,会因塑性变形和磨损而松弛,使初拉力降低,影响正常传递。因此,为保证带传动正常工作,带传动应设置张紧装置。

　　带传动常用的张紧方式有调节中心距和采用张紧轮两种。其常见的张紧装置有以下两种。

1.定期张紧装置

　　如图 5-13(a)所示,对于水平或接近水平的带传动,调节螺钉 1,使装有带轮的电动机沿滑轨 2 移动,实现传动带的张紧。

　　如图 5-13(b)所示,对于垂直或接近垂直的带传动,调节螺杆及螺母 3,使电动机摆架绕小轴 4 摆动,实现传动带的张紧。

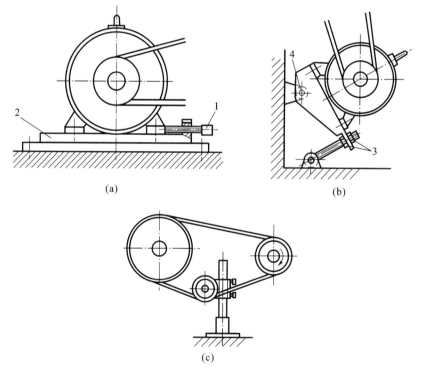

(a)　　　　　　　　　　　　　　(b)

(c)

图 5-13　定期张紧装置

1—螺钉;2—滑轨;3—螺母;4—小轴

　　如图 5-13(c)所示,对于中心距不能调节的带传动,可采用具有张紧轮的装置。张紧轮应放在松边,可设置在带的内侧,也可设置在带的外侧。若设置在外侧,则可以增加小带轮包角,但是,传动带因受反向弯曲而寿命缩短;若设置在内侧,则张紧轮应靠近大带轮,以减少对小带轮包角的影响。采用张紧轮后,增加了传动带的挠曲次数,结构也显得复杂,所以,如中心距能调整时,一般不采用张紧轮装置。

2. 自动张紧装置

如图 5-14(a)所示,对于小功率的带传动,将装有带轮的电动机安装在浮动的摆架上,电动机及摆架的自重将使带轮随电动机绕固定轴摆动,以自动保持传动带的初拉力,实现带的张紧。

如图 5-14(b)所示,对于传动比大而中心距小的带传动,悬重 1 可使张紧轮 2 自动压在传动带上,实现带的张紧。张紧轮装于松边外侧靠近小带轮处,以增大包角。

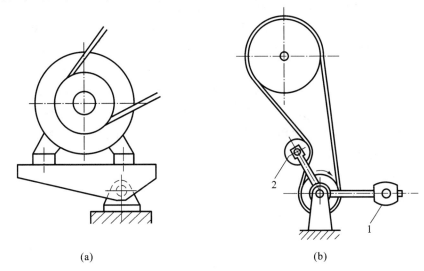

(a)　　　　　　　　　　　　　　(b)

图 5-14　自动张紧装置

1—悬重;2—张紧轮

5.5.2　V 带传动在设计、安装和使用时的注意事项

(1)V 带通常是无接头的环形带,为便于装拆,带轮宜悬臂装于轴端。对于没有张紧轮的传动,要求其中一根轴的轴承位置能在带长方向移动,以便调节轴间距离和初拉力。

(2)为了保证工作安全与环境的清洁,在整体结构设计时,带传动一般应安装防护罩,并避免带与酸、碱、油类介质接触,防止腐蚀和快速老化。

(3)V 带只能用于开口传动,在两轮水平或接近水平布置时,传动带的紧边应在下,松边应在上,以增大小带轮的包角。

(4)安装时两带轮轴线必须平行,两带轮轮槽中线必须对正,以避免传动带扭曲和磨损加剧。安装时应首先缩小中心距或松开张紧轮,将 V 带套入轮槽后,再调整到合适的张紧程度。不可将 V 带强行撬入带轮,以免 V 带被损坏。

(5)多根 V 带传动时,为避免各带间的载荷分配不均,应采用相同配组代号的 V 带。若有一根 V 带损坏,应全部同时更换,以免新、旧带长短不一,加速新带的磨损。

(6)带传动的工作温度一般不超过 60 ℃,在工作时 V 带易产生静电和电火花,若在易燃易爆场合下工作,应选用有抗静电性能的传动带。

> **知识链接**
>
> **同步带在粮油机械中有何应用?**
>
> 　　粮油机械设备的主轴与所传动的辅轴往往旋向不同,需要配置反旋向的带传动装置。在以往广泛采用平带的年代,反旋向带传动的设计并不困难,长中心距时可采用交叉带传

动;短中心距时可以增设一个导轮,将主动同步轮和被动轮分别设在内、外两侧。目前设备普遍采用 V 带传动,使得反旋向带传动设计存在一些困难。由两层 V 带叠置制成的六角带,虽然可以两面使用,实现反旋向传动,但带的高度大,传动的效果不理想。特别是中心距短的装置,由于带轮的直径受限,带的线速度很低,平带和六角带都不能满足磨粉机轧辊类粮机设备高扭矩、低转速、反旋向传动的需求。

　　20 世纪 80 年代英国公司生产了 XK2 型磨粉机,快、慢两辊率先采用双面同步带传动,取得较为理想的效果。与传统的齿轮传动比较,同步带传动具有噪声低、无油污等优点。特别当两辊中心距变动较大时,可以通过移动导轮进行调节,无须更换快、慢辊的带轮。同步带传动的不足之处是,带轮装置的平行度要求高,带的张力调节要求严格,否则胶带容易产生跑偏和爬齿现象。针对磨辊轴悬置在轴承外端、带轮换辊时需拆卸重装、带轮装配平行度差的特点,国内近期生产的磨粉机采用导轮轴设置偏心等措施以纠正跑偏,进行补救并取得一定效果。爬齿产生的原因是带的张力松弛,胶带与轮面间产生相对滑动,不能同步运行,故又称为跳齿。优化同步带传动装置的结构设计,可以大幅缓解因磨粉机离合闸时,两辊中心距变动,使带的张力松弛而产生的爬齿现象。

　　针对双面同步带用于磨粉机容易跑偏和爬齿的缺点,20 世纪 90 年代起,快、慢辊采用齿楔带传动。齿楔带也是一种双面传动带,它的外面为 RPP 8M 圆弧齿同步带,内面为 K 型的多楔带。多楔带是一种新型传动带,在国外称为复合 V 带,传动性能优于 V 带。它的结构是在平带的基体下,附有若干纵向三角形的楔槽的环形带,工作原理与 V 带相同,依靠楔面的摩擦力传动负载。多楔带内侧的楔面与轮槽啮合工作,具有轴向定位和启动时的缓冲功能,可以有效地克服双面同步带容易发生跑偏和爬齿的缺陷。目前国内研制的新型齿楔带,增大了齿面和楔面的节距,提高了带传动负载的能力,取得了更佳的传动效果。

（资料来源:http://www.sulyxin.com/newsshow-628-2.html)

习　　题

5.1　选择题

(1) 平带、V 带传动主要依靠_____来传递运动和动力。

A. 带的紧边拉力　　　　　　　　　　　　B. 带的松边拉力

C. 带的预紧力　　　　　　　　　　　　　D. 带和带轮接触面间的摩擦力

(2) 下列普通 V 带中,以_____型带的截面尺寸最小。

A. A　　　　　　　　B. C　　　　　　　　C. E　　　　　　　　D. Z

(3) 在初拉力相同的条件下,V 带比平带能传递较大的功率,是因为 V 带_____。

A. 强度高　　　　　　　　　　　　　　　B. 尺寸小

C. 有楔形增压作用　　　　　　　　　　　D. 没有接头

(4) 带传动正常工作时不能保证准确的传动比,是因为_____。

A. 带的材料性能不符合虎克定律　　　　B. 带容易变形和磨损

C. 带在带轮上打滑　　　　　　　　　　　D. 带的弹性滑动

(5) 带传动在工作时产生弹性滑动,是因为_____。

A. 带的初拉力不够　　　　　　　　　　　B. 带的紧边拉力和松边拉力不等

C. 带绕过带轮时有离心力　　　　　　　D. 带和带轮间摩擦力不够

(6) 带传动发生打滑总是_____。

A. 在小轮上先开始　　　　　　　　　　B. 在大轮上先开始

C. 在两轮上同时开始　　　　　　　　　　D. 不确定在哪个轮上先开始

(7) 带传动中，v_1 为主动轮的圆周速度，v_2 为从动轮的圆周速度，v 为带速，这些速度之间存在的关系是_____。

A. $v_1 = v_2 = v$　　　　B. $v_1 > v > v_2$　　　　C. $v_1 < v < v_2$　　　　D. $v_1 = v > v_2$

(8) 在带传动的稳定运行过程中，带横截面上拉应力的循环特性是_____。

A. $\gamma_\sigma = -1$　　　　B. $\gamma_\sigma = 0$　　　　C. $-1 < \gamma_\sigma < 0$　　　　D. $0 < \gamma_\sigma < 1$

(9) 在带传动的稳定运行过程中，带截面上的拉应力是_____。

A. 不变的　　　　　　　　　　　　　　B. 有规律稳定变化的

C. 有规律非稳定变化的　　　　　　　　D. 无规律变化的

(10) 一增速带传动，带的最大应力发生在带_____处。

A. 进入主动轮　　　B. 进入从动轮　　　C. 退出主动轮　　　D. 退出从动轮

(11) 带传动中，带速 $v < 10$ m/s，紧边拉力为 F_1，松边拉力为 F_2。当空载时，F_1 和 F_2 的比值是_____。

A. $F_1/F_2 \approx 0$　　　　　　　　　　B. $F_1/F_2 \approx 1$

C. $F_1/F_2 \approx e^{q\mu}$　　　　　　　　　D. $1 < F_1/F_2 \approx e^{q\mu}$

(12) V 带传动设计中，限制小带轮的最小直径主要是为了_____。

A. 使结构紧凑　　　　　　　　　　　　B. 限制弯曲应力

C. 限制小带轮上的包角　　　　　　　　D. 保证带和带轮接触面间有足够摩擦力

(13) 用_____提高带传动传递的功率是不合适的。

A. 适当增加初拉力 F_0　　　　　　　　B. 增大中心距 a

C. 增加带轮表面粗糙度　　　　　　　　D. 增大小带轮基准直径 d_{d1}

(14) V 带传动设计中，选取小带轮基准直径的依据是_____。

A. 带的型号　　　B. 带的速度　　　C. 主动轮转速　　　D. 传动比

(15) 带传动采用张紧装置的目的是_____。

A. 减轻带的弹性滑动　　　　　　　　　B. 提高带的寿命

C. 改变带的运动方向　　　　　　　　　D. 调节带的初拉力

(16) 确定单根 V 带许用功率 P_0 的前提条件是_____。

A. 保证带不打滑　　　　　　　　　　　B. 保证带不打滑，不发生弹性滑动

C. 保证带不打滑，不发生疲劳破坏　　　D. 保证带不发生疲劳破坏

(17) 设计带传动的基本原则是，保证带在一定的工作期限内_____。

A. 不发生弹性滑动　　　　　　　　　　B. 不打滑

C. 不发生疲劳破坏　　　　　　　　　　D. 既不打滑，又不发生疲劳破坏

(18) 带传动传动比不准确的原因是_____。

A. 大、小带轮包角不等　　　　　　　　B. 摩擦因数不稳定

C. 总是存在弹性滑动　　　　　　　　　D. 总是存在打滑现象

(19) 在 V 带传动设计中，一般选取传动比 $i \leqslant 7$，i_{max} 受_____限制。

A. 小带轮的包角　　　　　　　　　　　B. 小带轮直径

C. 带的速度   D. 带与带轮间的摩擦因数

(20) 带传动达到最大工作能力时,弹性滑动发生在_____接触弧上。

A. 小轮和大轮的全部   B. 小轮部分和大轮全部

C. 小轮全部和大轮部分   D. 小轮部分和大轮部分

(21) 设计 V 带传动时,发现带的根数过多,可采用_____来解决。

A. 换用更大截面型号的 V 带   B. 增大传动比

C. 增大中心距   D. 减小带轮直径

(22) V 带带轮槽楔角 φ 随带轮直径的减小而_____。

A. 减小   B. 增大

C. 不变   D. 先增大,后减小

(23) 与齿轮传动相比,带传动的优点是_____。

A. 能过载保护   B. 承载能力大

C. 传动效率高   D. 使用寿命长

(24) 设计 V 带传动时,V 带型号的选取主要取决于_____。

A. 带的紧边拉力   B. 带的松边拉力

C. 传递的功率和小轮转速   D. 带的线速度

(25) 中心距一定的带传动,小带轮包角主要取决于_____。

A. 小带轮直径   B. 大带轮直径

C. 两带轮直径之和   D. 两带轮直径之差

(26) 两带轮直径一定时,减小中心距将引起_____。

A. 带的弹性滑动加剧   B. 小带轮包角减小

C. 带的工作噪声增大   D. 带传动效率降低

(27) 带的中心距过大时,会导致_____。

A. 带的寿命缩短   B. 带的弹性滑动加剧

C. 带的工作噪声增大   D. 带在工作中发生抖动

(28) 一定型号的 V 带内弯曲应力,与_____呈反比关系。

A. 带的线速度   B. 带轮的直径

C. 小带轮上的包角   D. 传动比

(29) 一定型号的 V 带中,离心拉应力的大小与带的线速度_____。

A. 的平方成正比   B. 的平方成反比

C. 成正比   D. 成反比

(30) V 带轮采用实心式、轮辐式还是腹板式,主要取决于_____。

A. 传递的功率   B. 带的横截面尺寸

C. 带轮的直径   D. 带轮的线速度

5.2 判断题

(1) 限制 V 带带轮最小基准直径的主要目的是增大带轮包角。   (   )

(2) V 带传动的计算直径为带轮外径。   (   )

(3) 配对的大、小带轮的轮槽角必须相等。   (   )

(4) 传动带松边拉力与紧边拉力不同,弹性变形有差异,引起带与轮间的相对移动,称为弹性滑动。   (   )

（5）松边置于上方的水平安装的平带传动,使用一段时间后带将伸长而下垂,包角增大,可使传动能力提高。 （　　）

（6）V 带型号是根据计算功率和主动轮的转速来选定的。 （　　）

（7）V 带轮的材料选用,与带轮传动的圆周速度无关。 （　　）

（8）带轮转速越高,带截面上的拉应力也相应越大。 （　　）

（9）V 带传动一般要求包角 $\alpha \leqslant 120°$。 （　　）

（10）带传动不能保证传动比准确不变的原因是易发生打滑。 （　　）

5.3　为什么 V 带传动在一般机械制造业得到广泛采用,而平带传动却使用较少?

5.4　带传动的最大有效拉力与哪些因素有关?

5.5　什么是弹性滑动? 什么是打滑? 两者有什么不同?

5.6　V 带传动时的应力有哪几种? 最大应力出现在何处?

5.7　在 V 带传动中,$n_1 = 1450$ r/min,传动带与带轮间的当量摩擦因数 $\mu_v = 0.51$,小带轮包角 $\alpha_1 = 180°$,初拉力 $F_0 = 360$ N。试求:

（1）该传动所能传递的最大有效拉力;

（2）若 $d_{d1} = 100$ mm,其传递的最大转矩;

（3）若传动效率为 0.95,弹性滑动忽略不计,从动轮输出功率。

5.8　已知一带传动,传递功率 $P = 10$ kW,带速 $v = 12.5$ m/s,测得初拉力 $F_0 = 700$ N,试求紧边拉力 F_1 和松边拉力 F_2。

5.9　有一 A 型 V 带传动,主动轮转速 $n_1 = 1480$ r/min,从动轮转速 $n_2 = 600$ r/min,传递的最大功率 $P = 1.5$ kW,带速 $v = 7.75$ m/s,中心距为 800 mm,传动带与带轮间的当量摩擦因数 $\mu_v = 0.5$。试求带轮的基准直径 d_{d1}、d_{d2} 和初拉力 F_0。

5.10　已知 V 带传动中,传动功率 $P = 7.0$ kW,带速 $v = 7$ m/s,两带轮的基准直径 $d_1 = 100$ mm,$d_2 = 200$ mm,中心距 $a \approx 462$ mm,选 A 型 V 带。（不考虑弹性滑动,单根 A 型 V 带额定功率增量 $\Delta P_0 = 0.17$ kW。）

（1）求带的紧、松边拉力之差 F_e。

（2）若工作情况系数 $K_A = 1.1$,求出合适的 V 带根数 z。

5.11　有一带式输送装置,其异步电动机与齿轮减速器之间用普通 V 带传动,电动机功率 $P = 7$ kW,转速 $n_1 = 960$ r/min,减速器输入轴的转速 $n_2 = 330$ r/min,允许误差为 $\pm 5\%$,输送装置工作时有轻度冲击,两班制工作。试设计此带传动。

第6章 链 传 动

【本章学习要求】

1. 熟悉链传动的类型、工作原理、特点及应用；
2. 熟悉滚子链的结构、规格及其链轮的结构特点；
3. 掌握链传动的运动特性；
4. 熟练掌握滚子链传动的设计计算方法和参数选择原则；
5. 熟悉链传动的布置、张紧。

6.1 链传动的类型、特点及应用

链传动是应用较广的一种机械传动。它由链条和主、从动链轮所组成，如图 6-1 所示。链轮上制有特殊齿形的齿，链传动依靠链轮轮齿与链条链节的啮合来传递运动和动力。

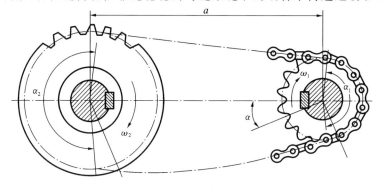

图 6-1 链传动

与带传动比较，链传动的主要优点是：① 没有弹性滑动；② 工况相同时，传动尺寸比较小；③ 张紧力小，作用在轴上的载荷较小；④ 效率较高，$\eta \approx 98\%$；⑤ 能在温度较高、湿度较大的环境中使用。链传动具有中间元件(链)，和齿轮传动、蜗杆传动比较，可以有较大的中心距。

链传动的缺点是：① 只能用于平行轴间的传动；② 由于多边形效应，瞬时速度不均匀，高速运转时不如带传动平稳，工作时有噪声；③ 不宜在载荷变化很大和急促反向的传动中应用；④ 制造费用比带传动高。

总的说来，在农业、矿山、冶金、建筑、石油、化工等行业的机械中广泛地应用着链传动。按用途，链可分为传动链、输送链和起重链三类。输送链和起重链主要用在运输和起重机械中，而在一般机械传动中，常用的是传动链。

传动链传递的功率一般在 100 kW 以下，链速一般不超过 15 m/s，推荐使用的最大传动比 $i_{max}=8$。传动链有套筒链、套筒滚子链(简称滚子链)、齿形链等类型。本章主要讨论使用最广泛的滚子链。

6.1.1 套筒滚子链的结构和链轮

滚子链的结构如图 6-2 所示。它由滚子 1、套筒 2、销轴 3、内链板 4 和外链板 5 所组成。内链板与套筒之间、外链板与销轴之间分别用过盈配合固联。滚子与套筒之间、套筒与销轴之间均为间隙配合。当内、外链板相对挠曲时,套筒可绕销轴自由转动。滚子是活套在套筒上的,工作时,滚子沿链轮齿廓滚动,这样就可以减轻齿廓的磨损。链的磨损主要发生在销轴与套筒间的接触面上。因此,内、外链板间应留有少许间隙,以便润滑油渗入销轴和套筒的摩擦面间。

链板一般制成 8 字形,以使它的各个横截面具有相近的抗拉强度,同时也减小了链的质量和运动时的惯性力。

当传递大功率时,可采用双排链(见图 6-3)或多排链。多排链的承载能力与排数成正比,但排数越多,各排受力不均匀的现象就越明显,因此排数一般不超过 3 或 4 排。

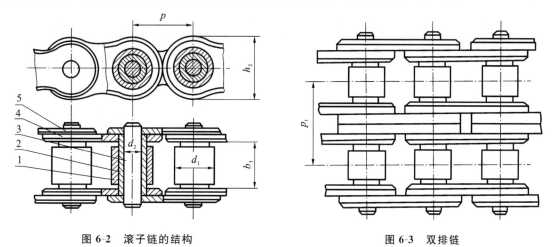

图 6-2 滚子链的结构

图 6-3 双排链

1—滚子;2—套筒;3—销轴;4—内链板;5—外链板

滚子链的接头形式如图 6-4 所示。当链节数为偶数时,接头处可用开口销或弹簧卡片来固定,如图 6-4(a)、(b)所示,一般前者用于大节距,后者用于小节距;当链节数为奇数时,需采用图 6-4(c)所示的过渡链节。过渡链节的链板在工作时会产生附加弯曲应力,容易损坏,应尽量避免。在一般情况下,链节数最好不要取奇数。

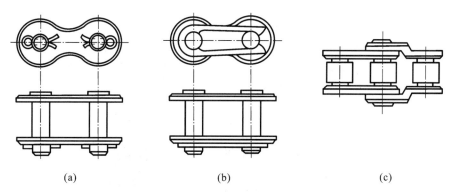

(a)   (b)   (c)

图 6-4 滚子链的接头形式

链的特性参数是链的节距 p,即链相邻两销轴中心的距离,如图 6-2 所示。节距增大时,链条中各零件的尺寸也要相应地增大,传递的功率也随着增大。链的使用寿命在很大程度上取决于链的材料及热处理方法。因此,组成链的所有元件均需经过热处理,以提高其强度、耐磨性和抗冲击性。

滚子链已标准化,标准为《传动用短节距精密滚子链、套筒链、附件和链轮》(GB/T 1243—

2006），其系列、尺寸及极限拉伸载荷如表 6-1 所示。滚子链分 A、B 两系列。国内成套设备及出口到美国等区域时推荐使用 A 系列，出口到欧洲区域时推荐使用 B 系列。GB/T 1243—2006 规定滚子链的标记方法是链号-排数-链节数及国家标准号，例如 12A-2-60GB/T 1243—2006 表示 A 系列、链长为 60 节、节距为 19.05 mm（节距＝（链号 12×25.4）/16 mm）的双排滚子链。

表 6-1　滚子链主要尺寸和极限拉伸载荷（摘自 GB/T 1243—2006）

链号	节距 p/mm	排距 p_1/mm	滚子外径 d_1/mm	内链节链宽 b_1/mm	销轴直径 d_2/mm	内链板高度 h_2/mm	极限拉伸载荷 F/kN		单排每米质量 q/(kg/m)
							单排	双排	
05B	8.00	5.64	5.00	3.00	2.31	7.11	4.4	7.8	0.18
06B	9.525	10.24	6.35	5.72	3.28	8.26	8.9	16.9	0.40
08A	12.70	14.38	7.92	7.85	3.98	12.07	13.8	27.6	0.60
08B	12.70	13.92	8.51	7.75	4.45	11.81	17.8	31.1	0.70
10A	15.875	18.11	10.16	9.40	5.09	15.09	21.8	43.6	1.00
10B	15.875	16.59	10.16	9.65	5.08	14.73	22.2	44.5	0.95
12A	19.05	22.78	11.91	12.57	5.96	18.08	31.1	62.3	1.50
12B	19.05	19.46	12.07	11.68	5.72	16.13	28.9	57.8	1.25
16A	25.40	29.29	15.88	15.75	7.94	24.13	55.6	111.2	2.60
16B	25.40	31.88	15.88	17.02	8.28	21.08	60	106	2.7
20A	31.75	35.76	19.05	18.90	9.54	30.18	86.7	173.5	3.80
20B	31.75	36.45	19.05	19.56	10.19	26.42	95	170	3.6
24A	38.10	45.44	22.23	25.22	11.11	36.2	124.6	249.1	5.60
24B	38.10	48.36	25.4	25.4	14.63	33.4	160	280	6.7
28A	44.45	48.87	25.40	25.22	12.71	42.24	169.0	338.1	7.50
28B	44.45	59.56	27.94	30.99	15.9	37.08	200	360	8.3
32A	50.80	58.55	28.58	31.55	14.29	48.26	222.4	444.8	10.10
32B	50.80	58.55	29.21	30.99	17.81	42.29	250	450	10.5

注：① 使用过渡链节时，其极限拉伸载荷按表列数值的 80% 计算；

　　② 节距超过 50 mm 的链条参照 GB/T 1243—2006。

链轮是链传动的主要零件。同带轮、齿轮结构类似，小直径的链轮可制成整体式的（见图 6-5(a)）；中等尺寸的链轮可制成孔板式的（见图 6-5(b)）；大直径的链轮常采用可更换的齿圈用螺栓连接在轮心上的结构（见图 6-5(c)）。

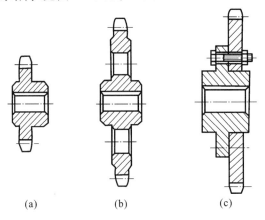

(a)　　　　　　　(b)　　　　　　　(c)

图 6-5　链轮的结构

6.1.2 链轮的齿形

链轮轮齿的齿形应保证链节能自由地进入和退出啮合,在啮合时应保证能良好地接触,同时它的形状应尽量简单。滚子链与链轮的啮合属于非共轭啮合,其链轮齿形的设计有较大的灵活性,GB/T 1243—2006 仅仅规定了链轮的最大齿槽形状和最小齿槽形状。实际齿槽形状处于最小和最大齿侧圆弧半径 r_{emin}、r_{emax} 之间(见图 6-6),具体形状由加工刀具和加工方法决定。常用的齿廓为"三圆弧一直线"齿形,齿形采用标准刀具加工,在链轮工作图中不必画出,只需在图上注明"齿形按 GB/T 1243—2006 规定制造"即可。链轮分度圆直径 d、齿顶圆直径 d_a、齿根圆直径 d_f 的计算公式如下(见图 6-6 和图 6-7)。

分度圆直径为

$$d = \frac{p}{\sin \frac{180°}{z}} \tag{6-1}$$

齿顶圆直径为

$$d_a = p \left(0.54 + \cot \frac{180°}{z} \right) \tag{6-2}$$

齿根圆直径为

$$d_f = d - d_1 \tag{6-3}$$

齿侧凸缘直径(或排间槽)直径为

$$d_g \leqslant p \cot \frac{180°}{z} - 1.04 h_2 - 0.76 \tag{6-4}$$

式中:h_2 为内链板高度,取值见表 6-1。

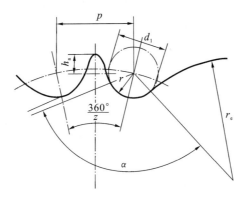

图 6-6 滚子链链轮端面齿形

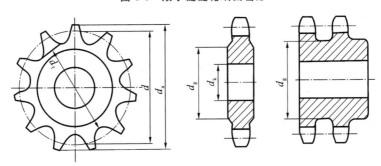

图 6-7 滚子链链轮

滚子链链轮的轴面齿形如图 6-8 所示,其几何尺寸可查有关手册。

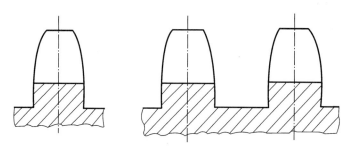

图 6-8　滚子链链轮轴面齿形

链轮的材料应能保证轮齿具有足够的耐磨性和强度。由于小链轮轮齿的啮合次数比大链轮轮齿的啮合次数多,所受冲击也较严重,故小链轮应采用较好的材料制造。

链轮常用的材料和应用范围如表 6-2 所示。

表 6-2　链轮常用的材料和应用范围

材　　料	热　处　理	热处理后硬度	应　用　范　围
15、20	渗碳、淬火、回火	50~60 HRC	$z \leqslant 25$,有冲击载荷的主、从动链轮
35	正火	160~200 HBW	在正常工作条件下,齿数较多($z>25$)的链轮
40、50、ZG310-570	淬火、回火	40~50 HRC	无剧烈振动及冲击的链轮
15Cr、20Cr	渗碳、淬火、回火	50~60 HRC	有动载荷及传递较大功率的重要链轮($z<25$)
35SiMn、40Cr、35CrMo	淬火、回火	40~50 HRC	使用优质链条、重要的链轮
Q235、Q275	焊接后退火	140 HBW	中等速度、传递中等功率的较大链轮
普通灰铸铁(不低于 HT150)	淬火、回火	260~280 HBW	$z>50$ 的从动链轮
夹布胶木	—	—	功率小于 6 kW,速度较高,要求传动平稳和噪声小的链轮

6.2　链传动的运动分析和力分析

6.2.1　链传动的运动分析

1) 平均链速和传动比

链条进入链轮后形成折线,因此链传动的运动情况和绕在正多边形轮子上的带传动很相似(见图6-9),边长相当于链节距 p,边数相当于链轮齿数 z。轮子每转一周,链条转过的长度应为 zp,当两链轮转速分别为 n_1 和 n_2 时,链条的平均链速为

$$v=\frac{z_1 p n_1}{60\times1000}=\frac{z_2 p n_2}{60\times1000} \tag{6-5}$$

利用式(6-5),可求得链传动的传动比为

$$i=\frac{n_1}{n_2}=\frac{z_2}{z_1} \tag{6-6}$$

以上两式中求出的链速和传动比都是平均值。

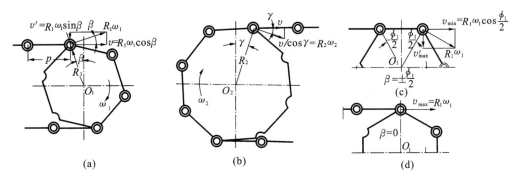

图 6-9　链传动的运动图

2) 瞬时链速和传动比

事实上,即使主动轮的角速度 ω_1 为常数,其瞬时链速和瞬时传动比都是变化的,而且是按每一链节的啮合过程作周期性的变化。其理由如下:假设紧边在传动时总是处于水平位置,如图6-9所示,当链节进入主动轮时,其销轴总是随着链轮的转动而不断改变其位置。在销轴位于 β 角的瞬时(见图6-9(a)),链速 v 应为销轴圆周速度($R_1\omega_1$)在水平方向的分速度,即 $v=R_1\omega_1\cos\beta$。由于 β 角是在 $-\frac{\phi_1}{2}$($\phi_1=360°/z_1$)到 $\frac{\phi_1}{2}$ 之间变化的,因此即使 ω_1 为常数,v 也不可能是常数。当 $\beta=-\frac{\phi_1}{2}$ 和 $\frac{\phi_1}{2}$ 时,链速最小,$v_{min}=R_1\omega_1\cos\frac{\phi_1}{2}$(见图6-9(c));当 $\beta=0$ 时,链速最大,$v_{max}=R_1\omega_1$(见图6-9(d))。由此可知,链速发生着由小至大又由大至小的变化,而且每转过一个链节就周期性变化一次,如图6-10所示。正由于链速作周期性的变化,因而链传动具有速度的不均匀

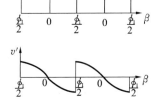

图 6-10　链速的变化

性。链轮齿数越少,链速不均匀性越严重。链在水平方向上的速度作周期性变化的同时,在垂直方向上做上下运动的垂直分速度 v'($v'=R_1\omega_1\sin\beta$)也在周期性地变化,导致链沿铅垂方向产生有规律的振动和工作不稳定。

从动链轮由于链速 v 不为常数和 γ 角的不断变化(见图6-9(b)),它的角速度 ω_2 $\left(\omega_2=\frac{v}{R_2\cos\gamma}\right)$ 也是变化的。同时,也说明了链传动的瞬时传动比 $i\left(i=\frac{\omega_1}{\omega_2}=\frac{R_2\cos\gamma}{R_1\cos\beta}\right)$ 也是不断变化的。显然,瞬时传动比不能得到恒定值,因此链传动工作不稳定。只有当两链轮的齿数相等,紧边的长度又恰为链节距的整数倍时,ω_2 和 i 才能得到恒定值(因 γ 角和 β 角的变化随时相等)。

上述链传动不均匀性的特征，是围绕在链轮上的链条形成了正多边形这一特点所造成的，故称为链传动的多边形效应。

3）链传动的动载荷

链传动在工作时引起动载荷的主要原因如下。

（1）链速和从动轮角速度周期性变化会产生附加动载荷。链的加速度越大，动载荷也将越大。链速变化引起的加速度为

$$a = \frac{dv}{dt} = -R_1 \omega_1 \sin\beta \frac{d\beta}{dt} = -R_1 \omega_1^2 \sin\beta$$

当销轴位于 $\beta = \pm\frac{\phi_1}{2}$ 时将得到最大加速度，为

$$a_{\max} = \pm R_1 \omega_1^2 \sin\frac{\phi_1}{2} = \pm R_1 \omega_1^2 \sin\frac{180°}{z} = \pm\frac{\omega_1^2 p}{2}$$

上式说明，链轮转速越高，链节距越大，链轮齿数越少，动载荷将越大。当转速、链轮大小（或 $z_1 p$ 乘积）一定，即链速 v 一定时，采用较多的链轮齿数和较小的链节距对降低动载荷是有利的。

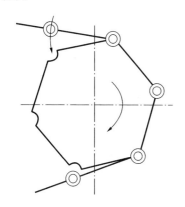

图 6-11　链节和链轮啮合时的冲击

（2）链在竖直方向分速度 v' 周期性变化（见图 6-10）造成竖直方向的加速度，引起了链在竖直方向的动载荷，使链产生横向振动，甚至发生共振。

（3）在链节进入链轮的瞬间，链节和轮齿以一定的相对速度啮合（见图 6-11），使链和轮齿受到冲击并产生附加的动载荷。链节距越大，链轮的转速越高，则冲击越强烈。链节对轮齿的连续冲击，将使链传动产生振动和噪声，并将加速链的损坏和轮齿的磨损，同时增加了能量的消耗。

（4）链张紧不好，链条松弛，在启动、制动、反转、载荷变化等情况下，将产生惯性冲击，使链传动产生很大的动载荷。

6.2.2　链传动的力分析

链传动在安装时应使链条受到一定的张紧力，但链条的张紧力比带传动的要小得多。链传动的张紧力主要是为了防止链条的松边过松而影响链条的退出和啮合，产生跳齿和脱链。

链在工作过程中，紧边和松边的拉力是不等的。若不计传动中的动载荷，链在传动中的主要作用力有如下几种。

（1）工作拉力 $\boldsymbol{F}_1$　　传动的紧边有工作拉力 $\boldsymbol{F}_1$，为

$$F_1 = \frac{1000P}{v} \tag{6-7}$$

式中：P 为传递功率，kW；v 为链速，m/s。

（2）离心拉力 $\boldsymbol{F}_c$　　链条运转经过链轮时与带传动一样会产生离心拉力 $\boldsymbol{F}_c$，由于链条的连续性，$\boldsymbol{F}_c$ 作用在链条全长上，有

$$F_c = qv^2 \tag{6-8}$$

式中：q 为单位长度链条的质量，kg/m，取值见表 6-1；v 为链速，m/s。

当链速 $v > 7$ m/s 时，离心拉力不可忽略。

（3）垂度拉力 F_f 链在工作中有一定的松弛，其垂度引起垂度拉力 F_f。F_f 取决于传动的布置方式及链在工作时允许的垂度。若允许垂度过小，则必须以很大的 F_f 拉紧，从而增加链的磨损和轴承载荷；允许垂度过大，则又会使链和链轮的啮合情况变坏。可按照求悬索拉力的方法求得垂度拉力（计算简图见图 6-12）。

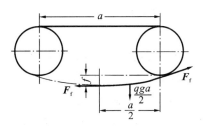

图 6-12 垂度拉力的计算简图

$$F_f \approx \frac{1}{f}\left(\frac{qga}{2} \cdot \frac{a}{4}\right) = \frac{qga}{8\left(\frac{f}{a}\right)} = k_f qga \qquad (6\text{-}9)$$

式中：a 为链传动的中心距，m；g 为重力加速度，m/s²；f 为悬索垂度，m。

对于水平传动，$k_f \approx 6\left(允许 \dfrac{f}{a} \approx 0.02\right)$。对于倾斜角（两链轮中心连线与水平面所成的角）小于 40° 的传动，可取 $k_f = 4$；大于 40° 的传动，可取 $k_f = 2$；垂直传动时，可取 $k_f = 1$。

由此求得的链紧边和松边拉力如下。

紧边总拉力为

$$F = F_1 + F_c + F_f \qquad (6\text{-}10)$$

松边总拉力为

$$F' = F_c + F_f \qquad (6\text{-}11)$$

6.3 套筒滚子链传动的设计计算

6.3.1 套筒滚子链传动的设计约束分析

1. 失效分析

由于链条强度不如链轮的高，所以一般链传动的失效主要是链条的失效。链传动常见的主要失效形式有以下几种。

（1）链板疲劳破坏 链在工作时，由松边到紧边周而复始地不断运动着，因而它的各个元件都在变应力作用下工作，经过一定循环次数后，链板将会出现疲劳断裂，其疲劳强度就成为限定链传动承载能力的主要因素。

（2）滚子套筒的冲击疲劳破坏 链传动的啮入冲击首先由滚子和套筒承受。经过一定的循环次数，在反复多次的冲击下，滚子、套筒会发生冲击疲劳破坏。这种失效形式多发生于中、高速闭式链传动中。

（3）销轴与套筒的胶合 当链轮转速高达一定数值时，链节啮入时受到的冲击能量增大，销轴和套筒间润滑油膜被破坏，使二者的工作表面在很高的温度和压力下直接接触，从而导致胶合。因此，胶合在一定程度上限制了链传动的极限转速。

（4）链条铰链磨损 链条在工作过程中，由于销轴与套筒间承受较大的压力，传动时彼此又产生相对转动，导致铰链磨损，使链条伸长，从而使链的松边垂度变化，增大了动载荷，并发生振动,引起跳齿,加大噪声以及发生其他破坏,如销轴因磨损削弱而断裂等。

(5) 过载拉断　低速($v<0.6$ m/s)的链条过载,并超过了链条静力强度的情况下,链条就会被过载拉断。

2. 功率曲线图

链传动的各种失效形式都在一定条件下限制了它的承载能力。因此,在选择链条的型号时,必须全面考虑各种失效形式产生的原因及条件,从而确定其能传递的额定功率。在使用寿命一定和润滑条件良好的情况下,链传动的各种失效形式的额定功率曲线如图 6-13 所示。润滑不良、工作环境恶劣的链传动所能传递的功率要比润滑良好的链传动要低得多。

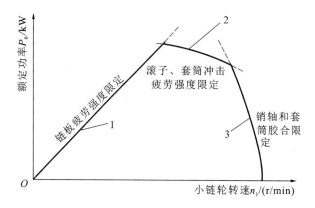

图 6-13　滚子链额定功率曲线

由图 6-13 可知,在润滑良好、中等速度的链传动中,链的承载能力取决于链板的疲劳强度(曲线 1);随着转速的增高,链传动的多边形效应增大,传动能力主要取决于套筒与滚子的冲击疲劳强度(曲线 2);转速进一步增加,链的传动能力降低,并会出现胶合现象(曲线 3)。

图 6-14 所示为 A 系列滚子链在特定试验条件下的额定功率曲线。试验条件为:$z_1=19$,$L_p=100$(L_p 为链节数),单排链水平布置,载荷平稳,工作环境正常,按推荐的润滑方式润滑,使用寿命为 15000 h;因链磨损而引起的链节距相对伸长量不超过 3%。根据小链轮转速,在图 6-14 所示曲线上可查出各种链条在链速 $v>0.6$ m/s 情况下允许传递的额定功率 P_0。

实际使用中,与上列条件不同时,需作适当修正,由此得链传动的计算功率及设计计算公式为

$$P_c=K_A P \leqslant k_z k_p k_L P_0 \tag{6-12}$$

式中:P_0 为额定功率,kW,查图 6-14 获得;P 为链传递的功率,kW;K_A 为工作情况系数,取值见表 6-3;k_z 为小链轮齿数系数,取值见表 6-4;k_L 为链长系数,取值见表 6-4;k_p 为多排链排数系数,取值见表 6-5。

对于 $v<0.6$ m/s 的低速链传动,链的主要失效形式是过载拉断,应进行静强度校核。静强度安全系数应满足

$$S=\frac{z_p F}{K_A F_1+F_c+F_f} \geqslant 4\sim 8 \tag{6-13}$$

式中:z_p 为链排数;F 为单排链的极限拉伸载荷,取值见表 6-1。

当工作寿命低于 15000 h 时,其允许传递的功率可以高些。

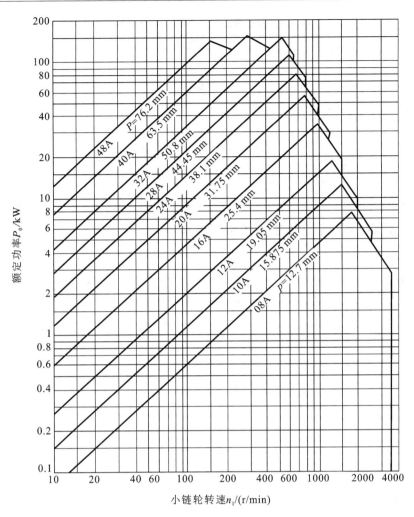

图 6-14　A 系列滚子链传动额定功率曲线($v>0.6$ m/s)

表 6-3　工作情况系数 K_A

工　况		输入动力种类		
		内燃机-液力传动	电动机或蒸汽轮机	内燃机-机械传动
平稳载荷	液体搅拌机,中小型离心式鼓风机,离心式压缩机,谷物机械,均匀载荷输送机、发电机,均匀载荷不反转的一般机械	1.0	1.0	1.2
中等冲击	半液体搅拌机,三缸以上往复压缩机,大型或不均匀载荷输送机,重型起重机和升降机,金属切削机床,食品机械,木工机械,印染纺织机械,大型风机,中等脉动载荷不反转的一般机械	1.2	1.3	1.4
严重冲击	船用螺旋桨,制砖机,单、双缸往复压缩机,挖掘机,往复式、振动式输送机,破碎机,重型起重机械,石油钻井机械,锻压机械,线材拉拔机械,冲床,严重冲击、有反转的机械	1.4	1.5	1.7

表 6-4　小链轮齿数系数 k_z 和链长系数 k_L

链传动工作在图 6-14 中的位置	位于功率曲线顶点左侧时 （链板疲劳）	位于功率曲线顶点右侧时 （滚子、套筒冲击疲劳）
小链轮齿数系数 k_z	$\left(\dfrac{z_1}{19}\right)^{1.08}$	$\left(\dfrac{z_1}{19}\right)^{1.5}$
链长系数 k_L	$\left(\dfrac{L_P}{100}\right)^{0.26}$	$\left(\dfrac{L_P}{100}\right)^{0.5}$

表 6-5　多排链排数系数 k_p

排　　数	1	2	3	4	5	6
k_p	1	1.7	2.5	3.3	4.0	4.6

6.3.2　套筒滚子链传动主要参数的选择

1. 链轮齿数

小链轮齿数 z_1 对链传动的平稳性和使用寿命有较大的影响。齿数少可减小外廓尺寸,但

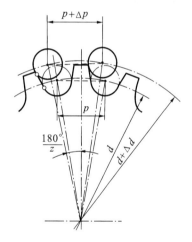

图 6-15　链节距增量和节圆
外移量间的关系

齿数过少,将会导致:① 传动的不均匀性增强和动载荷增大;② 链条进入和退出啮合时,链节间的相对转角增大,使铰链的磨损加剧;③ 链传递的圆周力增大,从而加速了链条和链轮的损坏。

由此可见,增加小链轮齿数 z_1 对传动是有利的,但 z_1 如果选得太大,大链轮的齿数 z_2 将更大,除了增大传动的尺寸和质量外,也易因链条节距的伸长而发生跳齿和脱链现象,同样会缩短链条的寿命。销轴和套筒磨损后,链节距的增量 Δp 和节圆的外移量 Δd 的关系(见图 6-15)为

$$\Delta p = \Delta d \sin \frac{180^\circ}{z}$$

当节距 p 一定时,齿高就一定,也就是说允许的节圆外移量 Δd 就一定,齿数越多,允许不发生脱链的节距增量 Δp 就越小,链的使用寿命就越短。为此,通常限定最大齿数 $z_{max} \leqslant 120$。为使 z_2 不致过大,在选择 z_1 时可参考表 6-6(可以先假设某一链速)。

表 6-6　小链轮齿数 z_1 的选择

链速 $v/(\text{m/s})$	0.6～3	3～8	>8	≥25
齿数 z_1	≥17	≥21	≥25	≥35

由于链节数常是偶数,为考虑磨损均匀,链轮齿数一般应取与链节数互为质数的奇数,并优先选用以下数列:17、19、21、23、25、38、57、76、95、114。

2. 传动比

一般链传动的传动比 $i \leqslant 8$,推荐 $i = 2 \sim 3.5$,在低速和外廓尺寸不受限制的地方允许取 $i = 10$(个别情况可取 $i = 15$)。如传动比过大,则链包在小链轮上的包角过小,啮合的齿数太少,这将加速轮齿的磨损,容易出现跳齿,破坏正常啮合,通常包角最好不小于 120°,传动比在 3 左右。

3. 链的节距

链节距越大,链和链轮齿各部分尺寸也越大,链的拉曳能力也越大,但传动的速度不均匀

性、动载荷、噪声等都将增加。因此设计时,在承载能力足够条件下,应选取较小节距的单排链,高速重载时,可选用小节距的多排链。一般情况下,载荷大、中心距小、传动比大时,选小节距多排链;速度不太高、中心距大、传动比小时,选大节距单排链。

若已知链传递功率 P,则由式(6-12)得到额定功率 P_0,根据 P_0 和小链轮转速 n_1,可由图 6-14 选取链的型号,确定链节距;反之,由转速 n_1 和节距 p 可确定链能传递的功率。

4. 链传动的中心距和链节数

中心距过小,链速不变时,单位时间内链条绕转次数增多,链条伸缩次数和应力循环次数增多,因而加剧了链的磨损和疲劳损伤。同时,由于中心距小,链条在小链轮上的包角变小,在包角范围内,每个轮齿所受的载荷增大,且易出现跳齿和脱链现象。而中心距太大,会引起从动边的垂度过大,传动时造成松边颤动。因此在设计时,若中心距不受其他条件限制,一般可取 $a_0 = (30 \sim 50)p$,最大取 $a_{\max} = 80p$。

链条长度以链节数 L_p(节距 p 的倍数)来表示。与带传动相似,链节数 L_p 与初选中心距 a_0 之间的关系为

$$L_p = \frac{z_1 + z_2}{2} + 2\frac{a_0}{p} + \left(\frac{z_2 - z_1}{2\pi}\right)^2 \frac{p}{a_0} \tag{6-14}$$

计算出的 L_p 应圆整为整数,最好取偶数。然后根据圆整后的链节数计算理论中心距,即

$$a = \frac{p}{4}\left[\left(L_p - \frac{z_1 + z_2}{2}\right) + \sqrt{\left(L_p - \frac{z_1 + z_2}{2}\right)^2 - 8\left(\frac{z_2 - z_1}{2\pi}\right)^2}\right] \tag{6-15}$$

为了保证链条松边有一个合适的安装垂度 $f = (0.01 \sim 0.02)a$,实际中心距 a' 应较理论中心距 a 小一些,即

$$a' = a - \Delta a$$

中心距的变化量 $\Delta a = (0.002 \sim 0.004)a$,对于中心距可调整的链传动,$\Delta a$ 可取大的值;对于中心距不可调整的和没有张紧装置的链传动,则应取较小的值。

5. 链传动作用在轴上的压力

链传动作用在轴上的压力 $\boldsymbol{F}_Q$ 可近似地取为紧边和松边总拉力之和,即 $F_Q = F_1 + F_2$。又由于垂度拉力不大,故可按下式求 F_Q:

$$F_Q = K_Q F_1 \tag{6-16}$$

式中:K_Q 为压轴力系数,一般取 $1.2 \sim 1.3$,有冲击和振动时取大值。

例 6-1 试设计一纺织机械的链传动装置,已知电动机功率 $P = 10$ kW,转速 $n_1 = 970$ r/min,要求传动比 $i = 3$,链传动水平布置。

解 (1)选择链轮齿数 z_1、z_2。

假定链速 $v = 3 \sim 8$ m/s,根据表 6-6,选取小链轮齿数 $z_1 = 23$,则大链轮齿数为

$$z_2 = i \cdot z_1 = 3 \times 23 = 69$$

(2)确定计算功率 P_c。

由表 6-3 查得 $K_A = 1.3$,$P_c = K_A P = 1.3 \times 10$ kW $= 13$ kW。

(3)确定链条链节数 L_p。

假定中心距 $a_0 = 40p$,由式(6-14)得链节数 L_p 为

$$L_p = \frac{z_1 + z_2}{2} + 2\frac{a_0}{p} + \left(\frac{z_2 - z_1}{2\pi}\right)^2 \frac{p}{a_0}$$

$$= \frac{23 + 69}{2} + \frac{2 \times 40p}{p} + \left(\frac{69 - 23}{2\pi}\right)^2 \frac{p}{40p} = 127.3$$

取 $L_p = 128$。

（4）确定链条节距 p。

由图 6-14，按小链轮转速估计，链工作在功率曲线顶点左侧时，可能出现链板疲劳破坏。由表 6-4 得

$$k_z = \left(\frac{z_1}{19}\right)^{1.08} = \left(\frac{23}{19}\right)^{1.08} = 1.23$$

$$k_L = \left(\frac{L_p}{100}\right)^{0.26} = \left(\frac{128}{100}\right)^{0.26} = 1.066$$

选取单排链，由表 6-5 查得 $k_p = 1$，故得所需传递的功率为

$$P_0 \geqslant \frac{P_c}{k_z k_L k_p} = \frac{13}{1.23 \times 1.066 \times 1} \text{ kW} = 9.915 \text{ kW}$$

根据小链轮转速 $n_1 = 970 \text{ r/min}$ 及功率 $P_0 = 9.915 \text{ kW}$，查图 6-14 选取链号为 10A，再由表 6-1 查得链节距 $p = 15.875 \text{ mm}$。

（5）确定中心距 a。

$$a = \frac{p}{4}\left[\left(L_p - \frac{z_1 + z_2}{2}\right) + \sqrt{\left(L_p - \frac{z_1 + z_2}{2}\right)^2 - 8\left(\frac{z_2 - z_1}{2\pi}\right)^2}\right]$$

$$= \frac{15.875}{4} \times \left[\left(128 - \frac{23 + 69}{2}\right) + \sqrt{\left(128 - \frac{23 + 69}{2}\right)^2 - 8 \times \left(\frac{69 - 23}{2\pi}\right)^2}\right] \text{ mm} = 640.3 \text{ mm}$$

中心距减小量为

$$\Delta a = (0.002 \sim 0.004)a = 1.28 \sim 2.56 \text{ mm}$$

实际中心距为

$$a' = a - \Delta a = 639.02 \sim 637.74 \text{ mm}$$

取 $a' = 638 \text{ mm}$。

（6）验算链速。

$$v = \frac{z_1 p n_1}{60 \times 1000} = \frac{23 \times 15.875 \times 970}{60 \times 1000} \text{ m/s} = 5.9 \text{ m/s}$$

v 值在 $3 \sim 8 \text{ m/s}$ 范围内，与假定值相符。

（7）计算对链轮轴的压力。

工作拉力为

$$F_1 = \frac{1000P}{v} = \frac{1000 \times 10}{5.9} \text{ N} \approx 1695 \text{ N}$$

取 $K_Q = 1.25$，对链轮轴的压力为

$$F_Q = K_Q F_1 = 1.25 \times 1695 \text{ N} = 2118.6 \text{ N}$$

6.4 链传动的布置与张紧

6.4.1 链传动的布置

合理布置链传动的原则如下。

（1）两链轮的回转平面应在同一垂直平面内，否则易使链条脱落和产生不正常的磨损。

（2）两链轮中心连线最好是水平的，或与水平面成 45° 以下的倾斜角，尽量避免垂直传动，

以免与下方链轮啮合不良或脱离啮合。

（3）属于下列情况时，紧边最好布置在传动的上面（见图6-16）：① 中心距 $a \leqslant 30p$ 和 $i \geqslant 2$ 的水平传动（见图6-16(a)）；② 倾斜角相当大的传动（见图6-16(b)）；③ 中心距 $a \geqslant 60p$、传动比 $i \leqslant 1.5$ 和链轮齿数 $z_1 \leqslant 25$ 的水平传动（见图6-16(c)）。在前两种情况中，松边在上时，可能有少数链节垂落到小链轮上或下方的链轮上，因而有咬链的危险；在后一种情况中，松边在上时，有发生紧边和松边相互碰撞的可能。

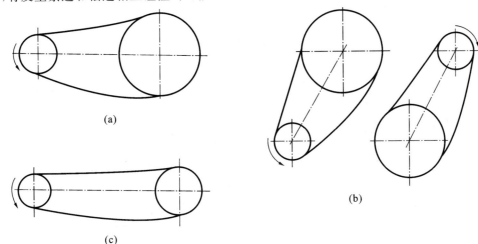

(a)

(b)

(c)

图 6-16　链传动的布置

6.4.2　链传动的张紧

链传动张紧的目的，主要是避免在链条的垂度过大时链传动产生啮合不良和链条的振动现象，增加链条与链轮的啮合包角。当两轮轴心连线倾斜角大于60°时，通常设有张紧装置。

张紧的方法很多。当链传动的中心距可调整时，调节中心距就可控制张紧程度；当中心距不能调整时，可设置张紧轮（见图6-17）来调整，或在链条磨损变长后从中取掉一两个链节，以恢复原来的长度。张紧轮一般紧压在松边靠近小链轮处。张紧轮可以是链轮，也可以是无齿的滚轮。张紧轮的直径应与小链轮的直径相近。张紧轮有自动张紧装置（见图6-17(a)、(b)）及定期调整装置（见图6-17(c)、(d)）两种，前者多为弹簧、吊重等自动张紧装置，后者包括螺旋、偏心等调整装置，另外还有压板和托板张紧装置（见图6-17(e)）。

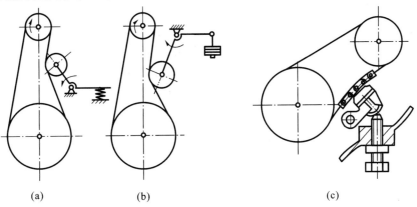

(a)　　　　　(b)　　　　　　　　　(c)

图 6-17　链传动的张紧装置

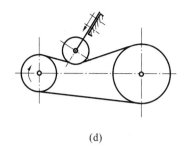
(d)

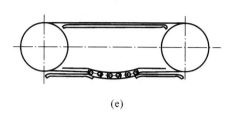
(e)

续图 6-17

习　题

6.1　选择题

(1) 与齿轮传动相比,链传动的优点是_____。

A. 传动效率高　　　　　　　　　　　　B. 工作平稳,无噪声

C. 承载能力大　　　　　　　　　　　　D. 传动的中心距大,距离远

(2) 链传动设计中,一般限制链轮的最多齿数 $z_{max}=150$,是为了_____。

A. 降低链传动的不均匀性　　　　　　　B. 限制传动比

C. 防止过早脱链　　　　　　　　　　　D. 保证链轮轮齿的强度

(3) 链传动中,限制链轮最少齿数 z_{min} 的目的是_____。

A. 降低传动的运动不均匀性和减小动载荷　B. 防止链节磨损后脱链

C. 使小链轮轮齿受力均匀　　　　　　　D. 防止润滑不良时轮齿加速磨损

(4) 链传动中,最适宜的中心距范围是_____。

A. $(10\sim20)p$　　　　B. $(20\sim30)p$　　　　C. $(30\sim50)p$　　　　D. $(50\sim80)p$

(5) 设计链传动时,链长(节数)最好取_____。

A. 偶数　　　　　　　　　　　　　　　B. 奇数

C. 5 的倍数　　　　　　　　　　　　　D. 链轮齿数的整数倍

(6) 下列链传动传动比的计算公式中,_____是错误的。

A. $i=\dfrac{n_1}{n_2}$　　　　B. $i=\dfrac{d_2}{d_1}$　　　　C. $i=\dfrac{z_2}{z_1}$　　　　D. $i=\dfrac{T_2}{\eta T_1}$

(7) 多排链的排数一般不超过 3 或 4,主要是为了_____。

A. 不使安装困难　　　　　　　　　　　B. 减轻链的质量

C. 不使轴向过宽　　　　　　　　　　　D. 使各排受力均匀

(8) 链传动设计中,当载荷大、中心距小、传动比大时,宜选用_____。

A. 大节距单排链　　　　　　　　　　　B. 小节距多排链

C. 小节距单排链　　　　　　　　　　　D. 大节距多排链

(9) 链传动只能用于轴线_____的传动。

A. 相交成 90°　　　　　　　　　　　　B. 相交成任一角度

C. 空间 90°交错　　　　　　　　　　　D. 平行

(10) 链传动中,F_t 为工作拉力,作用在轴上的载荷 Q 可近似地取为_____。

A. F_t　　　　　　B. $1.2F_t$　　　　　　C. $1.5F_t$　　　　　　D. $2F_t$

(11) 链传动张紧的目的主要是_____。

A. 同带传动一样 　　　　　　　　　　　　B. 提高链传动工作能力

C. 避免松边垂度过大 　　　　　　　　　　D. 增大小链轮包角

(12) 链传动的张紧轮应装在_____。

A. 靠近小链轮的松边上 　　　　　　　　　B. 靠近小链轮的紧边上

C. 靠近大链轮的松边上 　　　　　　　　　D. 靠近大链轮的紧边上

(13) 链传动人工润滑时,润滑油应加在_____。

A. 链条和链轮啮合处 　　　　　　　　　　B. 链条的紧边上

C. 链条的松边上 　　　　　　　　　　　　D. 任意位置均可

(14) 在一定转速下,要降低链传动的运动不均匀性和减小动载荷,应该_____。

A. 减小链条节距和链轮齿数 　　　　　　　B. 增大链条节距和链轮齿数

C. 增大链条节距,减小链轮齿数 　　　　　D. 减小链条节距,增大链轮齿数

(15) 为了降低链传动的动载荷,在节距和小链轮齿数一定时,应限制_____。

A. 小链轮的转速 　　　　　　　　　　　　B. 传递的功率

C. 传递的圆周力 　　　　　　　　　　　　D. 传动比

(16) 链传动不适合用于高速传动的主要原因是_____。

A. 链条的质量大 　　　　　　　　　　　　B. 动载荷大

C. 容易脱链 　　　　　　　　　　　　　　D. 容易磨损

(17) 链条因为静强度不够而被拉断的现象,多发生在_____的情况下。

A. 低速重载 　　　　B. 高速重载 　　　　C. 高速轻载 　　　　D. 低速轻载

(18) 开式链传动的主要失效形式为_____。

A. 链板疲劳破坏 　　　　　　　　　　　　B. 铰链磨损,导致脱链

C. 销轴和套筒胶合 　　　　　　　　　　　D. 静载拉断

(19) 设计链传动时,链节数一般取偶数,是为了_____。

A. 保证传动比恒定 　　　　　　　　　　　B. 链传动磨损均匀

C. 接头方便 　　　　　　　　　　　　　　D. 不容易脱链

(20) 链传动设计中,对高速、大功率传动,宜选用_____。

A. 大节距单排链 　　　　　　　　　　　　B. 小节距多排链

C. 小节距单排链 　　　　　　　　　　　　D. 大节距多排链

6.2　判断题

(1) 链传动的特点是瞬时传动比和平均传动比都是常数。　　　　　　　　　　(　　)

(2) 链轮转速越高,链条节距越大,链传动中的动载荷越大。　　　　　　　　(　　)

(3) 链传动一般应布置在水平面内,尽可能避免布置在垂直平面内。　　　　(　　)

(4) 设计链传动时,链节数最好取质数。　　　　　　　　　　　　　　　　　(　　)

(5) 链传动中,链轮齿数越少,链速不均匀性也愈强。　　　　　　　　　　　(　　)

(6) 设计链传动时,链节数选择偶数,链轮齿数选择奇数。　　　　　　　　　(　　)

(7) 链传动中,为减小链传动的动载荷,小链轮齿数应选得多些。　　　　　　(　　)

(8) 链传动设计中,一般限制链轮的最多齿数 $z_{max} = 114$,是为了限制传动比。(　　)

(9) 链传动不适合用于高速传动的主要原因是容易脱链。　　　　　　　　　　(　　)

6.3　试分析链传动中动载荷产生的原因,影响它的主要因素有哪些?

6.4　链传动有哪几种主要的失效形式?

6.5　链传动为什么要适当张紧? 常见张紧方法有哪些?

6.6　单排滚子链传动,主动链轮转速 $n_1 = 600$ r/min, $z_1 = 21$, $z_2 = 105$,中心距 $a = 910$ mm,该链的节距 $p = 25.4$ mm,工作情况系数 $K_A = 1.2$,试求链传动所允许传递的功率。

6.7　一输送装置用套筒滚子链传动,已知输送功率 $P = 7.5$ kW,主动链轮转速 $n_1 = 960$ r/min,传动比 $i = 3$,工作情况系数 $K_A = 1.5$,中心距 $a \leqslant 650$ mm。试设计该链传动。

＊6.8　已知链节距 $p = 19.05$ mm,主动链轮齿数 $z_1 = 23$,转速 $n_1 = 970$ r/min,试求平均链速 v、瞬时最大链速 v_{max} 和瞬时最小链速 v_{min}。

第 7 章 齿 轮 传 动

【本章学习要求】

1. 掌握齿轮传动的失效形式和计算准则、齿轮材料及其热处理选择、齿轮传动的计算载荷；

2. 掌握齿轮传动受力分析的基本方法、直齿圆柱齿轮传动齿面接触疲劳强度及齿根弯曲疲劳强度的计算；

3. 掌握齿轮传动设计参数的选择及许用应力的计算；

4. 掌握斜齿圆柱齿轮传动的受力分析和强度计算要点；

5. 掌握直齿圆锥齿轮传动的受力分析和强度计算要点；

6. 了解齿轮结构与齿轮传动的效率和润滑。

齿轮传动是机械传动中最重要的传动之一，目前应用很广泛，主要用来传递空间任意两轴之间的运动和动力，并可改变输出的速度和转向。传动形式很多，不同传动形式的失效形式不同，设计准则也不同。

7.1 齿轮传动的失效分析、常用材料及选择

7.1.1 齿轮传动的失效形式

在实际应用中，由于齿轮传动的方式有开式、半开式和闭式，齿面硬度有软齿面、硬齿面，齿轮转速有高与低，载荷有轻与重之分，所以齿轮常会出现各种不同的失效形式。齿轮传动的失效形式主要取决于齿轮材料的齿面硬度和具体的工作条件。分析研究齿轮失效形式的目的在于建立齿轮设计的准则，提出防止和延缓失效的措施。

齿轮传动是靠齿轮的啮合来传递运动和动力的，齿轮的轮齿是传动的关键部位，也是齿轮的薄弱环节，因此轮齿失效是齿轮常见的失效形式。齿轮的失效分为齿体损伤和齿面损伤两大类。齿体损伤主要有轮齿折断，而齿面损伤主要有点蚀、胶合、磨损和塑性变形等。

1. 轮齿折断

轮齿折断是指齿轮的一个或多个齿的整体或局部被折断。轮齿折断通常有以下两种。

（1）疲劳折断　当一对齿轮进入啮合时，在载荷的作用下，轮齿相当于一个悬臂梁，轮齿承受载荷以后，其齿根处将受到交变的弯曲应力作用。当轮齿单侧受载时，其弯曲应力按脉动循环变化；轮齿双侧受载时，其弯曲应力按对称循环变化。轮齿在变化的弯曲应力的反复作用下，其齿根圆角过渡部分存在应力集中，当应力值超过材料的弯曲疲劳极限时，齿根处就会产生疲劳裂纹，随着裂纹的扩展最终引起轮齿折断，这种现象称为疲劳折断，如图 7-1(a)所示。实践表明，疲劳

(a) 整体折断　　　　(b) 局部折断

图 7-1　轮齿折断

裂纹首先发生在齿根受拉的一侧。

（2）过载折断　轮齿突然过载,或经严重磨损后齿厚过薄,也会发生突然折断的事故,这种现象称为过载折断。

齿宽较小的直齿圆柱齿轮往往会产生整体折断。如果轮齿宽度较大,则当制造、安装的误差使其局部受载过大时,齿轮也会发生局部折断,如图7-1(b)所示。在斜齿圆柱齿轮传动中,轮齿工作面上的接触线为一斜线,轮齿受载后如有载荷集中,就会发生局部折断。若轴的弯曲变形过大而引起轮齿局部受载过大,则也会发生局部折断。

提高轮齿抗折断能力的措施很多,如增大齿根圆角半径,消除该处的加工刀痕以降低齿根的应力集中;增大轴及支承件的刚度以减小齿面局部过载的程度;对轮齿进行喷丸、碾压等冷作处理以提高齿面硬度、保持心部的韧性等。

2. 齿面点蚀

轮齿进入啮合时,轮齿齿面接触处在法向力的作用下将产生很大的接触应力,脱离啮合后接触应力即消失。对齿廓工作面上的某一固定点来说,它受到的是近似于脉动变化的接触应力。如果接触应力超过齿轮材料的接触疲劳极限,齿面就会出现不规则的、细微的疲劳裂纹,随着疲劳裂纹的蔓延、扩展,将导致齿面表层上的金属微粒剥落,形成麻点状的凹坑,这种现象称为齿面疲劳点蚀,如图7-2所示。点蚀会破坏齿轮的正常工作,引起振动和噪声。

实践表明,当轮齿在节线附近啮合时,同时啮合的齿对数少,且齿面间相对滑动速度小,润滑油膜不易形成,所以点蚀首先出现在靠近节线的齿根表面上。

一般闭式传动的软齿面较易发生点蚀失效,设计时应保证齿面有足够的接触强度。为防止过早出现点蚀,可采用提高齿面硬度、增大润滑油的黏度、降低表面粗糙度、在许可范围内选用大的变位系数和$(x=x_1+x_2)$等措施。

在开式齿轮传动中,由于磨损严重,点蚀还来不及出现或扩展即被磨损掉,所以一般看不到点蚀现象。

3. 齿面胶合

在高速重载的齿轮传动中,由于齿面间的压力较大,相对滑动速度较高,因此发热量大,使啮合区温度升高、油膜破裂而引起润滑失效,相啮合两个齿面的局部金属直接接触并在瞬间互相黏结。当两齿面相对转动时,较软齿面上的金属从表面被撕落下来,而在齿面上沿滑动方向出现条状伤痕,被撕落的金属黏附在另一个齿面上,这种现象称为齿面胶合,如图7-3所示。

图7-2　齿面点蚀

图7-3　齿面胶合

在低速重载的传动中,齿面间由于压力大,因而不易形成油膜,也会出现胶合。

在实际中采用提高齿面硬度、降低齿面表面粗糙度、限制油温、增加润滑油的黏度、选用加有抗胶合添加剂的合成润滑油等方法可以防止胶合的产生。

4. 齿面磨损

齿面磨损是齿轮在啮合传动过程中,轮齿接触表面上的材料被摩擦损耗的现象。齿轮的磨损有以下两种形式。

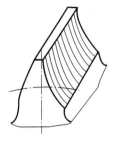

（1）磨粒磨损　轮齿在啮合过程中存在相对滑动,使齿面间产生摩擦损耗。如果金属屑、沙粒、灰尘等硬质颗粒进入齿轮啮合面,将引起磨粒磨损,如图7-4所示。磨粒磨损是开式齿轮传动的主要失效形式。齿面磨损,一方面会导致齿廓的渐开线形状被破坏,并使侧隙增大从而引起冲击和振动;另一方面使轮齿变薄,严重时甚至因齿厚过度减薄而间接导致轮齿的折断。

图7-4　磨粒磨损

采用闭式传动、提高齿面硬度、降低齿面表面粗糙度,以及采用清洁的润滑油等,均可以减轻齿面的磨粒磨损。

（2）跑合磨损　对于新的齿轮传动装置来说,在开始运转期间因齿面间的相互摩擦而产生的磨损经过一定时间后,就逐渐减少,这种磨损通常称为跑合。跑合对齿轮传动是无害的,但跑合后应及时更换齿轮箱内的润滑油,以免发生磨粒磨损。

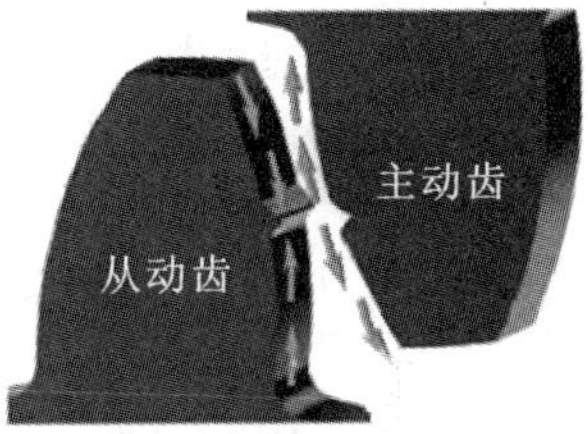

5. 塑性变形

当轮齿材料较软而载荷较大时,轮齿表层的材料将沿着摩擦力方向发生塑性变形,导致主动轮齿面节线附近出现凹沟,从动轮齿面节线附近出现凸棱,齿面的正常齿形被破坏,影响齿轮的正常啮合,这种现象称为齿面塑性变形,如图7-5所示。这种失效主要出现在低速、过载严重和启动频繁的齿轮传动中。

图7-5　齿面塑性变形

要防止齿面的塑性变形,可采用适当提高齿面硬度、选用黏度较高的润滑油等方法。

7.1.2　齿轮传动的设计准则

齿轮传动在不同的工况条件下,有着不同的失效形式,故对应不同的设计准则。因此在设计齿轮传动时,应根据实际情况,分析其主要失效形式,确定相应的设计准则。但是,目前对齿面胶合、磨损、塑性变形尚未建立适合工程使用的行之有效的理论计算方法。所以,目前设计一般的齿轮传动时,通常只按保证齿根弯曲疲劳强度和保证齿面接触疲劳强度两准则进行计算。对于高速大功率的齿轮传动,如航天发动机主传动、汽车发电机组传动等,还要按保证齿面抗胶合承载能力的准则进行计算(参阅 GB/Z 6413.1~2—2003)。

1. 闭式齿轮传动

对于闭式软齿面(≤350 HBW)齿轮传动,齿面点蚀是其主要的失效形式。应先按齿面接触疲劳强度进行设计计算,确定齿轮的主要参数和尺寸,然后按弯曲疲劳强度校核齿根的弯曲强度。

在闭式硬齿面(>350 HBW)齿轮传动中,其常因齿根折断而失效,故通常先按齿根弯曲疲劳强度进行设计计算,确定齿轮的模数和其他尺寸,然后按接触疲劳强度校核齿面的接触强度。

2. 开式齿轮传动

对于开式齿轮传动中的齿轮,齿面磨损为其主要失效形式。但由于目前磨损尚无可靠的计算方法,通常先按照齿根弯曲疲劳强度进行设计计算,确定齿轮的模数,考虑磨损因素,再将模数增大 10%～20%。

7.1.3　齿轮材料

1. 齿轮材料的基本要求

由齿轮的失效分析可知,齿轮材料的基本要求为:① 齿面应有足够的硬度和耐磨性,以抵抗齿面磨损、点蚀、胶合以及塑性变形等;② 齿轮心部应有足够的强度和较高的韧度,以抵抗齿根折断和冲击载荷;③ 应有良好的加工工艺性能和热处理性能,使之便于加工且便于提高其力学性能,即齿面要硬,齿心韧度要高,工艺性要好。

2. 常用材料及其热处理

齿轮材料及热处理方式的选择,应根据齿轮的工作要求、载荷的性质及失效形式等因素综合进行考虑。齿轮常用材料为优质碳素钢、合金钢、铸铁和非金属材料等,一般多用锻件。较大直径齿轮不宜锻造,需采用铸钢或铸铁制造。常用齿轮材料及其力学性能如表 7-1 所示。

表 7-1　常用齿轮材料及其力学性能

材料牌号	热处理方法	抗拉强度 σ_b/MPa	屈服强度 σ_s/MPa	硬　　度 齿心部	硬　　度 齿面	应　　用
45	正火	588	294	167～217 HBW		低速轻载;中速中载(通用机械中的齿轮);高速中载、无剧烈冲击(机床变速箱的齿轮)
45	调质	647	373	217～255 HBW		低速轻载;中速中载(通用机械中的齿轮);高速中载、无剧烈冲击(机床变速箱的齿轮)
45	表面淬火	—	—	—	40～50 HRC	低速轻载;中速中载(通用机械中的齿轮);高速中载、无剧烈冲击(机床变速箱的齿轮)
35SiMn 42SiMn	调质	750	450	217～269 HBW		可代替 40Cr
35SiMn 42SiMn	表面淬火	750	450		45～55 HRC	可代替 40Cr
40Cr	调质	700	500	241～286 HBW		低速中载;高速中载、无剧烈冲击
40Cr	表面淬火	—	—		45～55 HRC	低速中载;高速中载、无剧烈冲击
38CrMoAlA	渗氮	1000	850	255～321 HBW	＞850 HV	载荷平稳、润滑良好、无严重磨损的齿轮;难以切削加工的齿轮(内齿轮)
20Cr	渗碳淬火	650	400	300 HBW	58～62 HRC	高中速、重载,承受冲击载荷的齿轮(如汽车、拖拉机中的齿轮)
20CrMnTi	渗碳淬火	1100	850	300 HBW	58～62 HRC	高中速、重载,承受冲击载荷的齿轮(如汽车、拖拉机中的齿轮)
ZG310-570	正火	580	320	163～179 HBW		重型机械中的低速大齿轮;标准系列减速器的大齿轮
ZG340-640	正火	650	350	179～207 HBW		重型机械中的低速大齿轮;标准系列减速器的大齿轮
ZG340-640	调质	700	380	241～269 HBW		重型机械中的低速大齿轮;标准系列减速器的大齿轮
HT300	—	300	—	187～255 HBW		不受冲击的不重要齿轮;开式传动中的齿轮
HT350	—	350	—	197～269 HBW		不受冲击的不重要齿轮;开式传动中的齿轮
QT500-5	正火	500	—	147～241 HBW		可替代铸钢
QT600-2	正火	600	—	229～302 HBW		可替代铸钢
夹布胶木	—	100	—	25～35 HBW		高速轻载、精度不高的齿轮

7.1.4　齿轮材料的选择原则

齿轮材料的种类很多,在选择时应考虑的因素也很多,下述几点为选择时的原则。

(1)满足工作条件的要求　不同的工作条件,对齿轮传动有不同的要求,故对齿轮材料也有不同的要求。但是对于一般动力传输齿轮,要求其材料具有足够的强度和耐磨性,而且齿面要硬,齿心韧度要高。

(2)合理选择材料配对　如对硬度≤350 HBW 的软齿面齿轮,为使两轮寿命接近,小齿轮材料硬度应略高于大齿轮,且使两齿轮硬度差在 30～50 HBW 范围内。为提高抗胶合性能,大、小齿轮应采用不同材料。

(3)考虑加工工艺及热处理工艺的要求　大尺寸的齿轮一般采用铸造毛坯制成,可选用铸钢或铸铁来制造;中等或中等以下尺寸而要求较高的齿轮常采用锻造毛坯制成,可选择锻钢制作,尺寸较小而又要求不高时,可选用圆钢作为毛坯来制造。软齿面齿轮常用中碳钢或中碳合金钢,经正火或调质处理后,再进行切削加工制成;硬齿面齿轮(硬度>350 HBW)常采用低碳合金钢切齿后,表面渗碳淬火,或中碳钢(或中碳合金钢)切齿后表面淬火,以获得齿面硬、齿心韧的金相组织。为消除热处理对已切轮齿造成的齿面变形,需进行磨齿。但若采用渗氮处理,则其齿面变形小,可不磨齿,适用于内齿轮或无法磨齿的齿轮。

7.2　齿轮传动的计算载荷

在实际传动中,原动机及工作机性能的影响,以及齿轮的制造误差,特别是基节误差和齿形误差的影响,会使实际法向载荷增大。此外,在同时啮合的齿对之间,载荷的分配并不是均匀的,即使在一对齿上,载荷也不可能沿接触线均匀分布。这些都会使实际法向载荷增大,因此在计算齿轮传动的强度时,F_n 只是名义载荷,应按计算载荷 F_c 进行计算,即

$$F_c = KF_n \tag{7-1}$$

式中:K 为载荷系数。

载荷系数 K,包括工作情况系数 K_A、动载系数 K_v、齿间载荷分配系数 K_α 及齿向载荷分布系数 K_β,即

$$K = K_A K_v K_\alpha K_\beta \tag{7-2}$$

1. 工作情况系数 K_A

K_A 是考虑齿轮啮合时由外部因素引起的附加动载荷的影响而引入的系数。这种动载荷取决于原动机和工作机的工作特性,而原动机和工作机的工作特性所带来的影响难以量化。因此,以工作情况系数 K_A 来表征原动机和工作机的工作特性对齿轮实际所受载荷大小的影响。其值如表 7-2 所示。

2. 动载系数 K_v

K_v 是考虑齿轮啮合时由内部因素引起的附加动载荷的影响而引入的系数。这种动载荷源于不可避免的齿轮制造误差、齿轮传动的装配误差及齿轮工作时轮齿受力产生的弹性变形。这些误差或变形实际上使啮合轮齿的基圆齿距 P_{b1} 与 P_{b2} 不相等。如图 7-6 所示。由于 P_{b1} 与 P_{b2} 不相等,该齿轮传动不符合正确啮合条件,因此瞬时传动比不是定值,使从动轮产生角加速度,从而引起动载荷或冲击的产生。为了考虑这些动载荷的影响,引入了动载系数 K_v。对于一般齿轮传动,第二公差组精度等级为 6～10 的齿轮的动载系数 K_v 值可由图 7-7 查取。

表 7-2　工作情况系数 K_A

载荷状态	工 作 机	原 动 机			
		均匀平稳	轻微冲击	中等冲击	严重冲击
		电动机、蒸汽轮机	蒸汽轮机、经常启动的电动机	多缸内燃机	单缸内燃机
均匀平稳	发电机、带式运输机或板式运输机、螺旋运输机、轻型升降机、包装机、机床进给机构、通风机、轻型离心机、均匀密度材料搅拌机等	1.00	1.25	1.50	1.75
轻微冲击	带式运输机或板式运输机、机床的主驱动装置、重型升降机、工业与矿用风机、重型离心机、黏稠液体或变密度材料搅拌机等	1.10	1.35	1.60	1.85
中等冲击	橡胶挤压机、轻型球磨机、木工机械、钢坯初压机、提升装置、单缸活塞泵等	1.25	1.50	1.75	2.00
严重冲击	挖掘机、重型球磨机、破碎机、橡胶捏合机、压砖机、带材冷轧机、轮碾机等	1.50	1.75	2.00	＞2.25

注:该表仅适用于减速传动,若为增速传动,建议取表中数值的 1.1 倍。

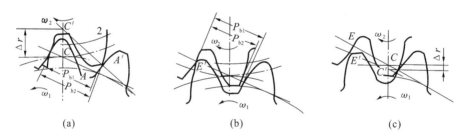

图 7-6　误差与变形对传动平稳性的影响

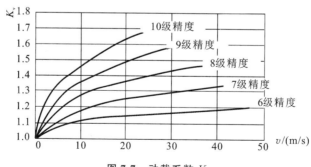

图 7-7　动载系数 K_v

为了减小齿轮传动中的动载荷,可提高齿轮的制造精度、减小齿轮直径以降低圆周速度。

3. 齿间载荷分配系数 $K_α$

齿间载荷分配系数 $K_α$ 是考虑同时啮合的各对轮齿之间载荷分配不均匀对轮齿应力的影响而引入的系数。一对齿轮传动的重合度一般都大于 1,甚至大于 2,当两对或多对齿同时啮合时,载荷并不均匀分配在每对齿上,因此引入齿间载荷分配系数 K_α。影响 K_α 的主要因素有:轮齿制造误差,特别是基节偏差;受载后轮齿的弹性变形;齿轮的跑合效果、齿面硬度、齿顶修缘情况;等等。一般齿轮传动的齿间载荷分配系数 K_α 可由表 7-3 查取。

表 7-3　齿间载荷分配系数 K_α

$K_A F_t/b$		$\geqslant 100$ N/mm				<100 N/mm
精度等级(Ⅱ组)		5	6	7	8	5~9
硬齿面直齿轮	$K_{H\alpha}$		1.0		1.1	1.2	$\geqslant 1.2$
	$K_{F\alpha}$					
硬齿面斜齿轮	$K_{H\alpha}$	1.0	1.1	1.2	1.4	$\geqslant 1.4$
	$K_{F\alpha}$					
非硬齿面直齿轮	$K_{H\alpha}$	1.0			1.1	$\geqslant 1.2$
	$K_{F\alpha}$					
非硬齿面斜齿轮	$K_{H\alpha}$	1.0	1.1	1.2		$\geqslant 1.4$
	$K_{F\alpha}$					

注:b 为轮齿宽度;F_t 为分度圆切线方向的圆周力。

4. 齿向载荷分布系数 K_β

齿向载荷分布系数 K_β 是考虑沿齿宽方向载荷分布不均匀对轮齿应力的影响而引入的系数。如图 7-8 所示,当齿轮在轴上相对于轴承的位置布置不对称时,轴的变形会使载荷沿齿宽方向分布不均匀,从而影响轮齿应力的计算。在强度计算时,为计及此影响,通常以系数 K_β 来表征齿面上载荷沿齿宽分布不均匀的程度对强度计算的影响。其数值可由图 7-9 查得。

影响 K_β 的主要因素有:齿轮的制造和安装误差;轮齿、轴系、机体及轴承的变形;齿轮在轴上相对于轴承的位置;轮齿的宽度及齿面硬度;等等。

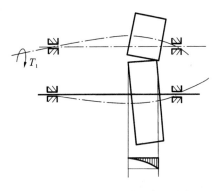

图 7-8　轮齿所受载荷分布不均匀

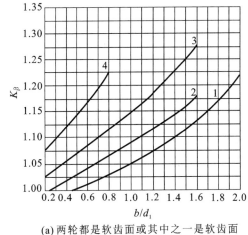

(a) 两轮都是软齿面或其中之一是软齿面

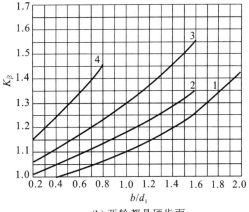

(b) 两轮都是硬齿面

图 7-9　齿向载荷分布系数 K_β

1—齿轮在两轴承中间对称布置;2—齿轮在两轴承中间非对称布置,轴的刚度较大;

3—齿轮在两轴承中间非对称布置,轴的刚度较小;4—齿轮悬臂布置

d_1—齿轮分度圆直径

7.3 标准直齿圆柱齿轮的强度计算

齿轮传动的强度计算是根据轮齿可能出现的失效形式和设计准则来进行的。在一般的闭式齿轮传动中,齿轮的主要失效形式是齿面疲劳点蚀和轮齿疲劳折断,因此我们只讨论齿面接触疲劳强度和齿根弯曲疲劳强度的计算。在计算强度之前,需先对轮齿进行受力分析。

7.3.1 轮齿的受力分析

在齿轮传递动力时,齿面间既有正压力,又有摩擦力。当润滑良好时,摩擦力比正压力小得多,对强度影响小,故可略去不计。正压力沿齿宽接触线分布,在受力分析时,常用集中力来代替,即正压力 F_n。

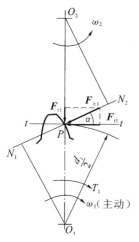

图 7-10 直齿圆柱齿轮受力分析

正压力 F_n 沿着两齿廓接触点的公法线方向,即啮合线方向,如图 7-10 所示。齿廓在节点 P 接触,分析 F_n 作用在主动轮上的作用力。

F_{n1} 可分解为两个分力:一个是沿着分度圆切线方向的圆周力 F_{t1},另一个是指向齿轮中心的径向力 F_{r1}。根据力的平衡条件可得出作用在主动轮上的力为

$$\left.\begin{array}{l} F_{t1} = 2T_1/d_1 \\ F_{r1} = F_{t1}\tan\alpha \\ F_{n1} = F_{t1}/\cos\alpha \end{array}\right\} \qquad (7\text{-}3)$$

式中:α 为分度圆上的压力角($\alpha = 20°$),非标准齿轮传动时用啮合角 α' 代替;d_1 为分度圆直径,mm,非标准齿轮传动时用节圆直径代替;T_1 为作用在主动轮上的转矩,N·mm。

根据作用力与反作用力定律,可求出作用在从动轮上的力:$F_{t2} = -F_{t1}$,$F_{r2} = -F_{r1}$,$F_{n2} = -F_{n1}$,负号表示两个力的方向相反。

主动轮所受的圆周力是阻力,与转动方向相反;从动轮所受的圆周力是驱动力,与转动方向相同。两个齿轮上的径向力方向分别指向各自的轮心。

7.3.2 齿面接触疲劳强度计算

齿面接触疲劳强度计算是针对齿面点蚀失效进行的。齿面点蚀是因接触应力过大而引起的。一对齿轮啮合可看作分别以接触处的曲率半径 ρ_1、ρ_2 为半径,轮齿接触宽度 b 为接触长度的两个圆柱体的接触,其最大接触应力可由弹性力学的赫兹应力公式计算,赫兹应力公式为

$$\sigma_H = \sqrt{\frac{F_n}{L\pi\rho_\Sigma} \times \frac{1}{\dfrac{1-\mu_1^2}{E_1} + \dfrac{1-\mu_2^2}{E_2}}}$$

式中:E_1、E_2 为两圆柱体材料的弹性模量,MPa;μ_1、μ_2 为两圆柱体材料的泊松比;L 为两圆柱体间的接触长度;ρ_Σ 为综合曲率半径,$\dfrac{1}{\rho_\Sigma} = \dfrac{1}{\rho_1} \pm \dfrac{1}{\rho_2}$,其中,$\rho_1$、$\rho_2$ 分别为两圆柱体的曲率半径,mm,"+"号用于外接触,"−"号用于内接触。

由 7.1.1 节可知,两个齿轮啮合时,齿面疲劳点蚀一般出现在节线附近,因此一般以节点

处的接触应力来计算齿面的接触疲劳强度。

图 7-11 所示为一对标准直齿轮,接触点为 P 点,根据渐开线的特性可得出齿廓在 P 点处的曲率半径为

$$\rho_1 = \overline{N_1 P} = \frac{d_1}{2}\sin\alpha \quad \rho_2 = \overline{N_2 P} = \frac{d_2}{2}\sin\alpha$$

式中: d_1、d_2 为两齿轮分度圆的直径; α 为分度圆上的压力角, $\alpha = 20°$。

两齿轮的齿数比 $u = z_2/z_1 = d_2/d_1$,则

$$\frac{1}{\rho_1} \pm \frac{1}{\rho_2} = \frac{\rho_2 \pm \rho_1}{\rho_1 \rho_2} = \frac{2(d_2 \pm d_1)}{d_1 d_2 \sin\alpha} = \frac{2}{d_1 \sin\alpha} \cdot \frac{u \pm 1}{u}$$

将上述参数代入赫兹应力公式并引入重合度系

数 Z_ε。一般由 $Z_\varepsilon = \sqrt{\dfrac{4 - \varepsilon_\alpha}{3}}$ 计算 ε_α(ε_α 为重合度)或

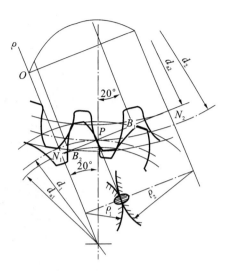

图 7-11　齿面接触疲劳强度计算简图

按 $\varepsilon_\alpha = \left[1.88 - 3.2 \left(\dfrac{1}{z_1} + \dfrac{1}{z_2} \right) \right]\cos\beta$ 计算。或取 $Z_\varepsilon =$

$0.85 \sim 0.92$,齿数(一对啮合齿轮齿数和)多时, ε_α 大,得出圆柱齿轮 σ_H 的计算公式,即

$$\sigma_H = Z_\varepsilon \sqrt{\frac{1}{\pi \left(\dfrac{1-\mu_1^2}{E_1} + \dfrac{1-\mu_2^2}{E_2} \right)}} \times \sqrt{\frac{2}{\sin\alpha\cos\alpha}} \times \sqrt{\frac{2KT_1}{bd_1^2} \times \frac{u \pm 1}{u}} \qquad (7\text{-}4)$$

Z_ε 取小值;反之,取大值。

令 $\sqrt{\dfrac{1}{\pi \left(\dfrac{1-\mu_1^2}{E_1} + \dfrac{1-\mu_2^2}{E_2} \right)}} = Z_E$,$Z_E$ 为材料的弹性系数,其值可查表 7-4。

表 7-4　弹性系数 Z_E　　　　　　　　　　　　　　　　（单位：$\sqrt{\text{MPa}}$）

材料组合	小齿轮材料	锻钢			铸钢		灰铸铁
	大齿轮材料	锻钢	铸钢	灰铸铁	铸钢	灰铸铁	灰铸铁
	Z_E	189.8	188.9	165.4	188	161.4	146

令 $\sqrt{\dfrac{2}{\sin\alpha\cos\alpha}} = Z_H$,$Z_H$ 为节点区域系数,由图 7-12 查取。

用法向计算载荷 $F_{nc} = 2KT_1/(d_1\cos\alpha)$ 代替正压力 $\boldsymbol{F_n}$。

将上式整理得直齿圆柱齿轮齿面接触疲劳强度校核公式为

$$\sigma_H = Z_E Z_H Z_\varepsilon \sqrt{\frac{2KT_1}{bd_1^2} \times \frac{u \pm 1}{u}} \leqslant [\sigma_H] \qquad (7\text{-}5)$$

为了设计的需要,引入齿宽系数 $\psi_d = b/d_1$(由表 7-5 查取)并代入式(7-5),得到齿面的接触疲劳强度的设计公式为

$$d_1 \geqslant \sqrt[3]{\frac{2KT_1}{\psi_d} \times \frac{u \pm 1}{u} \times \left(\frac{Z_E Z_H Z_\varepsilon}{[\sigma_H]} \right)^2} \qquad (7\text{-}6)$$

式中:$[\sigma_H]$ 为齿轮材料的许用接触应力,MPa,可由 7.4.2 节确定。

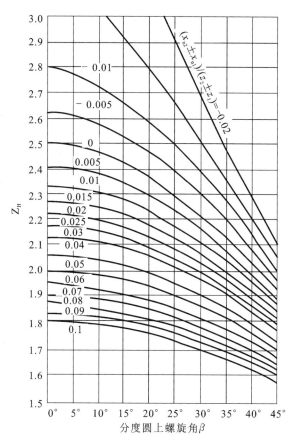

图 7-12 节点区域系数 Z_H

表 7-5 齿宽系数 ψ_d

齿轮相对于轴承的位置	齿 面 硬 度	
	软齿面($\leqslant$350 HBW)	硬齿面($>$350 HBW)
对称布置	0.8～1.4	0.4～0.9
非对称布置	0.6～1.2	0.3～0.6
悬臂布置	0.3～0.4	0.2～0.25

注:① 直齿圆柱齿轮取较小值,斜齿轮可取较大值,人字形齿轮可取更大值。

② 载荷平稳、轴的刚度较高时,取值应大一些;变载荷、轴的刚度较低时,取值应小一些。

若两标准直齿圆柱齿轮材料都选用钢时,$Z_E = 189.8\ \sqrt{\mathrm{MPa}}$,$Z_H = 2.5$,取重合度 $\varepsilon_\alpha = 1.3$,即 $Z_\varepsilon = 0.9$,将其分别代入式(7-5)和式(7-6),可得一对钢制直齿轮的校核公式和设计公式分别为

$$\sigma_H = 640 \sqrt{\frac{KT_1(u \pm 1)}{bd^2 u}} \leqslant [\sigma_H] \qquad (7\text{-}7)$$

$$d_1 \geqslant 74.07 \sqrt[3]{\frac{KT_1(u \pm 1)}{\psi_d\, u[\sigma_H]^2}} \qquad (7\text{-}8)$$

应用上述公式时应注意以下几点。

(1) 两齿轮齿面产生的接触应力 σ_{H1} 与 σ_{H2} 大小相同。

(2) 两轮齿的许用接触应力 $[\sigma_{H1}]$ 与 $[\sigma_{H2}]$ 一般是不同的,进行强度计算时应选用较小值。

（3）齿轮的齿面接触疲劳强度与齿轮的直径或中心距有关，即与 m 和 z 的积有关，而与模数无关。当一对齿轮的材料、齿宽系数、齿数比一定时，由齿面接触强度所确定的承载能力仅取决于齿轮的直径或中心距。

（4）计算时取 $b_2 = b$。为保证轮齿接触宽度不受装配误差和调整的影响，一般取小齿轮的齿宽 $b_1 = b_2 + (5 \sim 10)$ mm，齿宽 b_1 和 b_2 都应圆整为整数，最好个位数为 0 或 5。

对于现有的齿轮，所有参数均已知，则利用式（7-5）进行齿面接触疲劳强度的校核并不困难。但若设计新的齿轮传动，尺寸均未知，则无法求出有关参数 K_α、K_β（因 b、d_1 未知）、K_v（因 v 未知）、Z_ε（因 ε_α 未知），因此无法直接利用式（7-6）进行设计计算。为此，需按简化设计式进行初步计算，求出主要尺寸和相关参数后，再进行精确校核计算。

设大、小齿轮均为钢制，$Z_E = 189.8 \sqrt{\mathrm{MPa}}$；直齿轮 $Z_H = 2.5$；取重合度 $\varepsilon_\alpha = 1$，即 $Z_\varepsilon = 1$；取载荷系数 $K = 1.2 \sim 2$，则简化设计式为

$$d_1 \geqslant A_d \times \sqrt[3]{\frac{T_1}{\psi_d \left[\sigma_H\right]^2} \times \frac{u \pm 1}{u}} \tag{7-9}$$

式中：A_d 值由表 7-6 选取。若大、小齿轮不为钢制配对，则应将 A_d 值乘修正系数。

表 7-6 A_d 值及其修正系数

螺旋角 β	A_d	A_d 修正系数			
		小齿轮材料	大齿轮材料		
			钢	铸钢	球墨铸铁	灰铸铁
$0°$	$81.4 \sim 96.5$	钢	1	0.997	0.970	0.906
$8° \sim 15°$	$80.3 \sim 95.3$	铸铁	—	0.994	0.967	0.898
$25° \sim 35°$	$75.3 \sim 89.3$	球墨铸铁	—	—	0.943	0.880

注：当载荷平稳，齿宽系数较小，对称布置，轴的刚度较大，精度较高（6级以上）及螺旋角较大时，A_d 取较小值；反之，取较大值。

7.3.3 齿根弯曲疲劳强度计算

为了防止轮齿根部的疲劳折断，设计时要进行齿轮齿根弯曲疲劳强度的计算。轮齿的疲劳折断主要与齿根弯曲应力有关。我们知道，对于直齿轮传动，一般重合度 $\varepsilon_\alpha \geqslant 1$，即一个啮合循环中，存在双对齿啮合区和单对齿啮合区，而单对齿啮合且在齿顶处啮合时，齿根所受的弯矩最大。因此为简化齿根弯曲强度的计算，假定全部载荷由一对齿承受，且载荷作用于齿顶。当然，采用这样的计算方法，轮齿的弯曲强度比较富裕。计算时，由于齿体的刚度很大，因而可以将轮齿看作宽度为 b 的悬臂梁。

危险截面用 30°切线法来确定，即作与轮齿对称中心线成 30°角并与齿根过渡曲线相切的两条直线，两切线与连接两切点的直线所围的截面即为危险截面，如图 7-13 所示。

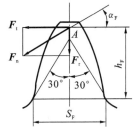

沿啮合线作用在齿顶的正压力 F_n 可分解为互相垂直的 F_t 和 F_r 两个分力，其大小分别为 $F_t = F_n \cos\alpha_F$ 和 $F_r = F_n \sin\alpha_F$，前者对齿根产生弯曲应力，后者产生压应力。因压应力较小，对抗弯强度计算影响较小，故可忽略不计。故齿根危险截面的弯曲应力为

图 7-13 轮齿弯曲及危险截面

$$\sigma_F = M/W$$

式中：M 为齿根的最大弯矩，N·mm，$M=F_n\cos\alpha_F h_F=\dfrac{F_t}{\cos\alpha}\cos\alpha_F h_F$；$W$ 为危险截面的弯曲截面系数，mm^3，$W=\dfrac{bS_F^2}{6}$，其中 b 为齿宽，mm。

所以可得出

$$\sigma_F=\frac{M}{W}=\frac{F_n\cos\alpha_F h_F}{\frac{1}{6}bS_F^2}=\frac{F_t}{b}\cdot\frac{6h_F\cos\alpha_F}{S_F^2\cos\alpha} \tag{7-10}$$

将圆周力 $F_t=2T_1/d_1$ 代入上式，分子、分母同除以 m^2，并引入载荷系数 K、应力修正系数 Y_{Sa} 和重合度系数 Y_ε，得

$$\sigma_F=\frac{2KT_1}{bd_1m}\cdot\frac{6\left(\dfrac{h_F}{m}\right)\cos\alpha_F}{\left(\dfrac{S_F}{m}\right)^2\cos\alpha}Y_{Sa}Y_\varepsilon \tag{7-11}$$

式中：Y_{Sa} 为应力修正系数，考虑到齿根圆角处的应力集中以及齿根危险截面上压应力等的影响而引入，由图 7-14 选取；Y_ε 为重合度系数，考虑重合度 $\varepsilon_a>1$ 时对强度的影响而引入，可按公式 $Y_\varepsilon=0.25+0.75/\varepsilon_a$ 计算。

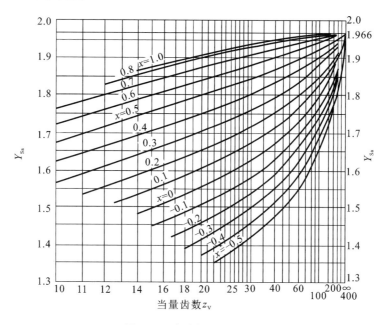

图 7-14　应力修正系数 Y_{Sa}

令 $Y_{Fa}=\dfrac{6\left(\dfrac{h_F}{m}\right)\cos\alpha_F}{\left(\dfrac{S_F}{m}\right)^2\cos\alpha}$，称为齿形系数，它是考虑齿形对齿根弯曲应力影响的系数。因 h_F 和 S_F 都与模数 m 成正比，故 Y_{Fa} 只与齿形有关，而与模数无关，是一个无量纲的系数。齿形系数取决于齿数与变位系数 x，由图 7-15 选取。对于标准齿轮，则其仅取决于齿数。

得到齿根弯曲疲劳强度校核公式为

$$\sigma_F=\frac{2KT_1}{bmd_1}Y_{Fa}Y_{Sa}Y_\varepsilon=\frac{2KT_1}{bm^2z_1}Y_{Fa}Y_{Sa}Y_\varepsilon\leqslant[\sigma_F] \tag{7-12}$$

式中：T_1 为主动轮的转矩，N·mm；b 为轮齿的接触宽度，mm；m 为模数，mm；z_1 为主动轮齿数；$[\sigma_F]$ 为轮齿的许用弯曲应力，MPa，可由 7.4.2 节确定。

引入齿宽系数 $\psi_d = b/d_1$，代入式(7-12)，可得出齿根弯曲疲劳强度的设计公式为

$$m \geqslant \sqrt[3]{\dfrac{2KT_1 Y_{Fa}Y_{Sa}Y_\varepsilon}{\psi_d\, z_1^2 [\sigma_F]}} \tag{7-13}$$

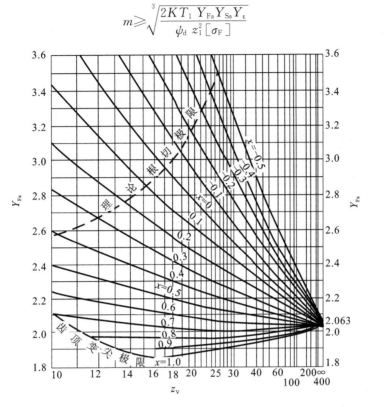

图 7-15 齿形系数 Y_{Fa}

应注意，通常两个相啮合齿轮的齿数是不相同的，故齿形系数 Y_{Fa} 和应力修正系数 Y_{Sa} 都不相等，而且齿轮的许用应力 $[\sigma_F]$ 也不一定相等，因此必须分别校核两齿轮的齿根弯曲疲劳强度。在设计计算时，应将两齿轮的 $Y_{Fa}Y_{Sa}/[\sigma_F]$ 值进行比较，取其中较大者代入式(7-13)中计算，计算所得模数应圆整成标准值。

7.4 齿轮传动设计参数的选择和许用应力

7.4.1 设计参数的选择

1. 齿数比 u 和传动比 i

齿数比 $u = z_大/z_小$，传动比 $i = z_{从动}/z_{主动}$，减速传动时 $i = u$，增速传动时，$i = 1/u$，传动比是表示齿轮传动的运动特性的参数之一，一般工程上允许传动比误差不大于 $3\% \sim 5\%$。

一般 $i < 7$ 时可采用一级齿轮传动。如果传动比过大，且采用一级传动，则将导致结构庞大，质量增加，制造成本加大，所以这种情况下要采用分级传动，其总传动比等于各级分传动比的连乘积。如果总传动比 i 为 $8 \sim 40$，则可分成二级传动；如果总传动比 i 大于 40，则要分为三级或三级以上传动。

一般取每对直齿圆柱齿轮的传动比 $i = 3 \sim 5$；斜齿圆柱齿轮的传动比可大些，取 $i < 5$，最

大可达 8;直齿圆锥齿轮的传动比 $i<3$,最大可达 5~7.5。

2. 齿数 z

一般设计中取 $z>z_{min}$。齿数多,则重合度大、传动平稳,且能改善传动质量,减少磨损。若分度圆直径不变,增加齿数使模数减小,从而减少了切齿的加工量和工时,但模数减小会导致轮齿的弯曲强度降低。具体设计时,在满足弯曲强度的前提下,尽量取较多的齿数。

在闭式软齿面齿轮传动中,齿轮的承载能力主要取决于齿面接触疲劳强度,轮齿的弯曲强度总是足够的,因此齿数可取多些,推荐取 $z_1=24\sim40$。

在闭式硬齿面齿轮传动中,齿根折断为主要的失效形式,因此可适当地减少齿数以保证模数取值的合理性。在开式传动中,轮齿的主要失效形式为磨损,但承载能力主要取决于齿根弯曲疲劳强度。为保证轮齿在经受相当的磨损后仍不会发生弯曲破坏,z_1 不宜取太大。一般对于闭式硬齿面传动及开式传动,推荐取 $z_1=17\sim20$。

对于周期性变化的载荷,为避免最大载荷总是作用在某一对或某几对轮齿上而使磨损过于集中,z_1、z_2 应互为质数。

这样实际传动比可能与要求的传动比有出入,但一般情况下传动比误差在 $\pm5\%$ 内是允许的。

3. 齿宽系数 ψ_d 和 ψ_a

齿宽系数 $\psi_d=b/d_1$,当 d_1 一定时,增大齿宽系数必然增大齿宽,这可提高齿轮的承载能力。但齿宽越大,载荷沿齿宽的分布越不均匀,造成偏载,从而降低了传动能力。因此设计齿轮传动时应合理选择 ψ_d,一般按表 7-5 选取。

标准减速器中齿轮的齿宽系数也可表示为 $\psi_a=b/a$,其中 a 为中心距。对于一般减速器,可取 $\psi_a=0.4$;对于开式传动,可取 $\psi_a=0.1\sim0.3$。

对于直齿圆锥齿轮,齿宽系数 $\psi_R=b/R,R$ 为锥距,取 $\psi_R=0.25\sim0.35$,通常取 $\psi_R=1/3$。

4. 螺旋角 β

如果 β 太小,则会失去斜齿轮传动的优点;如果 β 太大,则齿轮的轴向力也大,轴承及整个传动系统的结构尺寸增大,从经济角度来说,这不可取,且传动效率也下降。

一般情况下在高速、大功率传动的场合,β 宜取大些;在低速、小功率传动的场合,β 宜取小些。一般在设计时常取 $\beta=8°\sim15°$,β 的计算值应精确到(′)。

5. 齿轮精度

在我国,渐开线圆柱齿轮和圆锥齿轮均有相应精度标准。标准规定了 13 个精度等级,0 级精度最高,12 级精度最低,常用的是 6~9 级。齿轮副中两个齿轮的精度等级一般相同,也允许不同。在设计齿轮传动时,应根据齿轮的用途、使用条件、传递的圆周速度和功率等,选择齿轮精度等级。表 7-7 为常见机械中齿轮精度等级的选用范围。

表 7-7　常见机械中齿轮的精度等级

机 械 名 称	精 度 等 级	机 械 名 称	精 度 等 级
蒸汽轮机	3~6	通用减速器	6~9
金属切削机床	3~8	锻压机床	6~9
轻型汽车	5~8	起重机	7~10
载重汽车	6~9	矿山用卷扬机	7~10
拖拉机	6~8	农业机械	8~11

1) 精度等级

标准规定,将影响齿轮传动的各项精度指标分为 Ⅰ、Ⅱ、Ⅲ 三个公差组精度等级。各公差组对传动性能的影响如表 7-8 所示。

表 7-8 公差组对传动性能的影响

序　号	公　差　组	主　要　影　响
1	第 I 公差组精度等级	传递运动的准确性
2	第 II 公差组精度等级	传递运动的平稳性
3	第 III 公差组精度等级	轮齿载荷分布的均匀性

齿轮的制造精度及传动精度由规定的精度等级及齿侧间隙(简称侧隙)决定。

(1)运动精度　指传递运动的准确程度。主要限制齿轮在一转内实际传动比的最大变动量,即要求齿轮在一转内最大和最小传动比的变化量不超过工作要求所允许的范围。运动精度等级影响齿轮传递速度或分度的准确性。

(2)工作平稳性精度　指齿轮传动的平稳程度,表征冲击、振动及噪声的大小。它主要用来限制齿轮在传动中瞬时传动比的变化量,即要求瞬时传动比的变化量不超过工作要求所允许的范围。工作平稳性精度影响齿轮传动的平稳性、振动和噪声的大小,以及机床的加工精度。

(3)接触精度　指啮合齿面沿齿宽和齿高的实际接触程度(影响载荷分布的均匀性)。它主要用来要求齿轮在啮合过程中实际接触面积要符合动力传递的条件,以保证齿轮传动的强度及寿命。

齿轮传动的工作条件不同,对上述三方面的精度要求也不一样。因此,齿轮精度标准规定,即便是同一齿轮传动,其运动精度、工作平稳性精度和接触精度亦可按工作要求分别选择不同的等级。

选择精度等级时,应根据齿轮传动的用途、工作条件、传递的功率和圆周速度,以及其他技术要求,并以主要的精度要求作为选择的依据。如仪表及机床分度机构中的齿轮传动,以运动精度要求为主;机床齿轮箱中的齿轮传动,以工作平稳性精度要求为主;而轧钢机或锻压机械中的低速重载齿轮传动,则应以接触精度要求为主。所要求的主要精度可选取较其他精度等级高的等级。具体上,可参考同类型、同工作条件的现用齿轮传动的精度等级进行选择。

表 7-9 所示为常用精度等级齿轮,设计时可参考。各精度等级对应的各项公差值,可查国家标准或有关设计手册。

确定精度等级时,还要考虑加工条件,正确处理精度要求与加工技术及经济性间的矛盾。

2)齿厚的极限偏差及侧隙

为了防止在运转中齿轮的制造误差、传动系统的弹性变形以及热变形等因素使啮合轮齿卡死,同时也为了在啮合轮齿之间存留润滑剂等,啮合齿对的齿厚与齿槽间应留有适当的间隙(即侧隙)。高速、高温、重载工作的齿轮传动,应具有较大的侧隙;一般齿轮传动,应具有中等大小的侧隙;经常正反转、转速又不高的齿轮传动,应具有较小的侧隙。如前所述,这些侧隙是通过控制齿厚的极限偏差获得的。齿厚的极限偏差值,可查国家标准或有关设计手册。

表 7-9　常用精度等级齿轮

齿轮的精度等级			6 级（高精度）	7 级（较高精度）	8 级（普通精度）	9 级（低精度）
加工方法			用展成法在精密机床上精磨或精剃	用展成法在精密机床上精插或精滚	用展成法插齿或滚齿	用展成法或仿形法粗滚或仿形法铣削
齿面粗糙度 $Ra/\mu m$			0.80～1.60	1.60～3.2	3.2～6.3	6.3
用途			用于分度机构或高速重载的齿轮，如机床、精密仪器、汽车、船舶、飞机中的重要齿轮	用于高、中速重载齿轮，如机床、汽车、内燃机中的较重要齿轮，标准系列减速器中的齿轮	一般机械中的齿轮，不属于分度系统的机床齿轮，飞机、拖拉机中不重要的齿轮，纺织机械、农业机械中的重要齿轮	轻载传动的不重要齿轮，低速传动、对精度要求低的齿轮
圆周速度 $v/(m/s)$	圆柱齿轮	直齿	≤15	≤10	≤5	≤3
		斜齿	≤25	≤17	≤10	≤3.5
	圆锥齿轮	直齿	≤9	≤6	≤3	≤2.5

7.4.2　齿轮的许用应力

齿轮的许用应力是由齿轮的材料及热处理后的硬度来决定的。

齿面接触疲劳许用应力为

$$[\sigma_H] = \frac{Z_N \sigma_{Hlim}}{S_H} \tag{7-14}$$

齿根弯曲疲劳许用应力为

$$[\sigma_F] = \frac{Y_N \sigma_{Flim}}{S_F} \tag{7-15}$$

式中：带"lim"下标的应力是试验齿轮在持久寿命期内失效概率为 1％的疲劳极限应力。因为材料的成分、性能、热处理的结果和质量都不能均一，故该应力值不是一个定值，有很大的离散区（即在框图内）。在一般情况下，可取框图中间值，即 MQ 线。接触疲劳极限应力 σ_{Hlim} 查图 7-16 可得。弯曲疲劳极限应力 σ_{Flim} 查图 7-17 可得，其值已计入应力集中的影响。对于受对称循环弯曲应力的齿轮，应将图 7-17 所示的值乘 0.7。S_H、S_F 分别为齿面接触疲劳强度安全系数和齿根弯曲疲劳强度安全系数，查表 7-10 可得。Y_N、Z_N 分别为考虑应力循环次数影响的弯曲疲劳寿命系数和接触疲劳寿命系数，弯曲疲劳寿命系数 Y_N 查图 7-18 可得，接触疲劳寿命系数 Z_N 查图7-19 可得。图中的横坐标为应力循环次数 N，其计算式为

$$N = 60njL_h \tag{7-16}$$

式中：n 为齿轮转速，r/min；j 为齿轮转一周时同侧齿面的啮合次数；L_h 为齿轮的设计寿命，h。

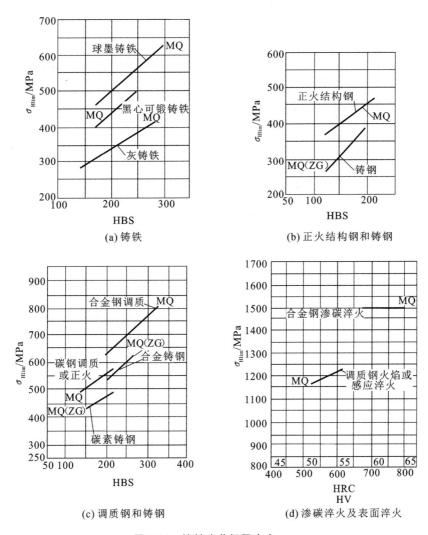

(a) 铸铁 (b) 正火结构钢和铸钢

(c) 调质钢和铸钢 (d) 渗碳淬火及表面淬火

图 7-16 接触疲劳极限应力 σ_{Hlim}

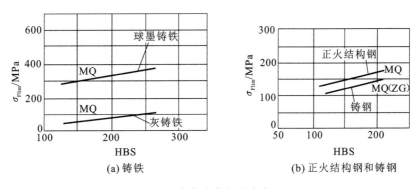

(a) 铸铁 (b) 正火结构钢和铸钢

图 7-17 弯曲疲劳极限应力 σ_{Flim}

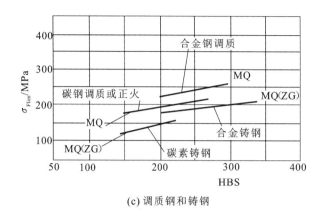

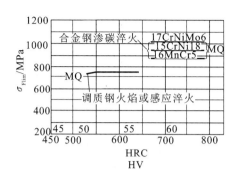

(c) 调质钢和铸钢　　　　　　　　　　　　　　　(d) 表面硬化钢

续图 7-17

表 7-10　安全系数 S_H 和 S_F

安全系数	软齿面（≤350 HBW）	硬齿面（＞350 HBW）	重要的传动齿轮、渗碳淬火齿轮或铸造齿轮
S_H	1.0～1.1	1.1～1.2	1.3
S_F	1.3～1.4	1.4～1.6	1.6～2.2

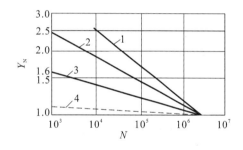

图 7-18　弯曲疲劳寿命系数 Y_N

1—碳钢正火、调质、球墨铸铁；

2—碳钢经表面淬火、渗碳；

3—渗氮钢气体渗氮、灰铸铁；

4—碳钢调质后液体渗氮

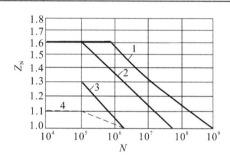

图 7-19　接触疲劳寿命系数 Z_N

1—碳钢正火、调质、表面淬火及渗碳、球墨铸铁

（允许一定的点蚀）；2—同 1，不允许出现点蚀；

3—碳钢调质后气体渗氮、渗氮钢气体渗氮，灰铸铁；

4—碳钢调质后液体渗氮

例 7-1　设计一对单级直齿圆柱齿轮减速器中的齿轮。电动机驱动，转向不变。已知传动功率 $P=10$ kW，小齿轮转速 $n_1=960$ r/min。传动比 $i=3.7$，齿轮为对称布置，载荷平稳，假设双班制工作，每班 8 h，寿命 10 年，每年 250 个工作日。

解　（1）选择齿轮材料、热处理方式、精度等级。

① 选用直齿圆柱齿轮。

② 运输机属于一般机械，速度不高，由表 7-7 选 8 级精度。

③ 该齿轮传动无特殊要求，为制造方便，选用软齿面齿轮。

查表 7-1，选择小齿轮硬度范围为 240～270 HBW，大齿轮硬度范围为 180～210 HBW。

大、小齿轮均用 45 钢：小齿轮选用 45 钢调质，硬度为 217～255 HBW；大齿轮选用 45 钢正火，硬度为 167～217 HBW。

④ 初选小齿轮齿数 $z_1=27$，则大齿轮齿数 $z_2=uz_1=3.7×27=99.9$，圆整，取 $z_2=100$。验算实际传动比：

$$i'=\frac{z_2}{z_1}=\frac{100}{27}=3.704$$

$$\frac{|i-i'|}{i}\times100\%=\frac{|3.7-3.704|}{3.7}\times100\%=0.108\%\leqslant\pm5\%$$

传动比误差在允许范围内,合适。

因为是闭式软齿面,主要失效形式为疲劳点蚀,故按齿面接触疲劳强度设计,再按齿根弯曲疲劳强度校核。

（2）按齿面接触疲劳强度初步设计。

确定有关参数与系数。

① 计算小齿轮转矩 T_1。

$$T_1=9.55\times10^6\times\frac{10}{960}\ \text{N}\cdot\text{mm}=99479\ \text{N}\cdot\text{mm}$$

② 试选载荷系数 $K_t=1.5$。

③ 由表 7-5,选取齿宽系数 $\psi_d=1$。

④ 查表 7-4,得材料的弹性系数 $Z_E=189.8\ \sqrt{\text{MPa}}$。

⑤ 计算端面重合度：

$$\varepsilon_\alpha=\left[1.88-3.2\left(\frac{1}{z_1}+\frac{1}{z_2}\right)\right]\cos\beta=1.73$$

计算重合度系数：

$$Z_\varepsilon=\sqrt{\frac{4-\varepsilon_\alpha}{3}}=0.87$$

⑥ 因为是标准齿轮,节点区域系数 $Z_H=2.5$。

⑦ 由图 7-16 得接触疲劳极限应力 $\sigma_{Hlim1}=600\ \text{MPa}$,$\sigma_{Hlim2}=400\ \text{MPa}$。

⑧ 查表 7-10 得安全系数 $S_H=1$。

⑨ 由式(7-16)计算应力循环次数：

$$N_1=60njL_h=60\times960\times1\times(10\times250\times16)\text{次}=2.3\times10^9\text{次}$$

$$N_2=N_1/i=2.3\times10^9/3.7\ \text{次}=6.22\times10^8\ \text{次}$$

⑩ 由图 7-19 得接触疲劳寿命系数 $Z_{N1}=0.91$,$Z_{N2}=0.94$。

⑪ 由式(7-14)计算许用应力：

$$[\sigma_H]_1=\frac{Z_{N1}\sigma_{Hlim1}}{S_H}=\frac{0.91\times600}{1}\ \text{MPa}=546\ \text{MPa}$$

$$[\sigma_H]_2=\frac{Z_{N2}\sigma_{Hlim2}}{S_H}=\frac{0.94\times400}{1}\ \text{MPa}=376\ \text{MPa}$$

⑫ 由式(7-6)试算分度圆直径,$[\sigma_H]$ 代入较小值：

$$d_{1t}\geqslant\sqrt[3]{\frac{2K_tT_1(u+1)}{\psi_d u}\times\left(\frac{Z_E Z_\varepsilon Z_H}{[\sigma_H]}\right)^2}$$

$$=\sqrt[3]{\frac{2\times1.5\times99479\times(3.7+1)}{1\times3.7}\times\left(\frac{189.8\times0.87\times2.5}{376}\right)^2}\ \text{mm}=77\ \text{mm}$$

取 $d_{1t}=77\ \text{mm}$

（3）确定主要参数。

① 计算圆周速度:$v = \dfrac{\pi d_{1t} n}{60 \times 1000} = \dfrac{\pi \times 77 \times 960}{60 \times 1000}$ m/s $= 3.87$ m/s。

② 计算齿宽:$b = \psi_d \times d_{1t} = 1 \times 77$ mm $= 77$ mm。

③ 计算载荷系数。

查表 7-2 得 $K_A = 1$。查图 7-7 得 $K_v = 1.19$。

$$K_A F_t / b = 2 K_A T_1 / (b d_{1t}) = 2 \times 1 \times 99479 / (77 \times 77) \text{ N/mm} = 33.56 \text{ N/mm}$$

查表 7-3 得 $K_\alpha = 1.2$。查图 7-9 得 $K_\beta = 1.05$。

$$K = K_A K_v K_\beta K_\alpha = 1 \times 1.19 \times 1.2 \times 1.05 = 1.499$$

因为载荷系数 K 与 K_t 值几乎相等,无须修正。

如果载荷系数 K 与 K_t 值相差较大,则按公式 $d_1 = d_{1t} \sqrt[3]{K/K_t}$ 修正分度圆直径。

确定模数:

$$m = \frac{d_1}{z_1} = \frac{77}{27} \text{ mm} = 2.85 \text{ mm}$$

取标准模数 $m = 3$ mm。

(4)计算主要尺寸。

$$d_1 = m z_1 = 3 \times 27 \text{ mm} = 81 \text{ mm}$$

$$d_2 = m z_2 = 3 \times 100 \text{ mm} = 300 \text{ mm}$$

$$d_{a1} = d_1 + 2 h_a = 81 \text{ mm} + 2 \times 3 \text{ mm} = 87 \text{ mm}$$

$$d_{a2} = d_2 + 2 h_a = 300 \text{ mm} + 2 \times 3 \text{ mm} = 306 \text{ mm}$$

$$a = \frac{1}{2} m (z_1 + z_2) = \frac{1}{2} \times 3 \times (27 + 100) \text{ mm} = 190.5 \text{ mm}$$

$$b = \psi_d d_1 = 1 \times 77 \text{ mm} = 77 \text{ mm}$$

取 $b_1 = b + 5 = 77$ mm $+ 5$ mm $= 82$ mm;$b_2 = b = 77$ mm。

(5)按齿根弯曲疲劳强度校核。

① 齿形系数 Y_{Fa} 与应力修正系数 Y_{Sa}。

查图 7-15 得 $Y_{Fa1} = 2.57$,$Y_{Fa2} = 2.18$。查图 7-14 得 $Y_{Sa1} = 1.60$,$Y_{Sa2} = 1.79$。

② 重合度系数 Y_ε。

因为 $\varepsilon_\alpha = 1.73$,所以

$$Y_\varepsilon = 0.25 + \frac{0.75}{\varepsilon_\alpha} = 0.25 + \frac{0.75}{1.73} = 0.68$$

③ 确定许用弯曲应力 $[\sigma_F]$。

由图 7-17 查得 $\sigma_{Flim1} = 420$ MPa,$\sigma_{Flim2} = 160$ MPa。由表 7-10 查得 $S_F = 1.3$。由图 7-18 查得 $Y_{N1} = 0.86$,$Y_{N2} = 0.85$。由式(7-15)可得

$$[\sigma_F]_1 = \frac{Y_{N1} \sigma_{Flim1}}{S_F} = \frac{0.86 \times 420}{1.3} \text{ MPa} = 277.8 \text{ MPa}$$

$$[\sigma_F]_2 = \frac{Y_{N2} \sigma_{Hlim2}}{S_F} = \frac{0.85 \times 160}{1.3} \text{ MPa} = 104.6 \text{ MPa}$$

④ 由式(7-12)计算弯曲应力:

$$\sigma_{F1} = \frac{2 K T_1}{b m^2 z_1} Y_{Fa1} Y_{Sa1} Y_\varepsilon = \frac{2 \times 1.499 \times 99479}{77 \times 3^2 \times 27} \times 2.57 \times 1.60 \times 0.68 \text{ MPa} = 44.57 \text{ MPa}$$

$$\sigma_{F2} = \sigma_{F1} \frac{Y_{Fa2} Y_{Sa2}}{Y_{Fa1} Y_{Sa1}} = 44.57 \times \frac{2.18 \times 1.79}{2.57 \times 1.60} \text{ MPa} = 42.30 \text{ MPa}$$

⑤ 强度校核：

$$\sigma_{F1} < [\sigma_F]_1, \sigma_{F2} < [\sigma_F]_2$$

齿根弯曲强度合格。

（6）结构设计（略）。

7.5　斜齿圆柱齿轮的强度计算

7.5.1　轮齿的受力分析

图 7-20 所示为斜齿圆柱齿轮传动中主动轮的受力分析图。图中 F_{n1} 作用在齿面的法向平面内，沿接触点 P 的齿廓公法线方向，指向齿廓工作面。忽略摩擦力的影响，F_{n1} 可分解成三个互相垂直的分力，即圆周力 F_{t1}、径向力 F_{r1} 和轴向力 F_{a1}。其值分别为

$$\left. \begin{array}{l} F_{t1} = 2T_1/d_1 \\ F_{r1} = F_{t1}\tan\alpha_n/\cos\beta \\ F_{a1} = F_{t1}\tan\beta \end{array} \right\} \tag{7-17}$$

式中：T_1 为主动轮传递的转矩，N·mm；d_1 为主动轮分度圆直径，mm；β 为分度圆上的螺旋角，(°)；α_n 为法面压力角，即标准压力角，通常 $\alpha_n = 20°$。

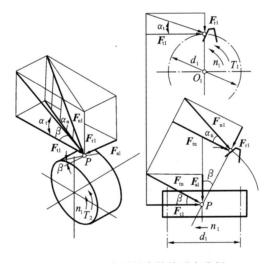

图 7-20　斜齿圆柱齿轮的受力分析

主动轮上作用的圆周力和径向力方向的判定方法与直齿圆柱齿轮的相同，轴向力的方向可根据左、右手法则来判定，即右旋斜齿轮用右手判定，左旋斜齿轮用左手判定。四指弯曲的方向表示齿轮的转向，拇指的指向即轴向力的方向。作用于从动轮上的各分力可根据作用与反作用定理来判定。

由式(7-17)可以看出，螺旋角越大，斜齿轮的轴向力就越大。因此，为了减小轴向力，螺旋角不宜过大。但是，如果螺旋角太小，就不能充分显示斜齿轮传动的优点，通常取 $\beta = 8°\sim20°$。

为了克服斜齿轮有轴向力的缺点，可采用人字形齿轮传动，以消除轴向力。人字形齿轮常用于大功率的传动装置中，但人字形齿轮的加工比较困难。

7.5.2　齿面接触疲劳强度计算

斜齿圆柱齿轮传动的强度计算方法与直齿圆柱齿轮相似，但斜齿轮啮合时齿面接触线的倾斜以及传动重合度增大等因素，使斜齿轮的接触应力和弯曲应力降低。

斜齿圆柱齿轮的齿面接触疲劳强度计算是以齿轮法面的当量直齿圆柱齿轮为计算基础的，同样要应用赫兹应力公式。

应用斜齿圆柱齿轮的相关参数，求得 ρ_Σ、L、F_n，代入赫兹应力公式并引入相关系数，整理后得斜齿圆柱齿轮齿面接触疲劳强度校核公式为

$$\sigma_H = Z_E Z_H Z_\varepsilon Z_\beta \sqrt{\frac{2KT_1}{bd_1^2} \times \frac{u \pm 1}{u}} \leqslant [\sigma_H] \qquad (7\text{-}18)$$

该校核公式中根号前的系数比直齿轮计算公式中的系数小，所以在受力条件等相同的情况下求得的 σ_H 值也随之减小，即接触应力减小。这说明斜齿轮传动的接触强度要比直齿轮传动的高。

用同样方法得斜齿圆柱齿轮齿面接触疲劳强度设计公式为

$$d_1 \geqslant \sqrt[3]{\frac{2KT_1}{\psi_d} \times \frac{u \pm 1}{u} \times \left(\frac{Z_E Z_H Z_\varepsilon Z_\beta}{[\sigma_H]}\right)^2} \qquad (7\text{-}19)$$

式中：b 为齿轮接触宽度；Z_ε 为重合度系数，一般由 $Z_\varepsilon = \sqrt{\frac{4-\varepsilon_\alpha}{3}(1-\varepsilon_\beta)+\frac{\varepsilon_\beta}{\varepsilon_\alpha}}$ 计算，其中 ε_β 为纵向重合度，当 $\varepsilon_\beta > 1$，取 $\varepsilon_\beta = 1$ 或取 $Z_\varepsilon = 0.75 \sim 0.88$，齿数（一对啮合齿轮齿数和）多时，$Z_\varepsilon$ 取小值，反之取大值；Z_β 为螺旋角系数，$Z_\beta = \sqrt{\cos\beta}$，是考虑了螺旋角对纵向重合度 ε_β 的影响而引入的系数；Z_H 为节点区域系数，$Z_H = \sqrt{\frac{2\cos\beta_b}{\sin\alpha_t \cos\alpha_t}}$，或由图 7-12 查取；其余参数和系数与直齿轮的相同。

7.5.3　轮齿抗弯疲劳强度计算

如图 7-21 所示，斜齿轮齿面接触线为一斜线，轮齿的弯曲折断通常为局部折断，若按轮齿

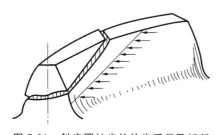

局部折断来进行弯曲强度分析则比较复杂。因此还是应用直齿圆柱齿轮齿根弯曲强度的计算方法，按过节点处法面上当量直齿圆柱齿轮进行计算。考虑斜齿圆柱齿轮的接触线是倾斜的，计算时引入相关影响系数。这样，斜齿圆柱齿轮齿根弯曲疲劳强度校核计算公式为

图 7-21　斜齿圆柱齿轮轮齿受载及折断

$$\sigma_F = \frac{2KT_1}{bd_1 m_n} Y_{Fa} Y_{Sa} Y_\varepsilon Y_\beta \leqslant [\sigma_F] \qquad (7\text{-}20)$$

设计公式为

$$m_n \geqslant \sqrt[3]{\frac{2KY_\beta Y_\varepsilon T_1 \cos^2\beta}{\psi_d z_1^2} \times \frac{Y_{Fa} Y_{Sa}}{[\sigma_F]}} \qquad (7\text{-}21)$$

设计时应将 $Y_{Fa1} Y_{Sa1}/[\sigma_F]_1$ 和 $Y_{Fa2} Y_{Sa2}/[\sigma_F]_2$ 两比值中的较大值代入上式，并将计算所得的法面模数 m_n 圆整后取标准数值。Y_{Fa}、Y_{Sa} 应按斜齿轮的当量齿数 z_v 查取。

有关直齿轮传动的设计方法和参数选择原则对斜齿轮传动基本上都是适用的。

例 7-2　试设计一带式输送机减速器的高速级齿轮传动。已知输入功率 $P_1 = 10$ kW，小齿轮转速 $n_1 = 960$ r/min，齿数比 $u = 3.2$，由电动机驱动，工作寿命 15 年（设每年工作 300 d），

两班制,每班 8 h,带式输送机工作平稳,转向不变。

解　(1)选齿轮类型、精度等级、材料及齿数。

① 选用斜齿圆柱齿轮,所以选软齿面齿轮。

② 运输机属于一般机械,速度不高,选择 7 级精度等级。

③ 按表 7-1 选材料,小齿轮选用 40Cr 调质,平均齿面硬度为 280 HBW;大齿轮选用 45 钢调质,平均齿面硬度为 240 HBW。

④ 初选螺旋角 $\beta = 14°$。

⑤ 初选小齿轮齿数 $z_1 = 24$,则大齿轮齿数 $z_2 = uz_1 = 3.2 \times 24 = 76.8$,圆整,取 $z_2 = 77$。

(2)按齿面接触疲劳强度设计。

齿面接触疲劳强度设计公式如下:

$$d_{1t} \geqslant \sqrt[3]{\frac{2K_t T_1}{\psi_d} \cdot \frac{u+1}{u}\left(\frac{Z_H Z_E Z_\varepsilon Z_\beta}{[\sigma_H]}\right)^2}$$

确定公式内各计算数值。

① 试选载荷系数 $K_t = 1.6$。

② 由表 7-5 选取齿宽系数 $\psi_d = 1$。

③ 计算小齿轮转矩 T_1:

$$T_1 = 9.55 \times 10^6 \times P/n_1 = 9.55 \times 10^6 \times 10/960 \text{ N} \cdot \text{mm} = 9.948 \times 10^4 \text{ N} \cdot \text{mm}$$

④ 由表 7-4,查得弹性系数 $Z_E = 189.8 \sqrt{\text{MPa}}$。

⑤ 由图 7-12 选取节点区域系数 $Z_H = 2.433$。

⑥ 由图 7-16 按齿面硬度查得接触疲劳极限应力分别为 $\sigma_{Hlim1} = 600 \text{ MPa}$,$\sigma_{Hlim2} = 550 \text{ MPa}$。

⑦ 计算应力循环次数:

$$N_1 = 60n_1 jL_h = 60 \times 960 \times 1 \times (16 \times 300 \times 15) = 4.147 \times 10^9$$

$$N_2 = 4.147 \times 10^9 / 3.2 = 1.296 \times 10^9$$

⑧ 由图 7-19 查得接触疲劳寿命系数 $Z_{N1} = 0.9$,$Z_{N2} = 0.966$。

⑨ 计算接触疲劳许用应力。取失效率为 1%,安全系数 $S_H = 1$。

$$[\sigma_H]_1 = \frac{\sigma_{Hlim1} Z_{N1}}{S_H} = \frac{600 \times 0.9}{1} \text{ MPa} = 540 \text{ MPa}$$

$$[\sigma_H]_2 = \frac{\sigma_{Hlim2} Z_{N2}}{S_H} = \frac{550 \times 0.966}{1} \text{ MPa} = 531.3 \text{ MPa}$$

⑩ 计算端面重合度:

$$\varepsilon_a = \left[1.88 - 3.2\left(\frac{1}{z_1} + \frac{1}{z_2}\right)\right]\cos\beta = 1.65$$

计算轴面重合度:$\varepsilon_\beta = 0.318\psi_d z_1 \tan\beta = 1.903 > 1$,取 $\varepsilon_\beta = 1$。

计算重合度系数:

$$Z_\varepsilon = \sqrt{\frac{4-\varepsilon_a}{3}(1-\varepsilon_\beta) + \frac{\varepsilon_\beta}{\varepsilon_a}} = 0.78$$

⑪ 计算螺旋角系数:$Z_\beta = \sqrt{\cos\beta} = 0.98$。

⑫ 试算小齿轮分度圆直径 d_{1t},$[\sigma_H]$ 代入较小值:

$$d_{1t} \geqslant \sqrt[3]{\frac{2K_t T_1}{\psi_d} \cdot \frac{u+1}{u}\left(\frac{Z_H Z_E Z_\varepsilon Z_\beta}{[\sigma_H]}\right)^2}$$

$$= \sqrt[3]{\frac{2 \times 1.6 \times 9.948 \times 10^4}{1} \times \frac{4.2}{3.2} \times \left(\frac{189.8 \times 0.78 \times 2.433 \times 0.98}{531.3}\right)^2} = 56.92 \text{ mm}$$

(3) 确定主要参数。

① 计算圆周速度 v:

$$v = \frac{\pi d_{1t} n_1}{60 \times 1000} = \frac{\pi \times 56.92 \times 960}{60 \times 1000} \text{ m/s} = 2.9 \text{ m/s}$$

② 计算齿宽 b 及模数 m_n。

$$b = \psi_d d_{1t} = 1 \times 56.92 \text{ mm} = 56.92 \text{ mm}$$

$$m_{nt} = d_{1t} \cos\beta / z_1 = 56.92 \times \cos 14°/24 \text{ mm} = 2.30 \text{ mm}$$

③ 计算载荷系数。

(a) 确定工作情况系数 K_A,查表 7-2,取 $K_A = 1$。

(b) 确定动载系数 K_v,由 $v = 2.9$ m/s 和 7 级精度,查图 7-7,取 $K_v = 1.11$。

(c) 计算 $K_A F_t / b = 2K_A T_1 / (b d_{1t}) = 2 \times 1 \times 99480 / (56.92 \times 56.92)$ N/mm $= 64.41$ N/mm。

(d) $K_A F_t / b < 100$ N/mm,由表 7-3 查得 $K_{H\alpha} = K_{F\alpha} = 1.4$。

(e) 两小齿轮相对支撑且非对称布置时,由 $b/d_1 = 1$,查图 7-9 得 $K_{H\beta} = K_{F\beta} = 1.08$。

(f) 载荷系数:

$$K = K_A K_v K_{H\beta} K_{H\alpha} = 1 \times 1.11 \times 1.08 \times 1.4 = 1.68$$

④ 校正分度圆直径:

$$d_1 = d_{1t} \sqrt[3]{K/K_t} = 56.92 \times \sqrt[3]{1.68/1.6} \text{ mm} = 57.85 \text{ mm}$$

⑤ 计算模数 m_n:

$$m_n = d_1 \cos\beta / z_1 = 57.85 \times \cos 14°/24 \text{ mm} = 2.34 \text{ mm}$$

(4) 按齿根弯曲疲劳强度计算。

齿根弯曲疲劳强度设计公式如下:

$$m_n \geqslant \sqrt[3]{\frac{2K T_1 Y_\beta Y_\varepsilon \cos^2\beta}{\psi_d z_1^2} \cdot \frac{Y_{Fa} Y_{Sa}}{[\sigma_F]}}$$

确定公式中各计算数值。

① 计算载荷系数 K:

$$K = K_A K_v K_{F\beta} K_{F\alpha} = 1 \times 1.11 \times 1.08 \times 1.4 = 1.68$$

② 根据纵向重合度 $\varepsilon_\beta = 1.903$,得

$$Y_\beta = 0.25 + 0.75/\varepsilon_\beta = 0.25 + 0.75/1.903 = 0.644$$

③ 由图 7-17 查得小齿轮的弯曲疲劳强度极限应力 $\sigma_{Flim1} = 500$ MPa,大齿轮弯曲疲劳强度极限应力 $\sigma_{Flim2} = 380$ MPa。

④ 由图 7-18 查得弯曲疲劳寿命系数 $Y_{N1} = 0.85, Y_{N2} = 0.88$。

⑤ 计算弯曲疲劳许用应力 $[\sigma_F]$,由表 7-10 查得弯曲疲劳安全系数 $S_F = 1.4$。

$$[\sigma_F]_1 = \frac{\sigma_{Flim1} Y_{N1}}{S_F} = \frac{500 \times 0.85}{1.4} \text{ MPa} = 303.57 \text{ MPa}$$

$$[\sigma_F]_2 = \frac{\sigma_{Flim2} Y_{N2}}{S_F} = \frac{380 \times 0.88}{1.4} \text{ MPa} = 238.86 \text{ MPa}$$

⑥ 当量齿数计算:

$$z_{v1} = \frac{z_1}{\cos^3\beta} = \frac{24}{\cos^3 14°} = 26.27$$

$$z_{v2} = \frac{z_2}{\cos^3\beta} = \frac{77}{\cos^3 14°} = 84.29$$

⑦ 由图 7-14 查得 $Y_{Sa1} = 1.596, Y_{Sa2} = 1.774$;由图 7-15 查得 $Y_{Fa1} = 2.592, Y_{Fa2} = 2.211$。

⑧ 计算比较大、小齿轮的 $Y_{Fa}Y_{Sa}/[\sigma_F]$。

$$\frac{Y_{Fa1}Y_{Sa1}}{[\sigma_F]_1}=\frac{2.592\times1.596}{303.57}=0.01363$$

$$\frac{Y_{Fa2}Y_{Sa2}}{[\sigma_F]_2}=\frac{2.211\times1.774}{238.86}=0.01642$$

大齿轮的 $Y_{Fa}Y_{Sa}/[\sigma_F]$ 值大。

⑨ 计算重合度系数 Y_ε。

因为 $\varepsilon_\alpha=1.65$，所以

$$Y_\varepsilon=0.25+\frac{0.75}{\varepsilon_\alpha}=0.25+\frac{0.75}{1.65}=0.7$$

⑩ 设计计算：

$$m_n\geqslant\sqrt[3]{\frac{2KT_1Y_\beta Y_\varepsilon\cos^2\beta}{\psi_d z_1^2}\cdot\frac{Y_{Fa}Y_{Sa}}{[\sigma_F]}}$$

$$=\sqrt[3]{\frac{2\times1.68\times9.948\times10^4\times0.644\times0.7\times(\cos14°)^2}{1\times24^2}\times0.01642}\ \text{mm}=1.59\ \text{mm}$$

由齿面接触疲劳强度计算的模数大于由齿根弯曲疲劳强度计算的模数。而齿面接触疲劳强度主要取决于齿轮的直径，因此可在直径不变的情况下，增加齿数，降低模数。采用由弯曲疲劳强度计算得出的模数 1.59 mm 并圆整为标准值，即 $m_n=2.0$ mm。按接触强度算得的分度圆直径 d_1(57.85 mm)计算小齿轮齿数：

$$z_1=d_1\cos\beta/m_n$$
$$=57.85\times\cos14°/2.0\ \text{mm}=28.07\ \text{mm}$$

取 $z_1=28$，大齿轮齿数 $z_2=uz_1=3.2\times31\approx90$。

（5）几何尺寸计算。

① 中心距 a：

$$a=(z_1+z_2)m_n/(2\cos\beta)=(28+90)\times2.0/(2\times\cos14°)\ \text{mm}=121.61\ \text{mm}$$

取中心距 $a=122$ mm。

② 修正螺旋角：

$$\beta=\arccos\frac{(z_1+z_2)m_n}{2a}=\arccos\frac{(28+90)\times2.0}{2\times122}=14.712°$$

③ 分度圆直径 d_1、d_2：

$$d_1=z_1m_n/\cos\beta=28\times2.0/\cos14.712°\ \text{mm}=57.90\ \text{mm}$$
$$d_2=z_2m_n/\cos\beta=90\times2.0/\cos14.712°\ \text{mm}=186.10\ \text{mm}$$

④ 确定齿宽，$b=\psi_d d_1=1\times57.9$ mm$=57.9$ mm。取大齿轮齿宽 $b_2=60$ mm，小齿轮齿宽 $b_1=b_2+5=65$ mm。

（6）结构设计（略）。

7.6　直齿圆锥齿轮的强度计算

圆锥齿轮传动的主要失效形式与圆柱齿轮的相同，强度计算也相似。但圆锥齿轮以齿宽中点处的当量齿轮作为计算的依据，将齿宽中点处当量齿轮的参数直接代入直齿圆柱齿轮强度计算公式即可。

7.6.1 设计参数

由机械原理可知,直齿圆锥齿轮传动以大端的参数为标准值,故应建立大端参数与齿宽中点处平均参数之间的关系。对轴交角 $\sum\delta = 90°$ 的直齿圆锥齿轮传动进行分析,如图 7-22 所示,可得到如下参数。

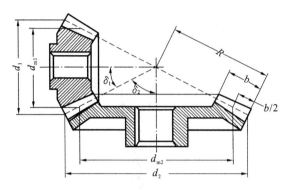

图 7-22　直齿圆锥齿轮的几何参数

齿数比为

$$u = z_2/z_1 = d_2/d_1 = \cot\delta_1 = \tan\delta_2 \tag{7-22}$$

锥距为

$$R = \sqrt{\left(\frac{d_1}{2}\right)^2 + \left(\frac{d_2}{2}\right)^2} = d_1\frac{\sqrt{(d_2/d_1)^2+1}}{2} = d_1\frac{\sqrt{u^2+1}}{2} \tag{7-23}$$

齿宽系数为

$$\psi_R = \frac{b}{R}$$

设计时通常取 $\psi_R = 0.25 \sim 0.35$。

由图 7-22 得

$$\frac{d_{m1}}{d_1} = \frac{d_{m2}}{d_2} = \frac{R-0.5b}{R} = 1-0.5\frac{b}{R}$$

即平均分度圆直径为

$$\left.\begin{array}{l} d_{m1} = d_1(1-0.5\psi_R) \\ d_{m2} = d_2(1-0.5\psi_R) \end{array}\right\} \tag{7-24}$$

由图 7-23 可知,圆锥齿轮的当量直齿圆柱齿轮的分度圆半径 $r_{v1} = \overline{O_{v1}C}$,$r_{v2} = \overline{O_{v2}C}$,则当量齿轮分度圆直径为

$$\left.\begin{array}{l} d_{v1} = \dfrac{d_{m1}}{\cos\delta_1} = \dfrac{d_1(1-0.5\psi_R)}{\cos\delta_1} \\[2mm] d_{v2} = \dfrac{d_{m2}}{\cos\delta_2} = \dfrac{d_2(1-0.5\psi_R)}{\cos\delta_2} \end{array}\right\} \tag{7-25}$$

现以锥齿轮平均分度圆上齿轮的模数 m_m 表示当量齿轮的模数 m_v,有

$$m_v = m_m = m(1-0.5\psi_R)$$

则当量齿轮齿数为

$$\left.\begin{array}{l} z_{v1} = \dfrac{d_{v1}}{m_m} = \dfrac{z_1}{\cos\delta_1} \\[2mm] z_{v2} = \dfrac{d_{v2}}{m_m} = \dfrac{z_2}{\cos\delta_2} \end{array}\right\} \tag{7-26}$$

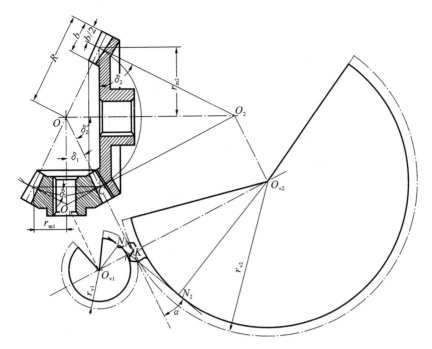

图 7-23 直齿圆锥齿轮的当量齿轮

当量齿轮齿数比为

$$u_v = \frac{z_{v2}}{z_{v1}} = \frac{z_2}{z_1} \times \frac{\cos\delta_1}{\cos\delta_2} = u^2 \tag{7-27}$$

7.6.2 轮齿的受力分析

图 7-24 所示为圆锥齿轮传动主动轮(小齿轮)的受力情况。将沿齿轮接触线上分布载荷的合力 F_{n1} 作用在齿宽中点位置的节点 P 上,即作用在分度圆锥的平均直径 d_{m1} 处。过齿宽中点作分度圆锥的法向截面 $N—N$,则正压力 F_{n1} 就位于该平面内,并沿着齿轮接触点的公法线方向。若忽略接触面上摩擦力的影响,则正压力 F_{n1} 可分解成三个互相垂直的分力,即圆周力 F_{t1}、径向力 F_{r1} 以及轴向力 F_{a1},其计算公式为

$$\left.\begin{array}{l} F_{t1} = 2T_1/d_{m1} \\ F_{r1} = F_{t1}\tan\alpha\cos\delta_1 \\ F_{a1} = F_{t1}\tan\alpha\sin\delta_1 \end{array}\right\} \tag{7-28}$$

圆周力和径向力方向的确定方法与直齿轮的相同,两齿轮的轴向力方向都是沿着各自的轴线方向并指向齿轮的大端。从动轮(大齿轮)的受力可根据作用与反作用定律确定:$F_{t2} = -F_{t1}$,$F_{r2} = -F_{a1}$,$F_{a2} = -F_{r1}$,负号表示两个力的方向相反。

7.6.3 齿面接触疲劳强度计算

计算直齿圆锥齿轮的强度时,可按齿宽中点处一对当量直齿圆柱齿轮的传动近似进行。利用直齿圆柱齿轮的接触疲劳强度计算公式,并将公式中的齿数比 u、齿宽 b 分别用 u_v 和有效齿宽 $0.85b$ 替代,考虑直齿圆锥齿轮传动精度低导致难以实现两对齿同时分担载荷的不利影响,忽略重合度系数,得两轴交角之和 $\sum\delta = 90°$ 时,齿面接触疲劳强度的计算公式为

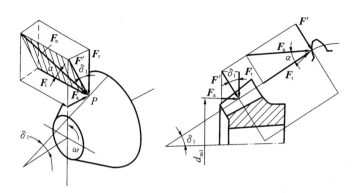

图 7-24 锥齿轮的受力分析

$$\sigma_H = Z_E Z_H \sqrt{\frac{2KT_{v1}}{0.85bd_{v1}^2} \times \frac{u_v \pm 1}{u_v}} \leqslant [\sigma_H] \tag{7-29}$$

因为

$$F_{t1} = \frac{2T_1}{d_{m1}} = \frac{2T_1}{d_{v1}\cos\delta_1} = \frac{2T_{v1}}{d_{v1}}$$

故

$$T_{v1} = \frac{T_1}{\cos\delta_1}$$

则

$$\cos\delta_1 = \frac{u}{\sqrt{u^2 \pm 1}}, \quad T_{v1} = \frac{T_1}{\cos\delta_1} = T_1 \frac{\sqrt{u^2 \pm 1}}{u}$$

故

$$d_{v1} = \frac{d_1(1-0.5\psi_R)}{\cos\delta_1} = \frac{d_1(1-0.5\psi_R)}{u} \times \sqrt{u^2 \pm 1}$$

又因为 $b = \psi_R R, R = d_1 \dfrac{\sqrt{u^2 \pm 1}}{2}$,则 $b = \psi_R d_1 \dfrac{\sqrt{u^2 \pm 1}}{2}$。

对上述参数进行整理,得直齿圆锥齿轮齿面接触疲劳强度的校核公式为

$$\sigma_H = Z_E Z_H \sqrt{\frac{4.7KT_1}{\psi_R(1-0.5\psi_R)^2 d_1^3 u}} \leqslant [\sigma_H] \tag{7-30}$$

接触疲劳强度设计公式为

$$d_1 \geqslant \sqrt[3]{\frac{4.7KT_1}{\psi_R(1-0.5\psi_R)^2 u}\left(\frac{Z_E Z_H}{[\sigma_H]}\right)^2} \tag{7-31}$$

式中:K 为载荷系数,$K = K_A K_v K_\beta K_\alpha$,其中,考虑直齿圆锥齿轮的精度较低,取 $K_\alpha = 1$,齿向载荷分布系数 K_β 查表 7-11 选取;其余各符号的含义与直齿轮的相同,其数值也按 7.3 节的图表查得。

表 7-11 齿向载荷分布系数 K_β

应 用	支 承 情 况		
	两轮均为两端支承	一轮两端支承,另一轮悬臂	两轮均为悬臂支承
飞机、车辆	1.50	1.65	1.88
工业机器、船舶	1.65	1.88	2.25

7.6.4　齿根弯曲疲劳强度计算

齿根弯曲疲劳强度计算,按齿宽中点背锥展开的当量直齿圆柱齿轮进行,考虑圆锥齿轮的精度较低,取 $Y_\varepsilon = 1$,将当量直齿圆柱齿轮有关参数直接代入直齿圆柱齿轮齿根弯曲疲劳强度计算公式得

$$\sigma_F = \frac{2KT_{v1}}{0.85bm_m d_{v1}}Y_{Fa}Y_{Sa} \tag{7-32}$$

将 T_{v1}、d_{v1}、m_m 表达式代入上式并整理,可得直齿圆锥齿轮齿根弯曲疲劳强度的校核公式为

$$\sigma_F = \frac{4.7KT_1}{\psi_R(1-0.5\psi_R)^2 z_1^2 m^3 \sqrt{u^2+1}}Y_{Fa}Y_{Sa} \leqslant [\sigma_F] \tag{7-33}$$

弯曲疲劳强度设计公式为

$$m \geqslant \sqrt[3]{\frac{4.7KT_1}{\psi_R(1-0.5\psi_R)^2 z_1^2 \sqrt{u^2+1}} \times \frac{Y_{Fa}Y_{Sa}}{[\sigma_F]}} \tag{7-34}$$

式中:Y_{Sa} 为应力修正系数,按当量齿数 z_v 由图 7-14 查取;Y_{Fa} 为齿形系数,按当量齿数 z_v 由图 7-15 查取。计算得到的模数 m 应圆整成标准值。

7.7　齿轮的结构

齿轮传动的强度计算,只能用来确定齿轮的主要参数和尺寸,如模数、齿数、螺旋角、中心距、分度圆直径及齿宽等,而轮缘、轮毂和轮辐的形状和尺寸则需要通过结构设计来确定。齿轮结构设计的要求主要是,既要工艺性好,又要有足够的强度和刚度,并尽可能减小其质量。设计时根据齿轮尺寸、材料和加工方法等条件选择合理的结构形式,再根据经验计算公式确定各部分尺寸。

常用的齿轮结构形式如下。

1. 齿轮轴

对于齿根圆直径与轴径相差不大的齿轮,或从键槽底面到齿根的距离 e 过小(如圆柱齿轮 $e \leqslant 2.5m_n$,圆锥齿轮 $e \leqslant 1.6m$,m、m_n 为模数)的齿轮,齿轮与轴应做成一体,称为齿轮轴。如图 7-25 所示,齿轮与轴的材料相同。

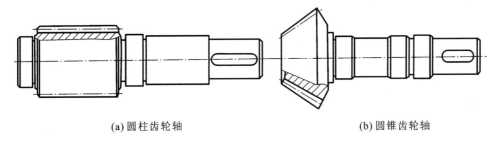

(a) 圆柱齿轮轴　　　　　　　　　　　　(b) 圆锥齿轮轴

图 7-25　齿轮轴

值得注意的是,齿轮轴虽简化了装配,但整体长度大,给轮齿加工带来不便,而且,轮齿损坏后,轴也随之报废。故当 $e > 2.5m_n$(圆柱齿轮)或 $e > 1.6m$(圆锥齿轮)时,应将齿轮与轴分开制造。

图 7-26　实体式齿轮

2. 实体式齿轮

齿顶圆直径 $d_a \leqslant 160 \sim 200$ mm 的齿轮,可采用实体式结构,如图 7-26 所示。它的结构简单、制造方便。

为便于装配和减小边缘应力集中,孔边及齿顶边缘应倒角。对于锥齿轮,轮的宽度应大于齿宽,以利于加工时装夹。

3. 腹板式齿轮

齿顶圆直径 $d_a > 160 \sim 200$ mm,但 $d_a \leqslant 500$ mm 的齿轮,常采用腹板式结构,腹板上可以不开孔,如图 7-27(a)所示;也可以开孔,如图 7-27(b)所示。孔的数目按结构尺寸大小及需要而定,如图 7-27(c)所示。这类齿轮一般采用锻造毛坯制造。但航空产品中的齿轮,虽 $d_a \leqslant 160$ mm,也有做成腹板式的。

4. 轮辐式齿轮

齿顶圆直径 $d_a > 500$ mm 的齿轮,或虽 $d_a \leqslant 500$ mm 但形状复杂而不便于锻造的齿轮,常采用铸造毛坯(铸铁或铸钢)制造。通常采用轮辐式的结构,如图 7-28 所示。

5. 焊接齿轮

单件或小批量生产的大型齿轮,可采用焊接结构,如图 7-29 所示。

6. 组装式齿轮

为了节约贵重金属用量,尺寸较大的圆柱齿轮,可做成组装齿圈式结构,如图 7-30 所示。齿圈用钢制造,而轮心则用铸铁或铸钢制造。

(a)　　　　　　　　　　　　　　　　　(b)

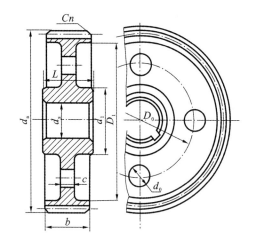

$d_1 = 1.6d_s$;
$D_1 = d_a - 10m_n$;
$D_0 = 0.5 (d_1 + D_1)$;
$d_0 = 0.25(D_1 - d_1)$;
$c = 0.3b$;
$n = 0.5m_n$, $\delta_0 = (2.5 \sim 4)m_n$, 但不小于 10 mm;
当 $b = (1 \sim 1.5)d_s$ 时, 取 $L = b$, 否则取 $L = (1.2 \sim 1.5) d_s$。

(c)

图 7-27　腹板式齿轮

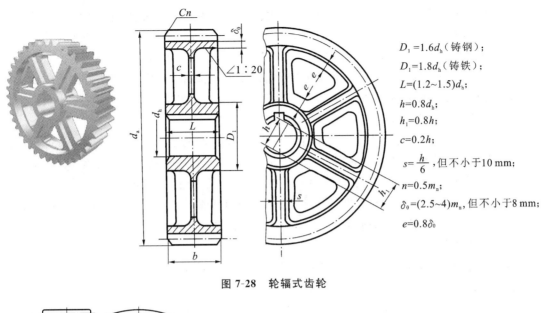

$D_1 = 1.6d_h$（铸钢）；

$D_1 = 1.8d_h$（铸铁）；

$L = (1.2 \sim 1.5)d_h$；

$h = 0.8d_h$；

$h_1 = 0.8h$；

$c = 0.2h$；

$s = \dfrac{h}{6}$，但不小于10 mm；

$n = 0.5m_n$；

$\delta_0 = (2.5 \sim 4)m_n$，但不小于8 mm；

$e = 0.8\delta_0$

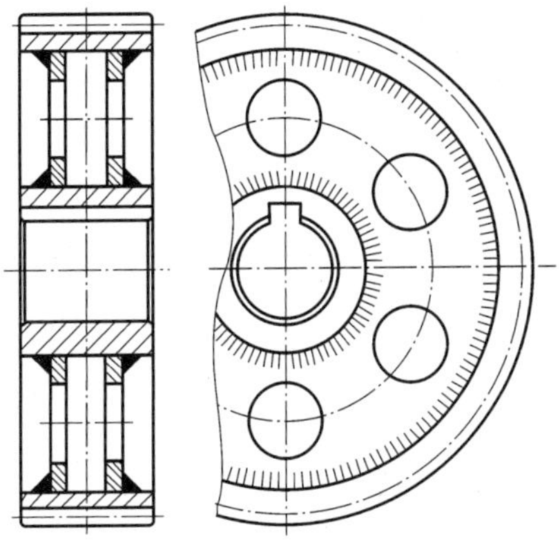

图 7-28　轮辐式齿轮

图 7-29　焊接齿轮 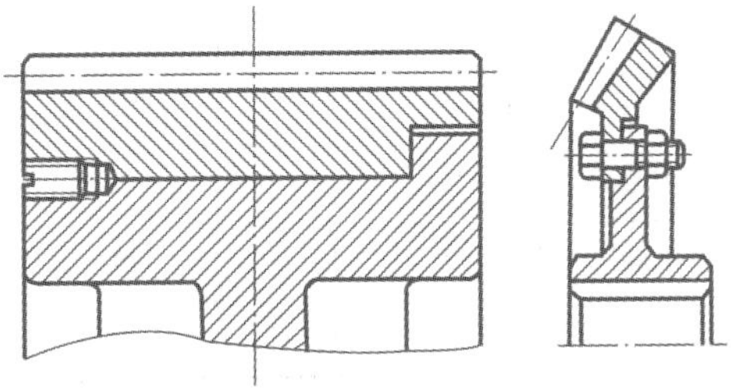　　　　　　　图 7-30　组装式齿轮

7.8　齿轮传动的润滑及效率

7.8.1　齿轮传动的润滑

　　齿轮在啮合传动时,由于齿面间有相对滑动,必然会产生摩擦和磨损,造成能量损耗,从而使传动效率降低。因此,润滑对于齿轮传动十分重要,尤其是高速齿轮传动。润滑不仅可以减小齿轮啮合处的摩擦发热量、减轻磨损,还可以起到降低噪声、冷却、防锈、改善齿轮的工作状况等作用,以延缓轮齿失效、延长齿轮的使用寿命。

1. 润滑方式

　　齿轮传动的润滑方式,主要由齿轮圆周速度和工作条件来决定。

　　(1) 闭式齿轮传动的润滑　有浸油润滑和喷油润滑两种方式,一般根据齿轮的圆周速度确定采用哪一种方式。

　　当齿轮的圆周速度 $v < 12$ m/s 时,通常采用浸油润滑。如图 4-13(a)所示,大齿轮浸入油池中,浸入油中的深度为 1～2 个齿高,但至少为 10 mm。转速低时可浸深一些,但浸得过深

则会增大运动阻力并使油温升高。在多级齿轮传动中,对于未浸入油池内的齿轮,可采用浸油齿轮将油带到未浸入油池内的齿轮齿面上,如图 4-13(b)所示。齿轮运转时,浸油齿轮可将油带入啮合齿面上进行润滑,同时可将油甩到齿轮箱壁上,有利于散热。

当齿轮的圆周速度 $v > 12 \text{ m/s}$ 时,由于圆周速度大,齿轮搅油剧烈,且黏附在齿廓面上的油易被甩掉,因此不宜采用浸油润滑,而应采用喷油润滑。如图 4-15 所示,用油泵将具有一定压力的润滑油经喷嘴喷到啮合的齿面上进行润滑并散热。

平时必须经常检查齿轮传动润滑系统的状况(如润滑油的油面高度等),油面过低则润滑不良,油面过高会增大搅油效率的损失。对于压力喷油润滑系统,还需检查油压状况,油压过低会造成供油不足,油压过高则可能是油路不畅通所致,需及时调整油压。

(2)开式或半开式齿轮传动的润滑 对于开式或半开式齿轮传动,由于其传动速度较低,其润滑通常采用人工定期加油润滑的方式,可采用润滑油或润滑脂。

2. 润滑剂的选择

选择润滑油时,先根据齿轮的工作条件、材料、圆周速度以及工作温度等确定润滑油的黏度,具体参照表 7-12 选择,再根据选定的黏度确定润滑油的牌号。

表 7-12 齿轮传动推荐用的润滑油运动黏度 ν (单位:mm^2/s)

齿 轮 材 料		圆周速度 $v/(\text{m} \cdot \text{s}^{-1})$						
		<0.5	0.5~1	1~2.5	2.5~5	5~12.5	12.5~25	>25
铸铁、青铜		320	220	150	100	80	60	—
钢	$\sigma_b = 450$ MPa	500	320	220	150	110	80	60
	$\sigma_b = 1000 \sim 1250$ MPa	500	500	320	220	150	100	80
	$\sigma_b = 1250 \sim 1699$ MPa	1000	500	500	320	220	150	100
渗碳或表面淬火钢		1000	500	500	320	220	150	100

7.8.2 齿轮传动的效率

齿轮传动的功率损失主要包括:

(1)啮合中的摩擦损失;

(2)润滑油被搅动的油阻损失;

(3)轴承中的摩擦损失。

闭式齿轮传动的效率为

$$\eta = \eta_1 \eta_2 \eta_3 \qquad\qquad (7\text{-}35)$$

式中:η_1 为齿轮啮合效率;η_2 为搅油效率;η_3 为轴承效率。

满载时,采用滚动轴承的齿轮传动的平均效率如表 7-13 所示。

表 7-13 采用滚动轴承时齿轮传动的平均效率

传 动 类 型	精度等级和结构形式		
	6 级或 7 级精度的闭式传动	8 级精度的闭式传动	脂润滑的开式传动
圆柱齿轮传动	0.98	0.97	0.95
圆锥齿轮传动	0.97	0.96	0.94

知识链接

高新技术的简单化，带你一瞥 RV 减速器与谐波齿轮传动减速器

RV 减速器的传动装置是由第一级渐开线圆柱齿轮行星减速机构和第二级摆线轮行星减速机构两部分组成，图 7-31 为一封闭差动轮系示意图，其中心轮与输入轴相连，如果中心轮按顺时针方向旋转，它将带动三个呈 120° 布置的行星轮在绕中心轮轴心公转的同时还有逆时针方向的自转，三个曲柄轴与行星轮相固连而同速转动，两个相位差 180° 的摆线轮铰接在三个曲柄轴上，并与固定的针轮相啮合，其轴线绕针轮轴线公转的同时还将反方向自转，即顺时针转动。输出机构（即行星架）由装在其上的三对曲柄轴支撑轴承来推动，把摆线轮上的自转矢量以 1∶1 的速度比传递出来。RV 减速器因具有体积小、抗冲击能力强、扭矩大、定位精度高、振动小、减速比大等诸多优点而被广泛应用于工业机器人、机床、医疗检测设备、卫星接收系统等领域，具有较高的疲劳强度、刚度和较长的寿命，回差精度稳定。世界上许多国家的高精度机器人传动多采用 RV 减速器，它是工业机器人中的核心零部件。

谐波齿轮传动减速器是利用行星齿轮传动原理而发展起来的一种新型减速器。如图 7-32 所示，它主要由柔轮、刚轮、波发生器三个核心零部件组成，在波发生器上装配柔性轴承使柔性齿轮产生可控弹性变形，并与刚性齿轮相啮合来传递运动和动力。柔轮的外径略小于刚轮的内径，通常柔轮比刚轮少 2 个齿。波发生器的椭圆形状决定了柔轮和刚轮的齿接触点分布在介于椭圆中心的两个对立面。波发生器转动过程中，柔轮和刚轮齿接触部分开始啮合。波发生器每顺时针旋转 180°，柔轮就相当于刚轮逆时针旋转 1 个齿数差。在 180° 对称的两处，全部齿数的 30% 以上同时啮合，实现了高转矩传递。谐波齿轮传动减速器的优点是：传动比大、承载能力高、传动精度高、传动效率高、运动平稳、结构简单、安装方便。谐波齿轮传动减速器在仿生机械、航空、交通运输等方面得到广泛的应用，特别是在高动态性能的伺服系统中，谐波齿轮传动更显示出其优越性。

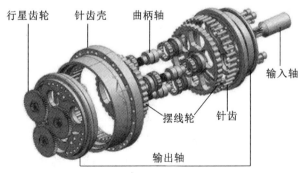

行星齿轮　针齿壳　曲柄轴　　　　　　输入轴　　摆线轮　针齿　　输出轴

图 7-31　RV 减速器

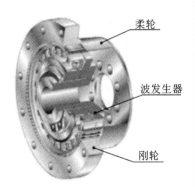

柔轮　　波发生器　　刚轮

图 7-32　谐波齿轮传动减速器

（资料来源：贤集网）

习　　题

7.1　选择题

(1) 对于软齿面的闭式齿轮传动,其主要失效形式为_____。

A.轮齿疲劳折断　　　　B.齿面磨损　　　　　C.齿面疲劳点蚀　　　　D.齿面胶合

(2) 一般开式齿轮传动的主要失效形式是_____。

A.轮齿疲劳折断　　　　B.齿面磨损　　　　　C.齿面疲劳点蚀　　　　D.齿面胶合

(3) 高速重载齿轮传动,当润滑不良时,最可能出现的失效形式为_____。

A.轮齿疲劳折断　　　　B.齿面磨损　　　　　C.齿面疲劳点蚀　　　　D.齿面胶合

(4) 齿轮的齿面疲劳点蚀经常发生在_____。

A.靠近齿顶处　　　　　　　　　　　　　B.靠近齿根处

C.节线附近的齿顶一侧　　　　　　　　　D.节线附近的齿根一侧

(5) 一对 45 钢调质齿轮,过早地发生了齿面疲劳点蚀,更换时可用_____的齿轮代替。

A.40Cr 调质　　　　　　　　　　　　　B.适当增大模数 m

C.45 钢齿面高频淬火　　　　　　　　　D.铸钢 ZG3570

(6) 设计一对软齿面减速齿轮传动,从等强度要求出发,选择硬度时应使_____。

A.大、小齿轮的硬度相等　　　　　　　　B.小齿轮硬度高于大齿轮硬度

C.大齿轮硬度高于小齿轮硬度　　　　　　D.小齿轮用硬齿面,大齿轮用软齿面

(7) 一对齿轮传动,小齿轮材料为 40Cr,大齿轮材料为 45 钢,则它们的接触应力_____。

A.$\sigma_{H1} = \sigma_{H2}$　　　B.$\sigma_{H1} < \sigma_{H2}$　　　C.$\sigma_{H1} > \sigma_{H2}$　　　D.$\sigma_{H1} \leqslant \sigma_{H2}$

(8) 上题中,其他条件不变,将齿轮传动的载荷增为原来的 4 倍,其齿面接触应力_____。

A.不变　　　　　　　　　　　　　　　　B.增为原应力的 2 倍

C.增为原应力的 4 倍　　　　　　　　　　D.增为原应力的 16 倍

(9) 一对标准直齿圆柱齿轮,$z_1 = 21$,$z_2 = 63$,则这对齿轮的弯曲应力_____。

A.$\sigma_{F1} > \sigma_{F2}$　　　B.$\sigma_{F1} < \sigma_{F2}$　　　C.$\sigma_{F1} = \sigma_{F2}$　　　D.$\sigma_{F1} \leqslant \sigma_{F2}$

(10) 对于开式齿轮传动,在工程设计中,一般_____。

A.先按接触强度设计,再校核弯曲强度

B.只需按接触强度设计

C.先按弯曲强度设计,再校核接触强度

D.只需按弯曲强度设计

(11) 设计闭式软齿面直齿轮传动时,选择小齿轮齿数 z_1 的原则是_____。

A.z_1 越多越好　　　　　　　　　　　　B.z_1 越少越好

C.$z_1 \geqslant 17$,不产生根切即可　　　　　D.在保证弯曲强度的前提下选多一些

(12) 设计硬齿面齿轮传动,当直径一定,常取较少的齿数、较大的模数,以_____。

A.提高轮齿的弯曲疲劳强度　　　　　　　B.提高齿面的接触疲劳强度

C.减少加工切削量,提高生产率　　　　　D.提高轮齿抗塑性变形能力

(13) 一对减速齿轮传动中,若保持分度圆直径 d_1 不变,而减少齿数并增大模数,其齿面接触应力将_____。

A. 增大　　　　　　　B. 减小　　　　　　　C. 保持不变　　　　　D. 略有减小

（14）设计齿轮传动时,若保持传动比 i 和齿数和（即 $z_1 + z_2$）不变,而增大模数 m,则齿轮的_____。

A. 弯曲强度提高,接触强度提高　　　　　B. 弯曲强度不变,接触强度提高

C. 弯曲强度与接触强度均不变　　　　　　D. 弯曲强度提高,接触强度不变

（15）在下面的各种方法中,_____不能提高齿轮传动的齿面接触疲劳强度。

A. 直径 d 不变而增大模数　　　　　　　B. 改善材料性能

C. 增大齿宽 b　　　　　　　　　　　　　D. 增大齿数以增大直径 d

（16）在下面的各种方法中,_____不能增加齿轮轮齿的弯曲疲劳强度。

A. 直径不变,增大模数　　　　　　　　　B. 齿轮负变位

C. 由调质改为淬火　　　　　　　　　　　D. 适当增大齿宽

（17）在圆柱齿轮传动中,轮齿的齿面接触疲劳强度主要取决于_____。

A. 模数　　　　　　　B. 齿数　　　　　　　C. 中心距　　　　　　D. 压力角

（18）为提高齿轮传动的接触疲劳强度,可采取的方法是_____。

A. 采用闭式传动　　　　　　　　　　　　B. 增大传动的中心距

C. 模数不变,减少齿数　　　　　　　　　D. 中心距不变,增大模数

（19）保持直齿圆柱齿轮传动的中心距不变,增大模数 m,则_____。

A. 轮齿的弯曲疲劳强度提高

B. 齿面的接触强度提高

C. 轮齿的弯曲疲劳强度与齿面的接触疲劳强度均可提高

D. 轮齿的弯曲疲劳强度与齿面的接触疲劳强度均不变

（20）圆柱齿轮传动的中心距不变,减小模数、增加齿数,可以_____

A. 提高齿轮的弯曲强度　　　　　　　　　B. 提高齿面的接触强度

C. 改善齿轮传动的平稳性　　　　　　　　D. 减小齿轮的塑性变形

（21）在计算标准直齿圆柱齿轮的弯曲强度时,齿形系数 Y_{Fa} 取决于_____。

A. 模数 m　　　　　B. 齿数 z　　　　　C. 分度圆直径 d　　　D. 重合度

（22）轮齿弯曲强度计算中的齿形系数 Y_{Fa} 与_____无关。

A. 齿数 z　　　　　　　　　　　　　　　B. 变位系数 x

C. 模数 m　　　　　　　　　　　　　　　D. 斜齿轮的螺旋角 β

（23）现有两个标准直齿圆柱齿轮,对于齿轮 $1, m_1 = 3$ mm, $z_1 = 25$,对于齿轮 $2, m_2 = 4$ mm, $z_2 = 48$,则它们的齿形系数_____。

A. $Y_{Fa1} > Y_{Fa2}$　　　B. $Y_{Fa1} < Y_{Fa2}$　　　C. $Y_{Fa1} = Y_{Fa2}$　　　D. $Y_{Fa1} \leqslant Y_{Fa2}$

（24）设计一对闭式软齿面齿轮传动。在中心距 a 和传动比 i 不变的条件下,提高齿面接触疲劳强度最有效的方法是_____。

A. 增大模数,相应减少齿数　　　　　　　B. 提高主、从动轮的齿面硬度

C. 提高加工精度　　　　　　　　　　　　D. 增大齿根圆角半径

（25）一对齿轮传动的接触强度已够而弯曲强度不足时,首先应考虑的改进措施是_____。

A. 增大中心距　　　　　　　　　　　　　B. 使中心距不变,增大模数

C. 使中心距不变,增加齿数　　　　　　　　D. 模数不变,增加齿数

(26) 齿轮设计时,随着选择齿数的增多和直径增大,若其他条件相同,齿轮的弯曲承载能力_____。

A. 呈线性地减小　　　　　　　　　　　　B. 呈线性地增加

C. 不呈线性,但有所减小　　　　　　　　D. 不呈线性,但有所增加

(27) 计算一对直齿圆柱齿轮的弯曲疲劳强度时,若齿形系数、应力修正系数和许用应力均不相同,则应以_____为计算依据。

A. $[\sigma_F]$ 较小者　　　　　　　　　　　B. $Y_{Fa}Y_{Sa}$ 较大者

C. $\dfrac{[\sigma_F]}{Y_{Fa}Y_{Sa}}$ 较小者　　　　　　　　D. $\dfrac{[\sigma_F]}{Y_{Fa}Y_{Sa}}$ 较大者

(28) 在以下几种工况中,_____齿轮传动的齿宽系数 ψ_d 可以取大些。

A. 对称布置　　　　　　　　　　　　　　B. 不对称布置

C. 悬臂布置　　　　　　　　　　　　　　D. 同轴式减速器布置

(29) 在下列措施中,_____可以降低齿轮传动的齿向载荷分布系数 K_β。

A. 降低齿面粗糙度　　　　　　　　　　　B. 提高轴系刚度

C. 增加齿轮宽度　　　　　　　　　　　　D. 增大端面重合度

(30) 对于齿面硬度不大于 350 HBW 的齿轮传动,若大、小齿轮均采用 45 钢,一般采取的热处理方式为_____。

A. 小齿轮淬火,大齿轮调质　　　　　　　B. 小齿轮淬火,大齿轮正火

C. 小齿轮调质,大齿轮正火　　　　　　　D. 小齿轮正火,大齿轮调质

(31) 对于一对圆柱齿轮,常把小齿轮的宽度做得比大齿轮宽些,是为了_____。

A. 使传动平稳　　　　　　　　　　　　　B. 提高传动效率

C. 提高小齿轮的接触强度和弯曲强度　　　D. 便于安装,保证接触线长

(32) 齿面硬度为 56～62 HRC 的合金钢齿轮的加工工艺过程为_____。

A. 齿坯加工—淬火—磨齿—滚齿　　　　　B. 齿坯加工—淬火—滚齿—磨齿

C. 齿坯加工—滚齿—渗碳淬火—磨齿　　　D. 齿坯加工—滚齿—磨齿—淬火

(33) 锥齿轮的接触疲劳强度按当量圆柱齿轮的公式计算,当量齿轮的齿数、模数是锥齿轮的_____。

A. 实际齿数,大端模数　　　　　　　　　B. 当量齿数,平均模数

C. 当量齿数,大端模数　　　　　　　　　D. 实际齿数,平均模数

(34) 锥齿轮的弯曲疲劳强度计算是按_____上齿形相同的当量圆柱齿轮进行的。

A. 大端分度圆锥　　　　　　　　　　　　B. 大端背锥

C. 齿宽中点处分度圆锥　　　　　　　　　D. 齿宽中点处背锥

(35) 选择齿轮的精度等级时主要依据_____。

A. 传动功率　　　　B. 载荷性质　　　　C. 使用寿命　　　　D. 圆周速度

7.2　判断题

(1) 按齿面接触强度设计齿轮传动时,若两齿轮的许用接触应力 $[\sigma_H]_1 \neq [\sigma_H]_2$,在计算公式中应代入大者进行计算。　　　　　　　　　　　　　　　　　　　　　　　　　　(　　)

（2）一对相啮合的齿轮,若大、小齿轮的材料、热处理方式相同,则它们的工作接触应力和许用接触应力均相等。　　　　　　　　　　　　　　　　　　　　　　　　　　（　　）

（3）动载系数 K_v 是考虑主、从动齿轮啮合振动产生的内部附加动载荷对齿轮载荷的影响而引入的系数。为了减小内部附加动载荷,可采用修缘齿。　　　　　　　　　　　　（　　）

（4）齿轮传动中,经过热处理的齿面称为硬齿面,未经热处理的齿面称为软齿面。（　　）

（5）对于软齿面闭式齿轮传动,若弯曲强度校核不足,较好的解决办法是保持 d_1 和 b 不变,减小齿数,增大模数。　　　　　　　　　　　　　　　　　　　　　　　　　（　　）

（6）直齿锥齿轮的强度计算是在轮齿小端进行的。　　　　　　　　　　　　　（　　）

（7）所有齿轮传动中,若不计齿面摩擦力,一对齿轮的圆周力都是一对大小相等、方向相反的作用力和反作用力。　　　　　　　　　　　　　　　　　　　　　　　　（　　）

（8）为了减小齿向载荷分布系数 K_β,应该尽量使齿轮在两轴承中间对称分布,并把齿宽系数 ψ_d 尽量选小些。　　　　　　　　　　　　　　　　　　　　　　　　　（　　）

（9）一对圆柱齿轮,若保持中心距与齿宽不变,减小模数、增加齿数,则可降低齿面接触应力,却增加了齿根弯曲应力。　　　　　　　　　　　　　　　　　　　　　　（　　）

（10）若一对齿轮若接触强度不够,则要增大模数;而若齿根弯曲强度不够,则要加大分度圆直径。　　　　　　　　　　　　　　　　　　　　　　　　　　　　　　（　　）

7.3　齿轮各种主要失效形式是如何产生的？怎样提高其相应的抵抗能力？

7.4　为什么开式齿轮一般不会出现齿面疲劳点蚀？对于开式齿轮传动,如何减轻齿面磨损？

7.5　一对钢制标准直齿圆柱齿轮, $z_1=19,z_2=88$ 。试问哪个齿轮所受的接触应力大？哪个齿轮所受的弯曲应力大？

7.6　一对钢制（45 钢调质,硬度为 280 HBW）标准齿轮和一对铸铁齿轮（HT300,硬度为 230 HBW）,两对齿轮的尺寸、参数及传递载荷相同。试问哪对齿轮所受的接触应力大？哪对齿轮的接触疲劳强度高？为什么？

7.7　两级斜齿圆柱齿轮减速器如图 7-33 所示,已知各齿轮参数为: $m_{n1}=3$ mm, $z_1=30$, $z_2=60$, $m_{n3}=4$ mm, $z_3=30$, $z_4=70$ 。若要轴 Ⅱ 上的两齿轮产生的轴向力 F_{a2} 与 F_{a3} 相互抵消,设第一对齿轮的螺旋角 $\beta_1=15°$,旋向如图所示,试确定第二对齿轮的螺旋角 β_2 及第二对齿轮 3 和 4 的螺旋线方向。

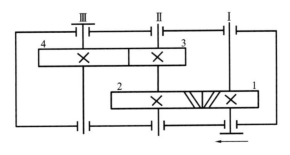

图 7-33　闭式两级斜齿圆柱齿轮减速器

7.8　有一台单级直齿圆柱齿轮减速器。已知: $z_1=32,z_2=108$,中心距 $a=210$ mm,齿宽 $b=72$ mm,大、小齿轮材料均为 45 钢,小齿轮调质,硬度为 $250\sim270$ HBW,齿轮精度为 8 级。

输入转速 $n_1 = 1460$ r/min。电动机驱动,载荷平稳,齿轮寿命为 10000 h。试求该齿轮传动所允许传递的最大功率。

7.9 有两对标准直齿圆柱齿轮,其材料、热处理方式都相同,齿轮对 A:$m_A = 2$ mm,$z_{A1} = 50$,$z_{A2} = 150$;$[\sigma]_{H1} = 500$ MPa,$[\sigma]_{H2} = 450$ MPa;$[\sigma]_{F1} = 420$ MPa,$[\sigma]_{F2} = 390$ MPa,$Y_{Fa1} = 2.97$,$Y_{Sa1} = 1.52$;$Y_{Fa2} = 2.28$,$Y_{Sa2} = 1.73$。

齿轮对 B:$m_B = 4$ mm,$z_{B1} = 25$,$z_{B2} = 75$;其齿宽 b、小轮转速 n_1、传递功率 P 与齿轮对 A 相等。

按无限寿命考虑,试分析:

(1)齿轮对 A 中哪个齿轮的接触强度高,哪个齿轮的弯曲强度高?

(2)齿轮对 A、B 中,哪对齿轮的接触强度高,哪对齿轮的弯曲强度高?

7.10 试设计提升机构上用的单级闭式直齿圆柱齿轮传动。已知:齿数比 $u = 4.6$,转速 $n_1 = 730$ r/min,传递功率 $P_1 = 10$ kW,双向传动,预期寿命 5 年,每天工作 16 h,对称布置,原动机为电动机,载荷为中等冲击,$z_1 = 25$,大、小齿轮材料均为 45 钢,调质处理,齿轮精度等级为 8 级,可靠性要求一般。

7.11 试设计闭式双级圆柱齿轮减速器(见图 7-33)中的高速级斜齿圆柱齿轮传动。已知:传递功率 $P_1 = 20$ kW,转速 $n_1 = 1430$ r/min,齿数比 $u = 4.3$,单向传动,齿轮不对称布置,轴的刚性较小,载荷有轻微冲击。大、小齿轮材料均为 40Cr,表面淬火,齿面硬度为 48～55 HRC,齿轮精度为 7 级,两班制工作,每班 8 h,预期寿命 5 年,可靠性一般。

7.12 试设计一闭式单级直齿圆锥齿轮传动。已知:输入转矩 $T_1 = 90.5$ N·m,输入转速 $n_1 = 970$ r/min,齿数比 $u = 2.5$。载荷平稳,长期运转,可靠性一般。

＊7.13 在某设备中有一对标准直齿圆柱齿轮,已知:小齿轮齿数 $z_1 = 22$,传动比 $i = 4$,模数 $m = 3$ mm。在技术改造中,为了改善其传动平稳性,拟将其改为标准斜齿圆柱齿轮传动。要求不改变中心距,不降低承载能力,传动比允许有不超过 3% 的误差。另外,为使轴向力不过大,希望螺旋角 $\beta \leqslant 15°$。试确定 z_1、z_2、m_n 及 β。

第8章 蜗杆传动

【本章学习要求】

1. 掌握普通圆柱蜗杆传动的主要参数及几何尺寸计算；

2. 掌握蜗杆传动的失效形式、设计准则和材料选择；

3. 熟练掌握蜗杆传动的受力分析，能正确判断蜗杆、蜗轮的旋向及转向，能计算各个分力的大小并确定其方向；

4. 掌握蜗杆传动的强度计算方法；

5. 了解蜗杆传动的效率和热平衡计算，了解提高蜗杆传动效率和散热性能的措施；

6. 了解普通圆柱蜗杆和蜗轮的结构设计，能规范地绘制蜗杆和蜗轮零件工作图。

蜗杆传动是在空间交错的两轴间传递运动和动力的一种传动机构，两轴线可作任意夹角的交错，但常用的为 90°。蜗杆传动由于具有传动比大、传动平稳、噪声小、可自锁等优点，故应用较为广泛。

8.1 普通圆柱蜗杆传动的主要参数及几何尺寸

8.1.1 主要参数及选择

1. 模数 m 和压力角 α

蜗杆传动的模数 m 和压力角 α 的基本概念和定义与齿轮的相同，但标准模数系列有所不同，如表 8-1 所示。

表 8-1 蜗杆的模数 m 系列值（GB/T 10088—2018）　　　　（单位：mm）

第一系列	1；1.25；1.6；2；2.5；3.15；4；5；6.3；8；10；12.5；16；20；25；31.5、40
第二系列	1.5；3；3.5；4.5；5.5；6；7；12；14

注：优先采用第一系列。

国家标准《圆柱蜗杆模数和直径》（GB/T 10088—2018）规定，阿基米德蜗杆（ZA 型）的轴向压力角为标准值 $\alpha = 20°$，其余三种，即渐开线蜗杆（ZI 型）、法向直廓蜗杆（ZN 型）、锥面包络圆柱蜗杆（ZK 型）以法向压力角为标准值。

2. 蜗杆头数 z_1、蜗轮齿数 z_2 和传动比 i

蜗杆头数 z_1 通常取为 1、2、4、6。蜗杆头数少，导程角 γ 也小，则传动效率低，但自锁性好。一般要求自锁的蜗杆头数取 $z_1 = 1$。蜗杆头数越多，导程角 γ 越大，传动效率越高。但蜗杆头数过多，会造成加工困难，降低精度。一般情况下，蜗杆头数 z_1 可根据传动比按表 8-2 选取。

表 8-2 蜗杆头数选取

传动比 i	5～8	7～16	15～32	30～80
蜗杆头数 z_1	6	4	2	1

蜗杆传动的传动比 i 等于蜗杆与蜗轮转速之比。当蜗杆回转一周时,蜗轮被蜗杆推动转过 z_1 个齿(或 z_1/z_2 周),因此传动比为

$$i = \frac{n_1}{n_2} = \frac{z_2}{z_1} \tag{8-1}$$

式中: z_2 为蜗轮的齿数; n_1、n_2 分别为蜗杆和蜗轮的转速,r/min。

蜗轮的齿数主要由传动比来确定,即 $z_2 = i \cdot z_1$。为了避免加工蜗轮时产生根切,理论上要求 $z_{2min} \geqslant 17$,而当 $z_2 \leqslant 26$ 时,啮合区较小,传动平稳性差,所以通常规定 $z_2 \geqslant 28$。z_2 过多,会使结构尺寸过大,蜗杆支承跨距加大,刚度下降,影响啮合精度。故在动力蜗杆传动中,常取 $z_2 = 28 \sim 80$。

3. 蜗杆分度圆直径 d_1 及蜗杆直径系数 q

为了保证蜗杆与蜗轮正确啮合,蜗轮通常用与蜗杆形状和尺寸完全相同的滚刀加工,所以对于同一尺寸的蜗杆,必须用一把对应的蜗轮滚刀,即对于同一模数不同直径的蜗杆,必须配相应数量的蜗轮滚刀。为了限制滚刀数目和有利于滚刀标准化,以降低成本,国家标准对每一标准模数规定了一定数目的标准蜗杆分度圆直径 d_1,而把比值 $q = d_1/m$ 称为蜗杆直径系数。d_1 与 m 要匹配,如表 8-3 所示。

表 8-3　蜗杆基本参数(轴交角为 90°)(摘自 GB/T 10089—2018)

模数 m/mm	分度圆直径 d_1/mm	蜗杆头数 z_1	直径系数 q	$m^2 d_1$/ mm³	分度圆导程角 γ
1	18	1	18.000	18	3°10′47″
1.25	20	1	16.000	31.25	3°34′35″
	22.4		17.920	35	3°11′38″
1.6	20	1	12.500	51.2	4°34′26″
		2			9°05′25″
		4			17°44′41″
	28	1		71.68	3°16′14″
2	22.4	1	11.200	89.6	5°06′08″
		2			10°07′29″
		4			19°39′14″
		6			28°10′43″
	35.5	1	17.750	142	3°13′28″
2.5	28	1	11.200	175	5°06′08″
		2			10°07′29″
		4			19°39′14″
		6			28°10′43″
	45	1	18.000	281.25	3°10′47″

续表

模数 m/mm	分度圆直径 d_1/mm	蜗杆头数 z_1	直径系数 q	$m^2 d_1 / \text{mm}^3$	分度圆导程角 γ
3.15	35.5	1	11.270	352.25	5°04′15″
		2			10°03′48″
		4			19°32′29″
		6			28°01′50″
	56	1	17.778	555.66	3°13′10″
4	40	1	10.000	640	5°42′38″
		2			11°18′36″
		4			21°48′05″
		6			30°57′50″
	71	1	17.750	1136	3°13′28″
5	50	1	10.000	1250	5°42′38″
		2			11°18′36″
		4			21°48′05″
		6			30°57′50″
	90	1	18.000	2250	3°10′47″
6.3	63	1	10.000	2500.47	5°42′38″
		2			11°18′36″
		4			21°48′05″
		6			30°57′50″
	112	1	17.778	4445.28	3°13′10″
8	80	1	10.000	5120	5°42′38″
		2			11°18′36″
		4			21°48′05″
		6			30°57′50″

注:① 表中模数和分度圆直径仅列出了第一系列的较常用数据;

② 本表中导程角 $\gamma < 3°30'$ 的圆柱蜗杆均为自锁蜗杆传动。

4. 蜗杆导程角(螺旋升角)γ

蜗杆的直径系数 q 和蜗杆头数 z_1 选定之后,蜗杆分度圆柱上的导程角 γ 也就确定了。将蜗杆分度圆上的螺旋线展开,如图 8-1 所示,则蜗杆的导程角 γ 为

$$\tan\gamma = \frac{z_1 p_{\text{a}1}}{\pi d_1} = \frac{z_1 m}{d_1} = \frac{z_1}{q} \qquad (8-2)$$

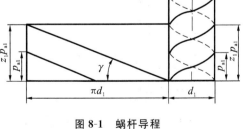

图 8-1 蜗杆导程

式中:$p_{\text{a}1} = \pi m$,为蜗杆轴向齿距。

由式(8-2)可知,蜗杆直径 d_1 越小(或 q 越小),导程角 γ 越大,传动效率也越高,但会导致蜗杆的刚度和强度越小,所以设计时应综合考虑。一般转速高的蜗杆可取较小 d_1 值,蜗轮齿

数 z_2 较多时可取较大 d_1 值。

5. 蜗杆传动的标准中心距

标准蜗杆传动的中心距为

$$a = \frac{1}{2}(d_1 + d_2) = \frac{1}{2}(q + z_2)m \tag{8-3}$$

设计普通圆柱蜗杆减速装置时，要先按接触强度或弯曲强度确定中心距，再进行蜗杆蜗轮参数的配置。

8.1.2 几何尺寸计算

普通圆柱蜗杆传动的主要参数如图 8-2 所示。普通圆柱蜗杆传动的几何尺寸计算见表 8-4。

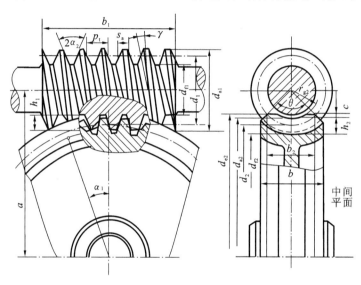

图 8-2 圆柱蜗杆传动的主要参数

表 8-4 圆柱蜗杆传动的几何尺寸计算

名　　称	符　号	计 算 公 式	
		蜗杆	蜗轮
分度圆直径	d	$d_1 = mq$	$d_2 = mz$
齿顶高	h_a	$h_a = h_a^* m$	
齿根高	h_f	$h_f = (h_a^* + c^*)m$	
齿顶圆直径	d_a	$d_{a1} = d_1 + 2h_a$	$d_{a2} = d_2 + 2h_a$
齿根圆直径	d_f	$d_{f1} = d_1 - 2h_f$	$d_{f2} = d_2 - 2h_f$
蜗杆导程角	γ	$\tan\gamma = mz_1/d_1$	
蜗轮螺旋角	β	$\beta = \gamma$	
标准中心距	a	$a = (d_1 + d_2)/2 = m(q + z_2)/2$	

例 8-1 有一阿基米德蜗杆传动，已知：传动比 $i = 18$，蜗杆头数 $z_1 = 2$，蜗杆直径系数 $q = 8$，分度圆直径 $d_1 = 80$ mm。试求：

（1）模数 m、蜗杆分度圆柱导程角 γ、蜗轮齿数 z_2 及分度圆柱螺旋角 β；

（2）蜗轮的分度圆直径 d_2 和蜗杆传动中心距 a。

解 （1）确定蜗杆传动的基本参数。

$$m = d_1/q = 80/8 \text{ mm} = 10 \text{ mm}$$
$$z_2 = iz_1 = 18 \times 2 = 36$$
$$\gamma = \arctan(z_1/q) = 11°18'36'' = \beta$$

（2）求 d_2 和中心距 a。

$$d_2 = m \cdot z_2 = 10 \times 36 \text{ mm} = 360 \text{ mm}$$
$$a = m(q + z_2)/2 = 10 \times (8 + 36)/2 \text{ mm} = 220 \text{ mm}$$

8.2 普通圆柱蜗杆传动的失效形式、设计准则和材料选择

8.2.1 蜗杆传动的相对滑动速度

蜗杆传动中蜗杆的螺旋齿面和蜗轮齿面之间有较大的相对滑动,如图 8-3 所示,相对滑动速度 v_s 方向沿轮齿齿向,其大小为

$$v_s = \frac{v_1}{\cos\gamma} = \frac{\pi d_1 n_1}{60 \times 1000 \cos\gamma} \tag{8-4}$$

式中:v_1 为蜗杆分度圆的圆周速度,m/s;d_1 为蜗杆分度圆直径,mm;n_1 为蜗杆的转速,r/min。

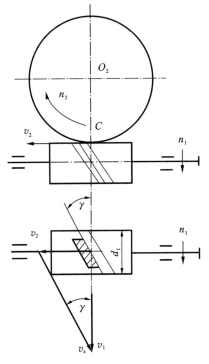

图 8-3 蜗杆传动的相对滑动速度

8.2.2 轮齿的失效形式和设计准则

1. 失效形式

蜗杆传动的失效形式有发生于蜗轮齿面的胶合、磨损、疲劳点蚀和蜗轮的轮齿折断等。由于蜗杆传动啮合面间的相对滑动速度较大,效率低,发热量大,当润滑和散热不良时,胶合和磨

损为其主要失效形式。

2. 设计准则

由于材料和结构上的原因,蜗杆螺旋齿部分的强度总是高于蜗轮轮齿的强度,所以蜗杆传动失效多发生在蜗轮轮齿上。因此,蜗杆传动设计时只需要对蜗轮进行承载能力计算。由于目前对胶合与磨损的计算还缺乏完善的理论方法和数据,因而蜗杆传动还是按照齿轮传动中弯曲和接触疲劳强度进行计算。蜗杆传动的设计准则为:闭式蜗杆传动按蜗轮轮齿的齿面接触疲劳强度进行设计计算,按齿根弯曲疲劳强度校核,并进行热平衡验算;开式蜗杆传动按保证齿根弯曲疲劳强度进行设计计算。此外,蜗杆通常为细长轴,过大的弯曲变形将导致啮合区接触不良,因此,当蜗杆轴的支承跨距较大时,应校核其刚度是否足够。

8.2.3 蜗杆、蜗轮的材料及选择

由失效形式知,蜗杆、蜗轮的材料不仅要求有足够的强度,更重要的是应具有良好的磨合(跑合)性能、减摩性、耐磨性和抗胶合性等。

蜗杆一般用碳钢或合金钢制成。高速、重载蜗杆常用低碳合金钢,如 15Cr、20Cr、20CrMnTi 等制造,经渗碳淬火,表面硬度为 56~62 HRC。中速、中载蜗杆可用优质碳素钢或合金结构钢,如 45、40Cr 等制造,经表面淬火,表面硬度为 40~55 HRC。对于低速或不重要的传动,蜗杆可用 45 钢制造,经调质处理,表面硬度小于 270 HBW。

蜗轮材料可参考相对滑动速度 v_s 来选择。铸造锡青铜抗胶合性、耐磨性好,易加工,允许的滑动速度 v_s 高,但强度较低,价格较贵。一般 ZCuSn10P1 允许滑动速度可达 25 m/s,ZCuSn5Pb5Zn5 常用于 $v_s < 12$ m/s 的场合。铸造铝青铜,如 ZCuAl10Fe3,其减摩性、耐磨性和抗胶合性比锡青铜差,但强度高,价格便宜,一般用于 $v_s \leqslant 4$ m/s 的传动。灰铸铁(HT150、HT200)用于 $v_s \leqslant 2$ m/s 的低速、轻载传动中。

8.3 普通圆柱蜗杆传动的设计

8.3.1 蜗杆传动的受力分析

蜗杆传动的受力分析与斜齿轮传动的相似。为简化计算,通常不考虑摩擦力的影响。

1. 力的大小

图 8-4 所示为以右旋蜗杆为主动件,按图示的方向旋转时,蜗杆螺旋面上的受力情况。作用于齿面上的法向力 F_n 可分解为三个相互垂直的分力:圆周力 F_t、轴向力 F_a、径向力 F_r。显然,在蜗杆与蜗轮间,相互作用着 F_{t1} 与 F_{a2}、F_{r1} 与 F_{r2} 和 F_{a1} 与 F_{t2} 这三对大小相等、方向相反的力。

各力的大小可按下式计算:

$$F_{t1} = \frac{2T_1}{d_1} = F_{a2} \tag{8-5}$$

$$F_{t2} = \frac{2T_2}{d_2} = F_{a1} \tag{8-6}$$

$$F_{r1} = F_{r2} = F_{t2}\tan\alpha \tag{8-7}$$

$$F_{n1} = \frac{F_{t2}}{\cos\alpha_n\cos\gamma} = \frac{2T_2}{d_2\cos\alpha_n\cos\gamma} \tag{8-8}$$

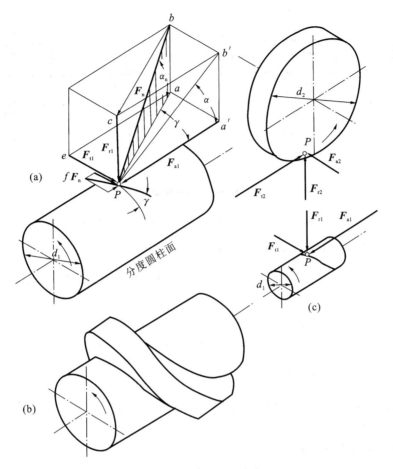

图 8-4 蜗杆传动的受力分析

式中：T_1、T_2 分别为蜗杆及蜗轮上的公称转矩，N・mm，$T_2 = T_1 \eta_1 i = 9550 \dfrac{P_1 \eta_1 i}{n_1}$，其中，$i$ 为传动比，η_1 为传动效率；d_1、d_2 分别为蜗杆及蜗轮的分度圆直径，mm；P_1 为蜗杆输入功率，kW。

2. 力的方向

当蜗杆主动时各分力的方向为：蜗杆上圆周力 F_{t1} 的方向与蜗杆的转向相反；蜗轮上的圆周力 F_{t2} 的方向与蜗轮的转向相同；蜗杆和蜗轮上的径向力 F_{r2} 和 F_{r1} 的方向分别指向各自的轴心；蜗杆轴向力 F_{a1} 的方向与蜗杆的螺旋线方向和转向有关，可以用"主动轮左（右）手法则"判断，即蜗杆为右（左）旋时用右（左）手，并以四指弯曲方向表示蜗杆转向，而拇指所指的方向为轴向力 F_{a1} 的方向，如图 8-4 所示。

例 8-2 如图 8-5 所示，蜗杆主动，$T_1 = 20$ N・m，$m = 4$ mm，$z_1 = 2$，$d_1 = 50$ mm，蜗轮齿数 $z_2 = 50$，传动的啮合效率 $\eta = 0.75$。

（1）试确定蜗轮的转向；

（2）若不考虑轴承及搅油效率损失，试确定蜗杆与蜗轮上作用力的大小和方向。

解 （1）由图 8-5(a)知，蜗杆为左旋蜗杆，可根据左手法则判定 F_{a1} 的方向，如图 8-5(b)所示，F_{a1} 的方向为从右向左，而 F_{t2} 则由左向右，故 n_2 为顺时针转向。

（2）F_{r1} 和 F_{r2} 分别指向各自的轴心，F_{t1} 与 n_1 的转向相反，如图 8-5(b)所示，F_{t1} 的方向为由右向左，F_{a2} 的方向则由左向右。各力的大小为

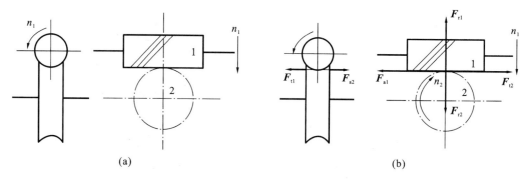

图 8-5　蜗杆传动

$$F_{t1} = F_{a2} = \frac{2T_1}{d_1} = \frac{2 \times 20 \times 10^3}{50} \text{ N} = 800 \text{ N}$$

由于不考虑轴承及搅油效率损失，则有

$$T_2 = T_1 i\eta = 20 \times 10^3 \times \frac{50}{2} \times 0.75 \text{ N} \cdot \text{mm} = 375000 \text{ N} \cdot \text{mm}$$

$$F_{t2} = F_{a1} = \frac{2T_2}{d_2} = \frac{2 \times 375000}{50 \times 4} \text{ N} = 3750 \text{ N}$$

$$F_{r1} = F_{r2} = F_{t2} \tan\alpha = 3750 \times \tan 20° \text{ N} = 1364.89 \text{ N}$$

8.3.2　蜗杆传动的设计

如前所述，蜗杆传动的失效通常只发生在蜗轮上，所以蜗杆传动的强度计算，指的就是蜗轮轮齿的强度计算。

1. 蜗轮齿面接触疲劳强度计算

蜗轮齿面接触疲劳强度计算公式和斜齿圆柱齿轮的相似，也是以节点啮合处的相应参数代入赫兹公式，经整理得蜗轮齿面接触疲劳强度校核公式为

$$\sigma_H = Z_E \cdot Z_\rho \sqrt{KT_2/a^3} \leqslant [\sigma_H] \tag{8-9}$$

设计公式为

$$a \geqslant \sqrt[3]{KT_2 \left(\frac{Z_E Z_\rho}{[\sigma_H]} \right)^2} \tag{8-10}$$

式中：a 为中心距，mm；Z_E 为材料的弹性系数，钢蜗杆配锡青铜蜗轮时，$Z_E = 150 \sqrt{\text{MPa}}$，钢蜗杆配铝青铜或灰铸铁蜗轮时，$Z_E = 160 \sqrt{\text{MPa}}$；$Z_\rho$ 为接触系数（见图 8-6），反映蜗杆传动接触线长度和曲率半径对接触强度的影响；K 为载荷系数，考虑载荷集中和动载荷的影响而引入，一般取 $K = 1.1 \sim 1.5$；$[\sigma_H]$ 为蜗轮齿面许用接触应力，MPa。

（1）当蜗轮材料为铸铁或高强度青铜（$\sigma_b \geqslant 300$ MPa）时，失效形式为胶合（不属于疲劳失效），许用应力 $[\sigma_H]$ 与应力循环次数 N 无关，直接查表 8-5 选取。

（2）若蜗轮材料 $\sigma_b < 300$ MPa（如锡青铜）时，失效形式为点蚀，$[\sigma_H]$ 与应力循环次数 N 有关，有

$$[\sigma_H] = Z_N [\sigma_{0H}]$$

式中：$[\sigma_{0H}]$ 为基本许用接触应力，由表 8-6 查取；Z_N 为接触强度寿命系数，$Z_N = \sqrt[8]{\frac{10^7}{N}}$，$N$ 为应力循环次数，$N = 60 j n_2 L_h$，n_2 为蜗轮转速（r/min），L_h 为蜗轮总工作时数，j 为每转一圈每个轮

齿啮合次数。

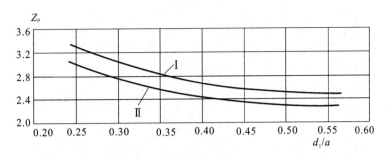

图 8-6　接触系数

Ⅰ—适用于 ZI、ZA、ZN 型蜗杆传动；Ⅱ—适用于 ZC 型蜗杆传动

表 8-5　铸铝青铜及铸铁蜗轮的许用接触应力[σ_H]　　　　（单位：MPa）

蜗轮材料	蜗杆材料	滑动速度 v_s/(m/s)						
		0.5	1	2	3	4	6	8
ZCuAl10Fe3	淬火钢	250	230	210	180	160	120	90
HT150、HT200	渗碳钢	130	115	90	—	—	—	—
HT150	调质钢	110	90	70	—	—	—	—

表 8-6　锡青铜蜗轮的基本许用接触应力[σ_{0H}]($N=10^7$次)　　　　（单位：MPa）

蜗轮材料	铸造方法	适用的滑动速度 v_s/(m/s)	蜗杆齿面硬度	
			≤350 HB	>45 HRC
ZCuSn10P1	砂型	≤12	180	200
	金属型	≤25	200	220
ZCuSn5Pb5Zn5	砂型	≤10	110	125
	金属型	≤12	135	150

2. 蜗轮轮齿的齿根弯曲疲劳强度计算

蜗轮轮齿的齿形比较复杂，且与中间平面平行的截面上的轮齿厚度是变化的，要精确计算轮齿的弯曲应力比较困难，通常近似地将蜗轮看成斜齿轮，按斜齿圆柱齿轮弯曲强度公式来计算，经化简后得蜗轮齿根弯曲疲劳强度的校核公式为

$$\sigma_F = \frac{1.53 K T_2}{d_1 d_2 m} Y_{Fa2} Y_\beta \leqslant [\sigma_F] \tag{8-11}$$

将 $d_2 = m z_2$ 代入式(8-11)并整理，得设计公式为

$$m^2 d_1 \geqslant \frac{1.53 K T_2}{z_2 [\sigma_F]} Y_{Fa2} Y_\beta \tag{8-12}$$

式中：Y_{Fa2} 为蜗轮齿形系数，依据当量齿数 z_v($z_v = z_2/\cos^3\gamma$)查图 8-7 选取；Y_β 为螺旋角影响系数，取 $Y_\beta = 1 - \gamma/140°$；$[\sigma_F]$ 为蜗轮材料的许用弯曲应力，MPa。$[\sigma_F] = Y_N[\sigma_{0F}]$，其中 $[\sigma_{0F}]$ 为蜗轮材料的基本许用弯曲应力，查表 8-7 选取，Y_N 为许用弯曲应力寿命系数，$Y_N = \sqrt[9]{10^6/N}$，N 为应力循环次数，其计算方法与接触疲劳时的相同，当 $N > 25 \times 10^7$ 次时，取 $N = 25 \times 10^7$ 次，当 $N < 10^5$ 次时，取 $N = 10^5$ 次。

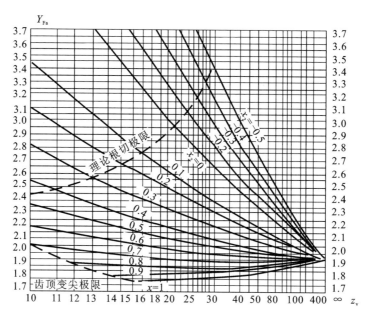

图 8-7　蜗轮齿形系数

表 8-7　蜗轮材料的基本许用弯曲应力$[\sigma_{0F}]$　　　　　　（单位：MPa）

材　　料	铸 造 方 法	蜗杆硬度≤45 HRC		蜗杆硬度＞45 HRC	
		单向受载	双向受载	单向受载	双向受载
铸锡青铜 ZCuSn10P1	砂模铸造	51	32	64	40
	金属模铸造	58	40	73	50
铸锡锌青铜 ZCuSn5Pb5Zn5	砂模铸造	37	29	46	36
	金属模铸造	39	32	49	40
铸铝铁青铜 ZCuAl10Fe3	金属模铸造	90	80	113	100
灰铸铁 HT150	砂模铸造	38	24	48	30
灰铸铁 HT200	砂模铸造	48	30	60	38

3. 蜗杆的刚度计算

蜗杆受力后如产生过大的变形，就会造成轮齿上的载荷集中，影响蜗杆与蜗轮的正确啮合，所以蜗杆还必须进行刚度校核。校核蜗杆的刚度时，通常是把蜗杆螺旋部分看成以蜗杆齿根圆直径为直径的轴段，主要校核蜗杆的弯曲刚度，其最大挠度 y 可按下式作近似计算，并得其刚度条件为

$$y=\frac{\sqrt{F_{t1}^2+F_{r1}^2}}{48EI}l^3\leqslant[y] \tag{8-13}$$

式中：F_{t1} 为蜗杆所受的圆周力，N；F_{r1} 为蜗杆所受的径向力，N；E 为蜗杆材料的弹性模量，MPa；I 为蜗杆危险截面的惯性矩，$I=\pi d_1^4/64$；l 为蜗杆两端支承间跨距，mm，视具体结构要

求而定,初算时 $l \approx 0.9 d_2$;$[y]$ 为许用最大挠度,mm,$[y] = d_1/1000$。

8.4 蜗杆传动的效率和热平衡计算

8.4.1 蜗杆传动的效率

与齿轮传动类似,闭式蜗杆传动的总效率包括三部分:轮齿啮合效率 η_1、轴承效率 η_2 和搅油损耗效率 η_3。一般取 $\eta_2 \cdot \eta_3 = 0.95 \sim 0.96$。由于蜗杆传动的相对滑动速度较大,所以总效率主要取决于 η_1。η_1 可根据螺旋传动的效率公式求得。

当蜗杆主动时,蜗杆传动的总效率为

$$\eta = (0.95 \sim 0.96)\frac{\tan\gamma}{\tan(\gamma + \rho_v)} \tag{8-14}$$

式中:γ 为蜗杆螺旋升角(导程角);ρ_v 为当量摩擦角,$\rho_v = \arctan\mu_v$。其当量摩擦角 ρ_v、当量摩擦因数 μ_v 值可根据滑动速度 v_s 由表 8-8 选取。

表 8-8 当量摩擦因数 μ_v 和当量摩擦角 ρ_v

蜗轮材料	锡青铜				铝青铜		灰铸铁			
蜗杆齿面硬度	≥45 HRC		<45 HRC		≥45 HRC		≥45 HRC		<45 HRC	
滑动速度 v_s/(m/s)	μ_v	ρ_v	μ_v	ρ_v	μ_v	ρ_v	μ_v	ρ_v	μ_v	ρ_v
0.01	0.110	6°17′	0.120	6°51′	0.180	10°12′	0.018	10°12′	0.190	10°45′
0.05	0.090	5°09′	0.100	5°43′	0.140	7°58′	0.140	7°58′	0.160	9°05′
0.10	0.080	4°34′	0.090	5°09′	0.130	7°24′	0.130	7°24′	0.140	7°58′
0.25	0.065	3°43′	0.075	4°17′	0.100	5°43′	0.100	5°43′	0.120	6°51′
0.50	0.055	3°09′	0.065	3°43′	0.090	5°09′	0.090	5°09′	0.100	5°43′
1.00	0.045	2°35′	0.055	3°09′	0.070	4°00′	0.070	4°00′	0.090	5°09′
1.50	0.040	2°17′	0.050	2°52′	0.065	3°43′	0.065	3°43′	0.080	4°34′
2.00	0.035	2°00′	0.045	2°35′	0.055	3°09′	0.055	3°09′	0.070	4°00′
2.50	0.030	1°43′	0.040	2°17′	0.050	2°52′				
3.00	0.028	1°36′	0.035	2°00′	0.045	2°35′				
4.00	0.024	1°22′	0.031	1°47′	0.040	2°17′				
5.00	0.022	1°16′	0.029	1°40′	0.035	2°00′				
8.00	0.018	1°02′	0.026	1°29′	0.030	1°43′				
10.0	0.016	0°55′	0.024	1°22′						
15.0	0.014	0°48′	0.020	1°09′						
24.0	0.013	0°45′								

由式(8-14)可知,增大 γ 可提高效率,故常采用多头蜗杆。但导程角过大,会引起蜗杆加工困难,而且导程角 $\gamma > 28°$ 时,效率提高很少。

$\gamma \leqslant \rho_v$ 时,蜗杆传动具有自锁性,但效率很低($\eta < 50\%$)。必须注意,在振动条件下 ρ_v 值的波动可能很大,因此不宜单靠蜗杆传动的自锁作用来事先制动,在重要场合应另加制动装置。

在初步计算时,蜗杆的传动效率可按表 8-9 近似取值。

表 8-9　蜗杆的传动效率取值

蜗杆头数 z_1	1	2	4	6
传动效率 η	0.7~0.8	0.8~0.85	0.85~0.90	0.90~0.92

8.4.2　蜗杆传动的润滑

润滑对蜗杆传动来说,具有十分重要的意义。当润滑不良时,蜗杆传动的传动效率将显著降低,并且会造成剧烈的磨损和提早出现胶合破坏,所以蜗杆传动往往用黏度大的矿物油进行良好的润滑,在润滑油中还常加入添加剂,以提高其抗胶合能力。

闭式蜗杆传动中的润滑油黏度和给油方法,主要是根据相对滑动速度以及载荷类型进行选择的,如表 8-10 所示。开式蜗杆传动则应选用黏度较高的齿轮油或润滑脂。

表 8-10　蜗杆传动的润滑油黏度及润滑方法

相对滑动速度 v_s/(m/s)	<1	<2.5	<5	>5~10	>10~15	>15~25	>25
载荷条件	重载	重载	中载	(不限)	(不限)	(不限)	(不限)
运动黏度 $\nu_{40℃}$/(mm²/s)	1000	680	320	220	150	100	68
润滑方法	浸油			浸油或喷油	喷油润滑,油压/MPa		
					0.07	2	3

8.4.3　蜗杆传动的热平衡计算

蜗杆传动效率较低,发热量大,这会使润滑油温升增加,黏度下降,润滑状态恶化,易导致齿面胶合失效。所以对连续运转的蜗杆传动必须作热平衡计算。

蜗杆传动单位时间的发热量为

$$Q_1 = 1000P_1(1-\eta) \tag{8-15}$$

自然冷却时单位时间内经箱体外壁散发到周围空气中的热量为

$$Q_2 = K_s A(t-t_0) \tag{8-16}$$

式中:P_1 为蜗杆传递的功率,kW;η 为蜗杆传动的效率;K_s 为散热系数,可取 $K_s = 8~17$ kW/(m²·℃),通风良好时取大值;A 为箱体有效散热面积,m²;t 为箱体内的油温,℃;t_0 为周围空气的温度,通常取 $t_0 = 20$ ℃。

按热平衡条件 $Q_1 = Q_2$,可得工作条件下的油温为

$$t = t_0 + \frac{1000P(1-\eta)}{K_s A} \leqslant [t] \tag{8-17}$$

式中:$[t]$ 为许用油温,一般取许用油温 $[t] = 60~70$ ℃,最高不超过 80 ℃。

在 $t > 80$ ℃或有效的散热面积不足时,则必须采取措施,以提高散热能力。通常可采取如下措施。

(1) 加散热片以增大散热面积(见图 8-8)。

(2) 在蜗杆轴端加装风扇以加速空气的流通(见图 8-9(a))。

(3) 在箱体油池内加装蛇形散热管,利用循环水进行冷却(见图 8-9(b))。

(4) 加装润滑油冷却系统(见图 8-9(c))。

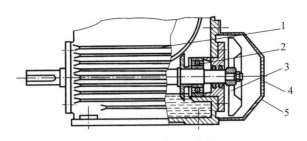

图 8-8　散热片散热装置

1—散热片;2—溅油轮;3—风扇;4—过滤网;5—集气罩

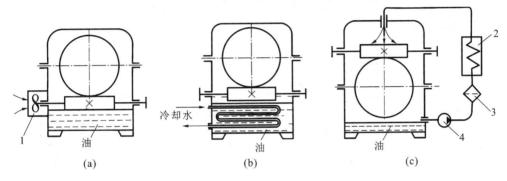

图 8-9　蜗杆传动的散热方法

1—风扇;2—冷却器;3—过滤器;4—油泵

8.5　普通圆柱蜗杆和蜗轮的结构设计

8.5.1　蜗杆结构

蜗杆螺旋部分的直径不大,所以常和轴做成一个整体,其结构形式如图 8-10 所示。其中图 8-10(a)所示的结构无退刀槽,加工螺旋部分时只能用铣制的办法;图 8-10(b)所示的结构有退刀槽,螺旋部分可以车制,也可以铣制,但这种结构的刚度比前一种的低。

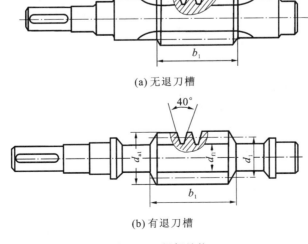

(a) 无退刀槽

(b) 有退刀槽

图 8-10　蜗杆结构

8.5.2　蜗轮结构

蜗轮结构分为整体式和组合式两种。图 8-11 所示的整体式蜗轮用于铸铁蜗轮及直径小于 100 mm 的青铜蜗轮。为了节省铜，当蜗轮直径较大时，采用组合式蜗轮结构，齿圈用青铜，轮心用铸铁或碳素钢制造。图 8-12、图 8-13、图 8-14 所示均为组合式结构。图8-12 所示为齿圈式蜗轮，轮心用铸铁或铸钢制造，齿圈用青铜材料制造，二者采用过盈配合（H7/s6 或 H7/r6），并沿配合面安装 4～6 个紧定螺钉，该结构用于中等尺寸而且工作温度变化较小的场合。图 8-13 所示为螺栓式蜗轮，齿圈和轮心用普通螺栓或铰制孔螺栓连接，常用于尺寸较大的蜗轮。图 8-14 所示为镶铸式蜗轮，其将青铜轮缘铸在铸铁轮心上然后切齿，适用于中等尺寸、批量生产的蜗轮。

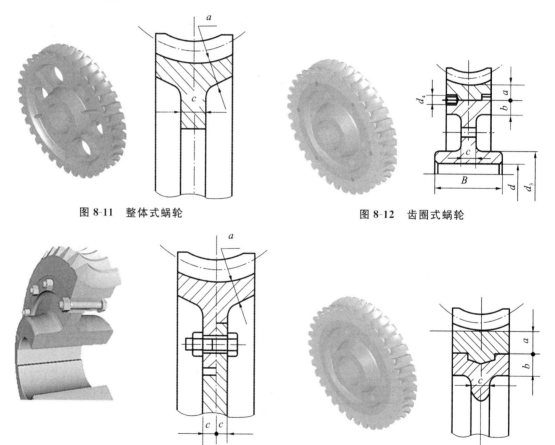

图 8-11　整体式蜗轮　　　　　　　　　　　　　　　　图 8-12　齿圈式蜗轮

图 8-13　螺栓式蜗轮　　　　　　　　　　　　　　图 8-14　镶铸式蜗轮

例 8-3　设计用于带式运输机的一级闭式蜗杆传动。蜗杆轴输入功率 $P_1 = 5.5$ kW，转速 $n = 960$ r/min，传动比 $i = 20$，连续单向运转，载荷平稳，两班制，预期工作寿命 24000 h。

解　（1）选择蜗杆传动类型。

根据题目要求，选用阿基米德蜗杆（ZA）。

（2）选择材料并确定许用应力。

① 选择材料。蜗杆，45 钢，表面淬火，45～50 HRC；蜗轮，铸锡青铜 ZCuSn10P1，砂模铸造。

② 确定许用应力。查表 8-6，得基本许用接触应力 $[\sigma_{0H}] = 200$ MPa。

$$n_2 = \frac{n_1}{i} = \frac{960}{20} \text{ r/min} = 48 \text{ r/min}$$

$$N = 60 \times n_2 \times L_h = 60 \times 48 \times 24000 \text{ 次} = 6.9 \times 10^7 \text{ 次}$$

$$Z_N = \sqrt[8]{\frac{10^7}{N}} = \sqrt[8]{\frac{10^7}{6.9 \times 10^7}} \approx 0.79$$

许用接触应力为

$$[\sigma_H] = Z_N [\sigma_{0H}] \approx 200 \times 0.79 \text{ MPa} = 158 \text{ MPa}$$

查表 8-7,得基本许用弯曲应力$[\sigma_{0F}] = 64$ MPa。

寿命系数为

$$Y_N = \sqrt[9]{\frac{10^6}{N}} = \sqrt[9]{\frac{10^6}{6.9 \times 10^7}} = 0.625$$

$$[\sigma_F] = Y_N [\sigma_{0F}] = 0.625 \times 64 \text{ MPa} = 40 \text{ MPa}$$

(3) 按齿面接触疲劳强度设计。

由式(8-10),中心距 a 为

$$a \geqslant \sqrt[3]{KT_2 \left(\frac{Z_E Z_\rho}{[\sigma_H]}\right)^2}$$

① 确定公式中的参数。

a. 确定 z_1、z_2、η。

由 $i = 20$,查表 8-2,取 $z_1 = 2$,则 $z_2 = i \times z_1 = 20 \times 2 = 40$;

由 $z_1 = 2$,查表 8-9,初步估计 $\eta = 0.8$。

b. 计算蜗轮转矩 T_2。

$$T_2 = 9.55 \times 10^6 \frac{P_1 \eta}{n_2} = 9.55 \times 10^6 \times \frac{5.5 \times 0.8}{48} \text{ N · mm} = 8.76 \times 10^5 \text{ N · mm}$$

c. 确定载荷系数 K 和材料的弹性系数 Z_E。

取 $K = 1.2$,钢蜗杆与锡青铜蜗轮配对,取 $Z_E = 150 \sqrt{\text{MPa}}$。

d. 确定接触系数 Z_ρ。

假设 $d_1/a = 0.40$,查图 8-6,得 $Z_\rho = 2.7$。

② 设计计算。

$$a \geqslant \sqrt[3]{KT_2 \left(\frac{Z_E Z_\rho}{[\sigma_H]}\right)^2} \geqslant \sqrt[3]{1.2 \times 8.76 \times 10^5 \times \left(\frac{150 \times 2.7}{158}\right)^2} \text{ mm} = 190.4 \text{ mm}$$

取 $a = 200$ mm,因 $i = 20$,故由表 8-3 选取基本参数:模数 $m = 8$ mm,直径系数 $q = 10$,导程角 $\gamma = 11°18'36'' = 11.31°$,蜗杆分度圆直径 $d_1 = 80$ mm。这时,$d_1/a = 0.40$,与假设相符合。

(4) 校核齿根弯曲疲劳强度。

当量齿数为

$$z_v = \frac{z_2}{\cos^3 \gamma} = \frac{40}{(\cos 11.31°)^3} = 42.42$$

根据 $z_v = 42.42$,由图 8-7 可查得齿形系数 $Y_{Fa} = 2.45$。

螺旋角影响系数为

$$Y_\beta = 1 - \gamma/140° = 1 - \frac{11.31°}{140°} = 0.919$$

$$\sigma_F = \frac{1.53KT_2}{d_1 d_2 m} Y_{Fa2} Y_\beta = \frac{1.53 \times 1.2 \times 8.76 \times 10^5}{80 \times (8 \times 40) \times 8} \times 2.45 \times 0.919 \text{ MPa}$$

$$= 17.68 \text{ MPa} \leqslant [\sigma_F] = 40 \text{ MPa}$$

可见弯曲强度足够。

（5）验算效率 η。

$$v_s = \frac{v_1}{\cos\gamma} = \frac{\pi d_1 n_1}{60 \times 1000 \cos\gamma} = \frac{3.14 \times 80 \times 960}{60 \times 1000 \times \cos 11.31°} \text{ m/s} \approx 4.1 \text{ m/s}$$

查表 8-8 得

$$\rho_v = 1.36°$$

$$\eta = (0.95 \sim 0.97) \frac{\tan\gamma}{\tan(\gamma + \rho_v)} = (0.95 \sim 0.97) \times \frac{\tan 11.31°}{\tan(11.31° + 1.36°)} = 0.84 \sim 0.86$$

与初估值 $\eta = 0.8$ 相近，因此不用重算。

（6）主要几何尺寸计算。

蜗杆尺寸为

$$d_1 = 80 \text{ mm}$$

$$d_{a1} = d_1 + 2mh_a^* = (80 + 2 \times 8 \times 1) \text{ mm} = 96 \text{ mm}$$

$$d_{f1} = d_1 - 2m(h_a^* + c^*) = [80 - 2 \times 8 \times (1 + 0.2)] \text{ mm} = 60.8 \text{ mm}$$

蜗轮尺寸为

$$d_2 = mz_2 = 8 \times 40 \text{ mm} = 320 \text{ mm}$$

$$d_{a2} = d_2 + 2mh_a^* = (320 + 2 \times 8 \times 1) \text{ mm} = 336 \text{ mm}$$

$$d_{f2} = d_2 - 2m(h_a^* + c^*) = (320 - 2 \times 8 \times 1.2) \text{ mm} = 300.8 \text{ mm}$$

（7）热平衡计算（略）。

（8）绘制工作图（略）。

知识链接

蜗杆传动的历史、现状与发展趋势

一、蜗杆传动的历史

古典的直纹面圆柱蜗杆传动，是历史最悠久、应用最广的蜗杆传动机构，它具有设计简便、制造和安装工艺性能好、成本低等优点。但是，其瞬时接触线形状不利于液体动压油膜的形成，致使润滑状态不良，蜗轮齿面上存在胶合"危险区"，因而存在功率耗损大、传动效率低、磨损严重和承载能力低等缺点，使其不能满足工业发展的需要。

从 20 世纪 20 年代起，材料技术、润滑技术、计算机技术等一系列新技术的发展及蜗杆传动新啮合理论的应用，极大地促进了蜗杆传动技术的进步，同时诸多新型蜗杆传动相继问世，如尼曼蜗杆副、偏置蜗杆副、圆弧圆柱蜗杆及其各种变态形式，为蜗杆传动技术的发展开辟了新的途径。

20 世纪 60 年代初我国开始引进、研制平面一次包络环面蜗杆传动，并成功地应用于冶金、机床行业。1971 年首钢机械厂在制造斜齿平面蜗杆副的基础上又创造了我国第一套平面包络环面蜗杆副，1977 年命名为首钢 SG71 型蜗杆副，获得国家发明奖二等奖。平面二次包络环面蜗杆传动具有承载能力大、传动效率高和蜗杆可以磨削等优点，现已大量应用于冶金、造船、采矿、机械、建筑、天文等行业，受到普遍欢迎。

二、蜗杆传动的现状

近 20 年来,蜗杆传动的研制取得了较大的进展,出现了各种新型的蜗杆传动与变态蜗杆传动,如滚锥、指锥或球面的二次包络环面蜗杆传动,曲率可控点接触蜗杆,超环面行星蜗杆传动等已经达到相当高的水平。尤其是利用计算机技术与图形功能考虑蜗杆传动的啮合状态、齿面接触状态进行分析,对参数进行优化等方面的研究都取得了突破性的进展。据不完全统计,目前蜗杆传动的技术水平已达到:

蜗杆传递功率　　　　　　$P_1 = 10290$ kW

蜗轮输出转矩　　　　　　$T_2 = 2000$ kW·m

蜗杆传递的圆周力　　　　$F_{t1} = 800$ kN

蜗杆传动的中心距　　　　$a = 2000$ mm

蜗杆转速　　　　　　　　$n_1 = 40000$ r/min

蜗杆头数　　　　　　　　$z_1 = 13$

蜗杆效率　　　　　　　　$\eta = 0.98$

三、蜗杆传动的发展趋势

目前,蜗杆传动的发展趋势主要表现在改善蜗杆传动质量的途径与措施的研究方面。

(资料来源:豆丁网)

习　　题

8.1　选择题

(1) 关于蜗杆传动的特点,下列说法不正确的是_____。

A. 传动比大　　　　　　　　　　　　B. 传动平稳

C. 可自锁　　　　　　　　　　　　　D. 适用于大功率传动

(2) 对每一标准模数规定一定数目的蜗杆分度圆直径 d_1,是为了_____。

A. 保证蜗杆有足够的刚度　　　　　　B. 提高蜗杆传动的效率

C. 便于蜗轮滚刀的标准化　　　　　　D. 便于蜗杆刀具的标准化

(3) 常见的蜗杆传动失效形式不包含_____。

A. 齿面胶合　　　　B. 齿面磨损　　　　C. 疲劳点蚀　　　　D. 塑性变形

(4) 下列属于蜗杆常用材料的是_____。

A. 45 钢　　　　　　B. HT150　　　　　C. ZCuSn10P1　　　D. GCr15

(5) 提高蜗杆传动效率的最有效方法是_____。

A. 增加蜗杆头数　　B. 减少蜗杆头数　　C. 增大传动比　　　D. 减小传动比

(6) 对闭式蜗杆传动进行热平衡计算,其主要目的是防止温升过高导致_____。

A. 材料的机械性能下降　　　　　　　B. 润滑油变质

C. 蜗杆热变形过大　　　　　　　　　D. 润滑条件恶化

(7) 蜗杆传动的当量摩擦因数 μ_v 随齿面相对滑动速度的增大而_____。

A. 增大　　　　　　B. 不变　　　　　　C. 减少　　　　　　D. 不确定

8.2　判断题

(1) 蜗杆头数越少,自锁性越好。　　　　　　　　　　　　　　　　　　　(　　)

（2）蜗杆传动的失效通常发生在蜗杆齿面上。　　　　　　　　　　　　（　　）

（3）对连续运转的蜗杆传动,可不进行热平衡计算。　　　　　　　　　（　　）

（4）当蜗杆主动时,蜗轮轴向力的方向也可采用左(右)手法则判断。　　（　　）

（5）在减速蜗杆传动中,可用 $i=d_2/d_1$ 来计算传动比。　　　　　　　（　　）

（6）当 $\gamma \leqslant \rho_v$ 时,蜗杆传动具有自锁性。　　　　　　　　　　　（　　）

8.3　已知图 8-15 中 I 轴的转向,欲提升重物 W,判断蜗杆螺旋线方向及蜗轮轮齿旋向。

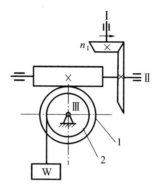

图 8-15　题 8.3 图

1—蜗轮;2—卷筒

8.4　标出图 8-16 中未标注的蜗杆和蜗轮的旋向及转向。

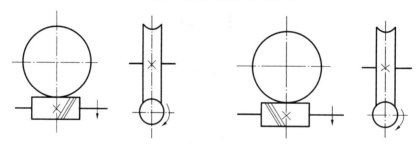

图 8-16　题 8.4 图

8.5　蜗杆传动具有哪些特点? 它为什么要进行热平衡计算? 若热平衡计算不合要求该怎么办?

8.6　为了提高蜗杆减速器输出轴的转速,采用双头蜗杆代替原来的单头蜗杆,问原来的蜗轮是否可以继续使用? 为什么?

8.7　影响蜗杆传动效率的主要因素有哪些? 为什么传递大功率时很少用普通圆柱蜗杆传动?

8.8　图 8-17 所示为某蜗杆起重设备减速装置。已知 $m=4$ mm, $z_1=2$, $d_1=50$ mm, $z_2=50$, $T_1=20$ N·m,传动啮合效率 $\eta=0.75$。试确定:

（1）重物上升时蜗杆的转向;

（2）此时蜗杆和蜗轮上作用力的大小和方向。

8.9　试设计带式运输机用单级蜗杆减速器中的普通圆柱蜗杆传动。蜗杆轴上的输入功率 $P_1=$ 5.5 kW, $n_1=960$ r/min, $n_2=65$ r/min,电动机驱

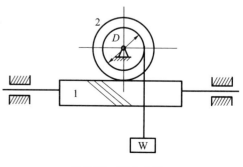

图 8-17　题 8.8 图

动,载荷平稳。每天连续工作 16 h,工作寿命 10 年(每年按 300 个工作日计算)。

8.10　在图 8-18 所示传动系统中,1 为蜗杆,2 为蜗轮,3 和 4 为斜齿圆柱齿轮,5 和 6 为直齿锥齿轮。若蜗杆主动,要求输出齿轮 6 的回转方向如图所示。试确定:

(1)若要使 Ⅰ、Ⅱ 轴上所受轴向力互相抵消一部分,蜗杆、蜗轮及斜齿轮 3 和 4 的螺旋线方向及 Ⅰ、Ⅱ、Ⅲ 轴的回转方向(在图中标示);

(2)Ⅱ、Ⅲ 轴上各轮啮合点处受力方向(F_t、F_r、F_a,在图中画出)。

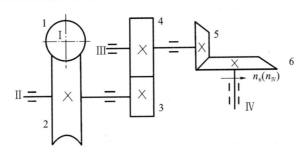

图 8-18　题 8.10 图

1—蜗杆;2—蜗轮;3,4—斜齿圆柱齿轮;5,6—直齿锥齿轮

*8.11　图 8-19 所示为一手动蜗杆传动起重装置。已知模数 $m=5$ mm,蜗杆头数 $z_1=1$,蜗杆直径系数 $q=10$,重物重力 $F_w=5000$ N,卷筒直径 $D=200$ mm,作用于蜗杆手柄上的起重转矩 $T_1=20000$ N·mm,传动总效率 $\eta\approx0.5$。试确定所需蜗轮的齿数 z_2 及传动中心距 a。

*8.12　如图 8-19 所示,已知模数 $m=8$ mm,蜗杆头数 $z_1=1$,蜗杆分度圆直径 $d_1=80$ mm,蜗轮齿数 $z_2=50$,卷筒直径 $D=250$ mm,试分析计算下列问题:

(1)欲使重物 W 上升 1 m,手柄应转多少转?并在图上标出手柄的转动方向、节点位置处蜗杆及蜗轮的受力方向。

(2)若蜗杆与蜗轮间的当量摩擦因数 $\mu_v=0.18$,该机构能否自锁?

(3)若重物重力 $F_w=4000$ N,手摇手柄时施加的力 $F=100$ N,轴承和卷筒中的摩擦损失等于 5%,手柄转臂的长度 L 应是多少?

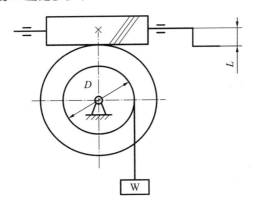

图 8-19　题 *8.11、题 *8.12 图

第9章 螺旋传动

【本章学习要求】

1. 熟悉螺旋传动类型、特点及应用；
2. 熟悉滑动螺旋传动的结构、材料；
3. 掌握滑动螺旋传动的设计计算方法。

9.1 螺旋传动类型、特点及应用

螺旋传动由螺杆和螺母组成，是利用螺杆和螺母组成的螺旋副传递运动和动力的机构。螺旋传动将回转运动变为直线运动，它的主要特点有：① 传动比大，可用较小的转矩得到较大的轴向推力，常用于起重、夹紧等场合；② 精度比较高，能够准确地调整直线运动的距离和位置，常用于精密机械和测量仪器，特别适用于一些机构的细微调节；③ 滑动螺旋容易实现自锁，适用于垂直举起重物的机构，对于水平推力的运动机构也能在任意位置得到精确定位，如水平运动的机床工作台进给机构；④ 滑动螺旋摩擦磨损比较大，效率较低，只适用于中小功率传动，如用于传递运动或推力大而速度不高的场合。

螺旋传动按其用途，可分为以下三种类型。

1. 传力螺旋

传力螺旋以传递动力为主，要求以较小的转矩产生较大的轴向推力，用于克服工件阻力，如螺旋起重器（见图 9-1）、螺旋压力机、台钳等各种起重或加压装置的螺旋副。这种传力螺旋副主要承受很大的轴向力，一般为间歇性工作，每次的工作时间较短，工作速度也不高，而且通常需有自锁能力。

2. 传导螺旋

传导螺旋以传递运动为主，有时也承受较大的轴向载荷，如机床进给机构的螺旋副等。传导螺旋副常需在较长的时间内连续工作，工作速度较高，因此，要求具有较高的传动精度和效率。

3. 调整螺旋

调整螺旋用于调整、固定零件的相对位置，如机床、仪器及测试装置中的微调机构的螺旋副。调整螺旋副不经常转动，一般在空载下调整。

螺旋传动按螺杆和螺母的运动情况，有四种运

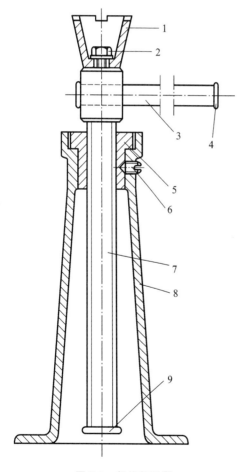

图 9-1 螺旋起重器

1—托杯；2—螺钉；3—手柄；4,9—挡环；5—螺母；
6—紧定螺钉；7—螺杆；8—底座

动转变方式,如图 9-2 所示。

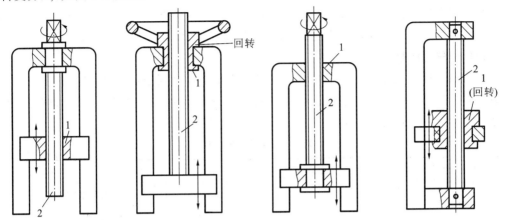

(a) 螺杆转动,螺母移动　(b) 螺母转动,螺杆移动　(c) 螺母固定,螺杆转、移动　(d) 螺杆固定,螺母转、移动

图 9-2　螺旋传动的运动转变方式

1—螺母;2—螺杆

　　螺旋传动根据螺旋副的摩擦情况,可分为滑动螺旋传动、滚动螺旋传动和静压螺旋传动三类。滑动螺旋传动构造简单、加工方便、易于自锁,但摩擦大、效率低(一般为 30%~40%)、磨损快,低速时可能爬行,定位精度和轴向刚度较低。滚动螺旋传动和静压螺旋传动没有这些缺点,前者效率在 90% 以上,后者效率可达 99%;但构造较复杂,加工不便。静压螺旋传动实际上是采用静压流体润滑的滑动螺旋传动,其工作需要供油系统。本章主要介绍滑动螺旋传动。

9.2　滑动螺旋传动的结构、材料

1. 滑动螺旋传动的结构

　　螺旋传动的结构主要是指螺杆、螺母的固定和支承的结构形式。螺旋传动的工作刚度与精度等和支承结构有直接关系,当螺杆短而粗且垂直布置时,如起重及加压装置的传力螺旋副,可以利用螺母本身作为支承(见图 9-1);当螺杆细长且水平布置时,如机床的传导螺旋副(丝杠)等,应在螺杆两端或中间附加支承,以提高螺杆的工作刚度。此外,对于轴向尺寸较大的螺杆,应采用对接的组合结构代替整体结构,以降低制造工艺上的困难。

　　螺母的结构有整体螺母、组合螺母和剖分螺母等形式。整体螺母结构简单,但由磨损而产生的轴向间隙不能补偿,只适合在精度要求较低的螺旋副中使用。对于经常双向传动的传导螺旋副,为了消除轴向间隙和补偿旋合螺纹的磨损,避免反向传动时的空行程,其螺母常采用组合螺母或剖分螺母。图 9-3 所示为利用调整楔块来定期调整螺旋副的轴向间隙的一种组合螺母结构形式。

　　滑动螺旋传动采用的螺纹类型有矩形、梯形和锯齿形,其中以梯形和锯齿形螺纹应用最广。

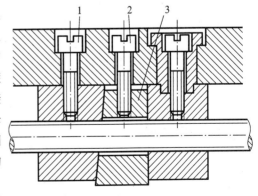

图 9-3　组合螺母

1—固定螺钉;2—调整螺钉;3—调整楔块

螺杆常用右旋螺纹,只有在某些特殊的场合,如车床横向进给丝杠,为了符合操作习惯,才采用左旋螺纹。传力螺旋传动和调整螺旋传动要求自锁时,应采用单线螺纹。对于传导螺旋传动,为了提高其传动效率及直线运动速度,可采用多线螺纹(线数 $n=3\sim4$,甚至多达 6)。

2. 螺杆和螺母的材料

螺杆材料应具有高强度和良好的加工性,螺母材料既要有足够的强度,还应具有较低的摩擦因数并具有较高的耐磨性。考虑上述要求,螺杆一般用钢制造,螺母常用青铜等耐磨材料制造。选择螺旋传动材料时可参考表 9-1。

表 9-1　螺旋副的材料

零件类型	材料牌号	热　处　理	使 用 条 件
螺杆	Q235、Q275	不热处理	受力不大、转速低的次要传动或调整螺旋传动
	45、50	正火、调质	受力较大、转速低的传动或传力螺旋传动
	40Cr、65Mn	淬火或调质	重载、转速较高的重要传动
	20CrMnTi	渗碳淬火	
	CrWMn	淬火	尺寸稳定性好,用于精密传导螺旋传动
	38CrMoAlA	渗氮	
螺母	ZCuSn10P1	—	高载荷、高速度、高精度螺母
	ZCuSn5Pb5Zn5	—	较高载荷、中等速度
	ZCuAl10Fe3	—	载荷大、低速度
	耐磨铸铁	—	低速、手动、不重要的螺旋传动

9.3　滑动螺旋传动的设计

滑动螺旋传动工作时,主要承受转矩及轴向拉力(或压力)的作用,同时在螺杆和螺母的旋合螺纹间有较大的相对滑动。其失效形式主要是螺纹磨损。因此,滑动螺旋传动的基本尺寸(即螺杆直径与螺母高度),通常是根据耐磨性条件确定的。对于受力较大的传力螺旋传动,还应校核螺杆危险截面以及螺母螺纹牙的强度,以防止发生塑性变形或断裂;对于要求自锁的螺杆,应校核其自锁性;对于精密的传导螺旋传动,应校核螺杆的刚度(螺杆的直径应根据刚度条件确定),以免受力后由于螺距的变化而引起传动精度降低;对于长径比很大的螺杆,应校核其稳定性,以防止螺杆受压后失稳;对于高速的长螺杆,还应校核其临界转速,以防止产生过大的横向振动等。在设计时,应根据螺旋传动的类型、工作条件及其失效形式等,选择不同的设计准则,而不必逐项进行校核。

下面主要介绍耐磨性计算和几项常用的校核计算方法。

1. 耐磨性计算

滑动螺旋传动的磨损与螺纹工作面上的压力、滑动速度、螺纹表面粗糙度以及润滑状态等因素有关,其中最主要的是螺纹工作面上的压力,压力越大,螺旋副间越容易形成过度磨损。因此,滑动螺旋传动的耐磨性计算,主要是限制螺纹工作面上的压力 p,使其小于材料的许用压力 $[p]$。

已知作用于螺杆上的轴向载荷为 F(见图 9-4),螺纹中径为 d_2,螺纹工作高度为 h,则每圈

螺纹的承压面积为 $\pi d_2 h$。对于单头螺纹,设螺纹的旋合圈数 $u=\dfrac{H}{P}$,此处 H 为螺母高度,P 为螺距,则螺纹工作面上的耐磨性条件为

$$p=\frac{F}{A}=\frac{F}{\pi d_2 h u}=\frac{FP}{\pi d_2 hH}\leqslant[p] \tag{9-1}$$

式中:h 为螺纹工作高度,mm,对于梯形和矩形螺纹,$h=0.5P$,对于 $30°$ 锯齿形螺纹,$h=0.75P$;$[p]$ 为材料的许用压力,MPa,其值如表 9-2 所示。

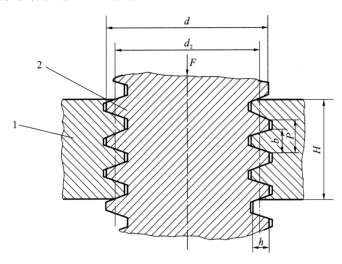

图 9-4 螺旋副的受力

1—螺母;2—螺杆

表 9-2 滑动螺旋副材料的许用压力 $[p]$ 及摩擦因数 μ

螺杆-螺母的材料	滑动速度/(m/min)	许用压力/MPa	摩擦因数 μ
钢-青铜	低速	18～25	0.08～0.10
	≤3.0	11～18	
	6～12	7～10	
	＞15	1～2	
淬火钢-青铜	6～12	10～13	0.06～0.08
钢-铸铁	＜2.4	13～18	0.12～0.15
	6～12	4～7	
钢-钢	低速	7.5～13	0.11～0.17

注:① 表中许用压力值适用于 $\phi=2.5～4$ 的情况,当 $\phi<2.5$ 时可提高 20%;若为剖分螺母,应降低 15%～20%;

② 表中摩擦因数启动时取大值,运转中取小值。

上式可作为校核计算用。为了导出设计计算式,可引用系数 $\phi=\dfrac{H}{d_2}$ 以消去 H,得

$$d_2\geqslant\sqrt{\frac{FP}{\pi\phi h[p]}} \tag{9-2}$$

当螺母为整体式且磨损后间隙不能调整时,为使受力分布比较均匀,螺纹工作圈数不宜过多,取 $\phi=1.2～2.5$;螺母为两半式且间隙能够调整,或螺母兼作支承而受力较大时,可取 $\phi=2.5～3.5$;传动精度较高,要求寿命较长时,允许取 $\phi=4$。

由于旋合各圈螺纹牙受力不均,螺杆和螺母旋合圈数 u 不宜大于 10。

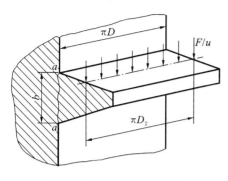

图 9-5　螺母螺纹牙的受力

2. 螺纹牙的强度计算

一般螺母材料的强度应低于螺杆,螺纹牙的剪切和弯曲破坏多发生在螺母上,故只需校核螺母螺纹牙的强度。

螺杆受轴向载荷 F,螺杆和螺母旋合圈数为 u,若假设各圈螺纹受力相等,则每圈螺纹承担的载荷是 F/u。将螺母上一圈螺纹展开,如图 9-5 所示,F/u 作用于中径圆周上,悬臂梁宽度为 πD,螺纹牙根部厚度 b,环形截面 $\pi D b$ 为危险截面,$\left(\dfrac{D-D_2}{2}\right)$ 为弯曲力臂,

则螺纹牙危险截面的剪切强度条件为

$$\tau = \frac{F}{\pi D b u} \leqslant [\tau] \tag{9-3}$$

螺纹牙危险截面的弯曲强度条件为

$$\sigma_b = \frac{M}{W} \leqslant [\sigma_b]$$

式中:

$$M = \frac{F}{u}\left(\frac{D-D_2}{2}\right), \quad W = \frac{\pi D b^2}{6}$$

由此可得

$$\sigma_b = \frac{3F(D-D_2)}{\pi D b^2 u} \leqslant [\sigma_b] \tag{9-4}$$

式中:D 为螺母螺纹大径,mm;D_2 为螺母螺纹中经,mm;b 为螺纹牙根部厚度,mm,对于梯形螺纹,$b=0.65P$,对于矩形螺纹,$b=0.5P$,对于 30° 锯齿形螺纹,$b=0.75P$,P 为螺距;$[\tau]$ 为螺母材料的许用切应力,MPa,取值见表 9-3;$[\sigma_b]$ 为螺母材料的许用弯曲应力,MPa,取值见表 9-3。

表 9-3　滑动螺旋副材料的许用应力

螺旋副材料		许用应力/MPa		
		$[\sigma]$	$[\sigma_b]$	$[\tau]$
螺杆	钢	$\dfrac{\sigma_s}{3\sim5}$	—	—
螺母	青铜	—	40~60	30~40
	铸铁	—	45~55	40
	钢	—	(1.0~1.2)$[\sigma]$	0.6$[\sigma]$

注:① σ_s 为材料屈服强度;

② 载荷稳定时,许用应力取大值。

3. 螺杆的强度计算

受力较大的螺杆需进行强度计算。螺杆工作时承受轴向压力(或拉力)F 和扭矩 T 的作用。螺杆危险截面上既有压缩(或拉伸)应力,又有切应力。因此,校核螺杆强度时,根据第四强度理论求出危险截面的当量应力,其强度条件为

$$\sigma_{v} = \sqrt{\sigma^2 + 3\tau^2} = \sqrt{\left(\frac{F}{A}\right)^2 + 3\left(\frac{T}{W_{T}}\right)^2} \leqslant [\sigma]$$

即

$$\sigma_{v} = \sqrt{\left(\frac{4F}{\pi d_1^2}\right)^2 + 3\left(\frac{T}{0.2d_1^3}\right)^2} \leqslant [\sigma] \tag{9-5}$$

式中：F 为螺杆所受轴向压力（或拉力），N；d_1 为螺杆螺纹小径，mm；T 为螺杆所受的扭矩，N·mm，$T = F\tan(\gamma + \varphi_v)\dfrac{d_2}{2}$，$\varphi_v$ 为当量摩擦角，γ 为螺旋升角；$[\sigma]$ 为螺杆材料的许用应力，MPa，取值见表 9-3。

4. 螺杆的稳定性计算

对于长径比大的受压螺杆，当轴向压力 **F** 大于某一临界值时，螺杆会突然发生侧向弯曲而丧失稳定性。因此，在正常情况下，螺杆承受的轴向力 **F** 必须小于临界载荷 **F_{cr}**。螺杆的稳定性条件为

$$S_c = \frac{F_{cr}}{F} \geqslant [S] \tag{9-6}$$

式中：S_c 为螺杆稳定性计算安全系数；$[S]$ 为螺杆稳定性安全系数，对于传力螺旋副，$[S] = 3.5 \sim 5.0$，对于传导螺旋副，$[S] = 2.5 \sim 4.0$，对于精密螺杆或水平螺杆，$[S] > 4$；F 为作用于螺杆上的轴向载荷，N；F_{cr} 为螺杆的临界载荷，N。

求 F_{cr} 时先计算螺杆柔度 λ，即

$$\lambda = \frac{\mu_l l}{i}$$

式中：l 为螺杆的计算长度，mm；μ_l 为螺杆的长度系数，与螺杆端部结构支承情况有关，见表 9-4；i 为螺杆危险截面的惯性半径，mm。若螺杆危险截面面积 $A = \dfrac{\pi}{4}d_1^2$，螺杆的危险截面惯性矩 $I = \dfrac{\pi d_1^4}{64}$，则 $i = \sqrt{\dfrac{I}{A}} = \dfrac{d_1}{4}$。

表 9-4　螺杆的长度系数 μ_l

端部支承情况	长度系数 μ_l
两端固定	0.50
一端固定，一端不完全固定	0.60
一端铰支，一端不完全固定	0.70
两端不完全固定	0.75
两端铰支	1.00
一端固定，一端自由	2.00

判断螺杆端部支承情况的方法如下。

（1）若采用滑动支承，则以轴承长度 l_0 与直径 d_0 的比值来确定。$l_0/d_0 < 1.5$ 时，为铰支；$l_0/d_0 = 1.5 \sim 3.0$ 时，为不完全固定；$l_0/d_0 > 3.0$ 时，为固定支承。

（2）若以整体螺母作为支承，则仍按上述方法确定。此时，取 $l_0 = H$（H 为螺母高度）。

（3）若以剖分螺母作为支承，则可作为不完全固定支承。

（4）若采用滚动支承且有径向约束，则可作为铰支；有径向和轴向约束时，可作为固定

支承。

求得 λ 后，按 λ 大小选择公式计算 $\boldsymbol{F}_{cr}$。

（1）当 $\lambda \geqslant 80 \sim 90$ 时，临界载荷按欧拉公式计算，即

$$F_{cr} = \frac{\pi^2 EI}{(\mu_l l)^2} \tag{9-7}$$

式中：E 为螺杆材料的弹性模量，MPa。

（2）当 $\lambda < 80 \sim 90$ 时，按下列公式计算。

对于未淬火钢，$\lambda < 90$ 时，有

$$F_{cr} = \frac{340}{1 + 0.00013\lambda^2} \cdot \frac{\pi d_1^2}{4} \tag{9-8}$$

对于淬火钢，$\lambda < 85$ 时，有

$$F_{cr} = \frac{490}{1 + 0.0002\lambda^2} \cdot \frac{\pi d_1^2}{4} \tag{9-9}$$

（3）对于 Q275 钢，当 $\lambda < 40$ 时，以及对于优质碳素钢、合金钢，当 $\lambda < 60$ 时，不必进行稳定性校核。

5. 螺旋副的自锁条件

对于有自锁要求的螺旋副，还应校核螺旋副是否满足自锁条件，即

$$\gamma \leqslant \varphi_v = \arctan \frac{\mu}{\cos\frac{\alpha}{2}} = \arctan\mu_v \tag{9-10}$$

式中：γ 为螺旋升角；φ_v 为当量摩擦角；μ 为螺旋副的摩擦因数，取表见表 9-2；μ_v 为螺旋副的当量摩擦因数；$\frac{\alpha}{2}$ 为牙型半角。

9.4　滚动螺旋传动简介

滚动螺旋传动的螺杆和螺母的螺纹滚道间置有适量钢球，转动时钢球为中间滚动体，沿螺纹滚道滚动，使螺杆和螺母的相对运动变为滚动，提高了螺旋副的传动效率，同样载荷情况下，所需驱动转矩比滑动螺旋传动的小 $2/3 \sim 3/4$。滚动螺旋逆传动的效率接近正传动的，可把直线运动转换为旋转运动；摩擦阻力稳定，速度对摩擦因数影响很小；摩擦小，寿命长；可以通过预紧完全消除间隙和增大轴向刚度。其缺点是：不自锁，对要求自锁的场合，必须采用制动装置；结构复杂，成本较高。由于成批生产降低了成本，近年来选用滚动螺旋的成套产品逐渐增多。目前滚动螺旋传动在机床、汽车、拖拉机、航空、航天及武器等制造业中应用颇广。

滚动螺旋传动可分为滚子螺旋传动和滚珠螺旋传动两类。由于滚子螺旋传动的制造工艺复杂，所以应用较少，下面简要介绍滚珠螺旋传动。

滚珠螺旋传动的结构如图 9-6 所示。当螺杆或螺母回转时，滚珠依次沿螺纹滚动，经导路出而复入，其方式分外循环和内循环两种。前者导路为一导管，后者导路为每圈螺纹有一反向器，滚珠在本圈内运动。外循环的滚珠螺旋副加工方便，但径向尺寸较大。螺母螺纹以 $3 \sim 5$ 圈为宜，过多受力不均匀，且不能提高承载能力。

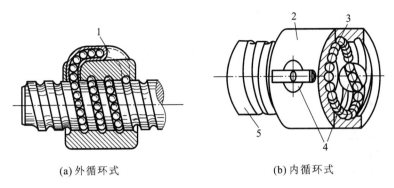

(a) 外循环式　　　　　　　　　　(b) 内循环式

图 9-6　滚珠螺旋传动

1—导路；2—螺母；3—钢球；4—反向器；5—螺杆

习　　题

9.1　选择题

(1) 在常用螺纹类型中，主要用于传动的是_____。

A. 矩形螺纹、梯形螺纹、普通螺纹　　　　　B. 矩形螺纹、锯齿形螺纹、管螺纹

C. 梯形螺纹、普通螺纹、管螺纹　　　　　　D. 梯形螺纹、矩形螺纹、锯齿螺纹

(2) 在下列四种具有相同公称直径和螺距，并采用相同材料的传动螺旋副中，传动效率最高的是_____。

A. 单线矩形螺旋副　　　　　　　　　　　　B. 单线梯形螺旋副

C. 双线矩形螺旋副　　　　　　　　　　　　D. 双线梯形螺旋副

(3) 螺旋传动中的螺母多采用青铜材料，这主要是为了提高_____的能力。

A. 抗断裂　　　　　　　　　　　　　　　　B. 抗塑性变形

C. 抗点蚀　　　　　　　　　　　　　　　　D. 耐磨损

9.2　判断题

(1) 梯形螺纹的牙型角 $\alpha=30°$，适用于连接。　　　　　　　　　　　　　　（　　）

(2) 螺旋副自锁条件是螺旋升角小于当量摩擦角。　　　　　　　　　　　　　（　　）

(3) 滑动螺旋传动的主要失效形式是磨损。　　　　　　　　　　　　　　　　（　　）

9.3　螺旋传动按螺旋副摩擦性质可分为哪几类？

9.4　螺旋传动按用途分为哪几类？

9.5　滑动螺旋传动的主要失效形式是什么？其主要尺寸(即螺杆直径和螺母高度)主要根据哪些设计准则来确定？

9.6　图 9-7 所示为一小型压床，最大压力为 25 kN，最大行程为 160 mm。螺旋副选用梯形螺纹，螺旋副当量摩擦因数 $\mu_v=0.15$，压头支承面平均直径为螺纹中径 d_2，压头支承面摩擦因数 $\mu'=0.10$，操作人员每只手用力最大为 200 N。试设计该螺旋传动并确定手轮直径。(要求螺旋副自锁)

9.7　设计螺旋起重器(见图 9-1)的螺杆和螺母的主要尺寸。已知：起重量为 40 kN，起重高度为 200 mm，材料自选。

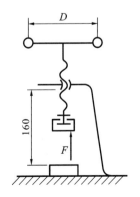

图 9-7　题 9.6 图

第 10 章　轴

【本章学习要求】
1. 熟悉轴的分类、特点、具体应用场合；
2. 掌握轴的设计计算方法；
3. 掌握轴上零件的定位和固定方法。

10.1　概　　述

轴是组成机器的重要零件之一。任何做旋转运动的零件(如齿轮、带轮、链轮等)都需要轴支承，才能进行运动和动力的传递。因此，轴的主要功用是支承轴上的旋转零件，并传递运动和动力。

10.1.1　轴的分类

因为轴的应用非常广泛，为了满足不同的应用要求，轴的外部形状、轴线和受力的形式也各不相同。可以按不同的方法对轴进行分类。

根据轴承受载荷状况，轴可以分为心轴、传动轴和转轴三类。工作过程中只承受弯矩而不承受扭矩的轴称为心轴，根据心轴是否转动，心轴又可分为转动心轴(如图 10-1(a)所示的铁路车辆的车轮轴)和固定心轴(如图 10-1(b)所示的滑轮轴和图 10-1(c)所示的自行车的前轮轴)。工作过程中只承受扭矩而不承受弯矩或承受很小弯矩的轴称为传动轴，如汽车的传动轴(见图 10-2)。转轴是既承受扭矩又承受弯矩的轴，如齿轮减速器中的轴(见图 10-3)，它是应用最为普遍的一种轴，支承齿轮、链轮、带轮的轴都为转轴。

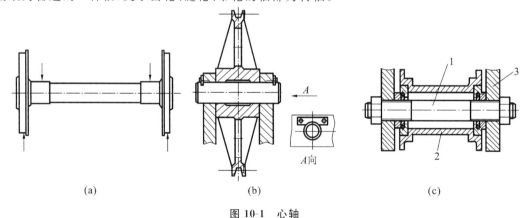

(a)　　　　　　　　　(b)　　　　　　　　　(c)

图 10-1　心轴

1—前轮轴；2—前轮轮毂；3—前叉

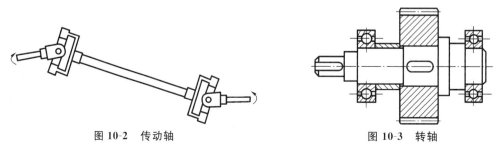

图 10-2　传动轴　　　　　　　　**图 10-3　转轴**

　　按照轴线的形状,轴还可以分为直轴(见图 10-4)和曲轴(见图 10-5)两大类。曲轴只在往复式机械中应用,通过连杆可以将连续转动转变为往复直线运动,或做相反的运动;直轴的应用最为广泛,是本章研究的主要对象。

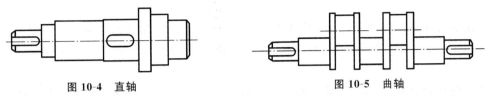

　　　　图 10-4　直轴　　　　　　　　　　　　　　　图 10-5　曲轴

　　根据外形,直轴又分为光轴(见图 10-6)和阶梯轴(见图 10-4)两类。光轴形状简单、加工容易、应力集中小,但轴上的零件不易装配定位,一般只在某些机械中应用,如农业机械、纺织机械等,为了实现轴和轴上零件的标准化、系列化,采用直径不变的光轴。在一般机械中,为了满足轴上旋转零件的安装、定位和等强度要求,轴的外形经常加工成阶梯状,这是在机械中应用最为广泛的一类轴。本章重点研究阶梯轴。

　　另外,按轴的心部情况,轴还可分为实心轴(见图 10-4)和空心轴(见图 10-7)两类。一般的轴都制成实心的,而空心轴主要是为了某些特殊要求,如从空心处输送润滑油、冷却液,安装其他零件和通过待加工棒料等,同时空心轴也可以在保证强度的条件下,减轻轴的质量,节约材料,提高轴的刚度。空心轴的内径和外径的比值通常为 0.5～0.6,以保证轴的刚度及扭转稳定性。

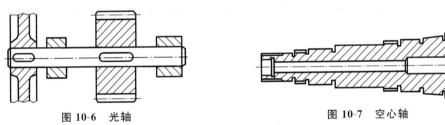

　　　　图 10-6　光轴　　　　　　　　　　　　　　图 10-7　空心轴

　　此外,还有一种钢丝软轴,又称钢丝挠性轴。它是由多组钢丝分层卷绕而成的(见图 10-8),具有良好的挠性,轴线可任意弯曲,可以方便地把旋转运动和转矩传到任意位置,故钢丝软轴经常用于扳手、螺丝刀等自动工具中,见图 10-9。

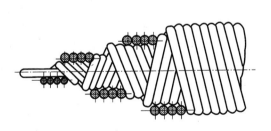

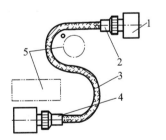

　　图 10-8　钢丝软轴的绕制　　　　　　图 10-9　钢丝软轴的应用

　　　　　　　　　　　　　　　　　1—动力源;2—接头;3—挠性轴;
　　　　　　　　　　　　　　　　　4—被驱动装置;5—设备

10.1.2　轴的材料及选择

　　轴的常用材料主要是碳钢和合金钢。钢轴的毛坯通常是轧制的圆钢和锻件,有的则直接用圆钢制造。

　　碳钢比合金钢便宜,对应力集中的敏感性较低,同时可以用热处理的方法提高材料的抗疲劳强度和耐磨性,所以应用比较广泛。常用的材料有 30、35、45、50 钢等,其中以 45 钢最为常用,一般进行调质或正火处理。对于不重要或受力较小的轴还可采用 Q235、Q275 等碳素结构钢。

　　合金钢比碳钢具有更优的力学性能和淬火性能,但对应力集中比较敏感,价格较贵,多用在传递较大功率,且要求质量轻、尺寸小、耐磨性高或有特殊要求的地方。常用的有 20Cr、20CrMnTi、38CrMoAlA、40Cr 等合金钢。

　　在选择轴的材料时应注意,在一般工作温度(≤200 ℃)下,各种碳钢和合金钢的弹性模量相近,因此,通过采用合金钢来提高轴的刚度则没有明显效果。钢材的种类和热处理对材料的弹性模量影响很小,因此在选择钢的种类和热处理方法时所依据的是强度和耐磨性,而不是轴的弯曲和扭转刚度。但也应注意,在既定条件下,有时也可选择强度较低的钢材,而适当增大轴的截面面积来提高轴的刚度。各种热处理及表面强化处理(喷丸、滚压等)对提高轴的抗疲劳强度都有显著的效果。

　　另外,对于形状复杂和大型的阶梯轴的毛坯,可以采用合金铸铁和球墨铸铁用铸造方法形成。这些材料具有良好的耐磨性和吸振性,对应力集中不敏感,且价格便宜。其缺点是,冲击韧度低,铸造品质不易控制,可靠性较低。

　　表 10-1 所示为轴的常用材料及其主要性能,供设计时参考选用。

表 10-1　轴的常用材料及其主要力学性能

材料牌号	热处理	毛坯直径/mm	硬度/HBW	σ_b	σ_s	σ_{-1}	τ_{-1}	$[\sigma_{-1}]$	备注
				MPa					
Q235-A	热轧或锻后空冷	≤100		400~420	225	170	105	40	用于不重要及载荷不大的轴
		>100~250		375~390	215				
45	正火回火	≤100	170~217	590	295	255	140	55	应用最广泛
		>100~300	162~217	570	285	245	135		
	调质	≤200	217~255	640	355	275	155	60	
40Cr	调质	≤100	214~286	735	540	355	200	70	用于载荷较大而无很大冲击的重要轴
		>100~300		685	490	335	185		
40CrNi	调质	≤100	270~300	900	735	430	260	75	用于很重要的轴
		>100~300	240~270	785	570	370	210		
38SiMnMo	调质	≤100	229~286	735	590	365	210	70	用于重要的轴,性能接近于 40CrNi
		>100~300	217~269	685	540	345	195		
38CrMoAlA	调质	≤60	293~321	930	785	440	280	75	用于要求高耐磨性、高强度且热处理(渗氮)变形很小的轴
		>60~100	277~302	835	685	410	270		
		>100~160	241~277	785	590	375	220		

材料牌号	热处理	毛坯直径/mm	硬度/HBW	σ_b	σ_s	σ_{-1}	τ_{-1}	$[\sigma_{-1}]$	备注
						MPa			
20Cr	渗碳淬火回火	≤60	渗碳56~62 HRC	640	390	305	160	60	用于要求强度及韧度均较高的轴
3Cr13	调质	≤100	≥241	835	635	395	230	75	用于腐蚀条件下的轴
1Cr18Ni9Ti	淬火	≤100	≤192	530	195	190	115	45	用于高、低温及腐蚀条件下的轴
		>100~200		490		180	110		
QT600-3	—	—	190~270	600	370	215	185		用于外形复杂的轴
QT800-2	—	—	245~335	800	480	290	250		

注:① 表中所列疲劳极限 σ_{-1} 值的计算公式为:碳钢,$\sigma_{-1} \approx 0.43\sigma_b$;合金钢,$\sigma_{-1} \approx 0.2(\sigma_b + \sigma_s) + 100$;不锈钢,$\sigma_{-1} \approx$ 0.27$(\sigma_b + \sigma_s)$,$\tau_{-1} \approx 0.156(\sigma_b + \sigma_s)$;球墨铸铁,$\sigma_{-1} \approx 0.36\sigma_b$,$\tau_{-1} \approx 0.31\sigma_s$。

② 等效系数 ψ:碳钢,$\psi_\sigma = 0.1 \sim 0.2$,$\psi_\tau = 0.05 \sim 0.1$;合金钢,$\psi_\sigma = 0.2 \sim 0.3$,$\psi_\tau = 0.1 \sim 0.15$。

10.1.3　轴设计的主要内容

轴的设计包括结构设计和工作能力计算两方面的内容。合理的结构和足够的强度是轴设计必须满足的基本要求。

轴的结构设计步骤是先初步估算出轴的最小直径,再根据轴上零件的安装、定位以及轴的制造工艺等方面的要求,合理地确定轴的各部分形状和尺寸。轴的结构设计不合理,会影响轴的工作能力和轴上零件的工作可靠性,还可能增加轴的成本和轴上零件装配困难等。因此,轴的结构设计是轴设计中的重要部分。

轴的工作能力计算包括轴的强度、刚度和振动稳定性计算等内容。轴在转矩和弯矩的作用下,将产生扭转切应力和弯曲应力,其应力一般是变化的,在轴的截面尺寸发生突变处又会产生应力集中。因此,轴的主要失效形式是疲劳断裂。一般情况下,轴要进行疲劳强度校核计算。对于受短时较大过载的轴,还要进行尖峰载荷下的静强度计算,以防止产生塑性变形。必要时轴应进行刚度和振动稳定性计算。例如对于机床主轴,其刚度计算尤为重要,而对于一些高速转轴,如蒸汽轮机轴,为避免因发生共振而破坏,则必须进行振动稳定性计算。

10.2　轴的设计计算

轴的强度计算主要有三种方法:许用切应力计算;弯扭合成强度计算;安全系数校核计算。

许用切应力计算只需知道扭矩的大小,方法简便,但计算精度较低。它主要用于下列情况:① 传递以转矩为主的传动轴;② 初步估算轴径以便进行结构设计;③ 不重要的轴。考虑弯矩等的影响,可在计算中适当降低许用切应力。

弯扭合成强度计算必须先知道作用力的大小和作用点的位置、轴承跨距、各段轴径等参数。为此,通常先按转矩估算轴径并进行轴的结构设计,随后即可画出轴的弯扭合成图,然后计算危险截面的最大弯曲应力。它主要用于计算一般用途的、受弯扭复合作用的轴,计算精度中等。

安全系数校核计算也要在结构设计后进行,不仅要定出轴的各段直径,而且要定出过渡圆角、轴毂配合、表面粗糙度等细节。它主要用于重要的轴,计算精度较高,但计算较复杂,且常需有足够的资料才能进行。安全系数校核计算能判断轴各危险截面的安全程度,从而改善各薄弱环节,有利于提高轴的疲劳强度。

10.2.1　按扭转强度计算

这种计算是只按轴所受的扭矩来计算轴的强度。对于仅传递扭矩或主要用来传递扭矩的传动轴,采用此法进行设计计算;对于既承受弯矩又传递转矩的转轴,在作轴的结构设计前,常用此法估算轴的最小直径,用降低许用应力$[\tau]$的办法来补偿弯矩对轴强度的影响;对于不太重要的轴,也可将此法作为最后的强度计算方法。

轴的扭转强度条件为

$$\tau_T = \frac{T}{W_T} = \frac{9.55 \times 10^6 P/n}{W_T} \leqslant [\tau_T] \tag{10-1}$$

式中:T 为轴传递的转矩,$N \cdot mm$;P 为轴传递的功率,kW;n 为轴的转速,r/min;W_T 为轴的抗扭截面系数,$W_T = \frac{\pi d^3}{16}$,mm^3,d 为轴的直径,mm;$[\tau_T]$为轴的许用扭转切应力,MPa。

对于实心圆轴,将 $W_T = \frac{\pi d^3}{16}$ 代入式(10-1),得轴的直径为

$$d \geqslant \sqrt[3]{\frac{9.55 \times 10^6 P}{0.2[\tau_T]n}} = C\sqrt[3]{\frac{P}{n}} \tag{10-2}$$

式中:C 为与轴材料有关的系数,其值可查表 10-2 得到。

表 10-2　轴常用材料的$[\tau_T]$值和 C 值

轴 的 材 料	Q235、20	Q235、35、1Cr18Ni9Ti	45	40Cr、35SiMn、38SiMnMo、3Cr13
$[\tau_T]/MPa$	12～20	20～30	30～40	40～52
C	135～160	118～135	107～118	98～107

注:① 当弯矩作用相对于扭矩很小或只传递扭矩时,$[\tau_T]$取较大值,C 取较小值;反之,$[\tau_T]$取较小值,C 取较大值。

② 当用 35SiMn 钢时,$[\tau_T]$取较小值,C 取较大值。

对于空心轴,则有

$$d \geqslant C\sqrt[3]{\frac{P}{n(1-\beta^4)}} \tag{10-3}$$

式中:$\beta = \frac{d_1}{d}$,即空心轴的内径 d_1 与外径 d 之比,通常取 $\beta = 0.5 \sim 0.6$。

当轴上开有键槽时,还应考虑键槽对轴强度削弱的影响。一般情况下,按式(10-2)求得轴的直径,若开有一个键槽,则轴径应增加 3%～5%;若在一个轴段上开有两个键槽,则轴径应增加 7%～10%,然后将直径圆整再取标准值。

10.2.2　按弯扭合成强度计算

对于转轴,在初估轴径和初步完成轴的结构设计以后,轴的支点位置及轴所受的载荷大小、方向和作用点均为已知。这时即可计算轴的支反力,并画出轴的弯矩图和扭矩图,按弯曲和扭转合成强度条件校核轴的强度。计算步骤如下。

1. 作出轴的计算简图(即力学模型)

为便于计算,首先必须将轴上载荷进行简化。计算时,将轴上传动零件(如齿轮、蜗轮、带轮等)的分布载荷,简化为作用在传动件轮缘宽度中点的集中力,并向轴心简化。作用于轴上的扭矩,一般从传动零件轮毂宽度的中点算起。

通常把轴简化成置于铰链支座上的梁,支点位置与轴承的类型和布置方式有关,可按图 10-10 确定,图 10-10(b)所示的 a 值查轴承样本或有关手册获得,图 10-10(d)所示的 e 值可按表 10-3 来确定。

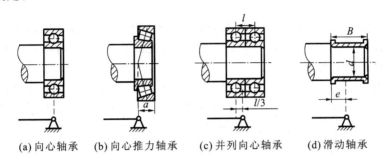

(a) 向心轴承　　(b) 向心推力轴承　　(c) 并列向心轴承　　(d) 滑动轴承

图 10-10　轴的支点位置

表 10-3　滑动轴承支点位置的确定

	B/d	$\leqslant 1$	$>1\sim2$	>2
	e	$0.5B$	$(0.5\sim0.25)B$	$0.25B$

2. 计算弯矩,绘制弯矩图

求出传动件上的各分力,并转化到轴上,将其分解为水平分力和垂直分力。求出各支点的水平支反力 F_x 和垂直支反力 F_y,计算水平面弯矩 M_{xz} 和垂直面弯矩 M_{yz},绘制相应的弯矩图。则总弯矩为

$$M = \sqrt{M_{xz}^2 + M_{yz}^2} \tag{10-4}$$

3. 绘制扭矩图(略)

4. 计算当量弯矩

$$M_v = \sqrt{M^2 + (\alpha T)^2} \tag{10-5}$$

式中:α 为应力折算系数。

一般由弯矩所产生的弯曲应力是对称循环的变应力,而由转矩所产生的扭转切应力则随转矩的变化情况而异,不一定是对称循环的变应力。因此在求当量弯矩时,应考虑这种应力循环特性差异的影响,即将非对称循环的应力状态,转化成对称循环的应力状态。当扭转切应力为静应力时,取 $\alpha \approx 0.3$;当扭转切应力为脉动循环变应力时,取 $\alpha \approx 0.6$;当扭转切应力为对称循环变应力时,取 $\alpha = 1$。

5. 校核轴的强度

由当量弯矩图初步判断出轴的某些危险截面(当量弯矩较大或直径较小处)后,再根据第三强度理论求出危险截面处的当量应力,其强度条件为

$$\sigma_v = \frac{M_v}{W} = \frac{M_v}{0.1d^3} \leqslant [\sigma_{-1}] \tag{10-6}$$

或

$$d \geqslant \sqrt[3]{\frac{M_v}{0.1[\sigma_{-1}]}} \tag{10-7}$$

式中：M_v 为轴上危险截面处的当量弯矩，N·mm；W 为轴上危险截面处的抗弯截面系数，mm³；$[\sigma_{-1}]$ 为轴在对称循环状态下的许用弯曲应力，MPa，取值见表 10-1；d 为轴上危险截面处直径，mm。

用式(10-6)或式(10-7)校核后，若结构设计中所确定的轴径不能满足强度要求，则应修改结构设计，直到满足强度要求为止。若结构设计所确定的轴径较大，则可在轴承计算完后，综合考虑是否需修改原结构设计。

在计算心轴时也可用式(10-6)和式(10-7)，此时取 $T=0$，即 $M_v = M$。对于转动的心轴，许用弯曲应力仍为对称循环状态下的许用弯曲应力 $[\sigma_{-1}]$；对于固定心轴，考虑到启动、制动等的影响，弯矩在轴上产生的应力可视为脉动循环变应力，其许用应力应为脉动循环状态下的许用弯曲应力，其值 $[\sigma_0] \approx 1.7[\sigma_{-1}]$。

对于一般用途的轴，按照以上设计计算即能满足使用要求。对于重要的轴，还需考虑应力集中、表面状况及尺寸的影响，要用安全系数法作进一步的疲劳强度校核。

10.2.3 按疲劳强度进行精确校核

这种计算的实质在于确定变应力情况下轴的安全程度。

轴在弯扭复合应力下危险截面的疲劳强度安全系数为

$$S = \frac{S_\sigma S_\tau}{\sqrt{S_\sigma^2 + S_\tau^2}} \geqslant [S] \tag{10-8}$$

由式(3-25)和式(3-26)得，危险截面在弯曲正应力和扭转切应力下的安全系数分别为

$$S_\sigma = \frac{k_N \sigma_{-1}}{\dfrac{k_\sigma}{\varepsilon_\sigma \beta_\sigma}\sigma_a + \psi_\sigma \sigma_m} \tag{10-9}$$

$$S_\tau = \frac{k_N \tau_{-1}}{\dfrac{k_\tau}{\varepsilon_\tau \beta_\tau}\tau_a + \psi_\tau \tau_m} \tag{10-10}$$

式中：$[S]$ 为许用安全系数，材质均匀，载荷及应力计算精确时，$[S]=1.3\sim1.5$；材质不够均匀，计算精确度较低时，$[S]=1.5\sim1.8$；材料均匀性及计算精确度很低或轴的直径 $d>200$ mm 时，$[S]=1.8\sim2.5$。σ_{-1}、τ_{-1} 分别为对称循环弯曲和扭剪疲劳极限，取值见表 10-1。k_N 为寿命系数，见式(3-6)。k_σ、k_τ 分别为受弯曲、扭剪时轴的有效应力集中系数，取值见表3-3、表3-4、表3-5。ε_σ、ε_τ 分别为受弯曲、扭剪时轴的绝对尺寸系数，取值见表3-6。β_σ、β_τ 为轴的表面质量系数，取值见表3-7、表3-8、表3-9。ψ_σ、ψ_τ 分别为弯曲、扭剪时平均应力折合为应力幅的等效系数（见表10-1注②）。σ_a、σ_m 分别为弯曲的应力幅和平均应力。对于一般转轴，弯曲应力按对称循环变化，故 $\sigma_a = \dfrac{M}{W}$，$\sigma_m = 0$；当轴不转动或载荷随轴一起转动时，考虑到载荷的波动情况，弯曲应力按脉动循环处理，即 $\sigma_a = \sigma_m = \dfrac{M}{2W}$。$\tau_a$、$\tau_m$ 分别为扭剪的应力幅和平均应力，扭转切应力一般按脉动循环计，即 $\tau_a = \tau_m = \dfrac{T}{2W_T}$；若轴经常正反转，则应按对称循环处理，即 $\tau_a = \dfrac{T}{W_T}$，$\tau_m = 0$。

如果同一个截面上有很多种产生应力集中的结构,则应分别求出其有效应力集中系数,然后从中取最大值进行计算。

10.2.4 静强度条件校核

对于瞬时过载较大的轴,在尖峰载荷的作用下,为防止过大的塑性变形,应按尖峰载荷进行静强度校核,轴的危险截面在弯扭复合应力下的静强度安全系数为

$$S_0 = \frac{S_{0\sigma}S_{0\tau}}{\sqrt{S_{0\sigma}^2 + S_{0\tau}^2}} \geqslant [S_0] \tag{10-11}$$

$$S_{0\sigma} = \frac{\sigma_s}{\sigma_{max}} \tag{10-12}$$

$$S_{0\tau} = \frac{\tau_s}{\tau_{max}} \tag{10-13}$$

式中:S_0 为静强度计算安全系数;$S_{0\sigma}$、$S_{0\tau}$ 分别为仅受弯矩和扭矩作用时的静强度安全系数;$[S_0]$ 为静强度许用安全系数,若轴的材料塑性高($\sigma_s/\sigma_b \leqslant 0.6$),$[S_0]=1.2 \sim 1.4$,若轴的材料塑性中等($\sigma_s/\sigma_b \leqslant 0.6 \sim 0.8$),$[S_0]=1.4 \sim 1.8$,若轴的材料塑性较低,$[S_0]=1.8 \sim 2$,对于铸造的轴,$[S_0]=2 \sim 3$;$\sigma_s$、$\tau_s$ 为材料抗弯、抗扭屈服强度,MPa;σ_{max}、τ_{max} 为尖峰载荷所产生的弯曲、扭转切应力,MPa。

10.2.5 轴的刚度计算

如前所述,轴在弯矩和转矩作用下,会产生弯曲变形和扭转变形,若变形量超过允许的限度,就会影响轴上零件的正常工作,甚至使机器丧失应有的工作性能。例如,机床主轴的过量变形会影响加工精度;齿轮轴的过量变形会使轮齿沿齿宽方向产生偏载,影响传动质量;采用滑动轴承支承的轴,轴弯曲变形过大,会使轴承局部磨损和发热,缩短使用寿命。因此,对刚度要求较高的轴,必须进行刚度的校核计算。

轴的刚度分弯曲刚度和扭转刚度两类。弯曲刚度以挠度和偏转角来度量,扭转刚度以扭转角来度量。

轴的弯曲刚度条件为

$$\left. \begin{array}{l} y \leqslant [y] \\ \theta \leqslant [\theta] \end{array} \right\} \tag{10-14}$$

轴的扭转刚度条件为

$$\varphi \leqslant [\varphi] \tag{10-15}$$

式中:y、$[y]$ 分别为轴的挠度和许用挠度,mm;θ、$[\theta]$ 分别为轴的偏转角和许用偏转角,rad;φ、$[\varphi]$ 分别为轴的扭转角和许用扭转角,(°)/m。

式中的变形量可采用材料力学中有关公式计算,其允许变形量可由各类机器的实践经验确定。

10.3 轴的结构设计

由于轴的主要用途是支承旋转零件,所以轴的设计除了考虑轴的强度和刚度外,还必须考虑轴上传动件和支承件的固定、装拆以及轴本身的加工工艺等问题。这就需要进行轴的结构设计。

轴的结构主要取决于以下因素：轴在机器中的安装位置及形式；轴上零件的类型、尺寸、数量以及与轴的连接方式；载荷的性质、大小、方向及分布情况；轴的加工工艺性；等等。轴的结构设计具有较大的灵活性和多变性，但原则上应满足下列主要要求。

（1）轴及轴上零件具有确定的工作位置，且固定可靠，便于装拆。

（2）轴的尺寸必须符合有关的尺寸标准系列。

（3）轴的结构形状和尺寸应有利于提高其强度和刚度，使轴的受力合理，尽量避免或减少应力集中。

（4）应具有良好的加工和装配工艺性。

总的来说，就是在满足轴的工作能力的条件下，应尽量使轴的尺寸小、质量轻、工艺性好。

下面以单级齿轮减速器的输入轴（见图 10-11）为例，说明轴的结构设计中要解决的几个主要问题。

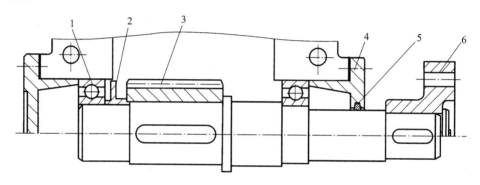

图 10-11　轴上零件的装配方案示例

1—滚动轴承；2—挡油盘；3—齿轮；4—轴承盖；5—密封圈；6—联轴器

10.3.1　拟定轴上零件的装配方案

所谓装配方案，就是预定出轴上主要零件的装配方向、顺序和相互关系。它是进行轴设计的前提。轴上零件可以从轴的左端、右端或从轴的两端依次装配，采用不同的装配方案，必得出不同的结构形式。设计时，可拟定几种不同的装配方案，经过比较选取最佳方案。

图 10-11 所示的减速器为剖分式箱体，为便于轴上零件的装拆，将轴设计成阶梯状，其直径自中间轴环向两端依次减小。该轴上零件装配方案是，左端的齿轮、挡油盘、滚动轴承、轴承盖依次由轴的左端向右安装，而右端的滚动轴承、轴承盖和联轴器则由右向左安装。

10.3.2　轴上零件的定位和固定

为了保证轴和轴上零件具有准确而可靠的工作位置，防止零件受力时发生沿轴向或周向的相对运动，轴上零件和轴必须做到定位准确、固定可靠。

所谓轴上零件的定位，是相对安装而言的，要保证一次安装到位，给轴上零件一个准确的安装位置。而固定是针对工作而言的，使零件在工作过程中始终保持该位置，除了轴上零件需要有游动或空转外，零件受力时不能发生沿轴向或周向的相对运动。轴上零件的固定分为轴向及周向两个方向的固定。从结构作用上，往往同一个结构，既起定位作用，又起固定作用。

1. 轴上零件的轴向定位和固定

轴上零件的轴向定位和固定可采用轴肩、轴环、套筒、弹性挡圈、紧定螺钉、圆螺母、轴端挡圈等方式，其结构形式、特点和应用如表 10-4 所示。

2. 轴上零件的周向固定

轴上零件的周向固定可采用键连接、花键连接、销连接、成形连接、过盈配合连接等轴毂连接方式(见图 10-12),其结构形式、特点和应用详见第 15 章。

表 10-4　轴上零件的轴向定位和固定方法

序号	定位和固定方式	结构简图	特点和应用
1	轴肩轴环	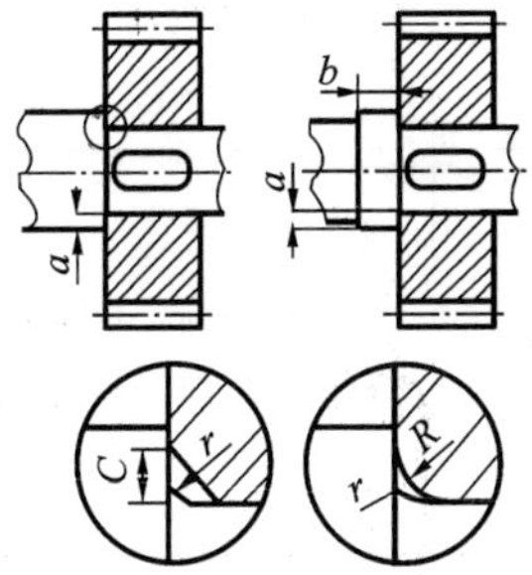	结构简单,工作可靠,可承受较大载荷。为了保证工作可靠,轴上圆角半径 r 应小于零件毂孔的圆角半径 R 或倒角高度 C,即 $r<R$ 或 $r<C$;同时在定位时还需保证 $a>R$(或 C)。 一般 $a\approx0.07d+3$ mm,$b\approx(1\sim1.5)a$ 或 $b\approx(0.1\sim0.15)d$
2	套筒	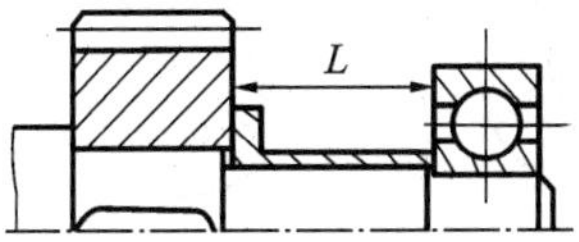	当轴上两零件间隔距离不大时,可用套筒作为轴向定位和固定零件,其结构简单,定位可靠。应注意装零件的轴段长度要比轮毂的宽度短 $2\sim3$ mm,保证套筒靠紧零件端面,但不适用于转速较高的轴
3	圆螺母		固定可靠,可承受较大的轴向力,用于固定轴中部的零件时,可避免采用长套筒,以减轻质量。但轴上要切制螺纹和退刀槽,应力集中较大,一般常用于轴端零件的固定,螺纹采用细牙螺纹
4	轴端挡圈	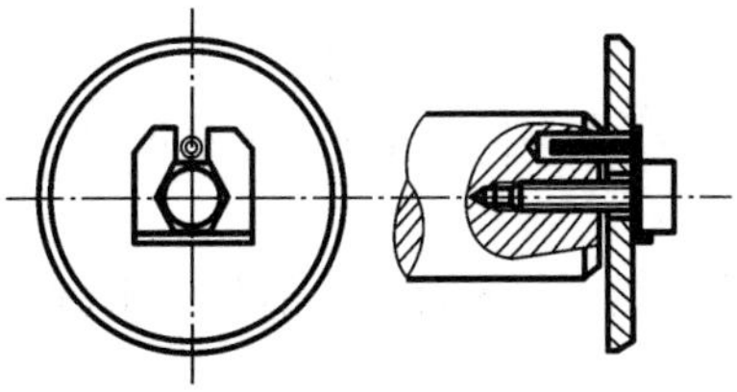	用于轴端零件的固定,可承受较大的轴向力。应注意装零件的轴段长度要比轮毂的宽度短 $2\sim3$ mm,保证轴端挡圈能压紧零件端面
5	弹性挡圈	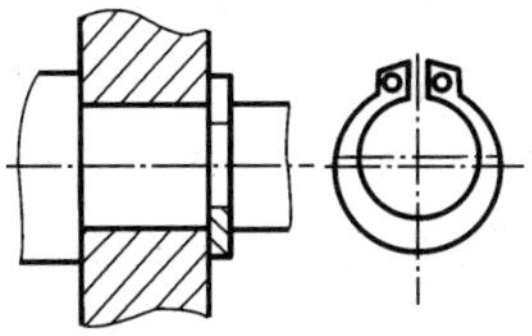	结构简单、紧凑,装拆方便,但只能承受较小的轴向力,且可靠性较差,对轴的强度削弱较大

续表

序号	定位和固定方式	结构简图	特点和应用
6	挡环与紧定螺钉		用紧定螺钉把挡环与轴固定,结构简单,定位方便,但只能用于承受较小的轴向力且转速较低的场合
7	销连接		结构简单,可同时起周向和轴向固定作用,但轴上的应力集中较大,对轴的强度削弱较大

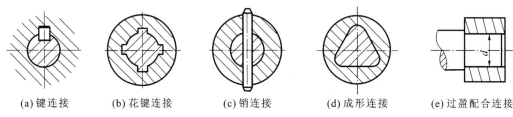

(a) 键连接　　　(b) 花键连接　　　(c) 销连接　　　(d) 成形连接　　　(e) 过盈配合连接

图 10-12　轴上零件周向固定方法

10.3.3　各段轴径和长度的确定

1. 轴径的确定原则

轴的各段直径通常是先根据轴所传递的转矩,初步估算出最小直径,再根据轴上零件的装配、定位和固定要求等因素由两端向中间逐一进行确定。在确定轴的各段直径时应遵循以下原则。

(1) 直径圆整成整数。

(2) 有配合要求的轴段取标准直径;配合性质不同的表面(包括配合表面与非配合表面),直径应有所不同。

(3) 与标准件相配合的轴段直径,应采用相应的标准值,如与滚动轴承相配合的轴径,应采用滚动轴承的内孔标准直径。

(4) 对有定位要求的轴肩高度,应按表 10-4 给定的原则确定。

(5) 滚动轴承的定位高度必须低于轴承内圈的端面高度,以便于轴承的拆卸。

(6) 对于没有定位要求的轴肩,主要考虑便于轴上零件的装配和对轴径的加工要求来设置工艺轴肩,其高度可以很小,相邻两轴段的直径差取 1~3 mm 即可,但也应尽量符合标准直径的要求;有时为了减少轴的阶梯数,也可以不设非定位轴肩,而采用相同的公称直径,不同的轴段采用不同的公差以达到便于轴上零件安装的目的。

(7) 在轴中间装有过盈配合零件时,该零件毂孔与装配时需要通过的其他轴段之间应留有间隙,以便于安装。

2. 各轴段长度的确定

轴的各段长度主要是依据轴上零件的轴向尺寸和轴系结构的总体布置来确定的,设计时应注意如下事项。

(1) 轴颈的长度通常与轴承的宽度相同,滚动轴承的宽度可查相关手册。

(2) 轴头(轴与传动件轮毂相配合部分)长度,一般应比轮毂的宽度短 2~3 mm(见图 10-13),以便将零件沿轴向压紧,保证可靠的轴向固定。

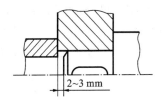

图 10-13 轴头长度

(3) 其余各轴段的长度,可根据总体结构的要求(如零件间的相对位置、装拆要求、轴承间隙的调整等)来确定。

10.3.4 提高轴强度的结构措施

轴和轴上零件的结构、工艺以及轴上零件的安装布置等对轴的强度和刚度有很大影响,所以应充分考虑,以利于提高轴的承载能力,减小轴的尺寸和机器的质量,降低制造成本。

1. 合理设计和布置轴上零件,减小轴的最大载荷

如图 10-14(a)所示,中间为输入轮,两侧为输出轮,轴所受的扭矩以中间轮为界,左、右两段分别为 T_1 和 T_2;当右边为输入轮,左边两轮为输出轮(见图 10-14(b))时,中间轮与右侧轮的轴段承受扭矩为 $T_1 + T_2$。显然图 10-14(a)所示的布置形式对轴受载更有利。

图 10-15 所示为起重机上的卷筒装置。如图 10-15(a)所示,大齿轮安装在卷筒轴支承的另一侧,当提升重物(重力为 F),时,大齿轮将转矩通过轴传到卷筒,因此卷筒轴既受弯矩又受扭矩;如图 10-15(b)所示,大齿轮安装在卷筒上,当提升重物时,转矩经大齿轮直接传递给卷筒,因此卷筒轴只受弯矩而不受扭矩。显然在同样载荷 F 作用下,图 10-15(b)所示的轴比图 10-15(a)所示的轴所承受的载荷小。

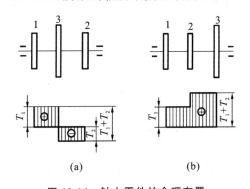

(a)	(b)

图 10-14 轴上零件的合理布置

1,2—输出齿轮;3—输入齿轮

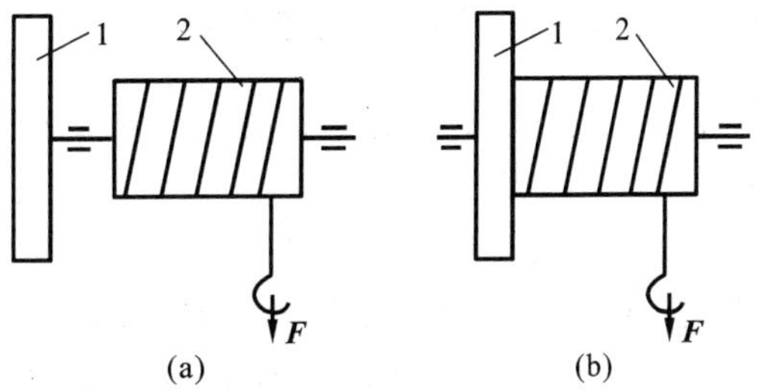

(a)	(b)

图 10-15 起重机卷筒

1—大齿轮;2—卷筒

2. 避免或减小应力集中

对于承受变应力的轴来说,应力集中往往是使轴发生破坏的根源。为了提高轴的疲劳强度,应从结构设计、加工工艺等方面采取措施,尽量减小应力集中,特别是对于合金钢轴,这尤其重要。这里仅讨论从结构设计方面避免或减小应力集中的措施。

(1) 要尽量避免在轴上开横孔、凹槽和加工螺纹,这些结构会产生较大的应力集中。当必须开横孔时,应在孔边倒角。

(2) 在轴的截面和尺寸发生突变处都会造成应力集中,变化越大,应力集中越大,所以对阶梯轴来说,相邻两段轴径的变化不宜过大,而且应尽量增大过渡处的圆角半径。对于有定位要求的轴肩,由于轴上零件的端面应与轴肩定位面靠紧,过渡圆角半径受到限制,这时可采用凹切圆槽或过渡定位套(见图 10-16)等结构。

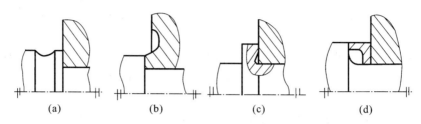

(a)　　　　　(b)　　　　　(c)　　　　　(d)

图 10-16　轴径突变处减小应力集中的措施

　　(3)轴与轮毂采用过盈配合时,在配合的边缘会产生较大的应力集中(见图 10-17(a))。可在轮毂上或轴上开卸载槽(见图 10-17(b)、(c))或加大配合部分直径(见图 10-17(d)),以减小应力集中。

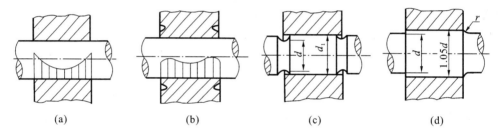

(a)　　　　　(b)　　　　　(c)　　　　　(d)

图 10-17　轴与轮毂采用过盈配合时减小应力集中的措施

　　(4)在满足机器零件相互位置尺寸要求的前提下,为提高轴的强度和刚度,轴在支承间的跨度应尽量小;悬臂布置的工件,其悬臂尺寸应尽量缩短。

　　此外,提高轴的表面质量,降低轴的表面粗糙度,对轴的表面采用碾压、喷丸、渗碳淬火等强化处理,均可提高轴的抗疲劳强度。

10.3.5　轴的结构工艺性

　　轴的结构工艺性是指轴的结构应形状简单,便于加工、装配、拆卸、测量和维修,以提高生产效率、降低成本。设计轴时应注意以下几方面问题。

　　(1)轴的直径变化量应尽可能小,应尽量限制轴的最大直径及各轴段间的直径之差,既能简化结构、节省材料,又能减少切削量。

　　(2)轴端和各阶梯端面应制出 45°倒角,以便于装配零件和去掉毛刺,如图 10-18 所示。

　　(3)对于过盈配合零件,在装入端应加工出导向锥面,如图 10-19 所示。

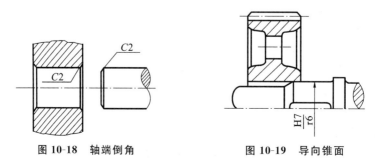

图 10-18　轴端倒角　　　　　图 10-19　导向锥面

（4）在有螺纹部分的阶梯处,应制有螺纹退刀槽(见图 10-20);有砂轮磨削的轴径阶梯处,应制有砂轮越程槽(见图 10-21),其尺寸可由标准查出。

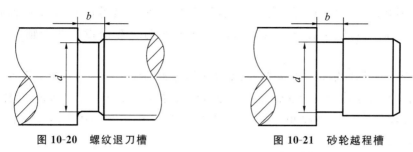

图 10-20　螺纹退刀槽　　　　　　　　　　　图 10-21　砂轮越程槽

（5）轴上沿长度方向开有几个键槽时,应将键槽安排在同一加工直线上,如图 10-22 所示。

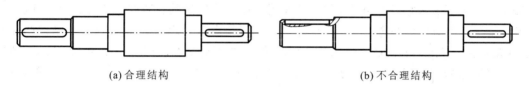

(a)合理结构　　　　　　　　　　　　　　　(b)不合理结构

图 10-22　多个键槽的布置

（6）同一根轴上的所有圆角半径和倒角的尺寸应尽可能一致,以减少刀具规格和换刀次数。

例 10-1　已知两级斜齿圆柱齿轮减速器输入轴,经总体设计,整体布置如图 10-23 所示。轴端用弹性柱销联轴器与电动机相连,传递功率为 15 kW,转速为 1450 r/min;高速级圆柱齿轮传动的主要参数 $z_1=20$,$z_2=65$,法面模数 $m_n=3$ mm,$\beta=15°$,$\alpha_n=20°$,齿宽 $b=45$ mm。试设计该输入轴。

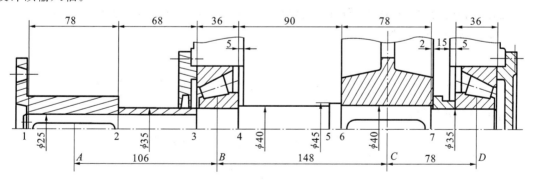

图 10-23　例 10-1 图

解　（1）选择轴的材料。

该轴无特殊要求,选用 45 钢制造,调质处理,由表 10-1 得,$\sigma_b=640$ MPa。

（2）初步估算轴径。

按扭转强度估算输入端联轴器处的最小轴径。由表 10-2,对于 45 钢,取 $C=110$,则

$$d_{min}=C\sqrt[3]{\frac{P}{n}}=110\sqrt[3]{\frac{15}{1450}}\text{ mm}=24\text{ mm}$$

（3）轴的结构设计。

根据齿轮减速器的简图,确定轴上主要零件的布置(见图 10-23)和初步估算定出轴径,进

行轴的结构设计。

①　轴上零件的轴向定位　齿轮的左端靠轴肩定位，右端靠套筒定位，装拆、传力均较方便；两端轴承常用同一尺寸，以便于加工、安装和维修；为便于装拆轴承，轴承处轴肩不宜太高（其高度的最大值可从轴承标准中查得），故左边轴承与齿轮间设置两个轴肩，如图 10-23 所示。

②　轴上零件的周向定位　齿轮与轴、半联轴器与轴的周向固定均采用平键连接。根据轴的直径，由有关设计手册查得半联轴器处的键截面尺寸 $b\times h=8\text{ mm}\times 7\text{mm}$，配合为 H7/k6；齿轮处的键截面尺寸 $b\times h=12\text{ mm}\times 8\text{ mm}$，配合为 H7/r6；滚动轴承内圈与轴的配合采用基孔制，轴的尺寸公差为 m6。

③　确定各段轴径和长度　定位轴肩高度按表 10-4 选取，所以对于轴径，从联轴器向右取 $25\text{ mm}\rightarrow 35\text{mm}$（含套筒）$\rightarrow 35\text{ mm}\rightarrow 40\text{ mm}\rightarrow 45\text{ mm}\rightarrow 40\text{ mm}\rightarrow 35\text{ mm}$。而各轴段长度，取决于轴上零件的宽度及它们的相对位置。考虑到箱体的铸造误差及装配时留有必要的间隙，取齿轮右端面至箱壁间的距离为 15 mm，滚动轴承与箱内壁边距为 5 mm；轴承处箱体凸缘宽度，应按箱盖与箱座连接螺栓尺寸及结构要求确定；半联轴器与轴配合长度为 80 mm，为使压板压住半联轴器，取其相应轴长为 78 mm；已知齿轮宽度为 80 mm，为使套筒压住齿轮端面，取相应轴长为 78 mm。

根据以上考虑，可确定每段轴长，并可算出轴承与齿轮、联轴器间的跨度。

④　考虑轴的结构工艺性　考虑轴的结构工艺性，在轴的左端与右端均制成 C2 倒角；为便于加工，齿轮、半联轴器处的键槽布置在同一母线上。

（4）轴的强度验算。

经结构设计之后，各轴段作用力的大小和作用点的位置、轴承跨距、各段轴径等参数均已知，下面就可通过计算作出弯矩、扭矩图，并进行危险截面安全系数校核。

先作出轴的受力计算简图（即力学模型），如图 10-24 所示，取集中载荷作用于齿轮。

①　求齿轮上作用力的大小。

转矩为

$$T=95.5\times 10^5\times \frac{P}{n}=95.5\times 10^5\times \frac{15}{1450}\text{ N·mm}=98793\text{ N·mm}$$

齿轮端面分度圆直径为

$$d_1=\frac{m_n}{\cos\beta}z_1=\frac{3\times 20}{\cos 15°}\text{ mm}=62.12\text{ mm}$$

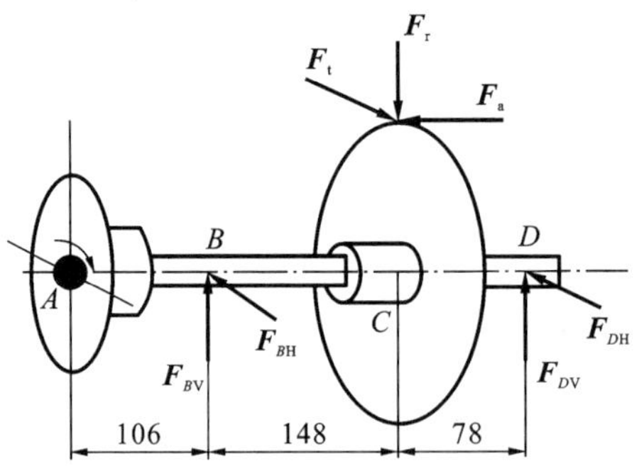

(a)受力简图

图 10-24　例 10-1 弯矩、扭矩图

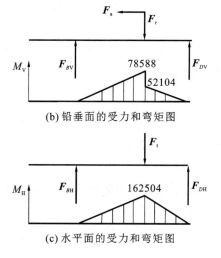

(b) 铅垂面的受力和弯矩图

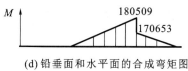

(c) 水平面的受力和弯矩图

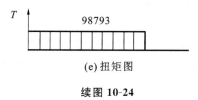

(d) 铅垂面和水平面的合成弯矩图

(e) 扭矩图

续图 10-24

圆周力为

$$F_t = \frac{2T}{d_1} = \frac{2 \times 98793}{62.12} \text{ N} = 3181 \text{ N}$$

径向力为

$$F_r = F_t \frac{\tan\alpha_n}{\cos\beta} = 3181 \times \frac{\tan 20°}{\cos 15°} \text{ N} = 1199 \text{ N}$$

轴向力为

$$F_a = F_t \tan\beta = 3181 \times \tan 15° \text{ N} = 852 \text{ N}$$

② 求铅垂面上轴承的支反力及主要截面的弯矩。

支反力为

$$F_{BV} = \frac{F_r \times 78 + F_a \times d_1/2}{148 + 78} = \frac{1199 \times 78 + 852 \times 62.12/2}{148 + 78} \text{ N} = 531 \text{ N}$$

$$F_{DV} = F_r - F_{BV} = (1199 - 531) \text{ N} = 668 \text{ N}$$

截面 C 处的弯矩为

$$M_{CV左} = F_{BV} \times 148 = 531 \times 148 \text{ N} \cdot \text{mm} = 78588 \text{ N} \cdot \text{mm}$$

$$M_{CV右} = F_{DV} \times 78 = 668 \times 78 \text{ N} \cdot \text{mm} = 52104 \text{ N} \cdot \text{mm}$$

③ 求水平面上轴承的支反力及主要截面的弯矩。

支反力为

$$F_{BH} = \frac{F_t \times 78}{148 + 78} = \frac{3181 \times 78}{148 + 78} \text{ N} = 1098 \text{ N}$$

$$F_{DH} = F_t - F_{BH} = (3181 - 1098)N = 2083 \text{ N}$$

截面 C 处的弯矩为

$$M_{CH} = F_{BH} \times 148 = 1098 \times 148 \text{ N} \cdot \text{mm} = 162504 \text{ N} \cdot \text{mm}$$

④ 截面 C 处铅垂面和水平面的合成弯矩。

合成弯矩为

$$M_{C左} = \sqrt{M_{CV左}^2 + M_{CH}^2} = \sqrt{78588^2 + 162504^2} \text{ N} \cdot \text{mm} = 180509 \text{ N} \cdot \text{mm}$$

$$M_{C右} = \sqrt{M_{CV右}^2 + M_{CH}^2} = \sqrt{52104^2 + 162504^2} \text{ N} \cdot \text{mm} = 170653 \text{ N} \cdot \text{mm}$$

⑤ 按弯扭合成应力校核轴的强度。

进行校核时,通常只校核轴上承受最大弯矩和扭矩的截面的强度,根据式(10-6)及以上载荷数值,取 $\alpha = 0.6$,该截面上的计算应力为

$$\sigma_v = \frac{\sqrt{M_{C左}^2 + (\alpha T)^2}}{W} = \frac{\sqrt{180509^2 + (0.6 \times 98793)^2}}{0.1 \times 40^3} \text{ MPa} = 29.68 \text{ MPa}$$

前面已选定轴的材料为 45 钢,调质处理,由表 10-1 查得,$[\sigma_{-1}] = 60$ MPa,由于 $\sigma_v < [\sigma_{-1}]$,故安全。

⑥ 危险截面的安全系数的校核。

危险截面的确定,一般采用如下方法。

a. 寻找归类。

找出所有存在应力集中源的截面,并按不同类别的应力集中源进行分类。本例中有三类应力集中源,如图 10-23 所示。圆角:1、2、3、4、5、6、7 截面。键槽:A、C 截面。紧配合边缘:1、2、3、4、6、7 截面。

b. 分析比较。

在同一类型应力集中源的截面中,找出弯矩、扭矩均较大,直径较小的轴段。如本例,圆角类中,1、2、3、4 截面虽承受扭矩,但弯矩较小,7 截面没承受扭矩且直径与 6 截面相同,均可排除在危险截面之外;键槽类中,A 截面虽承受扭矩但弯矩为零,可排除在危险截面之外;紧配合边缘类中,1、2、3、4 截面虽承受扭矩,但弯矩较小,7 截面没承受扭矩且直径与 6 截面相同,可排除在危险截面之外。最后仅剩 6、C 截面,确定为危险截面。

对于 6 截面,$D = 45$ mm,$d = 40$ mm,$r = 2.5$ mm,则其弯矩为

$$M = \frac{180509 \times (148 - 40)}{148} \text{ N} \cdot \text{mm} = 131722 \text{ N} \cdot \text{mm}$$

扭矩为 $T = 98793$ N·mm。

对于 C 截面,$d = 40$ mm,键槽尺寸 $b \times h = 12$ mm $\times 8$ mm,则其弯矩为 $M = 180509$ N·mm,扭矩为 $T = 98793$ N·mm。

取许用安全系数 $[S] = 1.8$,其校核计算如下。

6 截面抗弯截面系数为

$$W = \frac{\pi d^3}{32} = \frac{3.14 \times 40^3}{32} \text{ mm}^3 = 6280 \text{ mm}^3$$

C 截面抗弯截面系数为

$$W = \frac{\pi d^3}{32} - \frac{bt(d-t)^2}{2d} = \left[\frac{3.14 \times 40^3}{32} - \frac{12 \times 5 \times (40-5)^2}{2 \times 40}\right] \text{ mm}^3 = 5361 \text{ mm}^3$$

6 截面抗扭截面系数为

$$W_T = \frac{\pi d^3}{16} = 12560 \text{ mm}^3$$

C 截面抗扭截面系数为

$$W_T = \frac{\pi d^3}{16} - \frac{bt(d-t)^2}{2d} = \left[\frac{3.14 \times 40^3}{16} - \frac{12 \times 5 \times (40-5)^2}{2 \times 40}\right] \text{ mm}^3 = 11641 \text{ mm}^3$$

6 截面弯曲应力幅为

$$\sigma_a = \frac{M}{W} = \frac{131722}{6280} \text{ MPa} = 21 \text{ MPa}$$

C 截面弯曲应力幅为

$$\sigma_a = \frac{M}{W} = \frac{180509}{5361} \text{ MPa} = 34 \text{ MPa}$$

6 截面和 C 截面弯曲平均应力为

$$\sigma_m = 0 \quad (按对称循环应力计算)$$

6 截面的扭剪切应力幅和平均切应力为

$$\tau_a = \tau_m = \frac{T}{2W_T} = \frac{98793}{2 \times 12560} \text{ MPa} = 3.93 \text{ MPa} \quad (按脉动循环应力计算)$$

C 截面的扭剪切应力幅和平均切应力为

$$\tau_a = \tau_m = \frac{T}{2W_T} = \frac{98793}{2 \times 11641} \text{ MPa} = 4.24 \text{ MPa} \quad (按脉动循环应力计算)$$

弯曲疲劳极限 $\sigma_{-1} = 275$ MPa(见表 10-1);

扭切疲劳极限 $\tau_{-1} = 155$ MPa(见表 10-1);

弯曲等效系数 $\psi_\sigma = 0.2$(见表 10-1);

扭转等效系数 $\psi_\tau = 0.1$(见表 10-1);

绝对尺寸系数 $\varepsilon_\sigma = 0.84, \varepsilon_\tau = 0.78$(见表 3-6);

表面质量系数 $\beta = 0.95$(见表 3-7,车削)。

6 截面有效应力集中系数:圆角处,$k_\sigma = 1.67, k_\tau = 1.42$(见表 3-4);配合边缘处,$k_\sigma = 2.52$, $k_\tau = 1.82$(表 3-3);有效应力集中系数取大值,即 $k_\sigma = 2.52, k_\tau = 1.82$。

C 截面有效应力集中系数:键槽处,$k_\sigma = 1.76, k_\tau = 1.54$(见表 3-3)。

寿命系数,对于 45 钢调质(<350 HBW),$k_N = 1$。

受弯矩作用时的安全系数为

对于 6 截面

$$S_\sigma = \frac{k_N \sigma_{-1}}{\frac{k_\sigma}{\varepsilon_\sigma \beta}\sigma_a + \psi_\sigma \sigma_m} = \frac{1 \times 275}{\frac{2.52}{0.84 \times 0.95} \times 21 + 0.2 \times 0} = 4.15$$

对于 C 截面

$$S_\sigma = \frac{k_N \sigma_{-1}}{\frac{k_\sigma}{\varepsilon_\sigma \beta}\sigma_a + \psi_\sigma \sigma_m} = \frac{1 \times 275}{\frac{1.76}{0.84 \times 0.95} \times 34 + 0.2 \times 0} = 3.67$$

受扭矩作用时的安全系数为

对于 6 截面

$$S_\tau = \frac{k_N \tau_{-1}}{\frac{k_\tau}{\varepsilon_\tau \beta}\tau_a + \psi_\tau \tau_m} = \frac{1 \times 155}{\frac{1.82}{0.78 \times 0.95} \times 3.93 + 0.1 \times 3.93} = 15.4$$

对于 C 截面

$$S_\tau = \frac{k_N \tau_{-1}}{\frac{k_\tau}{\varepsilon_\tau \beta}\tau_a + \psi_\tau \tau_m} = \frac{1 \times 155}{\frac{1.54}{0.78 \times 0.95} \times 4.24 + 0.1 \times 4.24} = 16.78$$

安全系数为

对于 6 截面

$$S = \frac{S_\sigma S_\tau}{\sqrt{S_\sigma^2 + S_\tau^2}} = \frac{4.15 \times 15.4}{\sqrt{4.15^2 + 15.4^2}} = 4$$

对于 C 截面

$$S = \frac{S_\sigma S_\tau}{\sqrt{S_\sigma^2 + S_\tau^2}} = \frac{3.67 \times 16.78}{\sqrt{3.67^2 + 16.78^2}} = 3.6$$

可见,6 截面和 C 截面的安全系数 $S > [S]$,该轴的疲劳强度安全。

10.4　轴的振动稳定性计算简介

轴的转速达到一定值,就将发生显著的反复变形而使运转不稳定,这种现象称为轴的振动。

轴的振动可分为弯曲振动、扭转振动和纵向振动三种。轴在旋转时,轴上零件材料组织的不均匀程度以及制造和安装误差,均会使轴产生以离心力为表征的周期性干扰力,从而引起轴的横向振动,又称弯曲振动。如果这种强迫振动的频率与轴的自振频率重合或接近,就会出现弯曲共振现象。当轴由于传递的功率或转速的周期性变化而产生周期性扭转变形时,轴将产生扭转振动;当轴受到周期性的轴向干扰力时,轴将产生纵向振动。

在一般通用机械中,涉及共振的问题不多,而且轴的弯曲振动比扭转振动和纵向振动更为常见,纵向振动则由于轴的纵向自振频率很高,常予忽略。所以下面只对轴的弯曲振动问题略加说明。

轴在引起共振时的转速称为临界转速。如果轴的转速在临界转速附近,轴的变形将迅速增大,以至达到使轴甚至整个机器破坏的程度。因此,必须计算临界转速,其目的就在于使工作转速避开轴的临界转速。临界转速可以有许多种,最低的一个称为一阶临界转速,其余的依次为二阶临界转速、三阶临界转速……一阶临界转速下振动最激烈、最危险,所以通常主要计算一阶临界转速。

一般的机器,只要轴的转速避开一阶临界转速即可消除共振。轴的振动计算,主要检查轴的临界转速与轴的工作转速的差值,差值越大,不但能避免共振,而且振动越小;若差值太小,虽不一定发生共振,但振动剧烈。此时应通过改变轴的结构、尺寸及轴承跨度等措施来改变轴的刚度,从而改变轴的临界转速。

工作转速 n 低于一阶临界转速的轴称为刚性轴,超过一阶临界转速的轴,称为挠性轴。对于刚性轴,通常使 $n \leqslant (0.75 \sim 0.8)n_{c1}$;对于挠性轴,应使 $1.4n_{c1} \leqslant n \leqslant 0.7n_{c2}(n_{c1}、n_{c2}$ 分别为轴的一阶、二阶临界转速)。满足上述条件的轴就具有弯曲振动的稳定性。

弯曲振动临界转速的计算方法很多,使用时可参见相关文献。

知识链接

国产大型船用曲轴实现零突破

资料显示,1978 年到 1997 年间,中国在进口曲轴上的花费高达 9000 多万美元,而近年来,每年进口曲轴的费用已经高达四五千万美元。但高昂的价格还不是中国造船业最为头疼的问题,最大的问题是"一轴难求",国内造船业为此不得不放弃几百万吨造船订单。同时,"船等机、机等轴",也导致造船周期延长。

2002 年 5 月,上海电气(集团)总公司、沪东中华造船(集团)有限公司、中国船舶重工集团有限公司和上海工业投资(集团)有限公司受命投资组建上海船用曲轴有限公司,并投资 1.86 亿元开展大型船用曲轴的科技攻关。

一开始,大家还打算引进技术或者寻求合作伙伴,但很快这样的念头就被打消了,因为日、韩等国对船用曲轴制造技术实行"封锁"政策。吕亚臣回忆起当时的情景还历历在目:"我们去韩国和日本参观工厂,人家的曲轴车间根本就不让进;想从捷克转让制造技术吧,他们开价 9600 万元人民币。这一来,更激发了我们的决心:必须搞出中国人自己的曲轴!"

在此前的近 30 年时间里,国家曾经两次立项研制船用曲轴,但都以失败告终。

"我们这次能够研制成功,最关键的是集合了各方力量。"通过建立产、学、研、用联盟,并坚持科技创新和体制机制创新,仅用了不到 3 年时间,上海船用曲轴有限公司就克服了一系列难关,积累形成一批具有自主知识产权的船用曲轴的核心制造技术。比如热加工方面,与上海重型机器厂有限公司、中国船舶重工集团公司第十二研究所等企业和科研院所合作,完成了曲轴高纯洁度钢化学成分和热处理优化研究、曲轴弯锻成型技术研究。

2005 年 1 月,一根 7.5 米长、约 60 吨重的船用曲轴在上海船用曲轴有限公司下线,实现了我国在该领域的零的突破。2 月 25 日,这根被写入中国造船史的船用柴油机半组合曲轴,交付给了沪东重机有限公司,成为万吨级船舶的"中国心"。与此同时,船用半组合曲轴国产化项目竣工并通过了国家验收。

"现在,从炼钢、初加工、热处理、红套到最后的精加工,我们已申请国家专利 10 项。"上海船用曲轴有限公司的产品已经迈出国门,打进了曲轴生产第二大国韩国市场,2006 年与韩国船东签订的 29 根曲轴合同已基本交付,最近有望再签订 50 根曲轴的出口合同。

"不过,我们在生产成本和原料利用率等方面与国外相比还有一定差距,"上海电气(集团)总公司副总裁说,"我们正在进一步科研攻关,有 10 多个课题已经启动了。"

(资料来源:华强电子网)

习　题

10.1　选择题

(1) 下列各轴中,属于转轴的是 _____ 。

A. 减速器中的齿轮轴 　　　　　　　　B. 自行车的前、后轴

C. 铁路机车的轮轴 　　　　　　　　　D. 滑轮轴

（2）既承受转矩又承受弯矩作用的直轴,一般称为_____。

A. 传动轴　　　　　　　B. 固定心轴　　　　　　C. 转动心轴　　　　　　D. 转轴

（3）只承受转矩作用的直轴,一般称为_____。

A. 传动轴　　　　　　　B. 固定心轴　　　　　　C. 转动心轴　　　　　　D. 转轴

（4）按照轴的分类方法,自行车的中轴属于_____。

A. 传动轴　　　　　　　B. 固定心轴　　　　　　C. 转动心轴　　　　　　D. 转轴

（5）一般二级齿轮减速器的中间轴是_____。

A. 传动轴　　　　　　　B. 固定心轴　　　　　　C. 转动心轴　　　　　　D. 转轴

（6）减速器中,齿轮轴的承载能力主要受到_____的限制。

A. 短期过载下的静强度　　　　　　　　　　B. 疲劳强度

C. 脆性破坏　　　　　　　　　　　　　　　D. 刚度

（7）在下述材料中,不宜用于制造轴的是_____。

A. 45 钢　　　　　　　　B. 40Cr　　　　　　　C. QT500　　　　　　　D. ZCuSn1

（8）轴环的用途是_____。

A. 作为加工时的轴向定位　　　　　　　　　B. 使轴上零件获得轴向定位

C. 提高轴的强度　　　　　　　　　　　　　D. 提高轴的刚度

（9）当采用轴肩定位轴上零件时,零件轴孔的倒角应_____轴肩的过渡圆角半径。

A. 大于　　　　　　　　B. 小于　　　　　　　C. 大于或等于　　　　　D. 小于或等于

（10）定位滚动轴承的轴肩高度应_____滚动轴承内圈厚度,以便于拆卸轴承。

A. 大于　　　　　　　　B. 小于　　　　　　　C. 大于或等于　　　　　D. 等于

（11）为了保证轴上零件的定位可靠,应使其轮毂长度_____安装轮毂的轴头长度。

A. 大于　　　　　　　　B. 小于　　　　　　　C. 等于　　　　　　　　D. 大于或等于

（12）轴所受的载荷类型与载荷所产生的应力类型_____。

A. 一定相同　　　　　　B. 一定不相同　　　　C. 可能相同,也可能不同

（13）在进行轴的强度计算时,对单向转动的转轴,一般将弯曲应力考虑为对称循环变应力,将扭剪应力考虑为_____。

A. 静应力　　　　　　　　　　　　　　　　B. 对称循环变应力

C. 脉动循环变应力　　　　　　　　　　　　D. 非对称循环变应力

（14）用安全系数法精确校核轴的疲劳强度时,其危险截面的位置取决于_____。

A. 轴的弯矩图和扭矩图　　　　　　　　　　B. 轴的弯矩图和轴的结构

C. 轴的扭矩图和轴的结构　　　　　　　　　D. 轴的弯矩图、扭矩图和轴的结构

（15）为了提高轴的疲劳强度,应优先采用_____的方法。

A. 选择好的材料　　　　　　　　　　　　　B. 提高表面质量

C. 减小应力集中　　　　　　　　　　　　　D. 增大轴的直径

（16）材料为 45 钢调质处理的轴刚度不足,应采取的措施是_____。

A. 采用合金钢　　　　　　　　　　　　　　B. 减小应力集中

C. 采用等直径的空心轴　　　　　　　　　　D. 增大轴的直径

（17）材料为 45 钢调质处理的轴强度不足,不应采取的措施是_____。

A. 采用合金钢　　　　　　　　　　　　　　B. 减小应力集中

C. 提高表面硬度　　　　　　　　　　　　　D. 增大轴的直径

（18）在用当量弯矩法计算转轴时，采用应力折算系数 α 是考虑到_____。

A. 弯曲应力可能不是对称循环应力　　　　B. 扭转剪应力可能不是对称循环应力

C. 轴上有应力集中　　　　　　　　　　　　D. 轴的表面粗糙度不同

（19）比较图 10-25 所示两轴的疲劳强度，有_____。

A. 图 10-25(a)的强度低　　　　　　　　　B. 图 10-25(b)的强度低

C. 二者强度相同　　　　　　　　　　　　D. 按图 10-25(b)中圆角半径大小而定

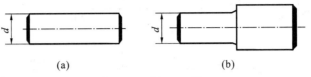

图 10-25　题 10.1 图 1

（20）如图 10-26 所示，齿轮传动中，功率（$P=10$ kW）从中间轴 Ⅱ 轴输入，从 Ⅰ、Ⅲ 轴输出，则 Ⅱ 轴上的转矩_____。

A. 为 T_2，且 $T_2=0$

B. 为 T_2，且 $T_2=T_1+T_3$

C. 为 T_2，但 $T_2\neq T_1+T_3$，因 $T_3>T_2$

D. 为 T_2+T_3

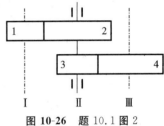

图 10-26　题 10.1 图 2

10.2　为提高轴的强度和刚度，设计时应注意哪些问题？

10.3　何谓轴上零件的定位和固定？轴上零件周向固定及轴向固定的常用方法有哪些？各有什么特点？

10.4　轴的当量弯矩计算公式 $M_v=\sqrt{M^2+(\alpha T)^2}$ 中，α 的含义是什么？其大小如何确定？

10.5　指出图 10-27 所示轴的结构设计不合理及不完善的地方，并画出改正后轴的结构图。

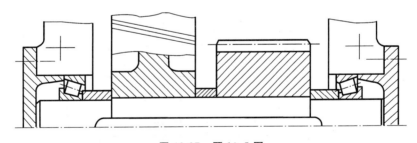

图 10-27　题 10.5 图

10.6　圆锥-圆柱齿轮减速器的输入与输出轴通过联轴器分别与电动机和工作机相连，输出轴为单向旋转（从左端看为顺时针方向转动）。设计减速器输出轴的初步尺寸和结构，如图 10-28所示；已知电动机功率 $P=10$ kW，转速 $n_1=1450$ r/mim，齿轮机构的参数如表 10-5 所示。

表 10-5　齿轮机构的参数

级　　别	z_1	z_2	m_n/mm	m_t/mm	β	α_n
高速级	20	60	3	3.016	11.5°	20°
低速级	25	100	4	4.099	12.6°	

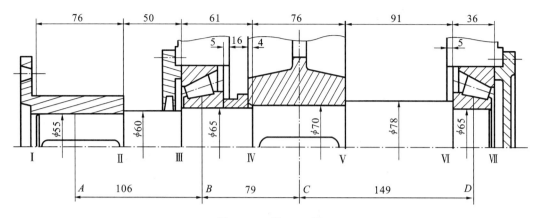

图 10-28　题 10.6 图

图中 B、D 为圆锥滚子轴承的载荷作用中心。轴的材料为 45 钢(正火),按弯扭合成理论校核此轴。

10.7　试设计图 10-29 所示二级标准斜齿圆柱齿轮减速器低速轴。已知低速轴传动功率 $P=5$ kW,转速 $n=42$ r/min,中心距 $a=225$ mm。低速轴上齿轮参数:$\alpha_n=20°$,$m_n=3$ mm,$z_4=110$,$\beta=9°22'$,齿宽 80 mm,右旋。两轴承间距 206 mm。轴承类型为深沟球轴承,型号初定为 6413,不计摩擦损失。要求:

(1)设计轴系结构;

(2)根据许用弯曲应力验算轴的强度;

(3)精确校核危险截面的综合安全系数。

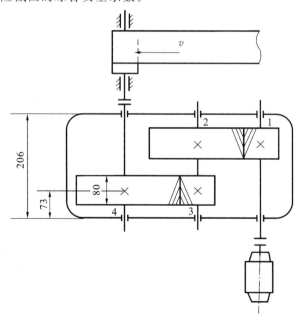

图 10-29　题 10.7 图

*10.8　分析图 10-30(a)所示传动装置中各轴所受的载荷(轴的自重不计),并说明各轴的类型。若将卷筒结构改为图 10-30(b)、(c)所示结构,分析其卷筒轴的类型。

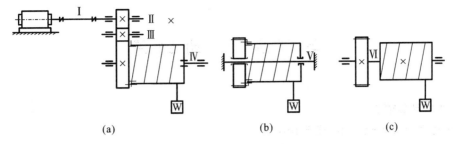

图 10-30 题 * 10.8 图

* 10.9 指出图 10-31 所示斜齿圆柱齿轮轴系结构的错误。错误处依次以①、②、③……标出，并说明错误原因，且在画中改正。图中所示斜齿轮为主动轮，动力由与之连接的联轴器输入，从动斜齿轮和箱体的其余部分没有画出。斜齿轮传动用箱体内的油润滑，滚动轴承用脂润滑。

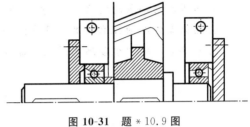

图 10-31 题 * 10.9 图

* 10.10 图 10-32 所示为由一对角接触轴承支承的轴系，齿轮采用油润滑，轴承采用脂润滑，轴端装联轴器。试完成该轴系的结构设计。

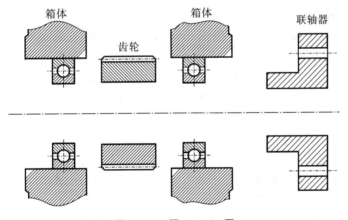

图 10-32 题 * 10.10 图

* 10.11 请指出图 10-33 所示轴系结构设计中标注数字处的明显结构错误及不妥之处，并分别按数字序号一一说明其错误和不合理原因，或在图上改正。已知齿轮用油润滑，轴承用脂润滑。

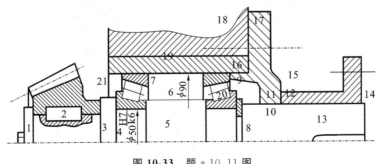

图 10-33 题 * 10.11 图

第11章 滚动轴承

【本章学习要求】

1. 熟悉滚动轴承的分类、特点和应用；
2. 掌握滚动轴承的代号及类型选择原则；
3. 掌握滚动轴承的失效形式、基本额定寿命等重要概念；
4. 熟练掌握滚动轴承的寿命计算方法；
5. 掌握滚动轴承组合结构设计的基本方法。

11.1 概　述

滚动轴承是依靠主要元件间的滚动接触来支承转动零件的，是标准化的部件，它选用与更换方便，使用十分广泛。

1. 滚动轴承的构造

标准滚动轴承的组成如图 11-1 所示，它由内圈 1、外圈 2、滚动体 3、保持架 4 四部分组成，其中滚动体 3 是基本元件。内圈用来和轴颈装配，外圈用来和轴承孔装配，通常内圈随轴颈回转，外圈固定，但也有相反的，即外圈回转，内圈不转，或是内、外圈同时回转。内、外圈上均有凹的滚道，滚道一方面限制滚动体的轴向移动，另一方面可降低滚动体与滚道间的接触应力。

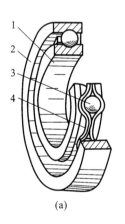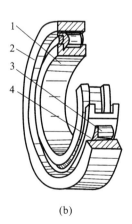

(a)　　　　　　　　　　　　　　(b)

图 11-1　滚动轴承的基本结构

1—内圈；2—外圈；3—滚动体；4—保持架

保持架能使滚动体均匀分布，以避免滚动体相互接触引起磨损与发热。如果没有保持架，则相邻的滚动体转动时由于接触处产生较大的相对滑动速度而引起磨损。根据不同轴承结构的要求，滚动体形状如图 11-2 所示，有球、圆柱滚子、球面滚子、圆锥滚子、滚针等。

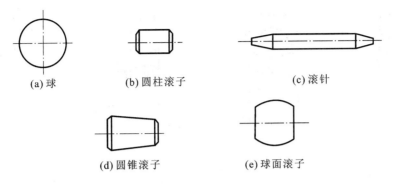

(a) 球　　　(b) 圆柱滚子　　　(c) 滚针

(d) 圆锥滚子　　　(e) 球面滚子

图 11-2　常用的滚动体

2. 滚动轴承的材料

轴承内、外圈，滚动体，要具有一定的接触强度和耐磨性，一般是用高碳铬轴承钢（如 GCrNi4A）或渗碳轴承钢（如 G20Cr15、GCr15-SiMn 等）制造的，经淬火热处理后其硬度不低于 60～65 HRC。

保持架有冲压和实体两种：冲压保持架选用较软的材料制造，常用低碳钢板冲压后铆接或焊接而成；实体保持架常选用铜合金、铝合金或塑料、聚四氟乙烯等工程材料制成。

3. 滚动轴承的特点及应用

与滑动轴承比，滚动轴承有以下优点：① 摩擦力小，启动力矩小，效率高；② 运转精度高；③ 轴向尺寸小；④ 润滑方便、简单，易于密封和维护；⑤ 因为是标准件，互换性好。其主要缺点如下：① 承受冲击载荷能力差；② 高速时噪声、振动较大；③ 高速、重载时寿命较低；④ 相对于滑动轴承，径向尺寸较大。因此，滚动轴承广泛应用于中速、中载和一般工作条件下运转的机械设备中，如果在特殊条件下，如高速、重载、精密、高温、低温、防腐、微型、特大型等场合，采用滚动轴承，则需要在结构、材料、加工工艺、热处理等方面，采取一些特殊的技术措施。

滚动轴承是标准件，所以滚动轴承设计的任务主要是根据具体工作条件正确选择轴承的类型和尺寸、验算轴承的承载能力，以及进行轴承的安装、调整、润滑和密封等轴承组合设计。

11.2　滚动轴承的类型与选择

11.2.1　滚动轴承的主要类型与特点

滚动轴承中套圈与滚动体接触处的法线和垂直于轴承轴心线的平面间的夹角 α 称为公称接触角。滚动轴承按承受载荷方向与公称接触角不同，承受载荷也不同。如图 11-3 所示，深沟球轴承、圆柱滚子轴承公称接触角为 $0°$，公称接触角在 $0°\sim45°$ 的角接触轴承，主要承受径向力，属于向心轴承。有些角接触轴承，若 $45°<\alpha<90°$，则承受的轴向载荷大于径向载荷，如圆锥滚子轴承、推力角接触球轴承、推力调心滚子轴承；若 $\alpha=90°$，则主要承受轴向力，如推力球轴承、推力圆柱滚子轴承。两者均属于推力轴承。

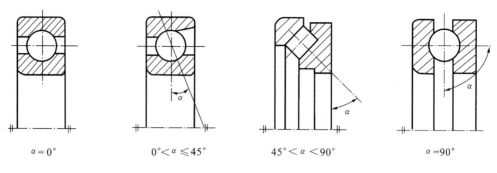

$\alpha = 0°$	$0° < \alpha \leqslant 45°$	$45° < \alpha < 90°$	$\alpha = 90°$
(a) 向心轴承		(b) 推力轴承	

图 11-3　滚动轴承的公称接触角

滚动轴承类型很多,常用类型名称、代号、简图及特性如表 11-1 所示。

表 11-1　常用滚动轴承的类型、代号、简图及特性

轴承类型	简图	类型代号	标准号	特性
调心 球轴承		1	GB/T 281 —2013	主要承受径向载荷,也可同时承受较小的双向轴向载荷。外圈滚道为球面,具有自动调心性能,适用于弯曲刚度小的轴
调心滚 子轴承		2	GB/T 288 —2013	用于承受径向载荷,其承载能力比调心球轴承大,也能承受较小的双向轴向载荷。具有调心性能,适用于弯曲刚度小的轴
圆锥滚 子轴承		3	GB/T 297 —2015	能承受较大的径向载荷和轴向载荷。内、外圈可分离,故轴承游隙可在安装时调整,通常成对使用,对称安装

轴承类型	简图		类型代号	标准号	特性
双列深沟球轴承			4	—	主要承受径向载荷,也能承受一定的双向轴向载荷。它比深沟球轴承具有更大的承载能力
推力球轴承	单向 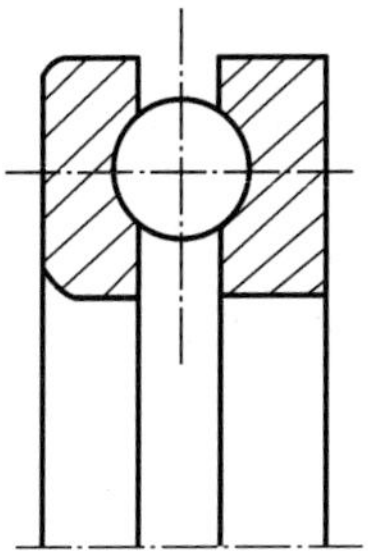		5(5100)	GB/T 301—2015	只能承受单向轴向载荷,适用于轴向力大而转速较低的场合
	双向 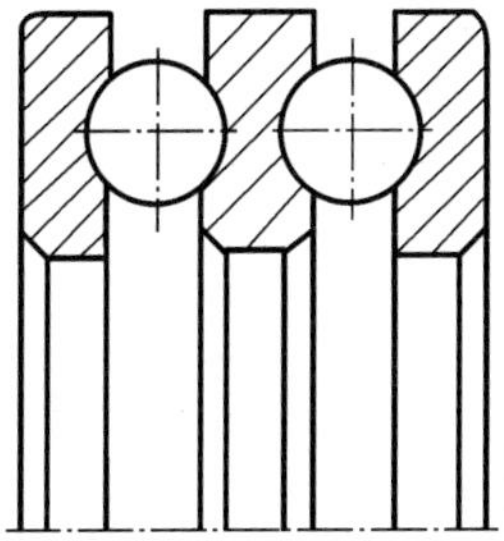		5(5200)	GB/T 301—2015	可承受双向轴向载荷,常用于轴向载荷大、转速不高场合
深沟球轴承			6	GB/T 276—2013	主要承受径向载荷,也可同时承受较小的双向轴向载荷。摩擦阻力小,极限转速高,结构简单,价格便宜,应用最广泛
角接触球轴承			7	GB/T 292—2007	能同时承受径向载荷与轴向载荷,接触角 α 有 15°、25°、40°三种。适用于转速较高、同时承受径向和轴向载荷的场合

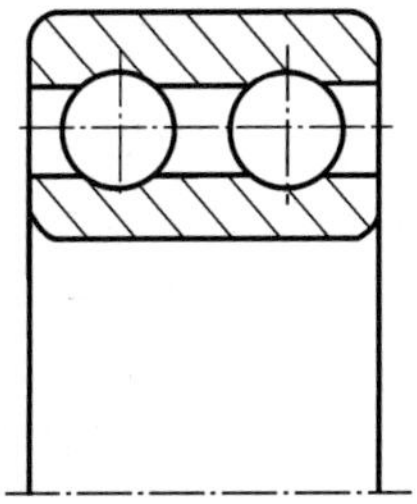

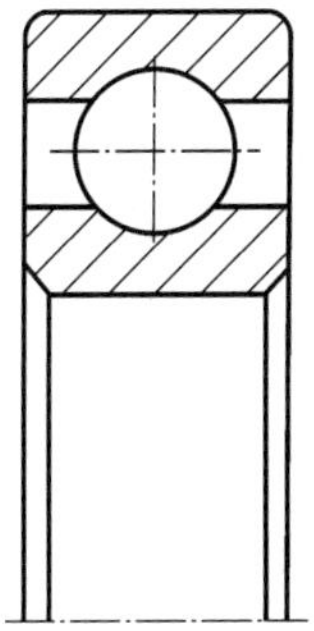

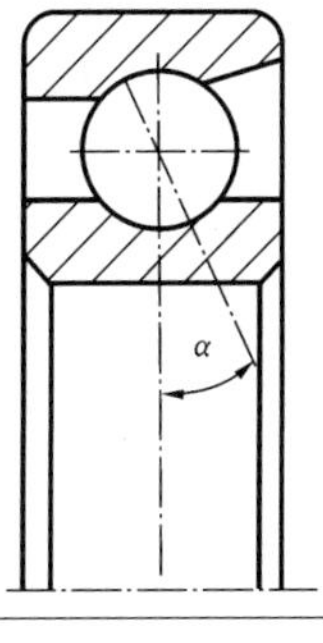

轴承类型	简图	类型代号	标准号	特性
推力圆柱滚子轴承	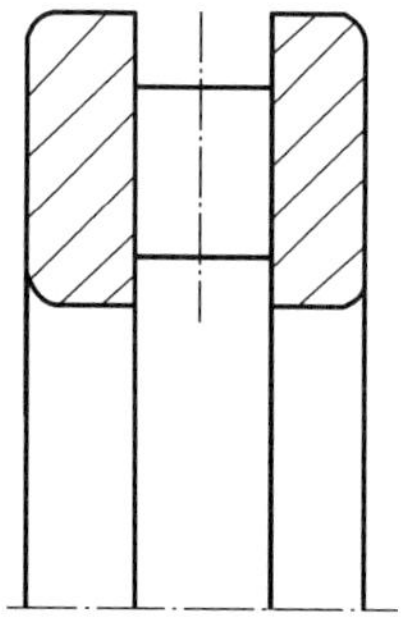	8	GB/T 4663—2017	只能承受单向轴向载荷,承载能力比推力球轴承大得多,不允许轴线偏移。适用于轴向载荷大而不需调心的场合
圆柱滚子轴承	外圈无挡边圆柱滚子轴承 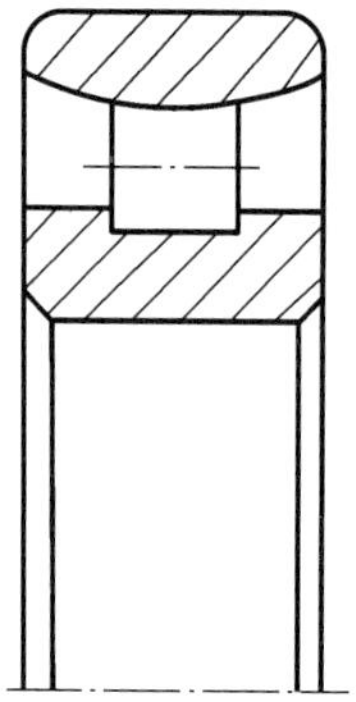	N	GB/T 283—2021	只能承受径向载荷,不能承受轴向载荷。承受载荷能力比同尺寸的球轴承大,尤其是承受冲击载荷能力大

11.2.2 滚动轴承的代号

滚动轴承类型和尺寸规格繁多,为便于设计和选用,标准规定了用代号表示滚动轴承的类型、尺寸、结构特点及公差等级等。

国家标准 GB/T 272—2017 规定了轴承代号的表示方法,滚动轴承代号的构成如表 11-2 所示。

滚动轴承由前置代号、基本代号、后置代号组成,用字母和数字表示。

表 11-2 滚动轴承代号的构成

前置代号(字母)	基本代号(数字、字母)					后置代号(字母+数字)						
	五	四	三	二	一							
轴承分部件代号	类型代号	宽度系列代号	直径系列代号		内径代号	内部结构代号	密封与防尘代号	保持架及材料代号	特殊轴承材料代号	公差等级代号	游隙代号	多轴承配置代号	其他代号

1. 基本代号

基本代号表示轴承的内径、直径系列、宽度系列和类型,最多为五位。

（1）轴承类型代号　基本代号从右起第 5 位用数字或字母表示（尺寸系列代号如有省略，则为第 4 位），或基本代号从左起第 1 位。如表 11-1 所示，6 表示深沟球轴承；3 表示圆锥滚子轴承；5 表示推力球轴承；7 表示角接触球轴承；N 表示圆柱滚子轴承。

（2）尺寸系列代号　表示轴承在结构、内径相同的条件下具有不同的外径和宽度，在基本代号从右起第 3、4 位（见表 11-2）。

宽度系列代号位于基本代号从右起第 4 位，表示结构、内径和直径系列都相同的轴承，有几个不同的宽度。某些宽度系列，如 0 系列代号可省略。

直径系列代号位于基本代号从右起第 3 位，表示结构、内径相同的轴承有几个不同直径。相同内径、不同直径系列轴承的尺寸对比，如图 11-4 所示。

（3）轴承的内径代号位于基本代号从右起第 1、2 位，用数字表示。

当 $d=10$ mm、12 mm、15 mm、17 mm 时，代号为 00、01、02、03；当内径 $d=20\sim480$ mm，且为 5 的倍数时，代号 $=d/5$ 或 $d=$ 内径代号 $\times5$ mm；当 $d>500$ mm 时，直径用内径尺寸表示，如代号/内径尺寸（mm）。

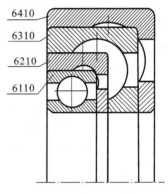

图 11-4　直径系列的对比

2. 前置代号

前置代号表示轴承的分部件，用字母表示。

L 表示可分离轴承的可分离内圈或外圈，如 LN207；K 表示轴承的滚动体与保持架组件，如 K81107；R 表示不带可分离内圈或外圈的轴承，如 RNU207；NU 表示内圈无挡边的圆柱滚子轴承；WS、GS 分别表示推力圆柱滚子轴承的轴圈和座圈，如 WS81107、GS81107。

3. 后置代号

后置代号反映轴承的结构、公差、游隙及材料的特殊要求等，共 8 组代号。

（1）内部结构代号　反映同一类轴承的不同内部结构。

例如：C、AC、B 分别表示角接触球轴承的接触角 α 为 15°、25° 和 40°，E 表示增大承载能力进行结构改进的增强型等，如 7210B、7210AC、NU207E 等。

（2）密封、防尘与外部形状变化代号　部分代号与含义如下。

RS 表示一面有骨架式橡胶密封圈（接触式）。

RZ 表示一面有骨架式橡胶密封圈（非接触式）。

Z 表示一面有防尘盖。

若在以上字母前加数字 2，则说明两面都有密封圈或防尘盖。

R、N、NR 分别表示轴承外圈带有止动挡边、止动槽、止动槽并带止动环，如 6210N 等。

（3）轴承的公差等级　有 /P2、/P4、/P5、/P6、/P6X、/P0 共 6 个代号，分别表示标准规定的 2、4、5、6、6X、0 等级的公差，0 级可以省略不写，例如 6542、6542/P6 等。

（4）轴承的径向游隙　常用的轴承径向游隙系列分为 0 组、1 组、2 组、3 组、4 组、5 组共 6 个组别，径向游隙由小到大，0 组是常用游隙组别，在轴承代号中不标注，其余分别用 /C1、/C2、/C3、/C4、/C5 表示。

（5）保持架代号　表示保持架在标准规定的结构材料外，以及其他不同结构形式与材料。如 A、B 分别表示外圈引导和内圈引导；J 表示钢板冲压，Q 表示青铜实体，M 表示黄铜实体，N 表示工程塑料。

其他在配置、振动、噪声、摩擦力矩、工作温度、润滑等方面有特殊要求的代号表示见标准 GB/T 272—2017，或厂家的说明。

11.2.3　滚动轴承类型的选择

选择轴承类型时,应根据轴的工作载荷的大小、方向和性质,转速,支承刚度,安装精度,结合各类轴承的特性和应用经验进行综合分析,确定合适的轴承。

选择轴承时基本原则如下。

(1) 转速较高,载荷较小,要求旋转精度高时,宜采用球轴承;转速低,载荷大,或有冲击载荷时,采用滚子轴承,但滚子轴承对轴线偏斜较敏感。

(2) 主要承受径向载荷时,采用深沟球轴承;主要受轴向载荷且转速不高时,采用推力轴承;同时受径向力和轴向力时,可采用角接触球轴承或圆锥滚子轴承。

(3) 6、7、N 类轴承极限转速较高,推力轴承极限转速较低。只受轴向力而转速较高时,不用推力轴承,可用深沟球轴承或圆锥滚子轴承,球轴承极限转速高于滚子轴承。轻系列轴承极限转速高于中或重系列轴承。

(4) 当轴的刚度较低或轴承孔不同心时宜用调心轴承。

(5) 为便于装拆和间隙调整,可选用内、外圈不分离的轴承。

(6) 角接触球轴承和圆锥滚子轴承一般应成对使用,对称安装。

(7) 旋转精度较高时,应选用较高的公差等级和较小的游隙;转速较高时,应选用较高的公差等级和较大的游隙。公差等级越高,轴承价格越贵,滚子轴承价格高于球轴承的价格,深沟球轴承的价格最低。

(8) 优先考虑用普通公差等级的深沟球轴承。

11.3　滚动轴承的载荷分析、失效形式及计算准则

11.3.1　滚动轴承的载荷分析

1. 滚动轴承受轴向载荷 F_a

中心轴向力 F_a 作用下,可以认为各滚动体平均分担载荷。此假设为理想状态,实际轴承工作时由于制造、安装等误差,有些滚动体承受的载荷可能大于受载的平均值。

2. 向心轴承受径向载荷 F_r

径向载荷 F_r 作用下向心轴承中载荷的分布如图 11-5 所示。为简化受力分析,假定轴承仅受径向载荷;内、外圈不变形;滚动体与滚道的变形在弹性变形范围内;径向游隙为零。考虑有一个滚动体的中心位于径向载荷的作用线上,上半圈滚动体不受力,下半圈滚动体受力,且滚动体在不同位置承受的载荷大小也在变化。根据变形协调条件,在 F_r 作用线下方滚动体变形和受力最大,滚动体所受的最大接触载荷为

$$Q_{max} \approx \frac{5}{Z} F_r \quad (\text{点接触的球轴承}) \quad (11\text{-}1)$$

$$Q_{max} \approx \frac{4.6}{Z} F_r \quad (\text{线接触的滚子轴承}) \quad (11\text{-}2)$$

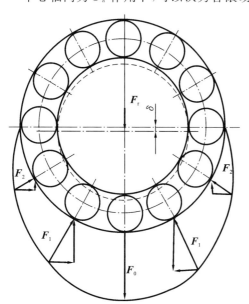

图 11-5　向心轴承中径向载荷的分布

式中:Z 为滚动体数。

由于游隙的存在,受载滚动体少于半圈,而作用一定的轴向载荷,则可使承载区扩大。

3. 角接触轴承同时受 F_r 和 F_a

1) 角接触轴承的派生轴向力 F_{za}

由于滚动体和滚道接触点的法线与轴承中心平面有接触角 α,派生轴向力 F_{za} 的方向沿轴承外圈宽边指向窄边,通过内圈作用于轴上,有使内、外圈分离的趋势。所以角接触轴承要成对使用、对称安装。

2) 轴向载荷对载荷分布的影响

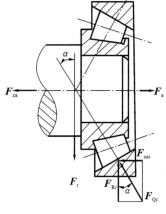

以图 11-6 所示的圆锥滚子轴承为例。轴承受 F_r 作用时,派生轴向力 F_{za} 迫使轴颈(连同轴承内圈和滚动体)向左移动,并与轴向力 F_a 平衡。

(1) 只有下面的滚动体受载时,有

$$F_{za} = F_r \tan\alpha \quad 或 \quad F_a = F_r \tan\alpha \tag{11-3}$$

(2) 受载滚动体增多时,在同样的 F_r 作用下,派生轴向力 F_{za} 也会增加。

因为各滚动体法向力 F_{Qi} 方向不相同,其径向分力 F_{Ri}(方向不同)向量之和与 F_r 平衡,但 $\sum F_{Ri} > F_r$;而 F_{Qi} 产生的派生轴向力 F_{zai} 方向均相同,所以 F_{za} 是 F_{zai} 的代数和,即

$$F_{za} = \sum_{i=1}^{n} F_{zai}$$

图 11-6 向心角接触轴承的内部轴向力

所以在同样的径向载荷 F_r 作用下由多个滚动体接触分别派生的轴向力的合力 F_{za} 大于只有一个滚动体受载时派生的轴向力。

设受载滚动体个数为 n,则

$$F_{za} = \sum_{i=1}^{n} F_{zai} = \sum_{i=1}^{n} F_{Ri} \tan\alpha > F_r \tan\alpha \tag{11-4}$$

所以

$$\tan\alpha < \frac{F_{za}}{F_r} = \frac{F_a}{F_r} = \tan\beta \Rightarrow \quad 或 \quad F_a > F_r \tan\alpha \tag{11-5}$$

式中:β 为载荷角,即轴承实际所承受的径向载荷 F_r 和轴向载荷 F_a 的合力与半径方向的夹角。$F_a > F_r \tan\alpha$ 为多个滚动体受载的条件。

结论如下。

(1) 角接触球轴承及圆锥滚子轴承必须在径向载荷 F_r 和轴向载荷 F_a 的联合作用下工作,或成对使用、对称安装。

(2) 为使更多的滚动体受载,应使 $F_a > F_r \tan\alpha$。

(3) F_r 不变时 F_a 由最小值 $F_a = F_r \tan\alpha$(一个滚动体受载)逐渐增大(即 β 角增大),则受载滚动体数增加。

当 $\tan\beta \approx 1.25 \tan\alpha$ 时,下半圈滚动体受载。

当 $\tan\beta \approx 1.7 \tan\alpha$ 时,图 11-5 所示的全部滚动体开始受载。

(4) 实际工作时,至少达到下半圈滚动体受载,所以安装这类轴承不能有较大的轴向窜动量,或应成对使用、对称安装。

11.3.2　轴承工作时轴承元件上载荷与应力的变化

滚动轴承在工作中,可以是外圈固定、内圈转动,也可以是内圈固定、外圈转动。各个元件上所受的载荷及产生的应力是时刻变化的。

滚动体进入承载区后,所受的载荷由零逐渐增加到最大值,然后逐渐减小到零,其应力为周期性的不稳定脉动循环变化。

转动套圈上各点的承载情况及应力情况,类似于滚动体的受载情况,也是不稳定脉动循环变应力。

固定套圈上处在承载区内的各接触点,按其所在位置不同,将受到不同的载荷作用。处于最大的接触载荷作用点,承受应力也最大。对于每一个具体的点,每当一个滚动体滚过时,这一点上的载荷和应力是稳定的脉动循环变应力。

11.3.3　滚动轴承的失效形式和计算准则

1. 主要失效形式

(1) 疲劳点蚀(见图 11-7(a))　在润滑和维护良好情况下,滚动轴承受载后,各滚动体的受力大小不同,对于回转轴承,滚动体与套圈间产生变化的接触应力,工作一段时间后,各元件接触表面上都可能发生接触疲劳磨损,出现点蚀现象,如果安装不当,造成轴承局部受载较大,促使点蚀早期发生,这是滚动轴承的主要失效形式和轴承寿命计算的依据。

(2) 磨损(见图 11-7(b))　多尘条件下工作的轴承的主要失效形式是磨损。在润滑不良和密封不严的情况下,轴承会在多尘条件下工作,滚动体与套圈有可能产生磨粒磨损。当发生滑动磨损时,如果润滑不充分,也会发生黏着磨损,并引起表面发热、胶合,甚至使滚动体回火。速度越高,发热及黏着磨损将越严重。

(a) 点蚀　　　　　　　　　　　　　　　(b) 磨损

图 11-7　轴承内圈滚道和滚动体的点蚀破坏

(3) 塑性变形　在一定的静载荷或冲击载荷作用下,滚动体或套圈滚道上将出现不均匀的塑性变形。这时,轴承的摩擦力矩、振动、噪声都将增加,运转精度也降低。这是轴承转速很低或做间歇摆动时的主要失效形式。

其他失效形式还有锈蚀、电腐蚀和由于操作、维护不当引起的元件破裂等失效形式。

2. 计算准则

轴承的尺寸主要根据轴承的失效形式进行必要的计算而定,一般工作条件的回转滚动轴承应进行接触疲劳寿命计算和静强度校核;对于摆动和转速较低的轴承,只需进行静强度计算;高速轴承,其发热引起黏着磨损和烧伤是其主要失效形式,除了进行寿命计算,还需要核验极限转速。

此外,还需要设计轴承组合的合理结构、润滑和密封系统,这对保证轴承的正常工作往往起关键作用。

11.4　滚动轴承的动载荷和寿命计算

11.4.1　基本额定寿命和基本额定动载荷

1. 基本额定寿命 L_{10}

单个滚动轴承中任一元件出现疲劳点蚀前运转的总转数或在一定转速下的工作小时数称轴承寿命。由于制造精度、材料的均质程度等因素影响,即使是同样材料、同样尺寸以及同一批生产出来的轴承,在完全相同条件下工作,它们的寿命也极不相同。图 11-8 所示为滚动轴承寿命分布曲线。最高和最低寿命甚至相差数十倍,对一个具体轴承很难预知其确切寿命,但一批轴承则服从一定的概率分布规律,用数理统计的方法处理数据可分析计算一定可靠度 R 或失效概率下的轴承寿命。实际中选择轴承时常以基本额定寿命为标准。

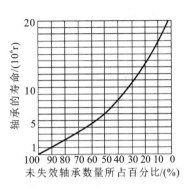

图 11-8　滚动轴承的寿命分布系数

基本额定寿命 L_{10} 是指同一批轴承在相同工作条件下工作,其中 90% 的轴承在产生疲劳点蚀前所能运转的总转数(以 10^6 r 为单位)或一定转速下的工作时数,以符号 L_{10} 或 L_h 表示。

在进行轴承的寿命计算时,必须先根据机器的类型、使用条件及可靠性要求,确定一个恰当的预期计算寿命(即设计机器时所要求的轴承寿命,通常可参照机器的大修期限确定)。表 11-3 所示是根据机器的使用经验推荐的预期计算寿命值,可供参考采用。

表 11-3　轴承预期寿命推荐用值

机械的种类及其使用情况		轴承预期寿命/h
不经常使用的仪器或设备,如闸门开闭装置		300～3000
航空发动机		1000～2000
间断使用的机械	中断使用不致引起严重后果,如手动机械	3000～8000
	中断使用引起严重后果,如发电机辅助设备、升降机、不经常使用的机床、装配吊车等	8000～12000
每天 8 h 工作的机械	利用率不高的齿轮传动、某些固定的电动机	12000～20000
	利用率较高的金属切削机床、连续使用的起重机、木材加工机械、印刷机械等	20000～30000
连续 24 h 工作的机械	一般可靠性要求的矿山升降机、纺织机械、泵、电动机等	40000～60000
	高可靠性的发电站主发电机、矿井水泵、船舶螺旋桨轴等	100000～200000

2. 基本额定动载荷 C

当轴承的基本额定寿命 L_{10} 为 10^6 r 时,轴承所能承受的载荷称为基本额定动载荷,通常用字母 C 表示。在基本额定动载荷作用下,轴承可以转 10^6 r 而不发生点蚀失效的可靠度为 90%。基本额定动载荷 C,对于向心轴承,指的是纯径向载荷,并称为径向基本额定动载荷,具体用 C_r 表示;对于推力轴承,指的是纯轴向载荷,并称为轴向基本额定动载荷,具体用 C_a 表示;对于角接触球轴承或圆锥滚子轴承,指的是套圈间产生纯径向位移的载荷的径向分量。

不同型号的轴承有不同的基本额定动载荷值,它表征了不同型号轴承的承载特性。轴承样本对每个型号的轴承都给出了它的基本额定动载荷值,需要时可从轴承样本中查取。轴承的基本额定动载荷值是在大量的试验研究的基础上,通过理论分析而得出来的。

11.4.2　滚动轴承的寿命计算公式

滚动轴承的寿命随载荷的增大而降低,寿命与载荷的关系曲线如图 11-9 所示。

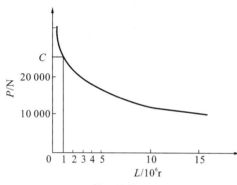

图 11-9　轴承的载荷-寿命曲线

其曲线方程为

$$P^{\varepsilon}L_{10}=常数$$

式中:P 为当量动载荷;L_{10} 为基本额定寿命,常以 10^6 r 为单位(当寿命为 1×10^6 r 时,$L_{10}=1$);ε 为寿命指数,对于球轴承,$\varepsilon=3$,对于滚子轴承,$\varepsilon=10/3$。由手册查得的基本额定动载荷 C 是以 $L_{10}=1$,可靠度为 90% 为依据的,即有

$$P^{\varepsilon}L_{10}=C^{\varepsilon}\times1 \tag{11-6}$$

由此可得当轴承的当量动载荷为 P 时以转速为单位的基本额定寿命 L_{10} 为

$$L_{10}=\left(\frac{C}{P}\right)^{\varepsilon} \tag{11-7}$$

按小时计的轴承寿命为

$$L_{\mathrm{h}}=\frac{10^6}{60n}\left(\frac{C}{P}\right)^{\varepsilon} \tag{11-8}$$

考虑当工作温度 $t>120$ ℃时,金属组织硬度和润滑条件等变化,轴承的基本额定动载荷 C 会有所下降,所以引入温度系数 f_{t}(见表 11-4)对 C 进行修正,则有

$$L_{10}=\left(\frac{f_{\mathrm{t}}C}{P}\right)^{\varepsilon}$$

$$L_{\mathrm{h}}=\frac{10^6}{60n}\left(\frac{f_{\mathrm{t}}C}{P}\right)^{\varepsilon} \tag{11-9}$$

表 11-4　温度系数 f_{t}

轴承工作温度/℃	≤120	125	150	175	200	225	250	300	350
温度系数 f_{t}	1.0	0.95	0.9	0.85	0.8	0.75	0.7	0.6	0.5

当 P、n 已知,预期寿命为 L'_{h},则要求选取的轴承的额定动载荷 C 为

$$C=\frac{P}{f_{\mathrm{t}}}\sqrt[\varepsilon]{\frac{60nL'_{\mathrm{h}}}{10^6}} \tag{11-10}$$

11.4.3　滚动轴承的当量动载荷 P

在实际工况中,滚动轴承常同时受径向和轴向联合载荷,为了在计算轴承寿命时将基本额定动载荷与实际载荷在相同条件下进行比较,需将实际工作载荷转化为当量动载荷。将实际载荷转换为作用效果相当并与确定基本额定动载荷的载荷条件相一致的假想载荷,该假想载荷称为当量动载荷 P。在当量动载荷作用下,轴承的寿命与实际联合载荷下轴承的寿命相同。

当量动载荷 P 的计算公式如下。

(1) 对于只能承受径向载荷 F_r 的轴承（N、NA 轴承），有

$$P = F_r \qquad (11\text{-}11)$$

(2) 对于只能承受轴向载荷 F_a 的轴承（推力球轴承（5）和推力圆柱滚子轴承（8）），有

$$P = F_a \qquad (11\text{-}12)$$

(3) 对于同时受径向载荷 F_r 和轴向载荷 F_a 的轴承，有

$$P = XF_r + YF_a \qquad (11\text{-}13)$$

式中：X 为径向载荷系数；Y 为轴向载荷系数。X、Y 取值见表 11-5。

考虑冲击、振动等动载荷的影响，引入载荷系数 f_P（见表 11-6）。

对于只能承受径向载荷 F_r 的轴承，$P = f_P F_r$；对于只能承受轴向载荷 F_a 的轴承，$P = f_P F_a$；对于同时受径向载荷 F_r 和轴向载荷 F_a 的轴承，$P = f_P (XF_r + YF_a)$。

表 11-5　滚动轴承当量动载荷计算的系数 X、Y

轴承类型		F_a/C_0	e	$F_a/F_r > e$		$F_a/F_r \leqslant e$	
				X	Y	X	Y
深沟球轴承		0.014	0.19	0.56	2.30	1	0
		0.028	0.22		1.99		
		0.056	0.26		1.71		
		0.084	0.28		1.55		
		0.11	0.30		1.45		
		0.17	0.34		1.31		
		0.28	0.38		1.15		
		0.42	0.42		1.04		
		0.56	0.44		1.00		
角接触球轴承	$\alpha = 15°$	0.015	0.38	0.44	1.47	1	0
		0.029	0.40		1.40		
		0.058	0.43		1.30		
		0.087	0.46		1.23		
		0.12	0.47		1.19		
		0.17	0.50		1.12		
		0.29	0.55		1.02		
		0.44	0.56		1.00		
		0.58	0.56		1.00		
	$\alpha = 25°$	—	0.68	0.41	0.87	1	0
	$\alpha = 40°$	—	1.14	0.35	0.57	1	0
圆锥滚子轴承		—	$1.5\tan\alpha$	0.4	$0.4\cot\alpha$	1	0
调心球轴承		—	$1.5\tan\alpha$	0.65	$0.65\cot\alpha$	1	$0.42\cot\alpha$

注：表中的 C_0 为基本额定静载荷；e 为判别系数。

表 11-6　载荷系数 f_P

载 荷 性 质	载荷系数 f_P	举　　　　例
无冲击或轻微冲击	1.0~1.2	电动机、汽轮机、通风机、水泵等
中等冲击或中等惯性力	1.2~1.8	机床、车辆、动力机械、起重机、造纸机、选矿机、冶金机械、卷扬机械等
强大冲击	1.8~3.0	碎石机、轧钢机、钻探机、振动筛等

11.4.4　角接触球轴承和圆锥滚子轴承所受轴向载荷的计算

1. 载荷作用中心

角接触轴承在计算支反力时,首先要确定载荷作用中心 O,它的位置应为各滚动体的载荷矢量与轴中心线的交点,如图 11-10 所示。轴承载荷中心与轴承外侧端面的距离 a 或 A 由手册查得。

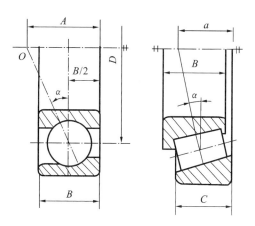

图 11-10　角接触轴承的载荷作用中心

2. 轴承所受轴向载荷 F_a 的计算

角接触球轴承和圆锥滚子轴承由于本身结构的特点,当有径向力作用时会产生派生 F_{za},在计算时应考虑。

该类轴承受径向力会产生派生轴向力 F_{za},如图 11-11 所示,所以要成对使用、对称安装。

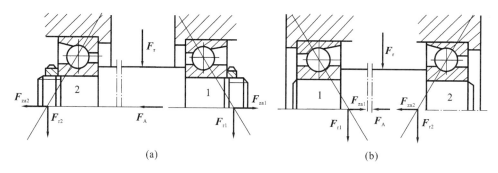

(a)　　　　　　　　　　　　　　　(b)

图 11-11　角接触球轴承轴向载荷的分析

1)派生轴向力大小和方向

(1)反装(背靠背)　实际支点跨距变大,适合于传动零件处于外伸端,方向如图 11-11(a)所示。

（2）正装（面对面）　支点跨距小，适合于传动零件位于两支承之间，方向如图 11-11（b）所示。

其计算公式如表 11-7 所示。

表 11-7　约有半数滚动体接触时派生轴向力 F_{za} 的计算公式

圆锥滚子轴承	角接触球轴承		
	70000C（$\alpha=15°$）	70000AC（$\alpha=25°$）	70000B（$\alpha=40°$）
$F_{za}=F_r/(2Y)$	$F_{za}=eF_r$	$F_{za}=0.68F_r$	$F_{za}=1.14F_r$

2）实际轴向载荷 $\boldsymbol{F}_a$ 的确定

以图 11-11（b）所示的面对面安装为例说明。

（1）当 $F_A+F_{za2}>F_{za1}$ 时　轴有向左移动的趋势，使轴承 1 被"压紧"，轴承 2 被"放松"，压紧的轴承 1 外圈通过滚动体将对内圈和轴产生一个阻止其左移的平衡力 F'_{za1}，使

$$F'_{za1}+F_{za1}=F_A+F_{za2}$$

所以轴承 1 的实际轴向载荷为

$$F_{a1}=F_{za1}+F'_{za1}=F_A+F_{za2}$$

对于轴承 2 上的轴向力，由力的平衡条件，有

$$F_{a2}=F_{a1}-F_A=F_A+F_{za2}-F_A=F_{za2}$$

式中：F_{za2} 为轴承 2 的派生轴向力。

（2）当 $F_A+F_{za2}<F_{za1}$ 时　轴有右移的趋势，轴承 2 被"压紧"，轴承 1 被"放松"，轴承 2 上产生一个平衡力 F'_{za2}，使

$$F_A+F_{za2}+F'_{za2}=F_{za1}\rightarrow F_{za2}+F'_{za2}=F_{za1}-F_A$$

所以轴承 2 实际所受的轴向力为

$$F_{a2}=F_{za2}+F'_{za2}=F_{za1}-F_A$$

对于轴承 1 实际所受的轴向力，由力的平衡条件，有

$$F_{a1}=F_A+F_{a2}=F_A+F_{za1}-F_A=F_{za1}$$

最终，$F_{a1}+F_{a2}+F_A=0$，使轴上的轴向载荷处于平衡，而非 $F_{za1}+F_{za2}+F_A=0$。

由以上分析，可得出角接触轴承的实际轴向载荷的计算要点如下。

① 根据轴承的安装方式，确定派生轴向力的大小及方向。

② 判断全部轴向载荷合力的方向，确定被压紧的轴承（紧端）及被放松的轴承（松端）。

③ 紧端轴承所受的实际轴向载荷，应为除了自身派生轴向力之外，其他所有轴向力的代数和；松端轴承所受的实际轴向载荷，等于自身派生轴向力。

11.4.5　不稳定载荷和不稳定转速下的轴承寿命计算

对于金属切削机床、起重机等机械，轴承载荷 $\boldsymbol{P}$ 和转速 n 会频繁发生变化，此时应按疲劳损伤累积假设求出平均当量转速 n_m 和平均当量动载荷 P_m，然后求轴承寿命，如果轴承的当量动载荷为 $\boldsymbol{P}_1,\boldsymbol{P}_2,\boldsymbol{P}_3,\cdots,\boldsymbol{P}_k$，转速为 $n_1,n_2,n_3,\cdots,n_k$，所占时间百分比为 $t_1,t_2,t_3,\cdots,t_k$，则滚动轴承的平均当量转速为

$$n_m=n_1t_1+n_2t_2+n_3t_3+\cdots+n_kt_k \tag{11-14}$$

平均当量动载荷为

$$P_m = \sqrt[\varepsilon]{\frac{n_1 t_1 P_1^\varepsilon + n_2 t_2 P_2^\varepsilon + \cdots + n_k t_k P_k^\varepsilon}{n_m}} \qquad (11\text{-}15)$$

所以将式(11-14)、式(11-15)代入轴承寿命计算公式(11-9)得

$$L_h = \frac{10^6}{60 n_m} \left(\frac{f_t C}{P_m}\right)^\varepsilon = \frac{16667 (f_t C)^\varepsilon}{n_1 t_1 P_1^\varepsilon + n_2 t_2 P_2^\varepsilon + \cdots + n_k t_k P_k^\varepsilon} \qquad (11\text{-}16)$$

11.4.6 不同可靠度时滚动轴承的寿命 L_n

前面公式中计算得到的轴承寿命的可靠度为 90%，而机械中有些具有特殊性能、特殊运转条件的轴承的寿命的可靠度不一定是 90%，如果在一定载荷下工作的滚动轴承可靠度不同，则计算轴承的寿命也不同，因此引入额定寿命修正系数 a_1，则

$$L_n = a_1 L_{10} \qquad (11\text{-}17)$$

式中：L_{10} 为轴承的基本额定寿命，其可靠度为 90%；a_1 为可靠度不为 90% 时额定寿命修正系数，取值见表 11-8；L_n 为可靠度为 $(100-n)$% 时轴承的额定寿命，h。将式(11-9)代入式(11-17)得

$$L_n = \frac{10^6 a_1}{60 n} \left(\frac{f_t C}{P}\right)^\varepsilon \qquad (11\text{-}18)$$

给定可靠度和该可靠度下轴承寿命 L_n 时，选择轴承时所需的轴承基本额定动载荷 C 的计算式为

$$C = \frac{P}{f_t} \left(\frac{60 L_n n}{10^6 a_1}\right)^{1/\varepsilon} \qquad (11\text{-}19)$$

表 11-8 额定寿命修正系数 a_1

可靠度/(%)	90	95	96	97	98	99
a_1	1.0	0.62	0.53	0.44	0.33	0.21

11.5 滚动轴承的静载荷与极限转速

11.5.1 滚动轴承的静载荷

在工作载荷下基本上不旋转的轴承，例如起重机吊钩上用的推力轴承，或者慢慢地摆动以及转速极低的轴承，其失效形式就不是点蚀了。这些情况下，滚动轴承接触面上的接触应力过大，使材料表面引起塑性变形，这才是该轴承的失效形式，这时应按轴承的静载荷计算。

滚动轴承的静载荷是指轴承套圈相对转速为零时作用在轴承上的载荷。为了限制滚动轴承在静载荷下产生过大的接触应力和永久变形，需要进行静载荷计算。

1. 基本额定静载荷

基本额定静载荷(径向基本额定静载荷 C_{0r}，轴向基本额定静载荷 C_{0a})取决于正常运转时轴承允许的塑性变形量，它是指受载最大的滚动体与滚道接触中心处引起的接触应力达到一定值时(如调心球轴承为 4600 MPa，其他球轴承为 4200 MPa，滚子轴承为 4000 MPa)，所假想的径向静载荷或中心轴向静载荷。

轴承样本中列有各型号轴承的基本额定静载荷值，以供选择轴承时查用。

2. 当量静载荷计算

如果同时受径向载荷 $\boldsymbol{F}_r$ 和轴向载荷 $\boldsymbol{F}_a$ 的轴承，应按当量静载荷 $\boldsymbol{P}_0$ 进行分析计算。轴承

的当量静载荷是假想的载荷,在当量静载荷作用下轴承的塑性变形量与实际载荷作用下轴承的塑性变形量相同。

当量静载荷计算方法如下。

(1) 对于 $\alpha \neq 0°$ 的轴承,其计算公式为

$$P_0 = X_0 F_r + Y_0 F_a \tag{11-20}$$

式中:F_r、F_a 分别为轴承所受的实际径向和轴向载荷;X_0、Y_0 分别为静径向载荷系数和静轴向载荷系数,取值见表 11-9。

表 11-9 滚动轴承当量静载荷的系数 X_0、Y_0

轴 承 类 型		X_0	Y_0
深沟球轴承		0.6	0.5
角接触球轴承	$\alpha = 15°$	0.5	0.46
	$\alpha = 25°$	0.5	0.38
	$\alpha = 40°$	0.5	0.26
圆锥滚子轴承		0.5	$0.22 \cot\alpha$
调心球轴承		0.5	$0.22 \cot\alpha$

如果 $\boldsymbol{F}_a$ 远小于 $\boldsymbol{F}_r$,则取

$$P_0 = F_r \quad \text{或} \quad P_0 = \max\{F_a, X_0 F_r + Y_0 F_a\}$$

(2) 对于 $\alpha = 0°$ 的向心轴承,则取

$$P_{0r} = F_r$$

(3) 对于 $\alpha = 90°$ 的推力轴承(推力球轴承、推力滚子轴承),则取

$$P_{0a} = F_a$$

3. 按静载荷选择轴承的条件

按额定静载荷选择轴承,其基本公式为

$$C_0 \geqslant S_0 P_0 \tag{11-21}$$

式中:S_0 为轴承的静强度安全系数,取值见表 11-10。

表 11-10 静强度安全系数 S_0

轴承使用情况	使用要求、载荷性质和使用场合	S_0
不常旋转或摆动轴承	水坝闸门装置、附加动载荷小的大型起重机吊钩	$\geqslant 1$
	附加动载荷大的小型起重机吊钩、吊桥	$1.5 \sim 1.6$
旋转轴承	旋转精度和平稳性要求高或受强大冲击载荷的轴承	$1.5 \sim 2.5$
	一般情况	$0.8 \sim 1.2$
	旋转精度低,允许摩擦力矩较大,无冲击振动的轴承	$0.5 \sim 0.8$

若轴承转速较低,对运转精度和摩擦力矩要求不高时,允许有较大接触应力,可取 $S_0 < 1$。

11.5.2 滚动轴承的极限转速 $n_{\lim}$

滚动轴承转速过高会使摩擦面间产生高温,从而影响润滑剂性能,破坏油膜,导致滚动体回火或元件胶合失效,因此滚动轴承性能表中给出了轴承的极限转速 $n_{\lim}$。极限转速是指轴承在一定工作条件下,达到所能承受最高热平衡温度时的转速值。轴承的工作转速应低于其

极限转速。

　　滚动轴承的极限转速值分别是在脂润滑和油润滑条件下确定的,且仅适用于 0 级公差、润滑冷却正常、与刚性轴承座和轴配合、轴承当量动载荷 $P \leqslant 0.1C$、向心及角接触轴承受纯径向载荷、推力轴承受纯轴向载荷的场合。

　　当 $P > 0.1C$,接触应力将增大。轴承受联合载荷时,受载滚动体将增加,这会增大轴承接触表面间的摩擦,润滑情况变坏,此时应对极限转速进行修正。这时轴承实际许用转速 $n'_{\lim}$ 为

$$n'_{\lim} = f_{p1} f_{p2} n_{\lim} \tag{11-22}$$

式中: f_{p1} 为载荷系数,见图 11-12; f_{p2} 为载荷分布系数,见图 11-13。

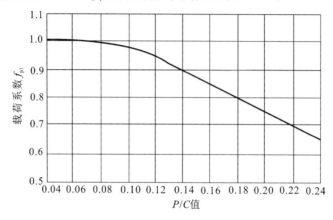

图 11-12　载荷系数 f_{p1}

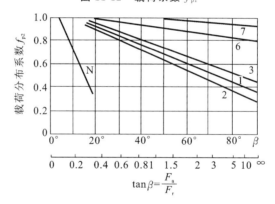

图 11-13　载荷分布系数 f_{p2}

1—调心球轴承;2—调心滚子轴承;3—圆锥滚子轴承;
6—深沟球轴承;7—角接触球轴承;N—圆柱滚子轴承

　　如果轴承的许用转速不能满足使用要求,则可采取某些改进措施,如改变润滑方法,可采用喷油或油雾润滑等;改善冷却条件,提高轴承精度,适当增大轴承游隙;改用特殊轴承材料和特殊结构保持架等,都能有效地提高轴承的极限转速。

11.6　滚动轴承的组合结构设计

　　为了保证轴承正常工作,除正确选择轴承类型和确定型号外,还需要进行轴承装置的组合设计。轴承组合设计涉及的内容包括轴承的配置设计、轴承的定位和固定、轴承位置的调节、轴承的装拆、轴承的润滑与密封、轴承的配合等问题。

11.6.1　滚动轴承轴系支承点形式

正常的滚动轴承支承应使轴能正常传递载荷而不发生轴向窜动及轴受热膨胀后卡死等现象。常用的滚动轴承支承结构形式有以下三种。

1. 两端固定支承

这是常用的支承结构形式,结构简单,安装调整方便,适于普通工作温度下较短轴(跨距 $L \leqslant 400$ mm)的支承,每个轴承分别承受一个方向的轴向力。如图 11-14 和图 11-15 所示,每个支点轴承内、外圈均单方向轴向固定;靠外圈端面与轴承端盖间留有间隙($\Delta = 0.2 \sim 0.4$ mm),补偿轴的受热伸长变形,间隙的大小或轴承内轴向游隙的大小靠端盖与轴承座端面间的调整垫片来调节。

此类安装可采用深沟球轴承(见图 11-14),若轴向力较大,也可采用角接触球轴承或圆锥滚子轴承(见图 11-15),两个轴承各限制轴在一个方向的轴向移动。

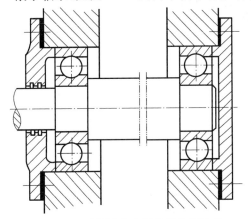

图 11-14　两端固定支承的深沟球轴承

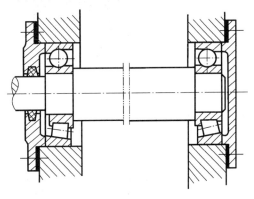

(上半圈为角接触球轴承,下半圈为圆锥滚子轴承)

图 11-15　两端固定支承的角接触球轴承或圆锥滚子轴承

2. 一端双向固定,一端游动

这种结构适于转速较高、温差较大和跨距较大($L > 350$ mm)的情况。固定端轴承内、外圈均双向固定,承受双向轴向力,而游动端则保证轴伸缩时能自由游动。为避免松脱,游动轴承内圈应与轴作轴向固定(常采用弹性挡圈)。如以下两种轴承的固定方式:

(1) 深沟球轴承　内圈双向固定,外圈与端盖间留有间隙(见图 11-16 中上部);

(2) 圆柱滚子轴承　轴承内、外圈均双向固定,以免外圈同时游动,靠滚子与外圈间游动来补偿受热伸长变形(见图 11-17 下半部分)。

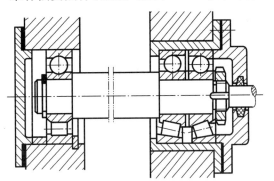

(上半圈为球轴承,下半圈为滚子轴承)

图 11-16　一端固定、另一端游动支承的
轴系方案之一

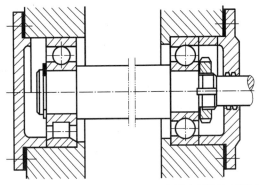

(游动端上半圈为深沟球轴承,下半圈为圆柱滚子轴承)

图 11-17　一端固定、另一端游动支承的
轴系方案之二

当轴向载荷 F_a 较大时,固定端可采用多个轴承的组合结构,如图 11-16 所示。

3. 两端游动支承

为了使轴能左、右双向游动以自动补偿轮齿左、右两侧螺旋角的制造误差,可采用两端游动的轴系结构,这样可使轮齿受力均匀。这种固定形式常采用圆柱滚子轴承,靠滚子与外圈间的游动来实现轴系左、右少量轴向游动。图 11-18 所示为人字齿轮传动的高速主动轴,而其低速齿轮轴须两端固定,以保证两轴的轴向定位。

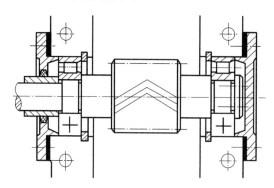

图 11-18　两端游动轴系(人字齿轮轴)

11.6.2　滚动轴承的轴向固定

内圈与轴定位的几种方式如图 11-19 所示。

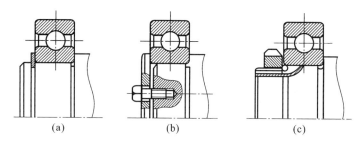

|　(a)　|　(b)　|　(c)　|

图 11-19　内圈轴向紧固的常用方法

（1）轴肩或套筒,定位端面与轴线保持良好的垂直度。为保证可靠定位,轴肩圆角半径 r_1 必须小于轴承的圆角半径 r。轴肩的高度通常不大于内圈高度的 3/4,过高不便于轴承拆卸。

（2）轴用弹性挡圈,适用于轴向力不大、转速不高的场合。

（3）轴端挡圈＋紧固螺钉,适用于转速较大、轴向力中等的场合。

（4）圆螺母＋止动垫圈,适用于轴向力较大、转速较高的场合。

（5）开口圆锥紧定套＋圆螺母和止动垫圈,适用于光轴上球轴承的结构。

外圈与座孔固定的几种方式如图 11-20 所示。

（1）孔用弹性挡圈,适用于轴向力不大的场合。

（2）轴承外圈止动槽内嵌入止动环固定。

（3）轴承盖适用于轴向力较大、转速较高的场合。

（4）轴承座孔凸肩。

（5）螺纹环。

（6）轴承套环适用于同一轴上两轴承外径不同场合。

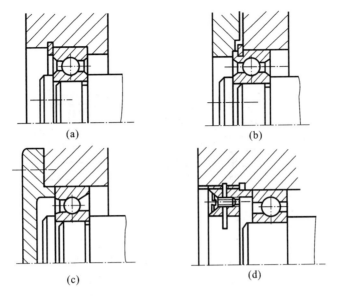

图 11-20　外圈轴向紧固的常用方法

11.6.3　支承的刚度和座孔的同心度

轴和轴承座必须有足够的刚度,以免因过大的变形使滚动体受力不均匀,使轴承的寿命下降。两轴承座孔必须保证同心度,以免轴承内外圈轴线倾斜过大。

提高支承刚度的措施:① 增加轴承座孔的壁厚;② 减小轴承支点相对于箱体孔壁的悬臂距离;③ 采用加强肋以增加支承部位的刚度,如图 11-21 所示;④ 采用整体式轴承座孔。

保证轴上两个支承座孔的同心度,以避免轴承内、外圈间产生过大的偏斜。为此,两端轴承尺寸应力求相同,以便一次镗孔,减小其同轴度的误差。当同一轴上装有不同外径尺寸的轴承时,可采用套杯结构(见图 11-22)来安装尺寸较小的轴承,使轴承孔能一次镗出。此外,还可采用整体机座,两轴承座孔也需要一次镗出。

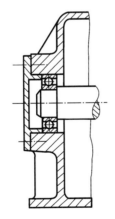

图 11-21　用加强肋增加轴承座孔刚度

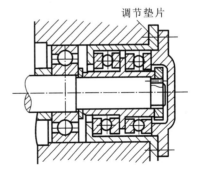

图 11-22　利用套杯安装轴承

11.6.4　滚动轴承游隙和轴系轴向位置的调整

1. 轴承的调整

轴承的调整包括轴承游隙的调整及轴系轴向位置的调整,如锥齿轮和蜗杆轴。

2.调整方法

轴承的游隙和预紧是靠轴承端盖下的垫片来调整的,如图 11-23(a)所示。如图 11-23(b)所示,轴承的游隙是靠调整螺钉来调整的。

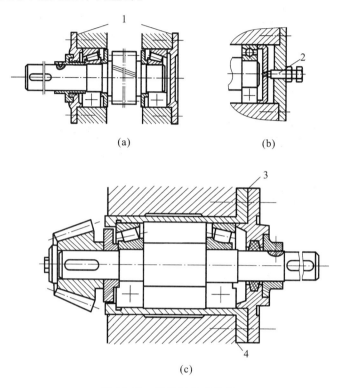

图 11-23　轴承调整的结构

1—调整垫片;2—调整螺钉;3—轴承游隙调整垫片;4—轴向位置调整垫片

锥齿轮或蜗杆在装配时,通常需要进行轴向位置的调整。为了便于调整,可将确定其轴向位置的轴承装在一个套杯中,如图 11-23(c)所示;套杯则装在外壳孔中,增减套杯端面与外壳之间的垫片厚度,即可调整锥齿轮或蜗杆的轴向位置。

11.6.5　滚动轴承的配合

滚动轴承的配合是指内圈与轴颈及外圈与外壳孔的配合。轴承的内、外圈,按尺寸比例一般可认为是薄壁零件,容易变形。在它装入外壳孔或装在轴上后,其内、外圈的圆度公差将受到外壳孔及轴颈形状的影响。标准规定,各公差等级的轴承的平均内径 d_m 和平均外径 D_m 的公差带均为单向制,而且统一采用上偏差为零、下偏差为负值的分布。滚动轴承是标准件,为使轴承便于互换和大量生产,轴承内孔与轴的配合采用基孔制,轴承外径与外壳孔的配合采用基轴制。因为轴承内、外径的公差带均在零线以下,所以当轴的公差带以及外壳孔的公差带均按圆柱公差与配合的国家标准选取时,轴承内圈与轴的配合、外圈与外壳孔的配合均比圆柱公差标准的同类配合要紧一些,其配合关系如图 11-24 所示。

滚动轴承配合种类的选择应根据轴承的类型和尺寸、载荷的大小和方向,以及载荷的性质等因素来决定。轴承配合应保证轴承正常运转,防止内圈与轴、外圈与外壳孔在工作时发生相对转动。一般说来,当工作载荷的方向不变时,转动圈应比不动圈有更紧一些的配合,因为转动圈承受旋转的载荷,而不动圈承受局部的载荷。当转速越高、载荷越大和振动越强烈时,则

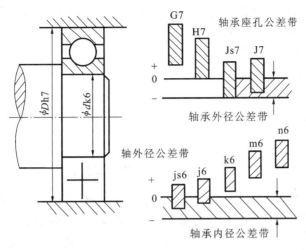

图 11-24　滚动轴承配合的常用公差及配合关系

应选越紧的配合。但过紧的配合可能使轴承内部的游隙减小甚至完全消失,也可能因相配合零件表面的不规则形状而导致内、外圈不规则的变形,这些都将破坏轴承的正常工作。配合过紧,游隙过小或消失,影响轴承正常运转,摩擦因数增加,发热量大,轴承易损坏;配合过松,游隙增大,影响旋转精度,且受载滚动体数减少,承载能力下降;常拆卸的轴承或游动套圈应取较松的配合;与空心轴配合的轴承应取较紧的配合。

　　具体选择轴承配合以及各类配合的配合公差、配合表面粗糙度和几何形状允许偏差等时,可结合机器的类型和工作情况,参照同类机器的使用经验。此类经验可在有关设计手册中查阅。

11.6.6　滚动轴承的预紧

　　轴承装置常常需要通过预紧来增加支承刚度、减小机器工作时轴的振动,这可提高轴承的旋转精度,并能减小振动和噪声,延长轴承使用寿命。

　　预紧原理是在安装时用某种方法在轴承中产生并保持一轴向力,以消除轴承中轴向游隙,使滚动体与内、外圈接触处产生初始变形,预紧后的轴承受到工作载荷时,其内、外圈的径向及轴向相对移动量要比未预紧的轴承大大减小。

　　滚动轴承常用预紧方法如图 11-25 所示。

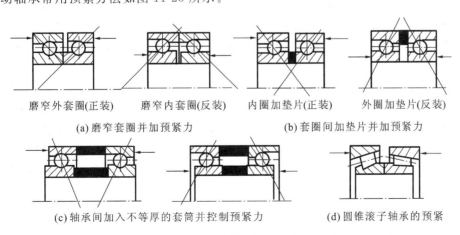

图 11-25　滚动轴承的预紧方法

（1）用垫片和长短套筒预紧,即在一对轴承中间装入长度不等的套筒而预紧,预紧力可由两套筒的长度差控制,这种装置刚度较大。

（2）夹紧一对磨窄了外圈的角接触轴承。

（3）夹紧一对圆锥滚子轴承的外圈而预紧。

（4）利用弹簧顶住轴承外圈而预紧。

预紧力的大小要适中:过大,摩擦因数增加,温升提高,轴承寿命下降;过小,起不到提高轴承刚度的目的。

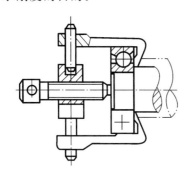

图 11-26　滚动轴承的装拆

11.6.7　滚动轴承的装拆

滚动轴承装拆是指将滚动轴承装到轴上或外壳孔内,或从轴上和外壳孔内拆下,应确保装拆时不对轴承的套圈和滚动体造成损伤。因此,装拆轴承时,不能让装拆轴承的力传递到滚动体与套圈之间。正确的装拆应使用专门的工具,其方法如图 11-26 所示。装拆时要求:① 压力应直接加于配合较紧的套圈上;② 不允许通过滚动体传递装拆力;③ 要均匀施加装拆力,严禁重锤直接敲击轴承;④ 轴肩高度应低于轴承内圈高度。

11.6.8　滚动轴承的润滑

润滑对于滚动轴承具有重要意义,轴承中的润滑剂不仅可以降低摩擦阻力,还可以起着散热、防止烧结、减小接触应力、吸收振动、防止锈蚀等作用,更是滚动轴承稳定工作、延长疲劳寿命的必备条件。

1. 滚动轴承对润滑剂的要求

1）对润滑剂的基本要求

具有足够的润滑作用,即能降低轴承的摩擦并抑制轴承中有害的磨损,摩擦阻力要小,抗磨能力要大;防止轴承发生锈蚀,本身也不引起轴承组成零件(如铜保持架、橡胶密封件等)的腐蚀、变质或变形;能在规定的工作温度上限和下限的范围内,始终保持必要的润滑性能,化学成分稳定,黏度变化不大;在规定工作转速的上限和下限的范围内,能建立起足够厚的油膜;本身清洁,不含杂质,消泡性良好;在要求的工作期限内或库存期限内,物理性能和化学性能足够稳定,不致产生影响使用的品质降低;维护、保养力求简便,附属装置尽可能少;在满足上述技术要求的前提下,经济上力求节约。

2）对润滑剂的特殊要求

在特殊工况下,对润滑剂提出特殊要求:① 长寿命的要求,要求润滑剂的使用寿命特别长;② 低摩擦力矩的要求,要求润滑剂的摩擦阻力很低;③ 耐高温的要求,要求能耐 250 ℃以上的高温;④ 耐低温的要求,要求能耐 −63 ℃以下的低温;⑤ 耐高真空度的要求,要求在高真空的条件下,特别是在失重状态的高真空条件下不挥发、不散失、不变质;⑥ 无害性的要求;⑦ 边界润滑特性好;等等。

2. 润滑剂

轴承常用的润滑剂有润滑油和润滑脂两类。润滑脂承载大,不易流失,结构简单,密封和维护方便,但摩擦力大,易于发热,适合于不便经常维护、转速不太高的场合。润滑油冷却效果较好,摩擦因数较小,但供油系统和密封装置均较复杂,适于高速场合。

选哪一类润滑剂,一般根据滚动轴承的 dn 值来确定(见表 11-11)。

表 11-11 适用于脂润滑和油润滑的 dn 值界限(表值$\times 10^4$) (单位:mm·r/min)

轴 承 类 型	脂 润 滑	油 润 滑			
		油浴	滴油	循环油(喷油)	油雾
深沟球轴承	16	25	40	60	>60
调心球轴承	16	25	40	50	—
角接触球轴承	16	25	40	60	>60
圆柱滚子轴承	12	25	40	60	>60
圆锥滚子轴承	10	16	23	30	—
调心滚子轴承	8	12	20	25	—
推力球轴承	4	6	12	15	—

1)脂润滑

滚动轴承选用润滑脂应考虑的因素如下。

(1)主轴转速和轴承内径 这是滚动轴承选用润滑油还是润滑脂的重要依据,通常使用润滑脂时各种轴都有一个使用速度极限,不同的轴承,其速度极限相差很大。一般原则是,速度越高,选锥入度越大(锥入度越大则脂越软)的脂,以减小其摩擦阻力。但过软的脂,在离心力作用下,其润滑能力降低。根据经验,对于 $n=20000$ r/min 的主轴,若用球轴承,则其脂的锥入度(单位为 0.1 mm,下同)宜在 $220\sim 250$ 之间,当 $n=10000$ r/min 时,选锥入度为 $175\sim 205$ 的脂;若用滚子轴承,由于它们与主轴配合比较紧密,甚至有过盈结构,因此主轴转速 $n=1000$ r/min 左右时,其用脂的锥入度应在 $245\sim 295$ 范围内。

(2)温度 轴承的温度条件及变化的幅度对润滑脂的润滑作用和寿命有明显的影响,润滑脂是胶体分散体系,它的可塑性和相似黏度随着温度变化而变化。当温度升高时,润滑脂的基础油会发生蒸发、氧化变质,润滑脂的胶体结构也会变化而加速分油。当温度达到润滑脂稠化剂的熔点或稠化纤维骨架维系基础油的临界点时,其胶体结构将被完全破坏,润滑脂不能继续使用。如果温度变化幅度大且温度变化频繁,则其凝胶分油现象更为严重。一般来讲,润滑脂高温失效的主要原因都是凝胶萎缩和基础油的蒸发,当基础油损失达 $50\%\sim 60\%$ 时,润滑脂即丧失了润滑能力。轴承温度每升高 $10\sim 15$℃,润滑脂的寿命缩短 1/2。

在高温部位润滑时,要考虑选用抗氧化性好、热蒸发损失小、滴点高的润滑脂。在低温下使用,要选用相似黏度小、低的启动阻力的润滑脂。这类润滑脂的基础油大多是合成油,如酯类油、硅油等,它们都具有低温性能。

(3)载荷 对于重载荷机械,在使用润滑脂润滑时,应选用基础油黏度大、稠化剂含量高的润滑脂,稠度大的润滑脂可以承受较高载荷,或选用加有极压添加剂或填料(如二硫化钼、石墨等)的润滑脂。对于低、中载荷的机械,应选用 1 号或 2 号稠度的短纤维润滑脂,基础油以中等黏度为宜。

(4)环境条件 环境条件是指润滑部位的工作环境和所接触的介质,如空气湿度、尘埃和是否有腐蚀性介质等。在潮湿环境或水接触的情况下,要选用抗水性好的润滑脂,如钙基脂、锂基脂、复合钙基脂等。条件苛刻时,应选用加有防锈剂的润滑脂。有强烈化学介质环境的润滑部件,应选用抗化学介质的合成润滑脂,如氟碳润滑脂等。

2）油润滑

在高速高温的条件下,脂润滑不能满足要求时,可采用油润滑。使用润滑油润滑的优点主要有:在一定的操作规范下,使用润滑油润滑比润滑脂的启动力矩和摩擦损失显著减小;润滑油可在循环中带走热量而起到冷却作用,故能使轴承达到相对高的转动速度;使用温度可保证达到较高;换脂时,必须拆卸有关连接部件,用润滑油时不必拆卸;减速箱中的轴承用润滑油润滑是很合适的,因为可用飞溅方式达到同时润滑齿轮和轴承的目的;在轴承中润滑脂会逐步被产品磨损的产物、从外经密封装置渗透的和自身老化的产物所污染,如不及时更换,则引起轴承加速磨损,而润滑油可经过过滤滤去污物,保证其正常运转。

润滑油的主要特性是黏度。根据工作温度及 dn 值,参考图 11-27 可选出润滑油应具有的黏度值,然后根据黏度从润滑油产品目录中选出相应的润滑油牌号。

常用的润滑方法详见 4.3.4,图 11-27 所示为润滑油选择曲线图。

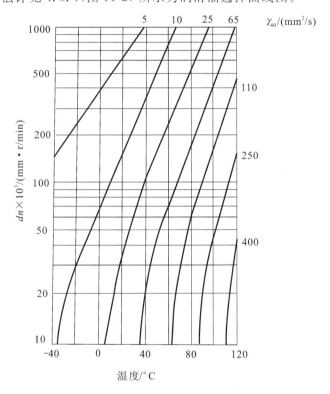

图 11-27　润滑油选择曲线图

3）固体润滑

在一些特殊条件下,如果使用脂润滑和油润滑达不到可靠的润滑要求,则可采用固体润滑。使用固体润滑剂能够节约电力、石油产品和非铁金属,避免润滑油污染环境。例如,在高温、高压工作环境;低速条件;高真空条件下运转的部件,固体润滑剂不破坏其真空度;强辐照条件下运转的部件,固体润滑剂在强辐照下变质缓慢;需要防腐蚀的场合,固体润滑剂与空气、溶剂、燃料、助燃剂等不起反应,可在酸、碱、海水等环境下工作;有尘土的环境;需严格避免润滑油污染产品的场合;供油很不方便场合。但是固体润滑的摩擦因数通常比油、脂润滑时的高,且无冷却作用,也无助于排出磨屑。

常用的固体润滑有固体粉末润滑、固体润滑剂涂层润滑、覆膜润滑等方法,具体方法如下:用黏合剂将固体润滑剂黏接在滚道和保持架上;把固体润滑剂加入工程塑料和粉末冶金材料中,制成有自润滑性能的轴承零件;用电镀、高频溅射、离子镀层、化学沉积等技术使固体润滑剂或软金属(如金、银、铅等)在轴承零件摩擦表面形成一层均匀致密的薄膜。

11.6.9　滚动轴承的密封

为了使轴承有良好的工作环境,充分发挥轴承的工作性能,延长使用寿命,滚动轴承必须进行适宜的密封,以防止润滑剂的泄漏和灰尘、水气或其他污物的侵入。若没有合理的密封装置,轴承的工作寿命将大受影响。

轴承的密封可分为自带密封和外加密封两类。所谓轴承自带密封,就是把轴承本身制造成具有密封性能的结构,如轴承带防尘盖、密封圈等。这种密封占用空间很小,安装拆卸方便,造价也比较低。

轴承外加密封性能装置,就是在安装的轴承端盖等内部制造成具有各种密封性能的装置。对轴承外加密封时应考虑下面几种主要因素:① 轴承润滑剂和种类(润滑脂和润滑油);② 轴承的工作环境,占用空间的大小;③ 轴的支承结构优点,允许角度偏差;④ 密封表面的圆周速度;⑤ 轴承的工作温度;⑥ 制造成本。

外加密封又分为非接触式、接触式及组合式等几种,分述如下。

(1) 非接触式密封　非接触式密封就是密封件与其相对运动的零件不接触,且有适当间隙的密封。这种形式的密封,在工作中几乎不产生摩擦热,没有磨损,与轴不直接接触,特别适用于高速和高温场合。非接触式密封常用的有间隙式、迷宫式和垫圈式等各种不同结构形式,分别应用于不同场合。非接触式密封的间隙应尽可能小。其主要形式如图 11-28 和图 11-29 所示。

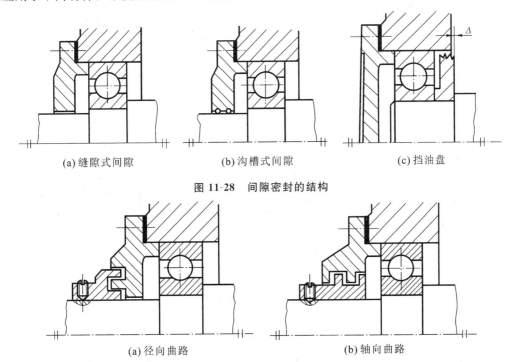

|(a) 缝隙式间隙|(b) 沟槽式间隙|(c) 挡油盘|

图 11-28　间隙密封的结构

|(a) 径向曲路|(b) 轴向曲路|

图 11-29　曲路密封的结构

① 油沟密封(间隙密封),如图 11-28 所示,轴与盖之间有 0.1～0.3 mm 的间隙,盖上车出沟槽(见图 11-28(b)),槽内充满润滑脂,结构简单,适用于 $v<5$～6 m/s 的轴承润滑密封。

② 甩油密封,轴上开沟槽,将欲外流的油沿径向甩开,再经轴承盖上集油腔及油孔流回轴

承。如图 11-28(c)所示,甩油密封为挡油盘,利用离心力甩去挡油盘上的油,让其流回油箱内,以防油冲入轴承内,适于脂润滑轴承。

③ 曲路密封(迷宫密封),如图 11-29 所示,分为径向曲路、轴向曲路两种,将旋转和固定的密封零件间的间隙制成曲路形式,缝隙间填入润滑脂,加强密封效果,适用于油和脂润滑,且 $v<30$ m/s 的场合。

(2)接触式密封 接触式密封就是密封与其相对运动的零件相接触且没有间隙的密封。这种密封由于密封件与配合件直接接触,在工作中摩擦较大,发热量亦大,易造成润滑不良,接触面易磨损,从而导致密封效果与性能下降。因此,它只适用于中、低速传动,为防止磨损,要求接触处表面粗糙度小于 $Ra1.6\sim0.8$。常用的接触式密封有如下几种。

① 毡圈密封,如图 11-30 所示,轴承盖上梯形槽内放置矩形剖面细毛毡,适合于 $v<4\sim5$ m/s 轴的密封。

② 橡胶油封(标准件、较常用),如图 11-31 所示,耐油橡胶唇形密封圈靠弹簧压紧在轴上,唇向外可防灰尘,唇向里可防油流失,组合放置可同时起防灰尘和防油流失作用。

油封有 J 形、U 形和 O 形,适合于 $v<12$ m/s 的场合。

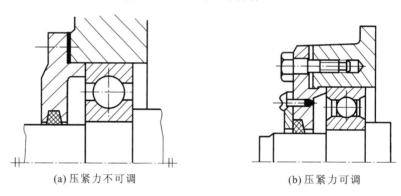

(a)压紧力不可调   (b)压紧力可调

图 11-30   毡圈油封密封结构

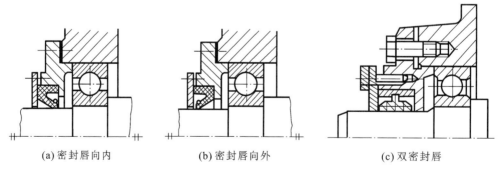

(a)密封唇向内   (b)密封唇向外   (c)双密封唇

图 11-31   唇形密封圈密封结构

(3)组合密封 根据轴承工作状况和工作环境对密封的要求,在工程设计上常常综合运用各种密封形式,称为组合密封,以达到更好的密封效果。

另外,某些标准密封轴承,如单面或双面带防尘盖(-RZ)和密封盖的轴承,由于装配时已填入了润滑脂,所以无须维护或再加密封装置,应用日趋广泛。

例 11-1   图 11-32 所示为一对角接触球轴承在两个支点上的组合设计。已知:$F_{r1}=$ 2500 N ,$F_{r2}=1250$ N,作用在圆锥齿轮 4 上的轴向力 $F_{a4}=500$ N,作用在斜齿轮 3 上的轴向

力 $F_{a3}=1005$ N,试确定轴承的寿命。

（轴承基本额定动载荷 $C=31900$ N,$n=1000$ r/min,$f_t=1$,$f_P=1.2$,$e=0.4$,派生轴向力 $F_{za}=eF_r$,当 $\dfrac{F_a}{F_r}\leqslant e$,$X=1$,$Y=0$;$\dfrac{F_a}{F_r}>e$,$X=0.4$,$Y=1.6$。）

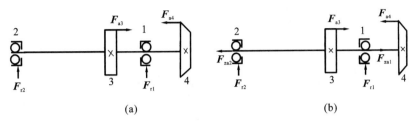

图 11-32　例 11-1 图

解　（1）画出派生轴向力 F_{za1}、F_{za2} 方向,如图 11-32(b)所示。

（2）$F_{za1}=0.4F_{r1}=0.4\times2500$ N$=1000$ N,$F_{za2}=0.4F_{r2}=0.4\times1250$ N$=500$ N。

（3）$F_{a4}+F_{za2}=1000$ N,$F_{a3}+F_{za1}=2005$ N,则

$$F_{a4}+F_{za2}<F_{a3}+F_{za1}$$

所以轴承 2 被压紧,轴承 1 被放松。

$$F_{a1}=1000\text{N},\quad F_{a2}=F_{a3}+F_{za1}-F_{a4}=1505\text{ N}$$

（4）计算 P_1、P_2。

$$\frac{F_{a1}}{F_{r1}}=\frac{1000}{2500}=0.4,\quad X_1=1,\quad Y_1=0$$

$$P_1=f_P(X_1F_{r1}+Y_1F_{a1})=1.2\times1\times2500\text{ N}=3000\text{ N}$$

$$\frac{F_{a2}}{F_{r2}}=\frac{1505}{1250}=1.204,\quad X_2=0.4,\quad Y_2=1.6$$

$$P_2=f_P(X_2F_{r2}+Y_2F_{a2})$$
$$=1.2\times(0.4\times1250+1.6\times1505)\text{ N}=3489.6\text{ N}$$

（5）计算轴承寿命。

$$L_h=\frac{10^6}{60n}\left(\frac{f_tC}{P}\right)^\varepsilon=\frac{10^6}{60\times1000}\times\left(\frac{1\times31900}{3489.6}\right)^3\text{h}=12731.92\text{ h}$$

例 11-2　某工程机械传动中轴承配置形式如图 11-33(a)所示。轴上有轴向力 $F_A=4000$ N,轴承受径向力 $F_{r1}=6000$ N,$F_{r2}=8000$ N。轴的转速 $n=1500$ r/min,方向如图 11-33 所示。其基本额定动载荷 $C=145000$ N。冲击载荷系数 $f_P=1.6$,工作温度不超过 100 ℃。要求轴承的使用寿命 $L'_h=5000$ h,采用 30311 轴承是否合适？（$e=0.35$,派生轴向力 $F_{za}=eF_r$,当 $\dfrac{F_a}{F_r}\leqslant e$,

$X=1$,$Y=0$;$\dfrac{F_a}{F_r}>e$,则 $X=0.4$,$Y=1.7$。）

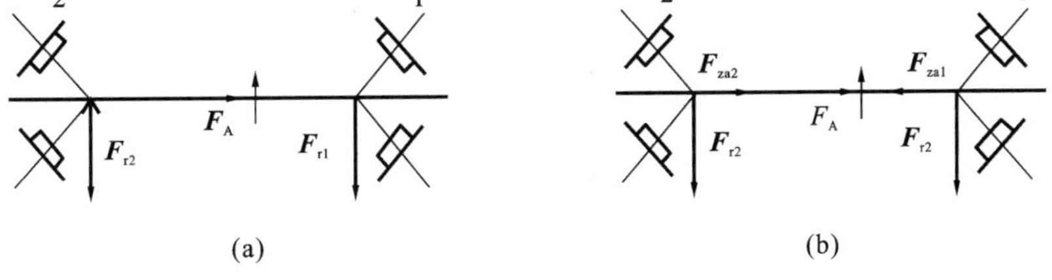

![图 11-33 例 11-2 图 (a) 和 (b)]

(a)　　　　　　　　　　　　　(b)

图 11-33　例 11-2 图

解 (1) 求内部派生轴向力 F_{za1}、F_{za2} 的大小和方向。

$$F_{za1} = \frac{F_{r1}}{2Y} = \frac{6000}{2 \times 1.7} \text{ N} = 1764.7 \text{ N}$$

$$F_{za2} = \frac{F_{r2}}{2Y} = \frac{8000}{2 \times 1.7} \text{ N} = 2352.9 \text{ N}$$

派生轴向力方向如图 11-33(b)所示。

(2) 求轴承所受的轴向力 F_{a1}、F_{a2}。

$$F_{za2} + F_A = 6352.9 \text{ N} > F_{za1}$$

所以轴承 1 被压紧,轴承 2 被放松。

$$F_{a1} = F_{za2} + F_A = 6352.9 \text{ N}$$
$$F_{a2} = F_{za2} = 2352.9 \text{ N}$$

(3) 计算轴承的当量动载荷 P_1、P_2。

据

$$F_{a1}/F_{r1} = 6352.9/6000 = 1.059 > e = 0.35$$

得

$$X_1 = 0.4, \quad Y_1 = 1.7$$
$$P_1 = f_P(X_1 F_{r1} + Y_1 F_{a1}) = 1.6 \times (0.4 \times 6000 + 1.7 \times 6352.9) \text{ N} = 21119.9 \text{ N}$$

据

$$F_{a2}/F_{r2} = 2352.9/8000 = 0.294 < e$$

得

$$X_2 = 1, \quad Y_2 = 0$$
$$P_2 = f_P(X_2 F_{r2} + Y_2 F_{a2}) = 12800 \text{ N}$$

$P_1 > P_2$,用 P_1 计算轴承寿命。

(4) 计算轴承寿命。

$$L_h = \frac{10^6}{60n} \left(\frac{C}{P_1} \right)^\varepsilon = \frac{10^6}{60 \times 1500} \times \left(\frac{145000}{21119.9} \right)^{10/3} \text{ h} = 6834 \text{ h} > L'_h = 5000 \text{ h}$$

所以采用 30311 轴承是合适的。

知识链接

高铁轴承到底有多难造? 材料和技术是两大关键,中国洛轴已有突破

每一列从生产车间走出来的高铁,只要时速超过 140 公里/时,用的基本上都是进口轴承。中国是轴承大国,但为何不是轴承强国?2019 年中国轴承产量为 196 亿套,经济规模位居世界第三。和机床行业一样,我们向来拥有庞大的产能和规模,但仅有少数尖端领域突破了国外封锁,大量的高端产品仍然依赖进口,其中就有高铁轴承。虽然高铁轴承仅是一个小部件,但牵一发而动全身。轴承主要分为滚动轴承和滑动轴承两类,而高铁所用的滚动轴承一般分为 P0、P2、P4、P5 和 P6 五个等级,轴承精度随着等级增加而升高。例如,高端数控机床的主轴采用的是 P5、P6 等级,而航空、高铁等领域采用的则是 P4 等级。近十年,我国高铁所用的高端轴承主要是从 SKF、NTN、德国 FAG 等公司引进。在这些公司的高端轴承中,我们可以发现两个基础性问题,那就是"高性能的材料"和"高质量的加工"。制作高铁轴承的材料就是素有"钢中之王"称号的轴承钢,它是钢铁冶炼中要求最严格的钢种之一。而如何锻造出"高纯净度"和"高均匀性"的轴承钢,将钢中含氧量控制在最低,一直是我国钢铁企业面临的难题。

经过数十年的攻关,我们已经攻克生产工艺中的诸多难点,并且跃居为轴承钢生产大国,而锻造轴承钢的关键就在于将稀土加入冶钢步骤中,这使得影响钢材疲劳寿命的大尺寸夹杂物减少了50%,因此生产出来的轴承钢也被称作高端稀土轴承钢。目前我们虽然能造轴承钢,但主要是电渣轴承钢,其质量和纯度还有待提高,而国外采用真空脱气冶炼技术打造的超高纯轴承钢,是我们下一步的目标。在"高性能的材料"问题解决后,剩下就是"高质量的加工"。高铁轴承制造涉及学科门类众多,欧美国家由于掌握超长寿命钢技术、细质化热处理技术和先进的密封润滑技术等,才得以生产出高质量的轴承,这也导致国内外高铁轴承在精度、轴承振动、寿命和可靠性上仍存在一定的差距。

2020年10月14日,河南洛阳举行了高速铁路轴承自主化研究会,根据媒体报道,中国洛阳LYC轴承有限公司已经研制出时速达250公里/时、350公里/时的高铁轴承,而且进行了120万公里耐久性台架试验,产品指标基本符合要求。最为重要的是,洛轴的高铁轴承已经符合批量生产的条件。具体细节尚不可知,但根据会上的讨论分析,如果使用国产高铁轴承代替国外产品,今后从生产车间中每走出一节车厢,可以省下3.2万元。虽然国内市场对高铁轴承的需求不太大,市场的总体销售额较低,但国产高铁轴承的意义却十分重大,因为这意味着中国高铁的国产化将再上一层楼,打破了欧洲、日本的轴承垄断,中国高铁轴承也不再担心被"卡脖子"!而在轴承领域中,高铁轴承的成功研发将为其他行业轴承的研发提供一个思路。

(资料来源:搜狐网)

习 题

11.1 选择题

(1)滚动轴承代号由前置代号、基本代号和后置代号组成,其中基本代号表示_____。

A.轴承的类型、结构和尺寸　　　　　　　B.轴承组件

C.轴承内部结构变化和轴承公差等级　　　D.轴承游隙和配置

(2)滚动轴承的类型代号由_____表示。

A.数字　　　　　　B.数字或字母　　　　　　C.字母　　　　　　D.数字加字母

(3)_____只能承受径向载荷。

A.深沟球轴承　　　　B.调心球轴承　　　　C.圆锥滚子轴承　　　　D.圆柱滚子轴承

(4)_____只能承受轴向载荷。

A.圆锥滚子轴承　　　B.推力球轴承　　　　C.滚针轴承　　　　D.调心滚子轴承

(5)_____不能用来同时承受径向载荷和轴向载荷。

A.深沟球轴承　　　　B.角接触球轴承　　　C.圆柱滚子轴承　　　D.调心球轴承

(6) 角接触轴承承受轴向载荷的能力,随接触角 α 的增大而_____。

A. 增大   B. 减小   C. 不变   D. 不定

(7) 有 7230C(1 号)和 7230AC(2 号)两种滚动轴承,在相等的径向载荷作用下,它们的派生轴向力 F_{za1} 和 F_{za2} 相比较,应是_____。

A. $F_{za1} > F_{za2}$ B. $F_{za1} = F_{za2}$ C. $F_{za1} < F_{za2}$ D. 不能确定

(8) 若转轴在载荷作用下弯曲变形较大或轴承座孔不能保证良好的同轴度,宜选用类型代号为_____的轴承。

A. 1 或 2   B. 3 或 7   C. N 或 NU   D. 6 或 NA

(9) 一根用来传递转矩的长轴,采用三个固定在水泥基础上支点支承,各支点应选用的轴承类型为_____。

A. 深沟球轴承   B. 调心球轴承   C. 圆柱滚子轴承   D. 调心滚子轴承

(10) 跨距较大并承受较大径向载荷的起重机卷筒轴的轴承应选用_____。

A. 深沟球轴承   B. 圆锥滚子轴承   C. 调心滚子轴承   D. 圆柱滚子轴承

(11) _____轴承通常应成对使用。

A. 深沟球轴承   B. 圆锥滚子轴承   C. 推力球轴承   D. 圆柱滚子轴承

(12) 在正常转动条件下工作,滚动轴承的主要失效形式为_____。

A. 滚动体或滚道表面疲劳点蚀   B. 滚动体破裂

C. 滚道磨损   D. 滚动体与套圈间发生胶合

(13) 滚动轴承寿命计算的目的是使滚动轴承不致早期发生_____。

A. 磨损   B. 裂纹   C. 疲劳点蚀   D. 塑性变形

(14) 滚动轴承在径向载荷作用下,内、外圈工作表面上均产生周期性变化的接触应力,从两者应力变化情况来分析比较,_____。

A. 转动圈受力情况较有利   B. 静止圈受力情况较有利

C. 两者受力情况基本相同   D. 不能确定哪个圈受力较有利

(15) 在不变的径向力作用下,内圈固定、外圈旋转的滚动轴承,其外圈与滚动体的接触应力循环次数为 N_o,内圈与滚动体的接触应力循环次数为 N_i,N_i 与 N_o 比较,有_____。

A. $N_i > N_o$ B. $N_i = N_o$ C. $N_i < N_o$ D. 大小不能确定

(16) 滚动轴承的基本额定寿命是指同一批轴承中_____的轴承能达到的寿命。

A. 99%   B. 90%   C. 95%   D. 50%

(17) 一批在同样载荷和相同工作条件下运转的型号相同的滚动轴承,_____。

A. 它们的寿命应该相同   B. 90% 的轴承的寿命应该相同

C. 它们的最低寿命应该相同   D. 它们的寿命不相同

(18) 若在不重要场合,滚动轴承的可靠度降低到 80%,则它的额定寿命_____。

A. 增长   B. 缩短   C. 不变   D. 不定

（19）基本额定动载荷和当量动载荷均相同的球轴承和滚子轴承的寿命_____相同。

A. 一定　　　　　　　　B. 一定不　　　　　　　　C. 不一定

（20）深沟球轴承的载荷增加 1 倍,其额定寿命将降低到原来的_____。

A. 0.5　　　　　　B. 0.875　　　　　　C. 0.125　　　　　　D. 0.099

（21）推力球轴承不适用于高转速的轴,是因为高速时_____,从而使轴承寿命降低。

A. 冲击过大　　　　　　　　　　　　B. 滚动体离心力过大

C. 圆周速度过大　　　　　　　　　　D. 滚动阻力过大。

（22）一转轴用两个相同的滚动轴承支承,现欲将该轴的转速提高 1 倍,轴承_____。

A. 不合用　　　　　　B. 合用　　　　　　C. 不一定合用

（23）某滚动轴承的基本额定寿命是 1.2×10^6 r,在基本额定动载荷作用下运转了 10^5 转后,轴承_____。

A. 一定失效了　　　　B. 不可能失效　　　　C. 也可能失效

（24）对于温度较高或较长的轴,其轴系固定结构可采用_____。

A. 两端固定安装的深沟球轴承　　　　B. 两端固定安装的角接触球轴承

C. 一端固定、另一端游动的结构形式　　D. 两端游动安装的结构形式

（25）滚动轴承内圈与轴颈、外圈与座孔的配合_____。

A. 均为基轴制　　　　　　　　　　　B. 前者为基轴制,后者为基孔制

C. 均为基孔制　　　　　　　　　　　D. 前者为基孔制,后者为基轴制

（26）轮系的中间齿轮(惰轮)通过一滚动轴承固定在不转的心轴上,轴承内、外圈的配合应满足_____。

A. 内圈与心轴配合较紧,外圈与齿轮配合较松

B. 内圈与心轴配合较松,外圈与齿轮配合较紧

C. 内圈、外圈配合均较紧

D. 内圈、外圈配合均较松

（27）_____不是滚动轴承预紧的目的。

A. 增大支承刚度　　　B. 提高旋转精度　　　C. 减小振动噪声　　　D. 降低摩擦阻力

（28）转速很高($n > 7000$ r/min)的滚动轴承宜采用_____的润滑方式。

A. 滴油润滑　　　　　　　　　　　　B. 油浴润滑

C. 飞溅润滑　　　　　　　　　　　　D. 喷油或油雾润滑

（29）手册中列有各类滚动轴承的极限转速,_____。

A. 设计时不得超过

B. 载荷低于基本额定动载荷 C 时可以超过

C. 采取可靠的润滑冷却措施时可以在一定限度内超过

D. 滚动体分布圆较小时可以超过

（30）在下列密封形式中,_____为接触式密封。

A. 迷宫式密封　　　　B. 甩油环密封　　　　C. 油沟式密封　　　　D. 毛毡圈密封

11.2　判断题

（1）滚动体和转动套圈承受周期性非稳定脉动循环的变载荷（变接触应力），固定套圈则承受稳定的脉动循环变载荷（接触应力）。　　　　　　　　　　　　　　　　（　　）

（2）滚动轴承的主要失效形式（又称正常失效形式）是滚动体或内、外圈滚道上发生磨损。

（　　）

（3）对于正常转动工作的轴承，要进行针对疲劳点蚀的寿命计算。　　　　　　（　　）

（4）基本额定寿命是指一批相同的轴承在相同的条件下运转，当其中 10% 的轴承发生疲劳点蚀破坏（ 90% 的轴承没有发生点蚀）时，轴承转过的总转数 L_{10}（单位为 10^6 r），或在一定转速下工作的小时数 L_h（单位为 h）。　　　　　　　　　　　　　　　　　（　　）

（5）滚动轴承的基本额定动载荷 C 是指轴承寿命 L_{10} 恰好为 1（10^6 r）时，轴承所能承受的载荷。　　　　　　　　　　　　　　　　　　　　　　　　　　　　　　　　　（　　）

（6）角接触轴承承受轴向载荷的能力取决于轴承的宽度。　　　　　　　　　　（　　）

（7）滚动轴承支点轴向固定结构形式中，两支点单向固定结构主要用于温度较高的轴。（　　）

（8）选用滚动轴承润滑油时，轴承承受的载荷越大，选用润滑油的黏度越高。　（　　）

（9）选用滚动轴承润滑油时，转速越高，选用润滑油的黏度越高。　　　　　　（　　）

（10）选用滚动轴承润滑油时，温升越大，选用润滑油的黏度越高。　　　　　　（　　）

11.3　试比较：6210、6310 轴承的内径 d、外径 D、宽度 B、基本额定动载荷 C_r 及基本额定静载荷 C_{0r}，并说明直径代号的含义。

11.4　滚动轴承有哪些主要失效形式？针对每种失效形式应进行何种计算？

11.5　什么是内部轴向力？如何计算轴承的轴向力？

11.6　滚动轴承部件有哪几种固定方式？各适用于什么场合？

11.7　有一深沟球轴承，承受径向载荷 $F_r = 8000$ N，常温下工作，载体平稳，转速 $n = 1440$ r/min，要求设计寿命 $L'_h = 5000$ h，试计算此轴承所要求的额定动载荷。

11.8　试计算图 11-34 所示轴承（两端单向固定）的径向载荷 F_r、轴向载荷 F_a 及当量动载荷 P。图示两种情况下，左、右两轴承哪个寿命短？（图 11-34(a)、(b)分别对应题中(1)、(2)）。已知：轴上载荷 $F_R = 3200$ N，$F_A = 600$ N，$f_P = 1.2$。

（1）一对 7205AC 型角接触球轴承（正装）；

（2）一对 7205AC 型角接触球轴承（反装）。

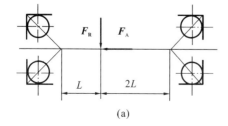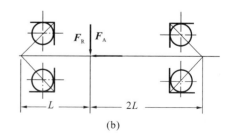

图 11-34　题 11.8 图

11.9 在一工程机械的传动装置中,根据工作条件决定采用一对角接触球轴承,面对面布置(见图 11-35)。初选轴承型号为 7210AC($\alpha=25°$),已知轴承所受载荷 $F_{r1}=3000$ N,$F_{r2}=1000$ N,轴向外载荷 $F_a=800$ N,轴的转速 $n=1440$ r/min。轴承在常温下工作,运转中受中等冲击($f_P=1.4$),轴承预期寿命 $L'_h=10000$ h。($C_r=40.8$ kN,$C_{0r}=30.5$ kN)

(1) 说明轴承代号的含义;

(2) 计算轴承的内部轴向力 F_{za1}、F_{za2} 及轴向力 F_{a1}、F_{a2};

(3) 计算当量动载荷 P_1、P_2;

(4) 计算轴承寿命,并说明所选轴承型号是否恰当。

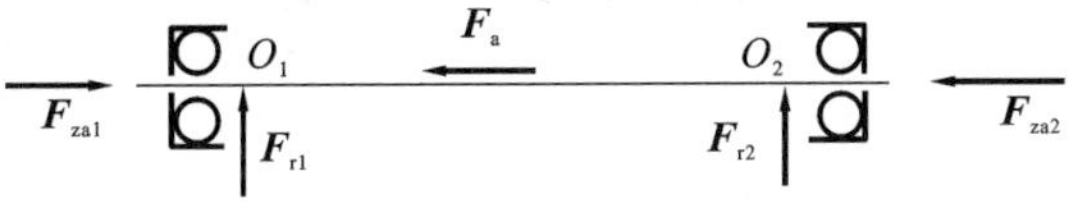

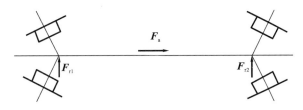

图 11-35 题 11.9 图

11.10 如图 11-36 所示,某轴由一对 30307 型轴承支承,轴承所受的径向载荷 $F_{r1}=7000$ N,$F_{r2}=4000$ N,轴上作用的轴向载荷 $F_a=1000$ N。试求各轴承的附加轴向力 F_{za} 及轴向载荷 F_a($F_{za}=F_r/(2Y)$,$Y=1.9$)。

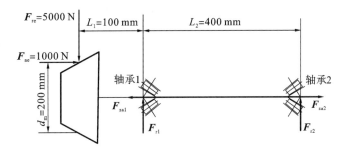

图 11-36 题 11.10 图

*11.11 一工程机械传动装置中的锥齿轮轴,采用一对 30207 圆锥滚子轴承(基本额定动载荷 $C_r=54.2$ kN,基本额定静载荷 $C_{0r}=63.5$ kN)支承,采用背靠背的反装。已知作用于锥齿轮上的径向力 $F_{re}=5000$ N,轴向力 $F_{ae}=1000$ N,其方向和作用位置如图 11-37 所示。轴的转速 $n_1=1450$ r/min,运转中受轻微冲击($f_P=1.2$),常温下工作($f_t=1$),试求:

(1) 轴承所受的径向载荷 F_{r1}、F_{r2};

(2) 轴承 1、轴承 2 派生轴向力 F_{za1}、F_{za2},并在图中画出其方向;

(3) 轴承所受的轴向载荷 F_{a1}、F_{a2};

(4) 轴承所受的当量动载荷 P_1、P_2;

(5) 轴承的额定寿命 L_{h1},L_{h2}。

图 11-37 题 *11.11 图

　　*11.12　某传动装置,根据工作条件决定采用一对角接触球轴承(见图 11-38),暂定轴承型号为 7307AC。已知:轴承荷载 $F_{r1}=1000$ N,$F_{r2}=2060$ N,$F_a=880$ N,轴的转速 $n=5000$ r/min,取载荷系数 $f_P=1.5$,预期寿命 $L'_h=2000$ h。试问:所选轴承型号是否合适?

图 11-38　题 *11.12 图

第 12 章 滑 动 轴 承

【本章学习要求】
1. 掌握滑动轴承的类型、特点和应用;
2. 了解滑动轴承轴瓦的结构和材料;
3. 掌握不完全液体摩擦滑动轴承的设计计算;
4. 了解液体动力润滑径向滑动轴承的工作原理和设计计算。

12.1 概　　述

轴承是用来支承轴及轴上零件的一种重要部件。按工作时的摩擦性质,其可分为滑动轴承和滚动轴承两类。滚动轴承因摩擦因数低、启动阻力小等,在一般机器中获得了广泛应用。而滑动轴承具有寿命长、耐冲击、承载能力大、回转精度高、结构简单、装拆方便等独特的优点。目前在许多不宜或不便采用滚动轴承的场合,尤其在必须剖分安装(如曲轴用轴承)以及需在水或腐蚀性介质中工作的场合,滑动轴承就体现出滚动轴承无法比拟的优势。比如在蒸汽轮机、离心式压缩机、内燃机、大型电动机、航空发动机附件、仪表、金属切割机床、各种车辆、轧钢机、雷达及天文望远镜等机械设备中多采用滑动轴承。此外,低速且带有冲击的机器,如水泥搅拌机、破碎机等也采用滑动轴承。

滑动轴承的类型很多,按其承受载荷方向,可分为径向滑动轴承(承受径向载荷)、推力滑动轴承(承受轴向载荷)等。根据滑动表面间润滑状态,其可分为液体润滑轴承(指滑动表面间处于完全液体润滑状态)、不完全液体润滑轴承(指滑动表面间处于边界润滑或混合润滑状态)和自润滑轴承(指工作时不加润滑剂)等。根据液体润滑承载机理,其又可分为液体动力润滑轴承(简称液体动压轴承)和液体静压润滑轴承(简称液体静压轴承)两类。

要正确地设计滑动轴承,必须合理地解决以下问题:① 确定轴承的结构形式;② 选择轴瓦的结构和材料;③ 确定轴承的主要参数;④ 选择润滑剂、润滑方法;⑤ 轴承的工作能力及热平衡计算。

12.2 滑动轴承的主要结构形式

12.2.1 径向滑动轴承

轴承一般由轴瓦,轴承座,连接件及润滑、密封装置组成。轴承座用于支承轴瓦,可以是独立零件,也可以与机器的相关部分构成一体,其结构形式有整体式和剖分式两种。

1. 整体式径向滑动轴承

整体式径向滑动轴承由轴承座、整体式轴瓦(又称轴套)等组成,如图 12-1 所示。轴承座上设有安装润滑油杯的螺纹孔。轴瓦上开有油孔,并且轴瓦的内表面上开有油槽。这种轴承的优点是,结构简单,成本低廉。它的缺点是,轴瓦磨损后,轴承间隙变大而无法调整;轴只能从轴颈端部装拆,对于质量大的轴或具有中间轴颈的轴,装拆很不方便,甚至无法安装。所以这种轴承多用在低速、轻载或间歇性工作的机器中。

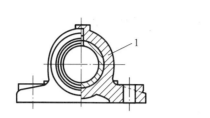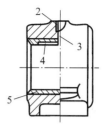

图 12-1　整体式径向滑动轴承结构简图

1—轴承座;2—油杯螺纹孔;3—油孔;4—油沟;5—轴套

2. 剖分式径向滑动轴承

为便于轴承的安装和间隙调整,轴承座和轴瓦可采用剖分式结构。如图 12-2 所示,剖分式径向滑动轴承由轴承座、轴承盖、剖分式轴瓦和双头螺柱等组成。轴承剖分面最好与载荷方向近似垂直,多数轴承的剖分面是水平的(也有做成倾斜的)。安装时,为了便于定位、对中和防止上、下轴瓦的横向错动,轴承座、轴承盖的剖分面常做成阶梯形。轴承盖应当适度压紧轴瓦,使轴瓦不能在轴承孔中转动。工作时,通常是下轴瓦承受载荷。轴承盖上部开有螺纹孔,用以安装油杯。在轴瓦内壁非承载区开设油槽,润滑油通过油孔和油槽流进轴承间隙。剖分面间放有垫片,在轴瓦磨损后可以通过减小剖分面处的垫片厚度来调整轴承间隙。

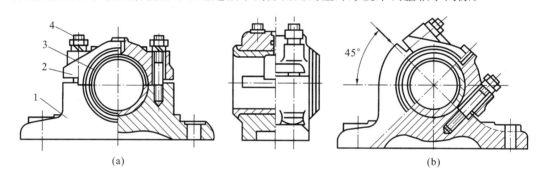

(a)　　　　　　　　　　　　　　　　　　　(b)

图 12-2　剖分式径向滑动轴承结构简图

1—轴承座;2—轴承盖;3—剖分轴瓦;4—双头螺柱

剖分式径向滑动轴承装拆方便,并且轴瓦磨损后可以调整轴承间隙(调整后应修刮轴瓦内孔),所以应用广泛。但与整体式轴承相比,其结构复杂,制造费用较高。

12.2.2　推力滑动轴承

推力滑动轴承由轴承座和推力轴颈组成,主要应用于受轴向载荷的场合,常见的结构形式如图 12-3 所示。

(1)实心式　支承面上压力分布极不均匀,靠近中心处的压力很高,线速度为零,对润滑极为不利,较少使用。

(2)空心式　空心式推力轴颈和环状轴颈部分弥补了实心推力轴颈的不足,支承面上压力分布较均匀,润滑条件有所改善,应用普遍。

(3)单环式　利用轴环的端面止推,结构简单,润滑方便,广泛用于低速、轻载场合。

(4)多环式　特点同单环式,不但可承受较单环式更大的载荷,而且能承受双向轴向载荷,由于各环间载荷分布不均匀,其单位面积的承载能力比单环式低 50%。

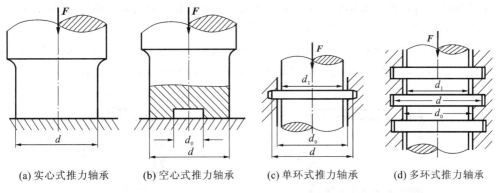

(a) 实心式推力轴承   (b) 空心式推力轴承   (c) 单环式推力轴承   (d) 多环式推力轴承

图 12-3   推力滑动轴承的结构简图

12.3   轴瓦结构及材料

轴瓦是滑动轴承中的重要零件,其结构设计的合理性对轴承性能影响很大。轴瓦应具有一定的强度和刚度,在轴承中定位应可靠,便于输入润滑剂,容易散热,且装拆、调整方便。有时为了节省贵重金属材料或由于结构需要,常在轴瓦的内表面上浇注或轧制一层轴承合金,这层轴承合金称为轴承衬。轴承衬直接与轴颈接触,轴瓦只起支承作用,具有轴承衬的轴瓦既可节约贵重的轴承合金,又可增强轴瓦的机械强度。轴承衬厚度随轴承直径而定,一般取 S＝0.5～6 mm。轴承直径越大,轴承衬应越厚。为使轴承衬和轴瓦贴附紧密,常在轴瓦内表面上制出各种形式的沟槽,如图 12-4 所示。

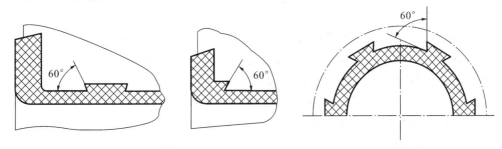

图 12-4   轴瓦内表面的沟槽形状

为适应不同的工作要求,轴瓦在考虑外形结构、定位、油槽开设和配合等后采用不同的结构形式。

1. 轴瓦的形式与结构

常用的轴瓦结构形式有整体式、剖分式两种,如图 12-5 所示。整体式轴瓦又称轴套。

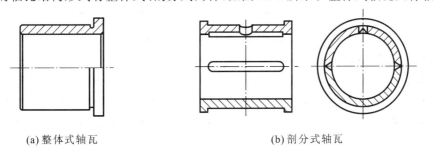

(a) 整体式轴瓦   (b) 剖分式轴瓦

图 12-5   轴瓦的结构形式

　　通常整体式滑动轴承采用圆筒形轴套,剖分式滑动轴承采用剖分式轴瓦,它们的工作表面既是承载面又是摩擦面,是滑动轴承的核心零件。

　　整体式轴瓦按材料及制法,分为整体轴套和单层、双层(见图 12-6)或多层材料的卷制轴套。非金属整体式轴瓦既可以是整体非金属轴套,也可以在钢套上镶衬非金属材料。

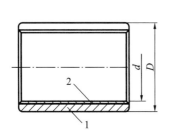 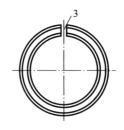

图 12-6　双金属卷制轴套

1—轴瓦(衬背);2—轴承衬;3—开缝

　　剖分式轴瓦有厚壁轴瓦和薄壁轴瓦两类,如图 12-7 所示。

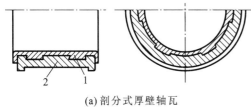 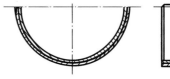

(a) 剖分式厚壁轴瓦　　　　　　　　　(b) 剖分式薄壁轴瓦

图 12-7　剖分式轴瓦

1—轴承衬;2—轴瓦

　　薄壁轴瓦由于能用双金属板连续轧制等新工艺进行大量生产,故质量稳定,成本低,但轴瓦刚度低,装配时又不能再修刮轴瓦内圆表面,轴瓦受力后,其形状完全取决于轴承座的形状,因此,轴瓦和轴承座均需精密加工。薄壁轴瓦在汽车发动机、柴油机上得到广泛应用。

　　厚壁轴瓦用铸造方法制造,内表面可附有轴承衬,常将轴承合金用离心铸造法浇注在铸铁、钢或青铜轴瓦的内表面上,如图 12-8 所示。

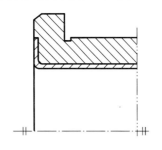 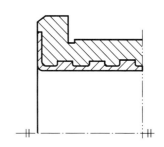

图 12-8　浇注轴承衬的轴瓦

2. 轴瓦的定位与配合

　　轴瓦和轴承座不允许有相对移动。为了防止轴瓦移动,轴瓦两端常以凸缘作轴向定位,如图 12-5(b)所示,也可用紧定螺钉(见图 12-9(a))或销钉(见图 12-9(b))将其固定在轴承座上。

　　为了提高轴瓦刚度、散热性能和保证轴瓦与轴承座之间具有良好的同心度,轴瓦与轴承座应配合紧密,一般采用带有较小过盈量的配合,具体可参考表 12-1。

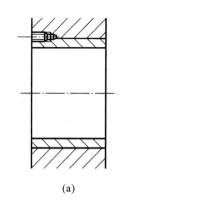

(a)

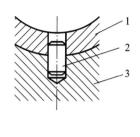

(b)

图 12-9 轴瓦的定位

1—轴瓦;2—圆柱销;3—轴承座

表 12-1 选择轴承配合的参考资料

配合符号	应用举例
H7/g6	磨床与车床分度头的主轴承
H7/f7	铣床、钻床与车床的轴承,汽车发动机曲轴的主轴承及连杆轴承,齿轮减速器及蜗杆减速器的轴承
H9/f9	电动机、离心泵、风扇及惰齿轮轴的轴承,蒸汽机与内燃机曲轴的主轴承和连杆轴承
H11/d11	农业机械用的轴承
H7/c8	汽轮发电机轴、内燃机凸轮轴、高速转轴、刀架丝杠、机车多支点轴的轴承
H11/b11	农业机械用的轴承

3. 油孔及油槽

为了把润滑油导入轴承并分布到轴瓦的整个工作表面,轴瓦或轴颈上要开设油孔和油槽,油孔用来供应润滑油,油槽使润滑油散布到轴颈表面。油孔、油槽开设的形式有轴向油槽和周向油槽等,如图 12-10 所示。

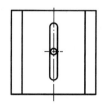 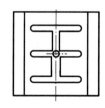 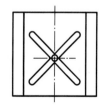

图 12-10 油孔和油槽

油孔和油槽的位置及形状会对轴承的油膜压力分布产生很大影响,油孔、油槽开设原则如下。

(1)为了便于供油及避免降低油膜的承载能力,油槽应开在非承载区,如图 12-11 所示,虚线表示承载区内无油槽时的油膜压力分布情况;实线表示油槽开设在承载区时的油膜压力分布情况。

(2)润滑油应从油膜压力最小处输入轴承。

（3）轴向油槽分为单轴向油槽和双轴向油槽两种。对于整体式径向轴承，轴颈单向旋转，载荷方向变化不大时，单轴向油槽最好开在油膜最大厚度位置，以保证润滑油从油膜压力最小处输入轴承。对于剖分式轴承，常把轴向油槽开在轴承剖分面处（剖分面与载荷作用线成90°），如果轴颈双向旋转，可在轴承剖分面上开设双轴向油槽（见图12-12）。轴向油槽不能开通，一般应比轴承宽度稍短，以免油从油槽端部大量流失，降低润滑效果和承载能力。

（4）对于周向油槽，当水平安装轴承时，油槽最好开半周，不要延伸到承载区，如必须开全周，油槽应开在靠近轴承端部；当轴承竖直放置时，应开在轴承的上端。

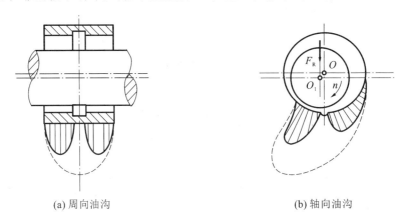

(a) 周向油沟　　　　　　　　　　　　　(b) 轴向油沟

图 12-11　油槽对油膜压力分布的影响

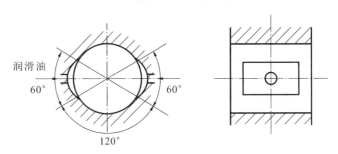

图 12-12　双轴向油槽开在轴承剖分面上

4. 轴瓦材料

滑动轴承材料主要是指滑动轴承中轴瓦和轴承衬的材料，轴瓦和轴承衬是滑动轴承的关键零件，直接参与滑动摩擦。安装轴承的轴承座最为常用的材料是铸铁。

滑动轴承工作时，轴瓦与轴颈构成摩擦副，轴瓦的磨损和胶合是其主要的失效形式，因此对轴瓦的材料和结构有以下特殊要求：

（1）有足够的疲劳强度、抗压强度和抗腐蚀能力；

（2）摩擦因数小，具有良好的减摩性、耐磨性、抗胶合性、跑合性和嵌入性；

（3）热膨胀系数小，具有良好的导热性和润滑性；

（4）具有良好的加工工艺性、经济性等。

应该指出，任何一种轴瓦材料都不可能同时满足上述各项要求，设计时应根据具体条件选择能满足主要要求的材料。

常用的轴承材料分为三类——金属材料、粉末冶金材料和非金属材料，一般条件下常用的是金属材料，包括轴承合金、铜合金、铝基合金和铸铁，如表12-2所示。

表 12-2 常用金属轴承材料性能

材料类别	牌号(名称)	最大许用值			最高工作温度/℃	轴颈硬度/HBW	性能比较				备注
		$[p]$/MPa	$[v]$/(m/s)	$[pv]$/(MPa·m/s)			抗咬黏性	顺应嵌入性	耐蚀性	疲劳强度	
锡基轴承合金	ZSnSb11Cu6 ZSnSb8Cu4	平稳载荷			150	150	1	1	1	5	用于高速、重载下工作的重要轴承，变载荷下易发生疲劳破坏，价贵
		25	80	20							
		冲击载荷									
		20	60	15							
铅基轴承合金	ZPbSb16Sn16Cu2	15	12	10	150	150	1	1	3	5	用于中速、中等载荷的轴承，不宜受显著冲击。可作为锡锑轴承合金的代用品
	ZPbSb15Sn5Cu3 Cd2	5	8	5							
锡青铜	ZCuSn10P1 (10-1 锡青铜)	15	10	15	280	300～400	3	5	1	1	用于中速、重载及变载荷的轴承
	ZCuSn5Pb5Zn5 (5-5-5 锡青铜)	8	3	15							用于中速、中等载荷的轴承
铅青铜	ZCuPb30 (30 铅青铜)	25	12	30	280	300	3	4	4	2	用于高速、重载、能承受变载和冲击的轴承
铝青铜	ZCuAl10Fe3 (10-3 铝青铜)	15	4	12	280	300	5	5	5	2	最宜用于润滑充分的低速、重载轴承
黄铜	ZCuZn16Si4 (16-4 硅黄铜)	12	2	10	200	200	5	5	1	1	用于低速、中载荷的轴承
	ZCuZn40Mn2 (40-2 锰黄铜)	10	1	10	200	200	5	5	1	1	用于高速、中载轴承，是较新的轴承材料，强度高、耐腐蚀、表面性能好。可用于增压强化柴油机轴承
铝基轴承合金	2%铝锡合金	28～35	14	—	140	300	4	3	1	2	
三元电镀合金	铝-硅-镉镀层	14～35	—	—	170	200～300	1	2	2	2	镀铝锡青铜作中间层，再镀 10～30 μm 三元减摩层，疲劳强度高，嵌入性好
银	镀层	28～35	—	—	180	300～400	2	3	1	1	镀银，上附薄层铅，再镀铟，常用于飞机发动机、柴油机轴承

续表

材料类别	牌号（名称）	最大许用值			最高工作温度/℃	轴颈硬度/HBW	性 能 比 较				备注
		$[p]$/MPa	$[v]$/(m/s)	$[pv]$/(MPa·m/s)			抗咬黏性	顺应嵌入性性	耐蚀性	疲劳强度	
耐磨铸铁	HT300	0.1～6	3～0.75	0.3～4.5	150	＜150	4	5	1	1	宜用于低速、轻载的不重要轴承，价廉
灰铸铁	HT150～HT250	1～4	2～0.5	——	——	——	4	5	1	1	

注：① $[pv]$ 为不完全液体润滑下的许用值；

　　② 性能比较：1～5 依次由佳到差。

1) 金属材料

（1）轴承合金　轴承合金又称白合金或巴氏合金，是由锡（Sn）、铅（Pb）、锑（Sb）、铜（Cu）组成的合金。它是以锡或铅作基体，悬浮锑锡（Sb-Sn）及铜锡（Cu-Sn）的硬质晶粒，硬质晶粒起耐磨作用，软基体则增加材料的塑性和顺应性。受载时，硬晶粒会嵌入软基体中，增加了承载面积。它的弹性模量和弹性极限都很低。在所有轴承材料中，轴承合金的嵌藏性和顺应性最好，具有良好的磨合性和极强的抗胶合能力。但轴承合金的机械强度较低，通常将它贴附在软钢、青铜或铸铁制作的轴瓦上。锡基合金的热膨胀性能比铅基合金的要好，价格也较贵，适用于高速轴承。

（2）铜合金　铜合金具有较高的强度、较好的减摩性和耐磨性，青铜的减摩性和耐磨性比黄铜好，是一种较好的轴瓦材料。青铜有铅青铜、锡青铜和铝青铜等，其中锡青铜的减摩性和耐磨性最好，应用较广。铅青铜有良好的抗胶合能力，能在较高温度下工作，因为在高温时可以在摩擦表面析出铅，在铜基体上形成一层薄的膜，起润滑作用。青铜比轴承合金硬度高、磨合性差，为了减少轴颈的磨损，轴颈表面要淬硬、磨光和保持良好的润滑。

（3）铝基合金　铝基合金具有强度高、耐腐蚀、导热性良好等优点，近年来应用日渐广泛。铝基合金可以制成单金属零件，也可制成双金属零件，但与其相配的轴颈表面应具有较高的硬度和较小的表面粗糙度。

（4）灰铸铁及耐磨铸铁　普通灰铸铁或加镍、铬、钛等合金成分的耐磨铸铁或球墨铸铁，因为铸铁中的片状或球状石墨可起润滑作用，具有一定的减摩性和耐磨性，故可以用作轴瓦材料。但铸铁硬度高且脆，磨合性差，故只适用于轻载、低速和不受冲击载荷的场合。

（5）粉末冶金材料　所谓粉末冶金材料，就是用不同的金属粉末混合、压制、烧结而成的具有多孔结构的轴承材料，孔隙占体积的 $10\%\sim35\%$，故又称多孔质金属材料。使用前先把轴瓦在热油中浸渍数小时，使孔隙中充满润滑油，工作时由于轴旋转时产生的抽吸作用、热膨胀作用，油从孔隙中回渗到轴承摩擦表面，起到润滑作用，因此具有自润滑作用。通常把用这种材料制成的轴承称为自润滑轴承或含油轴承。含油轴承加一次油可以使用相当长的一段时间，常用于轻载、不便加油的场合。常用的含油轴承材料有多孔质铁和多孔质青铜。

2) 非金属材料

非金属材料主要有塑料、石墨、橡胶和木材等。应用最多的是各种塑料（聚合物材料），如酚醛树脂、尼龙、聚四氟乙烯等，一般用于温度不高、载荷不大的场合。橡胶的弹性较大，能适应轴的小量偏斜及在有振动的条件下工作，多用于离心式水泵、水轮机和水下机具上。

12.4　滑动轴承的润滑

滑动轴承种类繁多,使用条件和重要程度往往相差较大,因而其对润滑剂的要求也各不相同。下面仅就滑动轴承常用润滑剂的选择方法作简要介绍。

12.4.1　润滑剂的种类及选择

滑动轴承常用的润滑剂为润滑油、润滑脂和固体润滑剂,其中以润滑油应用最广。

1. 润滑油

润滑油是滑动轴承中应用最广的润滑剂。黏度是润滑油最重要的性能指标,是选择轴承用油的主要依据。选择轴承用润滑油的黏度时,应考虑轴承压力、滑动速度、摩擦表面状况、润滑方法等条件,一般原则如下。

(1) 在压力大或冲击、变载等工作条件下,应选用黏度高一些的油。

(2) 滑动速度高时,容易形成油膜,为了减小摩擦功耗、减小温升,应选用黏度低一些的油。

(3) 加工粗糙或未经磨合的表面,应选用黏度高一些的油。

(4) 循环润滑、芯捻润滑时,应选用黏度低一些的油。

(5) 飞溅润滑应选用高品质的能防止与空气接触而氧化或因剧烈搅拌而乳化的油。

不完全液体润滑轴承润滑油的选择参考表 12-3。液体动压轴承润滑油的选择参考表 12-4。

表 12-3　滑动轴承润滑油选择(不完全液体润滑,工作温度<60 ℃)

轴颈圆周速度 v/(m/s)	平均压力 $p<3$ MPa	轴颈圆周速度 v/(m/s)	平均压力 $p<3\sim7.5$ MPa
<0.1	L-AN68、100、150	<0.1	L-AN150
0.1~0.3	L-AN68、100	0.1~0.3	L-AN100、150
0.3~2.5	L-AN46、68	0.3~0.6	L-AN100
2.5~5.0	L-AN32、46	0.6~1.2	L-AN68、100
5.0~9.0	L-AN15、22、32	1.2~2.0	L-AN68
>9.0	L-AN7、10、15		

注:表中润滑油是以 40 ℃时运动黏度为基础的牌号。

表 12-4　常用工业润滑油的黏度等级及相应的黏度值(40 ℃)　　　　(单位:mm²/s)

黏度等级	运动黏度中心值	运动黏度范围	黏度等级	运动黏度中心值	运动黏度范围
2	2.2	1.98~2.42	68	68	61.2~74.8
3	3.2	2.88~3.52	100	100	90.0~110
5	4.6	4.14~5.06	150	150	135~165
7	6.8	6.12~7.48	220	220	198~242
10	10	9.00~11.0	320	320	288~352
15	15	13.5~16.5	460	460	414~506
22	22	19.8~24.2	680	680	612~748
32	32	28.8~35.2	1000	1000	900~1100
46	46	41.4~50.6	1500	1500	1350~1650

2. 润滑脂

对于轴颈速度小于1～2 m/s的滑动轴承,一般很难形成液体动力润滑,可以采用脂润滑。润滑脂也可以形成一层薄膜,将滑动表面完全分开。润滑脂属于半固体润滑剂,流动性差,不易流失,密封简单,不需经常添加,承载能力较大。但它的物理性质及化学性质不如润滑油的稳定,摩擦损耗也较大,机械效率低,无冷却效果,不宜在高速或温度变化较大的条件下使用。润滑脂常用于要求不高、难以供油,或者低速重载以及做摆动运动的轴承。

选择润滑脂品种的一般原则如下。

(1) 当压力高和滑动速度低时,选择锥入度小一些的品种;反之,则选锥入度大一些的品种。

(2) 为避免工作时润滑脂流失过多,所用润滑脂的滴点,一般应比轴承的工作温度高20～30 ℃。

(3) 在有水或潮湿的环境下,应选择防水性和耐水性好的润滑脂,如钙基脂。工业应用最广的润滑脂是钙基润滑脂。

选择润滑脂牌号时可参考表12-5。

表 12-5　滑动轴承润滑脂的选择

压力 p/MPa	轴颈圆周速度 v/(m/s)	最高温度/℃	选用的牌号
≤0.1	≤1	75	3 号钙基脂
1.0～6.5	0.5～5	55	2 号钙基脂
≥6.5	≤0.5	75	3 号钙基脂
≤6.5	0.5～5	120	2 号钠基脂
>6.5	≤0.5	110	1 号钙钠基脂
1.0～6.5	≤1	−50～100	锂基脂
>6.5	0.5	60	2 号压延机脂

注:① 在潮湿环境,工作温度在75～120 ℃时,应考虑用钙-钠基润滑脂;

　　② 在潮湿环境,工作温度在75 ℃以下,没有3号钙基脂时也可用铝基脂;

　　③ 工作温度在110～120 ℃以下,可用锂基脂或钡基脂;

　　④ 集中润滑时,黏度要小些。

3. 固体润滑剂

固体润滑剂可以在摩擦表面上形成固体膜以减小摩擦阻力,通常用在极高温、极低温、极高压、真空、极低速条件下不允许污染或不易润滑的摩擦表面以及润滑油和润滑脂不能适应的场合,工程中最常使用的固体润滑剂有石墨、二硫化钼(MoS_2)、聚氯乙烯(PTFE)树脂等多种。

12.4.2　润滑方式及装置

为了获得良好的润滑效果,除了正确选择润滑剂外,还应选用适当的润滑方法和相应的润滑装置。

润滑方式及装置的选择主要应根据机器零部件的用途和特点、工作条件、采用的润滑剂及供油量要求等来决定。

1. 油润滑

滑动轴承给油的方法多种多样,按给油方式,可分为间断润滑和连续润滑两类。间断润滑是利用油壶或油枪,靠手工定时通过轴承上的油孔加油的方法。为避免加油时污物进入轴承,可在油孔上装压注油杯和旋盖式油杯。比较重要的轴承常采用润滑油连续润滑的方法,详见4.3节。

2. 脂润滑

脂润滑只能间歇供应润滑脂。旋盖式油脂杯是应用得最广的脂润滑装置。

12.4.3　润滑方式及其选择

滑动轴承的润滑方式可根据轴承平均载荷系数 K 来选择,即

$$K = \sqrt{pv^3} \tag{12-1}$$

式中:p 为轴颈的平均压力,$p = F/(dB)$,MPa;v 为轴颈的圆周速度,m/s。

K 值大,表明轴承载荷大或温度高,需充分供油,并应选择黏度较高的润滑剂才能保证较好的润滑效果。根据 K 值推荐的润滑方式如表 12-6 所示。

表 12-6　滑动轴承润滑方式的选择

K	≤2	>2~16	>16~32	>32
润滑剂	润滑脂	润滑油		
润滑方式	旋盖式油杯	针阀油杯滴油	飞溅、油环润滑或压力循环供油	压力循环供油

12.5　不完全液体摩擦滑动轴承的设计计算

轴承在完全液体摩擦状态下工作是最理想的。但对于工作要求不高、速度较低、载荷不大、难以维护等条件下工作的轴承,建立完全液体摩擦状态比较困难,往往设计成不完全液体摩擦滑动轴承。

不完全液体摩擦滑动轴承的承载能力不仅与边界膜的强度及其破裂温度有关,而且与轴承材料、轴颈与轴承表面粗糙度、润滑油的供给量等因素有着密切的关系。这类轴承影响因素多,失效机理很复杂,目前尚无完善的计算理论。习惯上采用条件性计算,以边界膜不遭破坏为设计依据。因此,对于这类轴承,只计算轴承表面的平均压力 p、滑动速度 v 以及 pv 值。这些参数是影响轴承摩擦表面磨损、胶合、摩擦发热等现象的主要参数。

12.5.1　径向滑动轴承的校核计算

1. 校核轴承的平均压力 p

限制轴承压力以保证润滑油不被过大的压力所挤出,保证良好的润滑而不致过度磨损,故平均压力 p 应满足

$$p = \frac{F}{dB} \leqslant [p] \tag{12-2}$$

式中:$[p]$ 为轴承材料的许用压力,MPa,其值可查表 12-2;F 为轴承所受的径向载荷,N;d 为轴颈直径,mm;B 为轴承宽度,mm。

2. 校核 pv 值

对于承受载荷较大和运转速度较高的轴承,为保证工作时不致因过度发热而产生胶合,应限制轴承单位面积上的摩擦功耗 fpv(f 为材料的滑动摩擦因数)。轴承的发热量与单位面积上的摩擦功耗 fpv 成正比,在稳定的工作条件下,f 可近似地看作常数,因此,pv 值间接反映

了轴承的温升。要防止轴承产生胶合,限制 pv 值就是限制温升,pv 值应满足

$$pv = \frac{F}{dB}\frac{\pi dn}{60 \times 1000} = \frac{Fn}{19100B} \leqslant [pv] \tag{12-3}$$

式中:v 为轴颈的圆周速度,即滑动速度,m/s;n 为轴的转速,r/min;$[pv]$ 为轴承材料的 pv 许用值,MPa·m/s,其值可查表 12-2。

3. 校核滑动速度 v

当平均压力 p 值较小,且 p 和 pv 验算合格,但滑动速度过高时,轴承也会因磨损加剧而报废。这是因为 p 只是平均值,实际上,在轴发生弯曲或由不同心等而引起的一系列误差及振动下,轴承边缘可能产生相当高的压力,因而局部区域的 pv 值仍可能会超过许用值。故在 p 值较小时,应保证

$$v \leqslant [v] \tag{12-4}$$

式中:$[v]$ 为轴承材料 v 的许用值,m/s,其值可查表 12-2。

当验算结果不能满足要求时,可考虑改用较好的轴瓦材料或加大轴承的几何尺寸,即直径 d 和宽度 B。

12.5.2　推力滑动轴承的校核计算

对于推力滑动轴承,只需校核轴承的 v 及 pv 值,其校核公式如下。

1. 校核轴承的平均压力 p

$$p = \frac{F_a}{A} = \frac{F_a}{z\frac{\pi}{4}(d_2^2 - d_1^2)} \leqslant [p] \tag{12-5}$$

式中:d_1 为轴承孔直径,mm;d_2 为轴环直径,mm;F_a 为轴承所受的轴向载荷,N;z 为环的数目;$[p]$ 为轴承材料的许用压力,MPa,其值可查表 12-7。对于多环式推力滑动轴承,由于载荷在各环间分布不均匀,因此其许用压力 $[p]$ 比单环式的要低 50%。

2. 校核 pv 值

因轴承的环形支承面平均直径处的圆周速度为

$$v = \frac{\pi n d_m}{60 \times 1000} = \frac{\pi n(d_1 + d_2)}{60 \times 1000 \times 2}$$

$$pv = \frac{4F_a}{z\pi(d_2^2 - d_1^2)} \times \frac{\pi n(d_1 + d_2)}{60 \times 1000 \times 2} = \frac{nF_a}{30000z(d_2 - d_1)} \leqslant [pv] \tag{12-6}$$

式中:d_m 为环形支承面的平均直径,mm;v 为平均直径处的圆周速度,即滑动速度,m/s;n 为轴的转速,r/min;$[pv]$ 为轴承材料 pv 的许用值,MPa·m/s,其值可查表 12-7。同样地,由于多环式推力滑动轴承载荷在各环间分布不均匀,因此,其许用压力 $[p]$ 比单环式的要低 50%。

表 12-7　推力滑动轴承的 $[p]$、$[pv]$ 值

轴(轴环端面、凸缘)	轴承	$[p]$/MPa	$[pv]$/(MPa·m/s)
未淬火钢	铸铁	2.0~2.5	1~2.5
	青铜	4.0~5.0	
	轴承合金	5.0~6.0	
淬火钢	青铜	7.5~8.0	1~2.5
	轴承合金	8.0~9.0	
	淬火钢	12~15	

12.6　液体动力润滑径向滑动轴承的设计计算

液体摩擦是滑动轴承中的理想摩擦状态,根据摩擦面油膜的形成原理,液体摩擦滑动轴承可分为动压轴承和静压轴承两类。利用液体动力润滑原理设计的轴承称为液体摩擦动压滑动轴承,简称动压轴承。

12.6.1　流体动力润滑的基本方程

流体动力润滑理论的基本方程是描述流体膜压力分布的微分方程,称为雷诺方程。它是从黏性流体动力学的基本方程出发,作了一些假设条件简化后得出的。假设条件为:流体为牛顿流体;流体膜中的流体流动为层流;不考虑压力对流体黏度的影响;忽略惯性力和重力的影响;认为流体不可压缩,流体膜中的压力沿膜厚方向不变。

如图 12-13 所示,在油膜中取出一微单元体 $\mathrm{d}x\mathrm{d}y\mathrm{d}z$,分析该单元体有 x 方向(该方向和速度 v 的方向一致)的受力,作用着油压 p 和内摩擦切应力 τ。微单元体右面和左面的压力分别为 p 和 $\left(p+\dfrac{\partial p}{\partial x}\mathrm{d}x\right)$,作用在单元体上、下两面的切应力分别为 τ 和 $\left(\tau+\dfrac{\partial\tau}{\partial y}\mathrm{d}y\right)$。根据 x 方向力系平衡条件,得

$$p\mathrm{d}y\mathrm{d}z-\left(p+\frac{\partial p}{\partial x}\mathrm{d}x\right)\mathrm{d}y\mathrm{d}z+\tau\mathrm{d}x\mathrm{d}z-\left(\tau+\frac{\partial\tau}{\partial y}\mathrm{d}y\right)\mathrm{d}x\mathrm{d}z=0$$

整理后得

$$\frac{\partial p}{\partial x}=-\frac{\partial\tau}{\partial y} \tag{12-7}$$

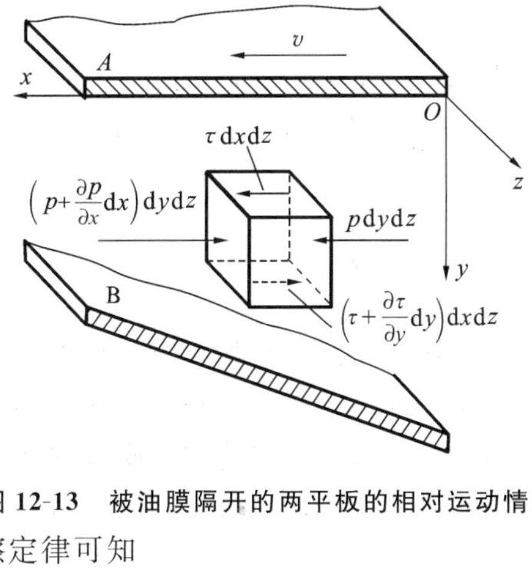

图 12-13　被油膜隔开的两平板的相对运动情况

根据牛顿黏性流体摩擦定律可知

$$\tau=-\eta\frac{\partial u}{\partial y}$$

对 y 求导,得

$$\frac{\partial\tau}{\partial y}=-\eta\frac{\partial^2 u}{\partial y^2}$$

将上式代入式(12-7),得

$$\frac{\partial p}{\partial x}=\eta\frac{\partial^2 u}{\partial y^2} \tag{12-8}$$

将上式对 y 积分两次,此时根据假设可认为 $\dfrac{\partial p}{\partial x}$ 是一常数,因此得油膜沿 y 方向的速度分布

$$u=\frac{1}{2\eta}\Big(\frac{\partial p}{\partial x}\Big)y^2+C_1y+C_2 \tag{12-9}$$

根据边界条件确定积分常数 C_1 及 C_2,即当 $y=0$ 时,$u=v$;当 $y=h$ 时,$u=0$。则得

$$C_1=-\frac{h}{2\eta}\frac{\partial p}{\partial x}-\frac{v}{h},\quad C_2=v$$

将上式代入式(12-9)后,即得

$$u=\frac{v(h-y)}{h}-\frac{y(h-y)}{2\eta}\frac{\partial p}{\partial x} \tag{12-10}$$

由式(12-10)可见,油层的速度 u 由两部分组成:式中前一项表示速度呈线性分布,这是直接由剪切流引起的;后一项表示速度呈抛物线分布,这是由油流沿 x 方向所产生的压力流引起的,如图 4-17(b)所示。

当无侧漏时,润滑油在单位时间内流经任意截面上的单位宽度面积的流量为

$$q=\int_0^h u\mathrm{d}y \tag{12-11}$$

将式(12-10)代入式(12-11)并积分,得

$$q=\int_0^h u\mathrm{d}y=\int_0^h\Big[\frac{v(h-y)}{h}-\frac{y(h-y)}{2\eta}\cdot\frac{\partial p}{\partial x}\Big]\mathrm{d}y=\frac{vh}{2}-\frac{h^3}{12\eta}\cdot\frac{\partial p}{\partial x} \tag{12-12}$$

由图 4-17(b)可知,在压油最高处,必有 $\dfrac{\partial p}{\partial x}=0$。设该处油膜厚度为 h_0,则该截面单位宽度的流量为

$$q=\frac{vh_0}{2} \tag{12-13}$$

当润滑油连续流动时,各截面的流量必相等,由此得

$$q=\frac{vh_0}{2}=\frac{vh}{2}-\frac{h^3}{12\eta}\cdot\frac{\partial p}{\partial x}$$

整理得

$$\frac{\partial p}{\partial x}=\frac{6\eta v}{h^3}(h-h_0) \tag{12-14}$$

式(12-14)即一维雷诺方程。它是计算滑动轴承流体动力润滑的基本方程。从此方程可以看出,油膜压力的变化与润滑油的黏度、表面滑动速度和油膜厚度及其变化有关。这种油膜压力是由两板相对运动而形成的液体动压力,故这种油膜称为动压油膜。根据此原理获得的液体滑动轴承,称为液体动力润滑轴承。利用这一公式,可求出油膜各点的压力 p,再经积分后,便可求出油膜的承载力。

由式(12-14)及图 4-17(b)也可以看出,在 $ab(h>h_0)$ 段,$\dfrac{\partial^2 u}{\partial y^2}>0$(即速度分布曲线呈凹形),所以 $\dfrac{\partial p}{\partial x}>0$,即压力沿 x 方向逐渐增大;而在 $bc(h<h_0)$ 段,$\dfrac{\partial^2 u}{\partial y^2}<0$(即速度分布曲线呈凸形),所以 $\dfrac{\partial p}{\partial x}<0$,这表明压力沿 x 方向逐渐降低。在 a 和 c 之间必有一处(b 点)的油流速度变化规律不变,此处有 $\dfrac{\partial^2 u}{\partial y^2}=0$,即 $\dfrac{\partial p}{\partial x}=0$,因而压力 p 达到最大值。由于油膜沿着 x 方向各处的油

压都大于入口和出口的压力,且压力形成如图 4-17(b)上部曲线所示,故能承受一定的外载荷。

从上述分析可知,形成液体动力润滑的必要条件如下。

(1) 相对滑动的两表面间必须有收敛的楔形间隙。

(2) 被润滑的两表面间必须连续充满具有一定黏度的润滑油。

(3) 被油膜分开的两表面间必须有一定的相对滑动速度,其运动方向必须使润滑油由大口流进,从小口流出。此外,为了承受一定的载荷 F,还必须使速度 v、黏度 η 及间隙等匹配恰当。

12.6.2　径向滑动轴承形成流体动力润滑的过程

径向滑动轴承的轴瓦内孔和轴颈间是间隙配合,必存在间隙,如图 12-14 所示。图中 O_1 为轴瓦中心,O 为轴颈中心。轴颈相当于图 4-17 所示的移动板,轴瓦相当于固定板,所不同的只是用弧形板取代了平板。如图 12-14(a)所示,当轴颈静止时,轴颈处于轴承孔的最低位置,并与轴瓦接触,两表面间自然形成楔形间隙。当轴颈按图12-14(b)所示方向开始转动时,速度较低,带入间隙的油量少,此时轴颈在摩擦力作用下沿孔壁向右爬升。随着轴颈转速及其表面圆周速度的逐渐增大,带入楔形空间的油量也逐渐增多,并逐渐形成动压油膜,右侧楔形油膜产生了一定的动压力,将轴颈向左浮起,最终,轴颈稳定在某一偏心位置上(见图 12-14(c))。这时,轴承处于流体动力润滑状态,油膜产生的动压力与外载荷 F 相平衡。此时,由于轴承内的摩擦阻力仅为液体的内阻力,故摩擦因数达到最小值。

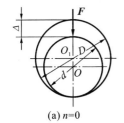 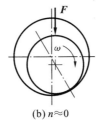 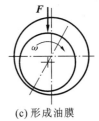

$$(a)\ n=0 \qquad\qquad (b)\ n\approx0 \qquad\qquad (c)\ \text{形成油膜}$$

图 12-14　径向滑动轴承形成流体动力润滑的过程

在其他条件不变的前提下,转速 n 越高,轴颈中心 O 越趋近轴承中心 O_1,但不可能达到两个中心完全重合。因为若两个中心完全重合,则形成动压油膜的必要条件之一楔形间隙就不存在了。从理论上说,只有当转速 n 为无限大时,二者才可以达到同心,但实际上,转速 n 趋于无穷大是不可能的。因此,圆柱形轴承可以在一定条件下建立动压油膜,形成液体动力润滑状态,但始终存在轴颈与轴承偏心的现象。当外载荷或转速变化时,轴颈中心 O 的位置也随之变化。所以,若采用圆柱形单油楔径向滑动轴承,工作时轴的运转稳定性和运转精度都不很高。

12.6.3　液体动力润滑径向滑动轴承的几何关系和承载能力

1. 几何关系

轴承 D 和 d 分别表示轴承孔和轴颈的直径,则轴承的直径间隙为

$$\Delta=D-d \tag{12-15}$$

半径间隙为轴承孔半径 R 与轴颈半径 r 之差,即

$$\delta=R-r=\frac{\Delta}{2} \tag{12-16}$$

直径间隙与轴颈公称直径之比称为相对间隙,以 ψ 表示,则

$$\psi = \frac{\Delta}{d} = \frac{\delta}{r} \tag{12-17}$$

轴颈在稳定运转时,其中心 O 与轴承中心 O_1 的距离,称为偏心距,用 e 表示。偏心距与半径间隙的比值,称为偏心率,以 χ 表示,则

$$\chi = \frac{e}{\delta} = \frac{e}{R-r} \tag{12-18}$$

于是由图 12-15 可见,最小油膜厚度为

$$h_{min} = \delta - e = \delta(1-\chi) = r\psi(1-\chi) \tag{12-19}$$

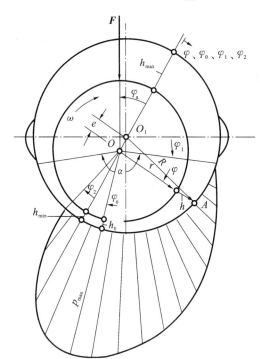

图 12-15　径向滑动轴承的几何参数和油压分布

对于径向滑动轴承,采用极坐标描述较方便。如图 12-15 所示,取轴颈中心 O 为极点,连心线 OO_1 为极轴,连心线 OO_1 与外载荷(载荷作用在轴颈中心上)的方向形成一偏位角 φ_a。对应于任意角 φ(包括 φ_0、φ_1、φ_2 均由 OO_1 算起)的油膜厚度 h,可在 $\triangle AOO_1$ 中应用余弦定理求得,即

$$R^2 = e^2 + (r+h)^2 - 2e(r+h)\cos\varphi$$

解上式得

$$r+h = e\cos\varphi \pm R\sqrt{1-\left(\frac{e}{R}\right)^2\sin^2\varphi}$$

若略去微量 $\left(\frac{e}{R}\right)^2\sin^2\varphi$,并取根式的正号,则得任意位置的油膜厚度为

$$h = \delta(1+\chi\cos\varphi) = r\psi(1+\chi\cos\varphi) \tag{12-20}$$

在压力最大处的油膜厚度 h_0 为

$$h_0 = \delta(1+\chi\cos\varphi_0) \tag{12-21}$$

式中:φ_0 为相应于最大压力处的极角。

在 $\varphi = \pi$ 处,最小油膜厚度 h_{min} 为

$$h_{min} = r\psi(1-\chi) \tag{12-22}$$

由上式可知,在其他条件不变的情况下,h_{min} 越小,则偏心率 χ 越大,轴承的承载能力就越大。但 h_{min} 不能无限制地减小,因为它受到轴瓦和轴颈表面粗糙度、轴的刚度及轴承与轴颈的几何形状误差等因素的限制。为确保轴承能处于液体摩擦状态,最小油膜厚度必须大于或等于许用油膜厚度 $[h]$,即

$$h_{min} \geqslant [h] \tag{12-23}$$

$$[h] = S(Rz_1 + Rz_2) \tag{12-24}$$

式中:Rz_1、Rz_2 分别为轴颈和轴承孔表面粗糙度的微观不平度 10 点平均高度(见表 12-8),对于一般轴承,Rz_1 和 Rz_2 值可分别取为 3.2 μm 和 6.3 μm,或 1.6 μm 和 3.2 μm,对于重要轴承,可取为 0.8 μm 和 1.6 μm,或 0.2 μm 和 0.4 μm;S 为安全系数,考虑表面几何形状误差和轴颈挠曲变形等,常取 $S \geqslant 2$。

表 12-8 加工方法、表面粗糙度和表面微观不平度 10 点平均高度 Rz

加工方法	精车或精镗,中等磨光,刮(每平方厘米内有 1.5～3 个点)		铰、精磨、刮(每平方厘米内有 3～5 个点)		钻石刀头镗,镗磨		研磨、抛光、超精加工等		
表面粗糙度	$Ra3.2$	$Ra1.6$	$Ra0.8$	$Ra0.4$	$Ra0.2$	$Ra0.1$	$Ra0.05$	$Ra0.025$	$Ra0.012$
$Rz/\mu m$	10	6.3	3.2	1.6	0.8	0.4	0.2	0.1	0.05

2. 承载能力

为了分析问题方便,假设轴承为无限宽,则可以认为润滑油沿轴向没流动。将一维雷诺方程改写成极坐标表达式,即将 $\mathrm{d}x = r\mathrm{d}\varphi, v = r\omega$ 及式(12-20)、式(12-21)代入式(12-14)得到极坐标形式的雷诺方程为

$$\frac{\mathrm{d}p}{\mathrm{d}\varphi} = 6\eta \frac{\omega}{\psi^2} \frac{\chi(\cos\varphi - \cos\varphi_0)}{(1 + \chi\cos\varphi)^3} \qquad (12\text{-}25)$$

将式(12-25)从油膜起始角 φ_1 到任意角 φ 进行积分,得任意角位置的压力为

$$p_\varphi = 6\eta \frac{\omega}{\psi^2} \int_{\varphi_1}^{\varphi} \frac{\chi(\cos\varphi - \cos\varphi_0)}{(1 + \chi\cos\varphi)^3} \mathrm{d}\varphi \qquad (12\text{-}26)$$

压力 p_φ 在外载荷方向上的分量为

$$p_{\varphi y} = p_\varphi \cos[180° - (\varphi_a + \varphi)] = -p_\varphi \cos(\varphi_a + \varphi)$$

将上式从 φ_1 到 φ_2 进行积分,就得出在轴承单位宽度上的油膜承载力为

$$p_y = \int_{\varphi_1}^{\varphi_2} p_{\varphi y} r\mathrm{d}\varphi = -\int_{\varphi_1}^{\varphi_2} p_\varphi \cos(\varphi_a + \varphi) r\mathrm{d}\varphi$$

$$\qquad (12\text{-}27)$$

$$= 6\eta \frac{\omega r}{\psi^2} \int_{\varphi_1}^{\varphi_2} \left[\int_{\varphi_1}^{\varphi} \frac{\chi(\cos\varphi - \cos\varphi_0)}{(1 + \chi\cos\varphi)^3} \mathrm{d}\varphi \right] [-\cos(\varphi_a + \varphi)] \mathrm{d}\varphi$$

为了求出油膜的承载能力,理论上只需将 p_y 乘轴承宽度 B 即可。但在实际轴承中,由于油可能从轴承的两个端面流出,故必须考虑端泄的影响。这时,压力沿轴承宽度的变化呈抛物线分布,而且其油膜压力也比无限宽轴承的油膜压力低(见图 12-16),所以要乘系数 C' 对 p_y

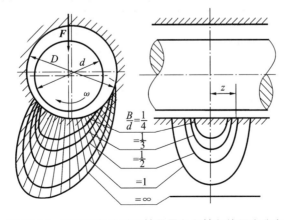

图 12-16 不同宽径比时沿轴承周向和轴向的压力分布

进行修正,C' 的值取决于宽径比 B/d 和偏心率 χ 的大小。这样,距轴承中线为 z 处的油膜压力的数学表达式为

$$p'_y = p_y C' \left[1 - \left(\frac{2z}{B} \right)^2 \right] \tag{12-28}$$

因此,对于有限宽轴承,油膜的总承载能力为

$$F = \int_{-\frac{B}{2}}^{\frac{B}{2}} p'_y \mathrm{d}z = 6\eta \frac{\omega r}{\psi^2} \int_{-\frac{B}{2}}^{\frac{B}{2}} \int_{\varphi_1}^{\varphi_2} \left[\int_{\varphi_1}^{\varphi} \frac{\chi(\cos\varphi - \cos\varphi_0)}{(1 + \chi\cos\varphi)^3} \mathrm{d}\varphi \right] [-\cos(\varphi_a + \varphi)\mathrm{d}\varphi] C' \left[1 - \left(\frac{2z}{B} \right)^2 \right] \mathrm{d}z$$

由上式得

$$F = \frac{\eta \omega d B}{\psi^2} C_p \tag{12-29}$$

式中:

$$C_p = 3 \int_{-\frac{B}{2}}^{\frac{B}{2}} \int_{\varphi_1}^{\varphi_2} \left[\int_{\varphi_1}^{\varphi} \frac{\chi(\cos\varphi - \cos\varphi_0)}{B(1 + \chi\cos\varphi)^3} \mathrm{d}\varphi \right] [-\cos(\varphi_a + \varphi)\mathrm{d}\varphi] C' \left[1 - \left(\frac{2z}{B} \right)^2 \right] \mathrm{d}z \tag{12-30}$$

由式(12-29)得

$$C_p = \frac{F\psi^2}{\eta\omega d B} = \frac{F\psi^2}{2\eta v B} \tag{12-31}$$

式中:C_p 为承载量因数;η 为润滑油在轴承平均工作温度下的动力黏度,$\mathrm{N \cdot s/m^2}$;B 为轴承宽度,m;F 为外载荷,N;v 为轴颈圆周速度,$\mathrm{m/s}$。

C_p 的积分计算非常困难,因而采用数值积分的方法进行计算,并做成相应的线图或表格供设计应用。

由式(12-30)可知,在给定边界条件时,C_p 是轴颈在轴承中位置的函数,其值取决于轴承的包角 α(指轴承表面的连续光滑部分包围轴颈的角度,即入油口到出油口间所包轴颈的夹角)、宽径比 B/d 和偏心率 χ。由于 C_p 是一个无量纲的量,故称为轴承的承载量因数。当轴承的包角 α($\alpha = 120°$、$180°$ 或 $360°$)给定时,经过一系列换算,C_p 可以表示为 $C_p \propto (\chi, B/d)$。若轴承是在非承载区内进行无压力供油,且设液体动压力是在轴颈与轴承衬接触的 $180°$ 的弧内产生,则不同 B/d 和 χ 的 C_p 值如表 12-9 所示。

表 12-9　有限宽轴承的承载量因数 C_p

B/d	χ													
	0.3	0.4	0.5	0.6	0.65	0.7	0.75	0.8	0.85	0.9	0.925	0.95	0.975	0.99
	承载量因数 C_p													
0.3	0.0522	0.0826	0.128	0.203	0.259	0.347	0.475	0.699	1.122	2.074	3.352	5.73	15.15	50.52
0.4	0.0893	0.141	0.216	0.339	0.431	0.573	0.776	1.079	1.775	3.195	5.055	8.393	21.00	65.26
0.5	0.133	0.209	0.317	0.493	0.622	0.819	1.098	1.572	2.428	4.261	6.615	10.706	25.62	75.86
0.6	0.182	0.283	0.427	0.655	0.819	1.070	1.418	2.001	3.036	5.214	7.956	12.64	29.17	83.21
0.7	0.234	0.361	0.538	0.816	1.014	1.312	1.720	2.399	3.580	6.029	9.072	14.14	31.88	88.90
0.8	0.287	0.439	0.647	0.972	1.199	1.538	1.965	2.754	4.053	6.721	9.992	15.37	33.99	92.89
0.9	0.339	0.515	0.754	1.118	1.371	1.745	2.248	3.067	4.459	7.294	10.753	16.37	35.66	96.35

续表

B/d	χ													
	0.3	0.4	0.5	0.6	0.65	0.7	0.75	0.8	0.85	0.9	0.925	0.95	0.975	0.99
	承载量因数 C_p													
1.0	0.391	0.589	0.853	1.253	1.528	1.929	2.469	3.372	4.808	7.772	11.38	17.18	37.00	98.95
1.1	0.440	0.658	0.947	1.377	1.669	2.097	2.664	3.580	5.106	8.186	11.91	17.86	38.12	101.15
1.2	0.487	0.723	1.033	1.489	1.796	2.247	2.838	3.787	5.364	8.533	12.35	18.43	39.04	102.90
1.3	0.529	0.784	1.111	1.590	1.912	2.379	2.990	3.968	5.586	8.831	12.73	18.91	39.81	104.42
1.5	0.610	0.891	1.248	1.763	2.099	2.600	3.242	4.266	5.947	9.304	13.34	19.68	41.07	106.84
2.0	0.763	1.091	1.483	2.070	2.446	2.981	3.671	4.778	6.545	10.091	14.34	20.97	43.11	110.79

12.6.4　轴承的热平衡计算

轴承工作时,液体内摩擦功耗转变为热量,使润滑油温度升高、黏度下降,则轴承承载能力降低。因此,设计液体动力润滑轴承时,必须限制轴承温升,使润滑油在工作时保持足够的黏度,同时防止轴承过热而产生胶合。

轴承工作时,摩擦功转化的热量,一部分由端泄的润滑油带走;另一部分通过轴承壳体散发。当轴承单位时间内所产生的热量等于散失的热量时,轴承呈热平衡状态,温度不再升高。

根据热平衡条件,对于非压力供油的径向轴承,其单位时间内轴承所产生的摩擦热量 Q 等于同时间内流动的油所带走热量 Q_1 及轴承散发的热量 Q_2 之和,即

$$Q = Q_1 + Q_2 \tag{12-32}$$

轴承中的热量是由摩擦损失的功转变而来的。因此,每秒钟在轴承中产生的热量 Q(单位为 W)为

$$Q = fFv$$

由流出的油所带走的热量 Q_1(单位为 W)为

$$Q_1 = q\rho c(t_o - t_i)$$

式中:q 为润滑油流量,按润滑油流量系数求出,m^3/s;ρ 为润滑油的密度,对于矿物油,为 $850\sim900$ kg/m^3;c 为润滑油的比热容,对于矿物油,为 $1675\sim2090$ $J/(kg \cdot ℃)$;t_o 为油的出口温度,$℃$;t_i 为油的入口温度,通常由于冷却设备的限制,取为 $35\sim40$ $℃$。

轴承壳体的金属表面通过传导和辐射把一部分热量散发到周围介质中去。这部分热量与轴承的散热表面的面积、空气流动速度等有关,很难精确计算,因此常采用近似计算。若以 Q_2 代表这部分热量,并以油的出口温度 t_o 代表轴承温度,油的入口温度 t_i 代表周围介质的温度,则

$$Q_2 = \alpha_s \pi dB(t_o - t_i)$$

式中:α_s 为轴承的表面传热系数,随轴承结构的散热条件而定。对于轻型结构的轴承或周围介质温度高、难以散热的环境(如轧钢机轴承),取 $\alpha_s = 50$ $W/(m^2 \cdot ℃)$;中型结构或一般通风条件场合,取 $\alpha_s = 80$ $W/(m^2 \cdot ℃)$;在良好冷却条件(如周围介质温度很低、轴承附近有其他特殊用途的水冷或气冷的冷却设备)下工作的重型轴承,可取 $\alpha_s = 140$ $W/(m^2 \cdot ℃)$。

热平衡时,$Q = Q_1 + Q_2$,即

$$fFv = q\rho c(t_o - t_i) + \alpha_s \pi dB(t_o - t_i)$$

于是得出

$$\Delta t = t_{\mathrm{o}} - t_{\mathrm{i}} = \frac{\left(\dfrac{f}{\psi}\right)p}{c\rho\left(\dfrac{q}{\psi v B d}\right) + \dfrac{\pi\alpha_{\mathrm{s}}}{\psi v}} \tag{12-33}$$

式中：$\dfrac{q}{\psi v B d}$ 为润滑油流量因数，是一个无量纲数，可根据轴承的宽径比 B/d 及偏心率 χ 由

图 12-17 查出；f 为摩擦因数，$f = \dfrac{\pi}{\psi}\dfrac{\eta\omega}{p} + 0.55\psi\xi$，$\xi$ 为随轴承宽径比而变化的系数，对于 $B/d <$

1 的轴承，$\xi = \left(\dfrac{d}{B}\right)^{\frac{3}{2}}$，当 $B/d \geqslant 1$ 时，$\xi = 1$，ω 为轴颈角速度，$\mathrm{rad/s}$；B、d 单位为 mm；p 为轴承的

平均压力，Pa；η 为润滑油的动力黏度，$\mathrm{Pa \cdot s}$；v 为轴颈圆周速度，$\mathrm{m/s}$。

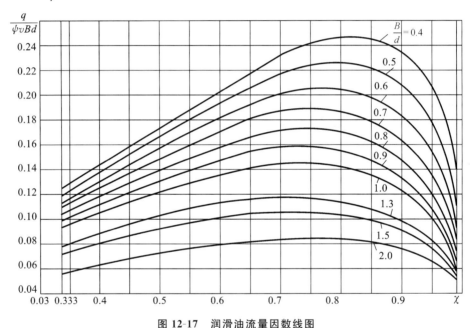

图 12-17　润滑油流量因数线图

用式(12-33)只是求出了平均温度差，实际上轴承各点的温度是不相同的。润滑油从入口
至出口，温度是逐渐升高的，因而油的黏度在轴承各处也不相同。研究结果表明，在利用
式(12-29)计算轴承的承载能力时，可以采用润滑油平均温度时的黏度。润滑油平均温度 $t_{\mathrm{m}} =$
$(t_{\mathrm{i}} + t_{\mathrm{o}})/2$，而温升 $\Delta t = t_{\mathrm{o}} - t_{\mathrm{i}}$，所以润滑油平均温度计算公式为

$$t_{\mathrm{m}} = t_{\mathrm{i}} + \frac{\Delta t}{2} \tag{12-34}$$

为了保证轴承的承载能力，建议平均温度不超过 75 ℃。设计时，通常是先给定平均温度
t_{m}，按式(12-33)求出的温升 Δt 来校核润滑油的入口温度 t_{i}，即

$$t_{\mathrm{i}} = t_{\mathrm{m}} - \frac{\Delta t}{2} \tag{12-35}$$

一般取 $t_{\mathrm{i}} = 35 \sim 40$ ℃。若 $t_{\mathrm{i}} > 35 \sim 40$ ℃，表明初定的 t_{m} 偏高，而温升 Δt 小，轴承承载能
力未充分发挥，此时要降低给定的平均温度 t_{m}，并适当加大轴瓦和轴颈的表面粗糙度，重新计
算。若 $t_{\mathrm{i}} < 35 \sim 40$ ℃，表明初定的 t_{m} 偏低，温升 Δt 过大，没有达到热平衡，轴承的承载能力不
够，应加大轴承间隙并减小轴瓦和轴颈的表面粗糙度，重新计算。

12.6.5 轴承的参数选择

在设计液体动力润滑的滑动轴承时,需要正确选择轴承的宽径比 B/d、相对间隙 ψ、润滑油黏度 η 等参数,这些参数的选择对轴承的工作性能影响很大。

1. 宽径比 B/d

由图 12-16 可以看出,宽径比 B/d 值越大,油压越大,轴承的承载能力越强;当轴受弯曲变形时,轴承的两端可能会产生边缘接触,引起轴承的过度磨损。宽径比 B/d 值越小,轴承两端的润滑油泄漏量越大,对流散热好,轴承的温升越低,但轴承的耗油量也越大。综合考虑,一般轴承的宽径比 B/d 取在 $0.3\sim1.5$ 范围内。一般轴颈速度高时 B/d 取较小值,速度低时 B/d 取较大值。高速重载轴承温升高,宽径比宜取小值;低速重载轴承,为提高轴承整体刚度,宽径比宜取大值;高速轻载轴承,如对轴承刚度无过高要求,可取小值,需要对轴有较大支承刚度的机床轴承,宜取较大值。

对于特定机器的滑动轴承,宽径比 B/d 取值有推荐数据。例如,对于机床、拖拉机轴承,$B/d=0.8\sim1.2$;对于汽轮机、鼓风机轴承,$B/d=0.3\sim1$;对于电动机、离心泵、齿轮变速器轴承,$B/d=0.6\sim1.5$;对于轧钢机轴承,$B/d=0.6\sim0.9$。

2. 相对间隙 ψ

滑动轴承的相对间隙 ψ 值一般根据载荷和速度选取。速度越高,ψ 值应越大,可以避免轴承温升过高;载荷越大,ψ 值越小,以保证轴承的承载能力。轴承设计时可按下式初步确定相对间隙 ψ 值:

$$\psi \approx \frac{\left(\dfrac{n}{60}\right)^{\frac{4}{9}}}{10^{\frac{31}{9}}} \tag{12-36}$$

式中:n 为轴颈转速,r/min。

一些典型机器的滑动轴承的 ψ 值的选取如下:对于蒸汽轮机、齿轮变速器和电动机轴承,$\psi=0.001\sim0.002$;对于机床、内燃机轴承,$\psi=0.0002\sim0.00125$;对于轧钢机、铁路车辆轴承,$\psi=0.0002\sim0.00125$;对于鼓风机、离心泵轴承,$\psi=0.001\sim0.003$。

3. 润滑油动力黏度 η

润滑油动力黏度 η 是轴承的一个重要参数。它影响轴承的承载能力、功耗和轴承温升。采用黏度高的润滑油,可显著提高轴承的承载能力,但同时也增大了摩擦阻力和功耗,使得轴承温度上升,导致润滑油的动力黏度降低,从而降低轴承的承载能力。一般来说,在载荷大、速度低时,选用动力黏度较高的润滑油;在载荷轻、速度高时,选用动力黏度较低的润滑油。对于一般滑动轴承,可依据轴颈转速 n 用式(12-37)先初取润滑油的动力黏度 η',即

$$\eta' = \frac{\left(\dfrac{n}{60}\right)^{-\frac{1}{3}}}{10^{\frac{7}{6}}} \tag{12-37}$$

由 $\nu' = \dfrac{\eta'}{\rho}$ 计算相应的运动黏度 ν',选定平均油温 t_m,参照表 12-4 选定润滑油的黏度等级。然后查图 12-18,重新确定 t_m 时的运动黏度 ν' 及动力黏度 η',最后验算入口油温。

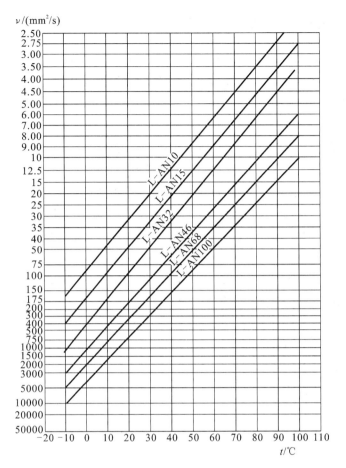

图 12-18　几种全损耗系统用油的黏-温曲线

例 12-1　设计一机床用的液体动力润滑径向滑动轴承。已知轴承径向载荷 $F=15000$ N,载荷垂直向下,轴颈直径 $d=150$ mm,转速 $n=1000$ r/min,工作稳定,采用剖分式轴承,在水平剖分面单侧供油。

解　(1) 选择宽径比。

根据机床轴承常用的宽径比范围,取 $B/d=1$。

(2) 计算轴承宽度。

$$B=(B/d)\times d=150 \text{ mm}$$

(3) 计算轴颈圆周速度。

$$v=\frac{\pi dn}{60\times 1000}=\frac{\pi\times 150\times 1000}{60\times 1000} \text{ m/s}=7.854 \text{ m/s}$$

(4) 计算轴承工作压力。

$$p=\frac{F}{Bd}=\frac{15000}{0.15\times 0.15}\times 10^{-6} \text{ MPa}=0.667 \text{ MPa}$$

(5) 选择轴瓦材料。

在保证 $p\leqslant[p]$、$v\leqslant[v]$、$pv\leqslant[pv]$ 的条件下,由表 12-2,选用 ZCuSn10P1,查得 $[p]=15$ MPa。

(6) 初估润滑油动力黏度。

由式(12-37),有

$$\eta' = \frac{\left(\dfrac{n}{60}\right)^{-\frac{1}{3}}}{10^{\frac{7}{6}}} = \frac{\left(\dfrac{1000}{60}\right)^{-\frac{1}{3}}}{10^{\frac{7}{6}}}\ \mathrm{Pa \cdot s} = 0.026\ \mathrm{Pa \cdot s}$$

(7) 计算相应的运动黏度。

取润滑油密度 $\rho = 900\ \mathrm{kg/m^3}$,有

$$\nu' = \frac{\eta'}{\rho} = \frac{0.026}{900}\ \mathrm{m^2/s} = 2.9 \times 10^{-5}\ \mathrm{m^2/s} = 29\ \mathrm{mm^2/s}$$

(8) 选定平均温度。

现选平均油温 $t_m = 50\ ℃$。

(9) 确定润滑油牌号。

参照图 12-18,选定全损耗系统用油 L-AN32 机械油。

(10) 按 $t_m = 50\ ℃$ 查出 L-AN32 的运动黏度。

由图 12-18 查出 $\nu_{50} = 20\ \mathrm{mm^2/s}$

(11) 换算出 L-AN32 润滑油在 50 ℃时的动力黏度。

$$\eta_{50} = \rho \nu_{50} \times 10^{-6} = 900 \times 20 \times 10^{-6}\ \mathrm{Pa \cdot s} \approx 0.018\ \mathrm{Pa \cdot s}$$

(12) 选择润滑方法。

由式(12-1),有

$$K = \sqrt{p v^3} = \sqrt{0.667 \times 7.854^3} = 17.98$$

由表 12-6 选择飞溅或油环润滑。

(13) 计算相对间隙 ψ。

$$\psi \approx \frac{\left(\dfrac{n}{60}\right)^{\frac{4}{9}}}{10^{\frac{31}{9}}} = \frac{\left(\dfrac{1000}{60}\right)^{\frac{4}{9}}}{10^{\frac{31}{9}}} = 0.00126$$

取 ψ 为 0.00125。

(14) 计算直径间隙。

$$\Delta = \psi d = 0.00125 \times 150\ \mathrm{mm} = 0.188\ \mathrm{mm}$$

(15) 计算承载量因数。

$$C_p = \frac{F\psi^2}{2\eta v B} = \frac{15000 \times 0.00125^2}{2 \times 0.018 \times 7.854 \times 0.15} = 0.553$$

(16) 求出轴承偏心率。

根据 C_p 和 B/d 的值查表 12-9,经过插值求出偏心率 $\chi = 0.355$。

(17) 计算最小油膜厚度。

$$h_{\min} = \frac{d}{2}\psi(1-\chi) = \frac{150}{2} \times 0.00125 \times (1-0.355)\ \mathrm{mm} = 0.0604\ \mathrm{mm} = 60.4\ \mu\mathrm{m}$$

(18) 确定轴颈、轴承孔表面粗糙度的微观不平度 10 点平均高度。

按加工精度要求取轴颈表面粗糙度 Ra 为 0.4 μm,轴承孔表面粗糙度 Ra 为 0.8 μm,查表 12-8 得轴颈表面粗糙度的微观不平度 10 点平均高度 $Rz_1 = 1.6\ \mu$m,轴承孔表面粗糙度的微观不平度 10 点平均高度 $Rz_2 = 3.2\ \mu$m。

(19) 计算许用油膜厚度。

取安全系数 $S = 2$,由式(12-24),得 $[h] = S(Rz_1 + Rz_2) = 2 \times (1.6 + 3.2)\ \mu$m $= 9.6\ \mu$m,因

$h_{\min} > [h]$，故满足工作可靠性要求。

（20）计算轴承与轴颈的摩擦因数。

因轴承的宽径比 $B/d = 1$，取随宽径比变化的系数 $\xi = 1$，计算摩擦因数：

$$f = \frac{\pi}{\psi} \cdot \frac{\eta\omega}{p} + 0.55\psi\xi = \frac{\pi \times 0.018 \times (2\pi \times 1000/60)}{0.00125 \times 0.667 \times 10^6} + 0.55 \times 0.00125 \times 1 = 0.00778$$

（21）查出润滑油流量因数。

由宽径比 $B/d = 1$ 及偏心率 $\chi = 0.355$ 查图 12-17，得润滑油流量因数 $\frac{q}{\psi v B d} = 0.107$。

（22）计算润滑油温升。

按润滑油密度 $\rho = 900$ kg/m³，取比热容 $c = 1800$ J/(kg·℃)，表面传热系数 $\alpha_s = 80$ W/(m²·C)，由式（12-33），得

$$\Delta t = \frac{\left(\frac{f}{\psi}\right)p}{c\rho\left(\frac{q}{\psi v B d}\right) + \frac{\pi\alpha_s}{\psi v}} = \frac{\frac{0.00778}{0.00125} \times 0.667 \times 10^6}{1800 \times 900 \times 0.107 + \frac{\pi \times 80}{0.00125 \times 7.854}} \ ℃ = 20.869 \ ℃$$

（23）计算润滑油入口温度。

由式（12-35），有

$$t_i = t_m - \frac{\Delta t}{2} = \left(50 - \frac{20.869}{2}\right) \ ℃ = 39.566 \ ℃$$

因一般取 $t_i = 35 \sim 40 \ ℃$，故上述入口温度合适。

（24）选择配合。

根据直径间隙 $\Delta = \psi d = 0.188$ mm，按 GB/T 1800.1—2020 选配合 $\frac{F6}{e7}$，查得轴承孔尺寸公差为 $\phi 150^{+0.068}_{+0.043}$，轴颈尺寸公差为 $\phi 150^{-0.085}_{-0.125}$。

（25）求最大、最小间隙。

$$\Delta_{\max} = 0.068 - (-0.125) \ \text{mm} = 0.193 \ \text{mm}$$
$$\Delta_{\min} = 0.043 - (-0.085) \ \text{mm} = 0.128 \ \text{mm}$$

因 $\Delta = \psi d = 0.188$ mm，在 $\Delta_{\min}$ 和 $\Delta_{\max}$ 之间，故所选配合适用。

（26）校核轴承的承载能力、最小油膜厚度及润滑油温升。

分别按 $\Delta_{\min}$ 和 $\Delta_{\max}$ 进行校核，如果在允许值范围内，则轴承的工作能力合适；否则，需要重新选择参数，再作设计及校核计算。

12.7　其他形式滑动轴承简介

12.7.1　多油楔滑动轴承

前面所述的液体摩擦轴承只能形成一个油楔来产生液体动压油膜，故称为单油楔滑动轴承。这种轴承当轴颈转速不太高时，若轴承上载荷的大小和方向均不变，支承轴颈的油膜也是稳定的，作用于轴颈上的油膜压力的合力正好与外载荷平衡，则轴颈中心便稳定在某一平衡位置，轴承处于稳定状态下工作。如果轴颈受到一个外部的干扰而偏离平衡位置，最后不能自动回到原来的平衡位置，轴颈中心做有规则或无规则的运动，这种情况称为轴承失稳，这将加速轴承的损坏，甚至影响整部机器。载荷越小，转速越高，轴承越容易失稳。为了提高轴承的稳

定性和运转精度,常把轴承做成多油楔形状,轴承承载能力等于各油楔油膜压力的向量和。多油楔轴承的轴瓦则制成可以在轴承工作时产生多个油楔的结构形式,这种轴瓦可分为固定的和可倾的两类。

1. 固定瓦多油楔轴承

图 12-19 所示为常见的几种固定瓦多油楔轴承。它们在工作时能形成两个或三个动压油膜,分别称为二油楔轴承和三油楔轴承。与单油楔轴承相比,多油楔轴承的稳定性好,旋转精度高,但承载能力较低,功耗较大。图 12-19(a)和(c)所示轴承能用于双向回转,图 12-19(b)和(d)所示轴承只能用于单向回转。

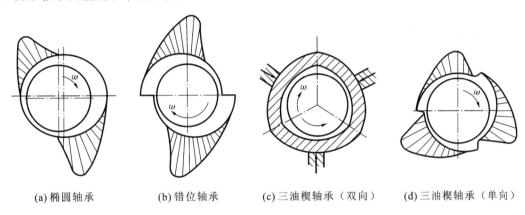

(a) 椭圆轴承　　　　(b) 错位轴承　　　　(c) 三油楔轴承（双向）　　　(d) 三油楔轴承（单向）

图 12-19　固定瓦多油楔滑动轴承示意图

2. 可倾瓦多油楔轴承

图 12-20 所示为可倾瓦多油楔轴承,轴瓦由三块或多块(通常为奇数)扇形块组成,扇形瓦块的背面由调整螺钉的球面支承。各支点不在轴瓦正中心而偏向同一侧,由于支承面是球面,瓦块的倾角可随轴承工作情况的改变而改变,以适应轴承在不同转速、不同载荷以及轴因变形而偏斜的工作状况,保持动压油膜的承载能力。

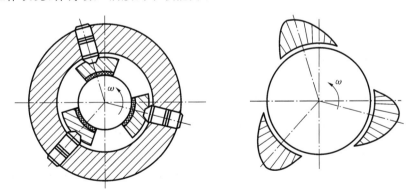

图 12-20　可倾瓦多油楔轴承示意图

12.7.2　液体静压轴承

液体静压轴承简称静压轴承,它是利用液压泵把高压油送到轴颈和轴承孔的间隙,靠液体的静压平衡外载荷而实现液体摩擦的。

图 12-21 所示为静压径向轴承的工作原理图。在轴承的内圆表面上开有 4 个(图中 2、4、5、7)对称的油腔,它由径向封油面和轴向封油面包围着,油腔与油腔之间开有回油槽,高压油

经节流器流入各油腔,然后一部分经过径向封油面流入回油槽,沿槽流出轴承,一部分经过轴向封油面流出轴承。

节流器是静压轴承系统中的重要元件,它像电路系统中的电阻元件一样,具有一定的液流阻尼,从而使来自液压泵的压力油产生压力降,起到压力油的调压作用。

如果各节流器的阻力均相等,则当无外载荷(略去轴及轴上零件重量)时,4 个油腔的油压相等,轴颈中心位于轴承孔中心。在轴受到外载荷作用后,轴颈下沉,下部油腔的封油面间隙减小,间隙处的阻力增大,所以这个油路中的流量减小,润滑油流经节流器的压力损失也减小。这时,下部油腔的压力就增高。与此相反,上部油腔的封油面间隙增大,流量增大,润滑油流经节流器的压力损失也增大,所以上部油腔的压力就减小。结果,上、下油腔之间形成压力差而产生向上的作用力与外载荷平衡。只要油腔 3 的封油面间隙大于两表面不平度之和,就能实现液体摩擦。

静压轴承的优点是:① 能在任何转速下实现液体摩擦,并具有设计所需的承载能力,所以能满足从轻载到重载、从低速到高速等不同机械的轴承要求,适应性好,寿命长;② 启动摩擦阻力小;③ 具有很高而且稳定的刚度,运转精度比较高。其缺点是,需要一套压力供油装置,所以设备成本高、体积大。

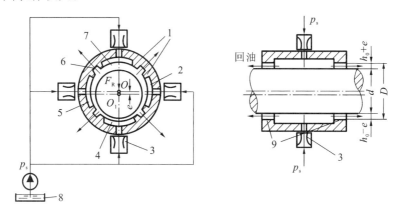

图 12-21　液体静压径向轴承工作原理
1—径向封油面;2—油腔 4;3—节流器;4—油腔 3;5—油腔 2;
6—回油槽;7—油腔 1;8—油泵;9—轴向封油面

12.7.3　气体轴承

气体轴承是用气体作为润滑剂的滑动轴承。空气最为常用,它既不需要特别制造,用过之后也无须回收。气体黏度远低于液体黏度,只有油的黏度的几千分之一,因而气体轴承的摩擦阻力很小,摩擦功耗甚微;气体黏度受温度变化的影响很小,而且具有耐辐射性及对机器不会产生污染等优点,所以在高速(如转速在每分钟数万转,甚至可达每分钟数百万转)、高温(600 ℃以上)、低温以及有放射线存在的场合,气体轴承显示了它的特殊功能。

气体轴承也可分为动压轴承、静压轴承两大类,其工作原理与液体滑动轴承基本相同。

12.7.4　电磁轴承

电磁轴承设计利用的是可控磁悬浮技术,电磁轴承具有许多传统轴承所不具备的优点。

(1) 可以达到很高的转速,在相同轴颈直径下,电磁轴承所能达到的转速比滚动轴承高 5

倍,比流体动压滑动轴承大约高 2.5 倍。

(2) 摩擦功耗小,其功耗只有流体动压滑动轴承的 $10\% \sim 20\%$。

(3) 电磁轴承依靠磁场力悬浮转子,两相对运动表面间没有接触,因此没有磨损和接触疲劳所带来的寿命问题。

(4) 无须润滑,因此不存在润滑剂对环境所造成的污染问题。

(5) 可控制、可在线监测工况,电磁轴承集工况监测、故障诊断和在线控制于一体。

早在 150 多年前就有关于磁悬浮轴承的研究,在 1842 年英国物理学家 Earnshaw 就向人们介绍了无源磁轴承。图 12-22 所示为无源磁轴承的原理图,相同磁极间的排斥力可以用来支承载荷,但其承载能力较低。图 12-23 所示为现代电磁轴承的工作原理,气隙传感器拾取转子的位移信号;控制器对位移信号进行处理并生成控制信号;功率放大器按控制信号产生所需要的控制电流并送往电磁铁线圈,从而调节执行电磁铁所产生的磁力,以使得转子稳定地悬浮在平衡位置附近。

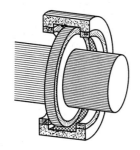

图 12-22　无源磁轴承的原理图

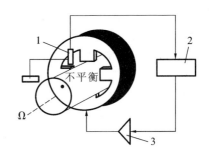

图 12-23　现代电磁轴承的原理图

1—气隙传感器;2—控制器;3—功率放大器

习　题

12.1　选择题

(1) 在下列各种设备中,_____只宜采用滑动轴承。

A. 中小型减速器齿轮轴　　　　　　　　　　B. 电动机转子

C. 铁路机车车辆轴　　　　　　　　　　　　D. 大型水轮机主轴

(2) 与滚动轴承相比,下列_____项不能作为滑动轴承的优点。

A. 径向尺寸小　　　　　　　　　　　　　　B. 运转平稳,噪声低

C. 间隙小,旋转精度高　　　　　　　　　　D. 可用于高速场合

(3) 轴承合金通常用作滑动轴承的_____。

A. 轴套　　　　　　B. 轴承衬　　　　　　C. 含油轴瓦　　　　　　D. 轴承座

(4) 滑动轴承材料应有良好的嵌藏性,嵌藏性是指_____。

A. 摩擦因数小　　　　　　　　　　　　　　B. 顺应对中误差

C. 容纳硬污粒以防磨粒磨损　　　　　　　　D. 易于跑合

(5) 滑动轴承设计计算时,对压强与轴径线速度之积 pv 进行验算,主要是检验轴承的_____。

A. 挤压强度　　　　　　　　　　　　　　　B. 挤压强度以及离心力

C. 摩擦发热温升黏附磨损　　　　　　　　　D. 轴瓦工作面的压强

(6) 在不完全液体摩擦滑动轴承设计中,限制 p 值的主要目的是_____。

A.防止轴承因过度发热而胶合　　　　　　　B.防止轴承过度磨损

C.防止轴承因发热而产生塑性变形　　　　　D.防止轴承因发热而卡死

(7)润滑油的主要性能指标是_____。

A.黏性　　　　　　　　B.油性　　　　　　　　C.压缩性　　　　　　　　D.刚度

(8)向心滑动轴承的偏心距 e 随着_____而减小。

A.转速 n 的增大或载荷 F 的增大　　　　　B.转速 n 的减小或载荷 F 的减小

C.转速 n 的减小或载荷 F 的增大　　　　　D.转速 n 的增大或载荷 F 的减小

(9)设计动压向心滑动轴承时,若通过热平衡计算发现轴承温升过高,在下列改进设计措施中,有效的是_____。

A.增大轴承的宽径比 B/d　　　　　　　　　B.减少供油量

C.增大相对间隙　　　　　　　　　　　　　　D.换用黏度较高的油

(10)对于动压向心滑动轴承,若其他条件均保持不变而将载荷不断增大,则_____。

A.偏心距 e 增大　　　　　　　　　　　　　B.偏心距 e 减小

C.偏心距 e 保持不变　　　　　　　　　　　D.增大或减小偏心距取决于转速高低

(11)设计动压向心滑动轴承时,若宽径比 B/d 取得较大,则_____。

A.轴承端泄量大,承载能力高,温升高　　　　B.轴承端泄量大,承载能力高,温升低

C.轴承端泄量小,承载能力高,温升低　　　　D.轴承端泄量小,承载能力高,温升高

(12)设计流体动力润滑轴承时,如其他条件不变,增大润滑油黏度,温升将_____。

A.变小　　　　　　　　B.变大　　　　　　　　C.不变　　　　　　　　D.不会变大

(13)设计动压向心滑动轴承时,若发现最小油膜厚度 h_{min} 不够大,在下列改进措施中,有效的是_____。

A.减小轴承的宽径比 B/d　　　　　　　　　B.增多供油量

C.减小相对间隙　　　　　　　　　　　　　　D.换用黏度较低的润滑油

(14)三油楔可倾瓦向心滑动轴承与单油楔圆瓦向心轴承相比,其优点是_____。

A.承载能力高　　　　B.运转稳定　　　　C.结构简单　　　　D.耗油量小

(15)在动压滑动轴承能建立液体动力润滑的条件中,不必要的条件是_____。

A.轴颈和轴瓦表面之间构成楔形间隙　　　　B.充分供应润滑油

C.轴颈和轴瓦表面之间有相对滑动　　　　　D.润滑油温度不超过 50 ℃

(16)流体动力润滑滑动轴承需要足够的供油量,主要是为了_____。

A.补充端泄油量　　　B.提高承载能力　　　C.提高轴承效率　　　D.减轻轴瓦磨损

(17)流体动力润滑轴承达到液体摩擦的许用最小油膜厚度受到_____限制。

A.轴瓦材料　　　　　　　　　　　　　　　　B.润滑油黏度

C.加工表面粗糙度　　　　　　　　　　　　　D.轴承孔径

(18)验算滑动轴承最小油膜厚度 h_{min} 的目的是_____。

A.确定轴承是否能获得液体润滑　　　　　　B.控制轴承的发热量

C.计算轴承内部的摩擦阻力　　　　　　　　D.控制轴承的温升

(19)在_____情况下,滑动轴承润滑油的黏度不应选得过高。

A.重载　　　　　　　　　　　　　　　　　　B.高速

C.工作温度高　　　　　　　　　　　　　　　D.承受变载荷或冲击载荷

(20)非金属材料轴瓦中的橡胶轴承主要用于以_____作润滑剂之处。

A. 润滑油　　　　　　　B. 润滑脂　　　　　　　C. 水　　　　　　　D. 石墨

12.2　判断题

(1) 不完全液体摩擦滑动轴承的主要失效形式是点蚀。　　　　　　　　　　　(　)

(2) 为了避免油膜承载能力的降低，轴瓦油槽应开在承载区。　　　　　　　(　)

(3) 材料 38SiMnMo 可作为滑动轴承的轴承衬使用。　　　　　　　　　　　(　)

(4) 向心滑动轴承的直径增大 1 倍，宽径比不变，载荷及转速不变，则轴承的压强 p 变为原来的 2 倍。　　　　　　　　　　　　　　　　　　　　　　　　　　　　　(　)

(5) 与滚动轴承相比，滑动轴承具有径向尺寸大、承载能力也大的特点。　　(　)

(6) 滑动轴承的润滑方法，可以根据平均压强 p 来选择。　　　　　　　　　(　)

(7) 两相对滑动的接触表面，依靠吸附油膜进行润滑的摩擦状态称为边界摩擦。(　)

(8) 运动黏度是动力黏度和相同温度下润滑油流速的比值。　　　　　　　　(　)

(9) 通过滑动轴承工作特性试验可以发现，随转速 n 的提高，摩擦因数 f 不断增大。(　)

(10) 一流体动压滑动轴承，若其他条件都不变，只增大转速 n，其承载能力增大。(　)

12.3　滑动轴承润滑状态的类型各有何特点？应用于哪些场合？

12.4　了解滑动轴承的结构，并说出整体式和剖分式径向滑动轴承各自的特点。

12.5　滑动轴承的材料有哪些主要要求？为什么提出这些要求？常用的轴瓦材料有哪些？各有何特点？

12.6　轴瓦上为什么要开油沟？油沟应开在什么位置？为什么？

12.7　滑动轴承的润滑方式有哪些？各有何特点？各适用于何场合？润滑方式如何选择？

12.8　设计不完全液体摩擦径向滑动轴承时，通常应进行哪些条件性计算？

12.9　形成液体动力润滑的必要条件是什么？为什么？

12.10　液体动力润滑径向轴承的轴承参数的选择原则是什么？

12.11　液体静压润滑轴承的工作原理是什么？与液体动力润滑轴承相比，其有何优缺点？

12.12　试验算蜗轮轴的不完全液体润滑轴承。已知：径向载荷 $F=7000$ N，轴承直径 $d=80$ mm，转速 $n=60$ r/min，轴承宽度 $B=80$ mm，轴瓦材料为 ZCuSn10P1，轴材料为 45 钢。

12.13　设计某汽轮机用流体动压径向滑动轴承，径向载荷 $F=10000$ N，转速 $n=3000$ r/min，轴承直径 $d=100$ mm，载荷稳定。

*12.14　某剖分式径向滑动轴承，已知：径向载荷 $F=35000$ N，轴承直径 $d=200$ mm，转速 $n=1000$ r/min，轴承宽度 $B=200$ mm，选用 L-AN32 全损耗系统用油，设平均温度 $t_m=50$ ℃，轴承的相对间隙 $\psi=0.001$，轴颈、轴瓦表面粗糙度的微观不平度 10 点平均高度分别为 $Rz_1=1.6$ μm，$Rz_2=3.2$ μm。试校验此轴承能否实现流体动力润滑。

第 13 章 联轴器和离合器

【本章学习要求】

1. 掌握联轴器的分类和选择方法；

2. 掌握几种常用联轴器的结构、特点和应用场合；

3. 了解常用离合器的类型及特点。

联轴器和离合器是机械传动中常用的部件，主要用来连接轴与轴，使之一起转动，并传递运动和转矩。在机械设备中，由于结构、制造工艺和使用要求等方面的原因，往往不能用整体的长轴，这时轴可以分段制造，用联轴器或离合器把它们连接起来。联轴器连接的两根轴只有在机器停止运转时才能将其拆卸，实现分离。离合器则可以在机器的运转过程中根据工作需要随时完成两轴的接合和分离。

为了适应机器的工作性能、特点及应用场合，联轴器和离合器出现了很多类型，本章仅对常见的几种典型结构及其特点进行介绍。

13.1 联轴器的结构形式

用联轴器连接的两轴轴线在理论上应该是严格对中的，但由于制造及安装误差、承载后的变形以及温度变化的影响等，被连接的两轴往往不是严格对中的，而是存在着某种形式的相对位移（见图 13-1）。如果联轴器没有适应这种相对位移的能力，就会在联轴器、轴和轴承中产生附加载荷，甚至引起强烈振动。

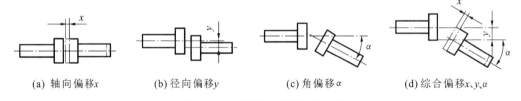

(a) 轴向偏移x　　　　(b) 径向偏移y　　　　(c) 角偏移α　　　　(d) 综合偏移x、y、α

图 13-1　两轴线相对位移的形式

根据对各种相对位移有无补偿能力，联轴器可分为刚性联轴器和挠性联轴器两大类。挠性联轴器又可按是否具有弹性元件，分为无弹性元件的挠性联轴器和有弹性元件的挠性联轴器两个类别。联轴器具体分类如图 13-2 所示。

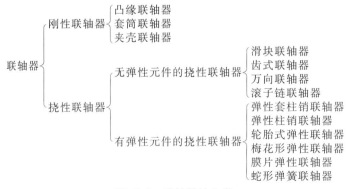

图 13-2　联轴器的分类

13.1.1　刚性联轴器

1. 凸缘联轴器

凸缘联轴器是由两个带有凸缘的半联轴器用键分别与两轴连接,然后用螺栓把两个半联轴器连成一体,以传递运动和转矩的。这种联轴器有两种主要的结构形式:图 13-3(a)所示为 YL 型,通常是靠铰制孔用螺栓来实现两轴对中的,此时螺栓杆与钉孔为过渡配合,靠螺栓杆承受挤压与剪切来传递转矩,其传递转矩能力较大;图 13-3(b)所示为 YLD 型有对中榫的凸缘联轴器,靠一个半联轴器上的凸肩与另一个半联轴器上的凹槽相配合来实现对中,其对中精度高,工作中靠预紧普通螺栓在两个半联轴器接合面间产生的摩擦力来传递转矩,装拆时轴必须做轴向移动,不太方便,多用于不常装拆的场合。

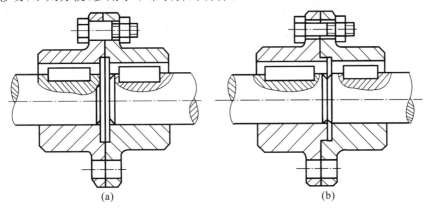

图 13-3　凸缘联轴器

凸缘联轴器的材料可用灰铸铁或碳钢,重载或圆周速度大于 30 m/s 时应用铸钢或锻钢。

凸缘联轴器属于刚性联轴器,对所连两轴间的相对位移缺乏补偿能力,故对两轴对中性的要求很高。若两轴有相对位移存在,就会在机件内引起附加载荷,使工作情况恶化,这是它的主要缺点。但其由于构造简单、成本低、可传递较大转矩,故常用于转速低、无冲击、轴的刚度高、对中性较好的场合。

2. 套筒联轴器

套筒联轴器是用套筒把两根轴线重合的轴连接起来的,轴与套筒用键、锥销或花键连接(见图 13-4)。在采用键或花键连接时,应采用紧定螺钉作轴向固定。为保证对中,套筒与轴常用 H7/k6 配合。轴径 $d \leqslant 80$ mm 时,套筒用 35 或 45 钢制造;$d > 80$ mm 时,允许用强度不低于 HT200 的铸铁制造。其优点是结构简单、径向尺寸小、成本低。其缺点是装拆不方便,装拆时轴需做较大的轴向移动。套筒联轴器适用于传递转矩不大、工作平稳、两轴能严格对中且径向尺寸受限制的场合,如机床系统。此种联轴器尚无标准,需要自行设计。

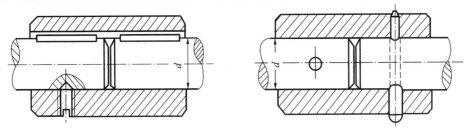

图 13-4　套筒联轴器

3.夹壳联轴器

夹壳联轴器由纵向剖分的两个半联轴器、螺栓和键组成(见图13-5)。夹壳外形相对复杂,故常用铸铁铸造成形。它的特点是装拆方便,克服了套筒联轴器装拆需轴向移动的不足。但其由于转动平衡性较差,故常用于低速场合,如搅拌器等。

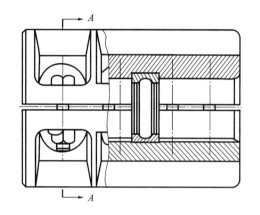
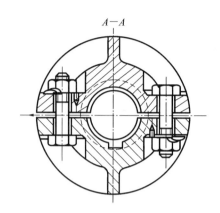

图 13-5　夹壳联轴器

13.1.2　无弹性元件挠性联轴器

这类联轴器的零件均是刚性的,缺乏缓冲吸振能力,但因其工作零件间存在动连接,能够产生相对位移,所以具有补偿相对位移的能力。动连接会造成相关零件的磨损和摩擦,磨损会加大间隙,进而增大冲击,摩擦阻力过大不但会使零件移动困难,还会使轴及联轴器受到附加载荷。所以要求这类联轴器工作表面硬度高、润滑好。这类联轴器因无弹性元件,故又称为"无弹性元件挠性联轴器"。

1.十字滑块联轴器

十字滑块联轴器是由两个端面开有径向凹槽的半联轴器 1、3 和一个两端面具有相互垂直凸榫的浮动圆盘 2 组成的(见图13-6)。安装时浮动圆盘两侧的凸榫分别嵌入两个半联轴器的凹槽中,靠凹槽与凸榫的相互嵌合传递转矩。浮动圆盘的凸榫可在两个半联轴器凹槽中滑动,故允许一定的径向位移 $y \leqslant 0.04d$(d 为轴径)和角位移 $\alpha \leqslant 30'$。

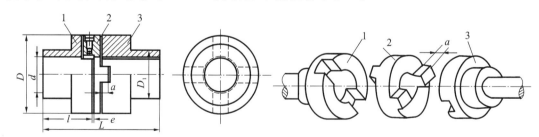

图 13-6　十字滑块联轴器

1,3—半联轴器;2—浮动圆盘

凸榫和凹槽间的相对滑动会引起一定的摩擦损失,其效率一般为 $0.95 \sim 0.97$,为了减轻摩擦和磨损,工作时应采取润滑措施。两个半联轴器和浮动圆盘的材料常用 45 钢,工作表面必须进行热处理,以提高其硬度(一般要求为 $46 \sim 50$ HRC;要求较低时也可用 Q275 钢,不进行热处理)。

该联轴器结构简单、价廉,其缺点是,当转速较高时,因浮动圆盘做偏心圆周运动所产生的离心力较大,轴系受到附加动载荷,使联轴器滑动零件磨损加剧,故一般适用于径向位移较大、转矩较大、转速较低($n<250$ r/min)、无冲击的场合。

2. 万向联轴器

万向联轴器的种类很多,其中十字轴万向联轴器(见图 13-7)最为常用。十字轴万向联轴器由两个叉形的接头零件、一个十字轴以及销钉、套筒、圆锥销等组成。销钉与圆柱销互相垂直配置,分别将两个叉形接头 1、2 与十字轴 3 连接起来,形成一个可动的连接。这种连接允许两轴间具有较大的偏角位移,最大夹角 α 可达 $35°\sim$

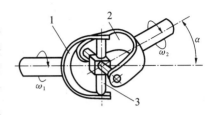

图 13-7　单十字轴万向联轴器
1,2—叉形接头;3—十字轴

$45°$,并且允许工作中两轴间夹角变化;但当 α 过大时传动效率会明显降低。这种联轴器的缺点是,当主动轴角速度 ω_1 为常数时,从动轴的角速度 ω_2 在$[\omega_1\cos\alpha,\omega_1/\cos\alpha]$范围内发生周期性的变化,因而在传动过程中会引起附加动载荷。

为了消除工作中从动轴转速不均匀现象,从动轴与主动轴的角速度应相等,常将十字轴万向联轴器成对使用,制成双十字轴万向联轴器(见图 13-8(a)),用于连接两平行轴或相交轴。使用时必须保证主动轴、从动轴与中间轴的轴线位于同一平面内,主动轴和从动轴与中间轴之间的夹角应相等,并且使中间轴两端的叉形接头位于同一平面内(见图 13-8(b))。这种联轴器可适应两轴间较大的综合位移,且结构紧凑、维护方便,因而在农业机械、汽车、金属切削机床中得到广泛应用。

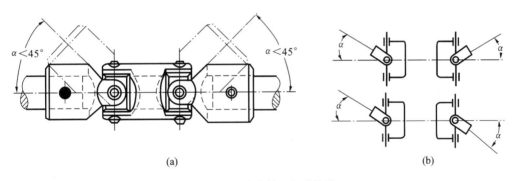

(a)　　　　　　　　　　　　　　　(b)

图 13-8　双十字轴万向联轴器

3. 齿式联轴器

齿式联轴器(JB/ZQ 4218—1986、GB/T 5015—2017)由两个带有外齿的半联轴器 1、4 和两个带有内齿的外套 2、3 构成(见图 13-9(a))。两个外套用螺栓组连成一体,两个半联轴器分别用键与两轴连接,靠内、外齿的啮合传递转矩。内、外齿轮的齿数相等,一般齿数 $z=30\sim80$,且常采用压力角为 $20°$ 的渐开线齿廓,材料一般用 45 钢或 ZG310-570。外齿的齿顶制成球面形,其球心位于联轴器轴线上,齿厚制成鼓形,并且与内齿啮合后具有一定的顶隙和侧隙(见图 13-9(b)),故传动时可补偿两轴间的径向位移、偏角位移及综合位移(见图 13-10)。为了减少磨损,联轴器内注有润滑剂,并在联轴器左、右两侧装有密封圈 5,以防止润滑油的泄漏。

齿式联轴器同时啮合的齿数多,承载能力大,外廓尺寸较紧凑,可靠性高,适用速度范围广,但结构复杂、制造困难、成本高,通常用于启动频繁,经常正、反转的重型机械和起重机械中。

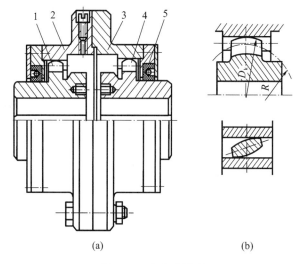

图 13-9　齿式联轴器

1,4—半联轴器；2,3—外套；5—密封圈

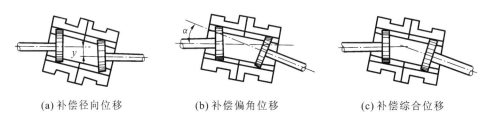

(a) 补偿径向位移　　　　　(b) 补偿偏角位移　　　　　(c) 补偿综合位移

图 13-10　齿式联轴器工作时补偿位移情况

13.1.3　有弹性元件挠性联轴器

这类联轴器装有弹性元件，因此它不仅能补偿两轴间的偏移，还具有缓冲、吸振的能力。弹性元件储存的能量越多，则联轴器缓冲吸振的能力就越强；弹性元件的弹性滞后性能越好，则联轴器的减振性能就越好。因此它常用在启动频繁，变载荷，高速及经常正、反转和两轴不能严格对中的场合。

制造弹性元件的材料有非金属材料和金属材料两类。非金属材料有橡胶、塑料等，其特点是质量轻、价格便宜、有良好的弹性滞后性能，因此减振能力强。金属材料制成的弹性元件主要为各种弹簧，其特点是强度高、尺寸小、寿命长。

联轴器在受到工作转矩以后，被连接的两轴将因弹性元件的变形而产生相对扭角 φ。凡是 φ 与 T 呈正比关系的联轴器，称为定刚度弹性联轴器；不呈正比关系的联轴器，称为变刚度弹性联轴器。非金属材料做成的弹性元件，其变形往往不服从胡克定律，故这类联轴器几乎都是变刚度的。用金属材料做成的弹性元件的联轴器随具体结构不同，有定刚度和变刚度两种。

1. 弹性套柱销联轴器

弹性套柱销联轴器的结构（见图 13-11）与凸缘联轴器的相似，只是用带有弹性套的柱销代替螺栓来连接。弹性套可做成梯形剖面以提高其弹性；弹性套材料一般采用耐油橡胶，也有用皮革衬套的，以提高耐磨性和寿命。半联轴器与轴的配合孔可做成圆柱形孔或圆锥形孔。

半联轴器常用材料是 HT200，有时也用 35 锻钢或 ZG230-450、ZG270-500 铸钢；柱销材料多用 35、45 钢，正火处理。

弹性套柱销联轴器通过弹性套传递转矩,有缓冲减振作用。这种联轴器允许的轴向位移 $x=2\sim7.2$ mm,径向位移 $y\leqslant0.2\sim0.6$ mm,角位移 $\alpha=30'\sim1°30'$。它结构简单,制造容易,成本较低,但弹性套易损坏,寿命较短。它适用于载荷平稳,工作环境在 $-20\sim70$ ℃的范围内,需正、反转或启动频繁,传递中、小转矩的场合,如水泵、风机等。

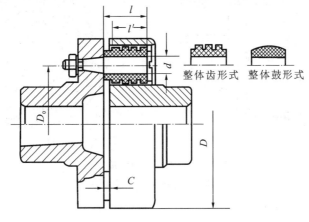

图 13-11　弹性套柱销联轴器

2. 弹性柱销联轴器

弹性柱销联轴器结构(见图 13-12)与弹性套柱销联轴器的相似,只是用弹性柱销 3 代替了弹性套和金属柱销。为了防止柱销 3 滑出,在柱销两端配置了挡圈 4。这种联轴器的柱销材料多为尼龙,有一定的弹性且耐磨性好,因而可补偿两轴间的相对偏移,但允许量较小,轴向位移 $x\leqslant0.5\sim3$ mm,径向位移 $y\leqslant0.15\sim0.25$ mm,角位移 $\alpha=30'$。

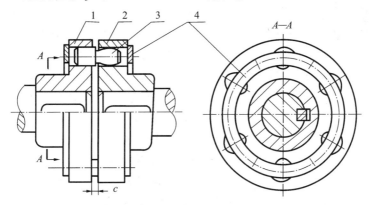

图 13-12　弹性柱销联轴器

1,2—半联轴器;3—弹性柱销;4—挡圈

弹性柱销联轴器结构简单,两半联轴器可以互换,加工容易,维修方便,尼龙柱销的弹性不如橡胶,但强度高,耐磨性好。当两轴相对位移不大时,这种联轴器的性能比弹性套柱销联轴器的还要好些,特别是寿命长,结构尺寸紧凑,更适用于冲击不大,经常正、反转的中、低速以及传递较大转矩的传动轴系,如离心泵、风机等。但这种联轴器对温度较敏感,工作温度为 $-20\sim70$ ℃,应用时参见标准 GB/T 5014—2017。

3. 梅花形弹性联轴器

梅花形弹性联轴器结构如图 13-13 所示,它由两个形状相同的、端部带有凸爪的半联轴器和梅花形的弹性元件组成。梅花形弹性元件置于两个半联轴器的凸爪之间,通过凸爪与弹性元件之间的挤压传递转矩。其半联轴器与轴的配合孔可做成圆柱形或圆锥形。

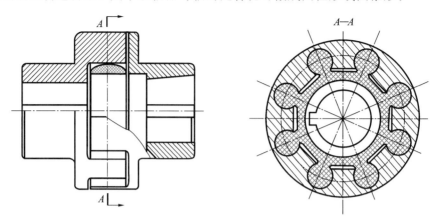

图 13-13　梅花形弹性联轴器

弹性元件可根据使用要求选用不同硬度的聚氨酯橡胶、铸造尼龙等材料。工作温度范围为 $-35\sim80$ ℃，短时工作温度可达 100 ℃，传递的公称转矩范围为 $16\sim25000$ N·m。

这种联轴器允许的外缘速度与材料有关：铸铁为 $30\sim50$ m/s，铸钢为 60 m/s，锻钢为 $100\sim120$ m/s，铝合金为 $80\sim100$ m/s。

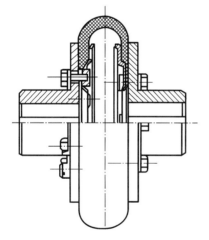

图 13-14　轮胎式弹性联轴器

梅花形弹性联轴器结构简单、零件数量少、结构尺寸小、无须润滑、承载能力高，但更换弹性元件时需要将半联轴器沿轴向移动。

4. 轮胎式弹性联轴器

轮胎式弹性联轴器结构如图 13-14 所示，它将橡胶或橡胶织物制成轮胎状的弹性元件两端用压板及螺钉分别压在两个半联轴器上。这种联轴器富有弹性，具有良好的缓冲吸振能力，能有效降低动载荷和补偿较大的轴向位移，而且绝缘性能好，运转时无噪声。其缺点是径向尺寸较大，当转矩较大时，过大的扭转变形会引起附加轴向载荷。这种联轴器可用于潮湿多尘、启动频繁之处。

5. 膜片弹性联轴器

膜片弹性联轴器的典型结构如图 13-15 所示。其弹性元件为一定数量的很薄的多边环形（或圆环形）金属膜片叠合而成的膜片组，膜片上有沿圆周均布的若干个螺栓孔，用螺栓交错间隔与半联轴器相连接。弹性元件上的弧段分为交错受压缩和受拉伸的两部分，拉伸部分传递转矩，压缩部分产生皱褶。当所连接的两轴存在轴向、径向和角位移时，金属膜片便产生波状变形。

这种联轴器结构比较简单，弹性元件的连接没有间隙，无须润滑，维护方便，平衡容易，质量小，对环境适应性强，发展前途广阔，但扭转弹性较低，缓冲减振性能差，主要用于载荷比较平稳的高速传动，如电动机与离心泵、压缩机与电动机等轴间的连接。

6. 蛇形弹簧联轴器

它由两个分装在两轴上的半联轴器和一个被分为 $6\sim8$ 段的蛇形片弹簧所组成（见图 13-16）。弹簧嵌在半联轴器凸缘的齿间。为防止弹簧在离心力作用下脱出来，在联轴器上

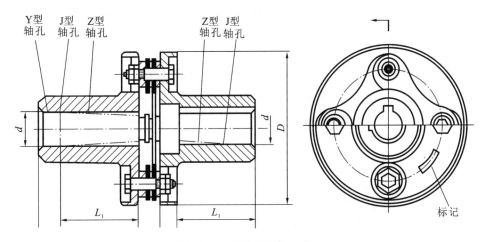

图 13-15　膜片弹性联轴器

装有外壳。联轴器工作时,转矩是通过齿和弹簧传递的。这种联轴器可做成定刚度的,也可做成变刚度的,这主要取决于与弹簧接触处轮齿侧齿廓形状:当齿廓为圆弧形(见图 13-17(a))时,随载荷增加,力作用点内移,弹簧受力部分长度变短,而刚度增大,成为变刚度的弹性联轴器;当齿廓为菱形(见图 13-17(b))时,则弹簧受力部分的长度不随载荷的增加而改变,弹簧的刚度为常数,为定刚度的弹性联轴器。

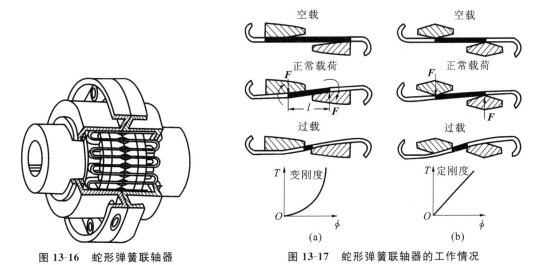

图 13-16　蛇形弹簧联轴器　　　　　　　　图 13-17　蛇形弹簧联轴器的工作情况

　　蛇形弹簧联轴器具有良好的补偿偏斜和位移的能力。联轴器尺寸不同,允许两轴的位移量不同,一般轴向 $4\sim20$ mm,径向 $0.5\sim3$ mm,角位移小于 $1°15'$。两轴允许的最大扭角为 $1°\sim1.2°$。

13.2　联轴器的选择与计算

　　联轴器的类型很多,其中常用的已经标准化。一般机械设计者的任务是选用,而不是设计。下面介绍选用联轴器的基本步骤。

1. 选择联轴器的类型

确定联轴器的类型应考虑的主要因素有:所需传递的转矩大小和性质以及对缓冲减振功

能的要求;联轴器的工作转速高低和引起的离心力大小;两轴相对位移的大小和方向;联轴器的可靠性和工作环境;联轴器的制造、安装、维护和成本。因此,对于载荷平稳、转速稳定、同轴度好、无相对位移的可选用刚性联轴器,有相对位移的需选用无弹性元件的挠性联轴器;载荷和速度不大、同轴度不易保证的,宜选用定刚度弹性联轴器;载荷、速度变化较大的最好选用具有缓冲、减振作用的变刚度弹性联轴器;对于动载荷较大的机器,宜选用质量轻、转动惯量小的联轴器。在满足使用性能的前提下,应选用装拆方便、维护简单、成本低的联轴器。

2. 计算联轴器的计算转矩

计算转矩可由下式求得:

$$T_c = K_A T \tag{13-1}$$

式中:T 为公称转矩,N·m;K_A 为工作情况系数,取值见表 13-1。在选取 K_A 值时应注意:刚性联轴器和无弹性元件的挠性联轴器宜取大值,弹性联轴器宜取小值。

表 13-1　工作情况系数 K_A

分类	工作机工作情况及举例	原动机			
		电动机、蒸汽轮机	四缸和四缸以上内燃机	双缸内燃机	单缸内燃机
I	转矩变化很小,如发电机、小型通风机、小型离心泵	1.3	1.5	1.8	2.2
II	转矩变化小,如透平压缩机、木工机床、运输机	1.5	1.7	2.0	2.4
III	转矩变化中等,如搅拌机、增压泵、有飞轮的压缩机、冲床	1.7	1.9	2.2	2.6
IV	转矩变化和冲击载荷中等,如织布机、水泥搅拌机、拖拉机	1.9	2.1	2.4	2.8
V	转矩变化和冲击载荷大,如造纸机、挖掘机、起重机、碎石机	2.3	2.5	2.8	3.2
VI	转矩变化大并有极强烈冲击载荷,如压延机、无飞轮的活塞泵、重型初轧机	3.1	3.3	3.6	4.0

3. 确定联轴器的型号

根据计算转矩 T_c 及所选的联轴器类型,按照

$$T_c \leqslant [T] \tag{13-2}$$

的条件由联轴器标准中选定联轴器型号。式(13-2)中的 $[T]$ 为该型号联轴器的许用转矩。

4. 校核最大转速

被连接轴的转速 n 不应超过所选联轴器允许的最高转速 n_{max},即

$$n \leqslant n_{max}$$

5. 协调轴孔直径

多数情况下,每一型号联轴器适用的轴的直径均有一个范围。标准中或者给出轴直径的最大和最小值,或者给出适用直径的尺寸系列,被连接两轴的直径应当在此范围之内。一般情况下,被连接两轴的直径是不同的,两个轴端的形状也可能是不同的,如主动轴轴端为圆柱形,所连接的从动轴轴端为圆锥形。

6. 规定部件相应的安装精度

根据所选联轴器允许轴的相对位移偏差,规定部件相应的安装精度。通常标准中只给出单项位移偏差的允许值。如果有多项位移偏差存在,则必须根据联轴器的尺寸计算出相互影响的关系,以此作为规定部件安装精度的依据。

7. 进行必要的校核

如有必要,应对联轴器的主要传动零件进行强度校核。使用有非金属弹性元件的联轴器时,还应注意联轴器所在部位的工作温度不要超过该弹性元件材料允许的最高温度。

例 13-1 电动机经减速器拖动水泥搅拌机工作。已知电动机的功率 $P=11$ kW,转速 $n=970$ r/min,电动机轴的直径和减速器输入轴的直径均为 42 mm,试选择电动机与减速器之间的联轴器。

解 (1)选择类型。为了缓和冲击和减轻振动,选用弹性套柱销联轴器。

(2)求计算转矩。转矩为

$$T=9550\,\frac{P}{n}=9550\times\frac{11}{970}\ \text{N·m}=108\ \text{N·m}$$

由表 13-1 查得,工作机为水泥搅拌机时工作情况系数 $K_A=1.9$,故计算转矩为

$$T_c=K_A T=1.9\times108\ \text{N·m}=205\ \text{N·m}$$

(3)确定型号。从机械设计手册中查取弹性套柱销联轴器 TL6。它的公称转矩(即许用转矩)为 250 N·m,半联轴器材料为钢时,许用转速为 3800 r/min,允许的轴孔直径在 32～42 mm 之间。以上数据均能满足本例的要求,故合用。

13.3 离合器的主要结构形式

离合器在机器运转过程中可将传动系统随时分离或接合。对离合器的要求有:接合平稳,分离迅速且彻底,工作可靠,操纵灵活,调整维修方便,结构紧凑,质量轻,散热好,耐磨损,成本低等。

离合器按离合方法分为操纵离合器和自动离合器两大类,按操纵方法分为机械操纵离合器、液压(操纵)离合器、气压(操纵)离合器和电磁(操纵)离合器等。

1. 牙嵌式离合器

牙嵌式离合器是一种借助专门的操纵机构来实现两轴的接合与分离的,其操纵是靠人力、电磁的吸力、气压或液压传动的压力来实现的。它由两个端面上具有凸齿的半离合器组成(见图 13-18)。其中,半离合器 1 固定在主动轴 7 上,半离合器 2 用导向平键或花键 3 与从动轴 4 连接,并可用操纵系统带动拨叉 5 使其做轴向移动,实现两半离合器的接合或分离。为使两轴对中,在主动轴上的半离合器 1 中用螺钉固定对中环 6,从动轴可在对中环内自由转动,以实现导向和定心作用。必须指出,可移动的半离合器不应装在主动轴上,否则离合器分离后,半离合器与拨叉之间仍处于摩擦状态。

牙嵌式离合器常用的牙形有矩形、梯形和锯齿形等,如图 13-19 所示。矩形牙不便于接合;梯形牙易接合,牙根部强度高,能自动补偿牙磨损,因而应用较广;锯齿形牙具有和梯形牙相似的特点,但只能在牙倾角较小的侧面单向受力,传递单向力矩,反向时自动分离。

离合器牙数一般取 3～60 个。要求传递转矩大时,应取较少牙数;要求接合时间短时,应取较多牙数。但牙数越多,载荷分布越不均匀。

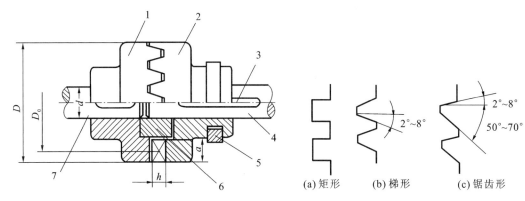

图 13-18　牙嵌式离合器

1,2—半离合器;3—导向平键或花键;4—从动轴;

5—拨叉;6—对中环;7—主动轴

图 13-19　牙嵌式离合器的牙形

(a) 矩形　　　(b) 梯形　　　(c) 锯齿形

为提高齿面耐磨性,牙嵌式离合器的齿面应具有较高的硬度。牙嵌式离合器的材料通常用低碳钢渗碳淬火处理,硬度为 56～62 HRC;或中碳钢表面淬火处理,硬度为 48～54 HRC。对不重要的和静止时离合的牙嵌式离合器也可采用铸铁制造。

牙嵌式离合器的主要失效形式是接合面磨损和牙的折断。设计时,其主要尺寸可参照机械设计手册选取,必要时验算牙面上的压强 p 和牙根的弯曲应力 σ_b,即

$$p = \frac{2K_A T}{z D_0 A} \leqslant [p] \tag{13-3}$$

$$\sigma_b = \frac{K_A T h}{z D_0 W} \leqslant [\sigma_b] \tag{13-4}$$

式中:z 为半离合器上的牙数;A 为每个齿的有效工作面在径向平面上的投影面积,mm^2;h 为牙的高度,mm;D_0 为牙的平均直径,mm;W 为齿根的抗弯截面系数,mm^3;$[p]$ 为许用压强,MPa,静止状态接合时 $[p] = 90～120$ MPa,低速运转接合时 $[p] = 50～70$ MPa,高速运转接合时 $[p] = 35～45$ MPa;$[\sigma_b]$ 为许用弯曲应力,MPa,静止状态接合时 $[\sigma_b] = \dfrac{\sigma_s}{1.5}$,运转接合时 $[\sigma_b] = \dfrac{\sigma_s}{5～6}$。

牙嵌式离合器的特点是结构简单、尺寸紧凑、工作可靠、承载能力大、传动准确。为了防止牙齿因受冲击载荷而断裂,离合器的接合必须在两轴转速差很小或停转时进行。

2. 摩擦离合器

利用主、从动半离合器接触表面之间的摩擦力来传递转矩的离合器,统称为摩擦离合器。它是能在高速下离合的机械操纵式离合器。摩擦离合器主要有圆盘式、圆锥式、摩擦块式和鼓式离合器等,其以圆盘式离合器应用最广,圆盘式离合器有单盘式和多盘式两种。

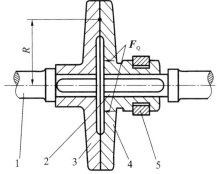

图 13-20　单盘摩擦离合器

1—主动轴;2—从动轴;3—主动摩擦盘;

4—从动摩擦盘;5—滑环

1) 单盘摩擦离合器

单盘离合器(见图 13-20)主要由主、从动摩擦盘 3 和 4 组成,分别与主、从动轴 1 和 2 相连接,操纵滑环

5 可以使从动摩擦盘 4 沿从动轴 2 移动,从而实现接合与分离。接合时轴向压力 F_Q 将主、从动摩擦片相互压紧,在接合面产生摩擦力矩来传递力矩。可传递的最大转矩为

$$T_{max} = F_Q \mu R \geqslant K_A T \qquad (13\text{-}5)$$

式中:F_Q 为压紧力,N;μ 为摩擦因数,见表 13-2;R 为摩擦半径,通常取摩擦面平均半径,mm。

表 13-2　摩擦离合器的材料及其性能

摩擦副的材料及工作条件		摩擦因数 μ	圆盘式摩擦离合器 $[p_0]$[1] /MPa
在油中工作	淬火钢-淬火钢	0.06	0.6～0.8
	淬火钢-青铜	0.08	0.4～0.5
	铸铁-铸铁或淬火钢	0.08	0.6～0.8
	钢-夹布胶木	0.12	0.4～0.6
	淬火钢-金属陶瓷	0.1	0.8
不在油中工作	压制石棉-钢或铸铁	0.3	0.2～0.3
	淬火钢-金属陶瓷	0.4	0.3
	铸铁-铸铁或淬火钢	0.15	0.2～0.3

① 基本许用压强 $[p_0]$ 为标准情况下的许用压强。

单盘摩擦离合器的结构最为简单,但其直径会随传递转矩的增大而很快增加。这种离合器主要用于直径不受限制的地方。

2) 多盘摩擦离合器

多盘摩擦离合器如图 13-21(a)所示,主动轴 1 与鼓轮 2、从动轴 3 与套筒 4 均用键连接。鼓轮外壳内缘上开有纵向槽,与一组外摩擦片 5 上的凸齿相连接,因此外摩擦片与主动轴一起转动,其内孔不与任何零件接触。另一组内摩擦片 6 外缘不与任何零件接触,而其内孔的凹槽与从动轴上套筒 4 外缘的凸齿相嵌合,故内摩擦片与从动轴 3 一起转动,也可沿轴向移动。内、外摩擦片相间安装。当滑环 7 向左移动到图示位置时,曲臂压杆 8 经压板 9 将所有内、外摩擦片压紧在调压螺母 10 上,从而实现接合;当滑环 7 向右移动时,则实现分离。在内、外摩擦片磨损后,调节螺母可用来调节内、外摩擦片之间的压力。内、外摩擦片的结构如图 13-21 (b)、(c)所示,内摩擦片也可制成碟形,当承压时,可被压平而与外盘贴紧;松脱时,由于内盘的弹力作用可以迅速与外盘分离。

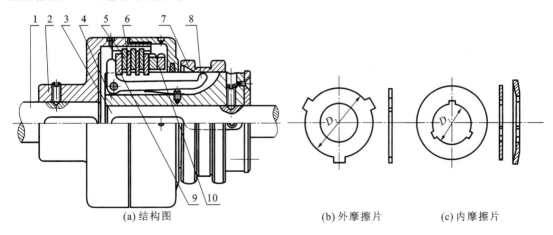

(a) 结构图　　　　　　　　　(b) 外摩擦片　　　　(c) 内摩擦片

图 13-21　多盘摩擦离合器

1—主动轴;2—鼓轮;3—从动轴;4—套筒;5—外摩擦片;6—内摩擦片;7—滑环;8—曲臂压杆;9—压板;10—调压螺母

　　根据摩擦片是否浸油工作,多盘摩擦离合器又可分为干式和湿式两类。干式反应灵敏;湿式磨损小,散热快。

　　多盘摩擦离合器能传递的最大转矩 T_{max} 和作用在摩擦面的压强 p 分别为

$$T_{max} = z\mu F_Q \frac{D_1 + D_2}{4} \geqslant K_A T \tag{13-6}$$

$$p = \frac{4F_Q}{\pi(D_2^2 - D_1^2)} \leqslant [p] \tag{13-7}$$

式中:z 为接合面数目;D_1、D_2 分别为摩擦片接合面内径、外径,mm;$[p]$ 为许用压强,$[p] = [p_0]K_a K_b K_c$,$[p_0]$ 为基本许用压强,取值见表 13-2;K_a、K_b、K_c 分别为根据离合器圆周速度、主动摩擦片的数目、每小时的接合次数等不同而引入的修正系数,取值见表 13-3。

表 13-3　修正系数 K_a、K_b、K_c 值

平均圆周速度/(m/s)	1	2	2.5	3	4	6	8	10	15
K_a	1.35	1.08	1	0.94	0.86	0.75	0.68	0.63	0.55
主动摩擦片数目	≤3	4	5	6	7	8	9	10	11
K_b	1	0.97	0.94	0.91	0.88	0.85	0.82	0.79	0.76
每小时接合次数	≤100		120		180		240	300	≥360
K_c	1		0.95		0.8		0.7	0.6	0.5

　　设计时,可先选定摩擦面材料,并根据结构要求确定摩擦片直径 D_1、D_2。对于在油中工作的离合器,可取 $D_1 = (1.5 \sim 2)d$,d 为轴径,$D_2 = (1.5 \sim 2)D_1$;对于干式摩擦离合器,可取 $D_1 = (2 \sim 3)d$,$D_2 = (1.5 \sim 2.5)D_1$。然后根据式(13-5)求出允许的轴向压紧力 F_Q,根据式(13-6)求出所需接合面数 z。z 增加过大时,传递转矩并不是随之成正比增加的,故一般对于湿式的,取 $z = 5 \sim 15$,对于干式的,取 $z = 1 \sim 6$。一般摩擦片总数不大于 $25 \sim 30$。

　　摩擦离合器在接合与分离时,从动轴的转速总是小于主动轴的转速,因而内、外摩擦盘间必有相对滑动产生,从而消耗摩擦功,并引起摩擦盘的磨损和发热。当温度过高时,摩擦因数就会改变,严重时还可能导致摩擦盘胶合与塑性变形。一般对于钢制摩擦盘,应限制其表面最高温度不超过 $300 \sim 400$ ℃,整个离合器的平均温度不大于 $100 \sim 120$ ℃。

　　摩擦离合器与牙嵌式离合器相比,其优点是:接合或分离不受主、从动轴转速的限制,接合过程平稳,冲击、振动较小;从动轴的加速时间和所传递的最大转矩可以调节;过载时可发生打滑,以保护其他重要零件不致损坏。其缺点是,在接合、分离过程中会发生滑动摩擦,故发热量较大,磨损较大,有时其外形尺寸也较大。

3. 磁粉离合器

　　磁粉离合器是利用磁粉来传递转矩的操纵式离合器,其结构如图 13-22 所示。主动轴 7 与磁铁轮心 5 相固联,在轮心外缘的凹槽内绕有环形励磁线圈 4,线圈与接触环 6 相连,接触环与电源相通,从动外鼓轮 2 与齿轮 1 相连,并与磁铁轮心有 $0.5 \sim 2$ mm 的间隙,其中填充磁导率高的铁粉和油或石墨的混合物 3。这

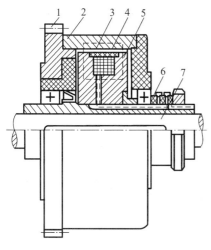

图 13-22　磁粉离合器

1—齿轮;2—从动外鼓轮;3—填充的混合物;
4—励磁线圈;5—磁铁轮心;6—接触环;7—主动轴

样，当线圈通电时，形成一个经轮心、外鼓轮又回到轮心的闭合磁通，使铁粉磁化。当主动轴旋转时，由于磁粉的作用，带动外鼓轮一起旋转来传递转矩。当断电时，磁粉恢复为松散状态，离合器即分离。

这种离合器接合平稳，动作迅速，使用寿命长，可以远距离操纵，并有过载保护作用，但尺寸和质量较大。它适宜用作自动控制元件和高频快速离合情况，如数控机床、电子计算机中的控制机构，也宜用于过载保护和带载荷启动的重型机械。

13.4　自动离合器的主要结构形式

用简单的机械方法自动完成接合或分离动作的自动离合器主要有三种：① 当传递转矩达到某一定值时能自动分离的离合器，有防止过载的安全作用，故称为安全离合器；② 当轴的转速达到某一转速后能自行接合或分离的离合器，由于其利用离心力的原理工作，故称为离心离合器；③ 根据主、从动轴间相对速度差的不同以实现接合或分离的离合器，称为定向离合器。

13.4.1　安全离合器

常见的安全离合器有三种形式，即破断式、牙嵌式和摩擦式。当传递的载荷超过某一限度时，上述三种安全离合器分别发生剪断连接件、分开连接件和使连接件打滑等现象，起到保护机器中重要构件的作用。

1. 剪切销安全离合器

图 13-23 所示为剪切销安全离合器。这种离合器的结构类似于刚性凸缘联轴器，但不用螺栓，而用钢制销钉连接。过载时，销钉被剪断。为了加强剪断销钉的效果，常在销钉孔中紧配一硬质的钢套。因更换销钉既费时又不方便，故这种联轴器不宜用在经常发生过载的地方。销钉的直径 d 由剪切强度决定，即

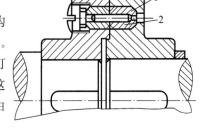

图 13-23　剪切销安全离合器
1—销钉；2—钢套

$$d=\sqrt{\frac{8KT}{\pi D_{\mathrm{m}}z[\tau]}} \qquad (13\text{-}8)$$

式中：T 为公称转矩，$\mathrm{N\cdot mm}$；z 为销钉数目；D_{m} 为销钉轴心所在圆的直径，mm；$[\tau]$ 为销钉的许用应力，MPa，$[\tau]=(0.7\sim 0.8)\tau_{\mathrm{b}}$，$\tau_{\mathrm{b}}$ 为销钉材料的抗拉强度极限；K 为过载限制系数，即极限转矩与公称转矩之比，极限转矩值应略小于机器中最薄弱部分的破坏转矩（折算至联轴器处），在初步计算时，K 值也可参考表 13-4 选取。

其余尺寸可根据结构需要查取有关标准。

表 13-4　过载限制系数 K 值

机器名称	载荷		K
	启动	工作	
小型风扇、离心式与转子式泵和压气机、车床、钻床、磨床、发电机、带式输送机	达到额定载荷的110%	接近静载荷	1.1
轻型传动装置、铣床、齿轮铣床、六角车床、带有较重飞轮的活塞泵与压气机、平板输送机	达到额定载荷的150%	有微小变化	1.6

续表

机 器 名 称	载　　荷		K
	启动	工作	
可逆传动装置、刨床、插床、插齿机、带有较重飞轮的活塞泵与压气机、螺旋输送器与刮斗式提升机、带有较重飞轮的螺旋与偏心压力机、纺织机与纺纱机、粗纺机、精纺机	达到额定载荷的200%	有较大变化	2.1
起重机、挖掘机、挖土机、破碎机、排锯机、双盘式磨碎机、球磨机、多辊磨碎机、带有较轻飞轮的螺旋与偏心压力机、剪断机、碎矿机	达到额定载荷的300%	极不均匀载荷或冲击载荷	3.2

2. 牙嵌安全离合器

图 13-24 所示为牙嵌安全离合器，它与牙嵌式离合器很相似，只是牙的倾角 α 较大，并由

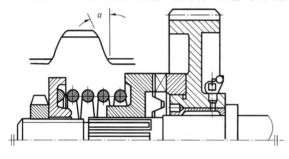

图 13-24　牙嵌安全离合器

弹簧压紧代替滑环压紧。如要使离合器保持连接，就必须在可动半离合器上施加一轴向推力，图中弹簧即为施加轴向推力的零件。推力大小与倾斜角 α 有关，并可由限制传递的最大转矩确定。可利用螺母调节弹簧推力的大小。当载荷超过最大转矩时，接合牙上的轴向分力将克服弹簧推力和摩擦阻力而使离合器分离。当载荷降低到最大转矩以下时，离合器又恢复接合。

13.4.2　离心离合器

离心离合器的特点是当主动轴的转速达到某一定值时能自行接合或分离。

瓦块式离心离合器的工作原理如图 13-25 所示。在静止状态下，弹簧力 F_s 使瓦块 m 受拉，从而使离合器分离（见图 13-25（a））；或使瓦块 m 受压，从而使离合器接合（见图 13-25（b））。前者称为开式，后者称为闭式，当主动轴达到一定转速时，离心力 F_c ＞弹簧力 F_s，从而使离合器相应地接合或分离，调整弹簧力 F_s，即可控制需要接合或分离的转速。

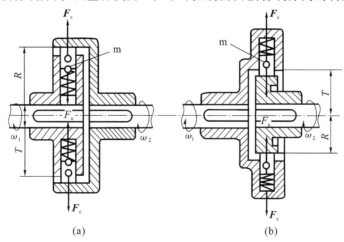

(a)　　　　　　　　　　　　(b)

图 13-25　瓦块式离心离合器

在启动频繁的机器中采用离心离合器,可使电动机在运转稳定后才接入负载。如电动机的启动电流较大或启动力矩很大时,采用开式离心离合器就可避免电动机过热,或防止传动机构受到很大的动载荷。采用闭式离心离合器则可在机器转速过高时起保护安全作用。这种离合器是靠摩擦力传递转矩的,故转矩过大时也可通过打滑而起保护安全作用。

13.4.3　定向离合器

定向离合器是一种随速度的变化或回转方向的变换而能自动接合或分离的离合器,它只能传递单向转矩,其结构可以是摩擦滚动元件式,也可以是棘轮棘爪式。图 13-26 所示为应用较广的滚柱式定向离合器。它主要由星轮 1、外圈 2、滚柱 3 和弹簧顶杆 4 组成。弹簧顶杆 4 的作用是将滚柱压向星轮的楔形槽内与星轮、外圈相接触。

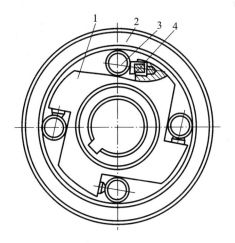

图 13-26　滚柱式定向离合器
1—星轮;2—外圈;3—滚柱;4—弹簧顶杆

星轮和外圈均可作为主动件。当星轮为主动件并按顺时针方向旋转时,滚柱受摩擦力的作用被楔紧在槽内,因而带动外圈一起转动,这时离合器处于接合状态。当星轮反转时,滚柱受摩擦力的作用,被推到楔槽较宽的部分,这时离合器处于分离状态。故其可在机械中用来防止逆转并完成单向传动。当星轮和外圈按顺时针方向作同向旋转时,若外圈转速不大于星轮转速,则离合器处于接合状态;反之,若外圈转速大于星轮转速,则离合器处于分离状态。此时二者以各自的转速旋转,即从动件的转速超越主动件转速。因此,这种离合器也称为超越离合器。

定向离合器具有定向及超越作用,尺寸小,工作时无噪声,可实现高速中接合,因而广泛用于车辆、飞机、机床及轻工机械中。

知识链接

鼓形齿式联轴器在高速动车组的运用

高速动车传动系统的任务是将驱动力矩传递至轮对,并使其平稳运行。这对于动车组的正常运营有着至关重要的意义,而联轴器作为传动系统的核心组件之一,负责将电机输出轴的扭矩传递给齿轮箱输入轴。联轴器的工作性能,直接关系着驱动力矩的连续性和列车的运行品质。而在众多种类的联轴器中,鼓形齿式联轴器由于其结构紧凑、承载大、偏移量适应能力好、对装配精度要求低、运转平稳等优势,在轨道交通中得到广泛运用。

在我国高速动车发展过程中,动车组的传动系统就普遍采用了鼓形齿式联轴器(见图 13-27),齿面采用鼓度修形,能够在输入轴、输出轴不对中的情况下保持良好啮合,能够在高速下平稳传递扭矩。

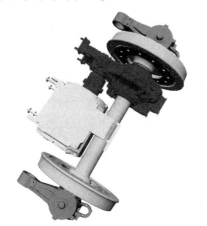

图 13-27　鼓形齿式联轴器

(资料来源:http://www.czjdcd.com/yscbu/yscbu320.html)

习　　题

13.1　选择题

(1) 联轴器与离合器的主要作用是_____。

A.缓冲、减振　　　　　　　　　　　　B.传递运动和转矩

C.防止机器发生过载　　　　　　　　　D.补偿两轴的不同心或热膨胀

(2) 对低速、刚度大的短轴,常选用的联轴器为_____。

A.刚性固定式联轴器　　　　　　　　　B.刚性可移式联轴器

C.弹性联轴器　　　　　　　　　　　　D.安全联轴器

(3) 当载荷有冲击、振动,且轴的转速较高、刚度较小时,一般选用_____。

A.刚性固定式联轴器　　　　　　　　　B.刚性可移式联轴器

C.弹性联轴器　　　　　　　　　　　　D.安全联轴器

(4) 两轴的偏角位移达 30°,这时宜采用_____联轴器。

A.凸缘　　　　　　　　　　　　　　　B.齿式

C.弹性套柱销　　　　　　　　　　　　D.万向

(5) 高速、重载且不易对中处常用的联轴器是_____。

A.凸缘联轴器　　　　　　　　　　　　B.十字滑块联轴器

C.齿轮联轴器　　　　　　　　　　　　D.万向联轴器

(6) 在下列联轴器中,能补偿两轴的相对位移并可缓和冲击、吸收振动的是_____。

A.凸缘联轴器　　　　　　　　　　　　B.齿式联轴器

C.万向联轴器　　　　　　　　　　　　D.弹性套柱销联轴器

(7) 在下列联轴器中,许用工作转速最低的是_____。

A.凸缘联轴器　　　　　　　　　　　　B.十字滑块联轴器

C.齿式联轴器　　　　　　　　　　　　　D.弹性柱销联轴器

（8）十字滑块联轴器允许被连接的两轴有较大的_____偏移。

A.径向　　　　　　　　B.轴向　　　　　　　　C.角　　　　　　　D.综合

（9）齿轮联轴器对两轴的_____偏移具有补偿能力。

A.径向　　　　　　　　B.轴向　　　　　　　　C.角　　　　　　　D.综合

（10）两根被连接轴间存在较大的径向偏移,可采用_____联轴器。

A.凸缘　　　　　　　　B.套筒　　　　　　　　C.齿轮　　　　　　D.万向

（11）大型鼓风机与电动机之间常用的联轴器是_____。

A.凸缘联轴器　　　　B.齿式联轴器　　　　C.万向联轴器　　　D.套筒联轴器

（12）选择联轴器时,应使计算转矩 T_c 大于名义转矩 T,这是考虑_____。

A.旋转时产生的离心载荷　　　　　　　　B.运转时的动载荷和过载

C.联轴器材料的机械性能有偏差　　　　　D.两轴对中性不好,有附加载荷

13.2　联轴器和离合器的主要功能是什么？二者的主要区别是什么？

13.3　刚性联轴器和挠性联轴器的主要区别是什么？

13.4　带式运输机中减速器的高速轴与电动机采用弹性套柱销联轴器。已知电动机的功率 $P=15$ kW,转速 $n=970$ r/min,电动机轴直径为 42 mm,减速器高速轴的直径为 38 mm。试选择该联轴器的型号。

13.5　常用离合器有哪些类型？它们的特点和使用条件如何？列举你所知道的离合器应用实例。

13.6　一机床主传动换向机构中采用多盘摩擦离合器,已知主动摩擦盘 5 片,从动摩擦盘 4 片,接合面外径 $D_1=110$ mm,内径 $D_2=60$ mm,每小时接合次数≤90,功率 $P=4.4$ kW,转速 $n=1214$ r/min,摩擦副材料为淬火钢对淬火钢,工作情况系数 $K_A=1.25\sim2.5$。试计算此离合器能传递的最大转矩和所需的接合力。

13.7　如图 13-23 所示的剪切销安全离合器,其传递转矩 $T_{max}=650$ N·m,销钉直径 $d=6$ mm,销钉材料用 45 钢正火,销钉中心所在圆的直径 $D_m=100$ mm,销钉数 $z=2$。若取 $[\tau]=0.7\tau_b$。试求此离合器在载荷超过多大时方能体现其安全作用？

第 14 章　螺纹连接设计

【本章学习要求】

1.掌握螺纹的主要参数、类型及特点；
2.熟练掌握螺纹连接的基本类型及特点；
3.熟练掌握螺纹连接的预紧与防松；
4.掌握单个螺栓连接的强度计算；
5.掌握螺栓组连接的结构设计和受力分析；
6.熟练掌握提高螺栓连接强度的措施。

螺纹连接是利用螺纹零件构成的连接，这种连接构造简单，拆装方便，工作可靠。标准螺纹连接件也称螺纹紧固件，由专业工厂大量生产，购买方便，成本低廉，故得到广泛应用。螺纹连接的主要工作要求是不松动并有足够的强度。

14.1　螺　　纹

14.1.1　螺纹的形成

如图 14-1(a)所示，将底角为 ϕ 的直角三角形绕在直径为 d_2 的圆柱体上，使其底边与圆柱体的底边重合，则斜边在圆柱体表面上形成一条螺旋线。用图 14-1(b)所示不同平面图形，沿圆柱表面的螺旋线运动(在运动中始终保持该图形与圆柱体的轴线在同一平面)，就可得到不同牙型的螺纹。

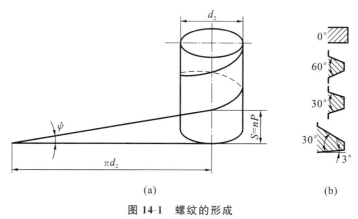

(a) 　　　　　　　　　　　　(b)

图 14-1　螺纹的形成

14.1.2　螺纹的类型及应用

根据螺纹形成的部位，螺纹分为外螺纹和内螺纹两种。在圆柱或圆锥外表面上形成的螺纹称为外螺纹；在圆柱孔或圆锥孔内壁上形成的螺纹称为内螺纹。内、外螺纹二者旋合组成的运动副称为螺纹副或螺旋副。

根据螺纹形成的母体形状，螺纹分为圆柱螺纹和圆锥螺纹两种。

根据螺纹牙型,螺纹分为普通螺纹、管螺纹、梯形螺纹、矩形螺纹和锯齿形螺纹等。前两种主要用于连接,称为连接螺纹;后三种主要用于传动,称为传动螺纹。

除矩形螺纹外,其他螺纹已标准化,有米制和英制(螺距以每英寸牙数 i 表示,即 $i=25.4/P$)两类。我国除管螺纹保留英制外,其余都采用米制。

常用螺纹的类型、特点及应用如表 14-1 所示。

表 14-1 常用螺纹的类型、特点及应用

螺纹类型		牙 型 图	特点及应用
连接螺纹	普通螺纹	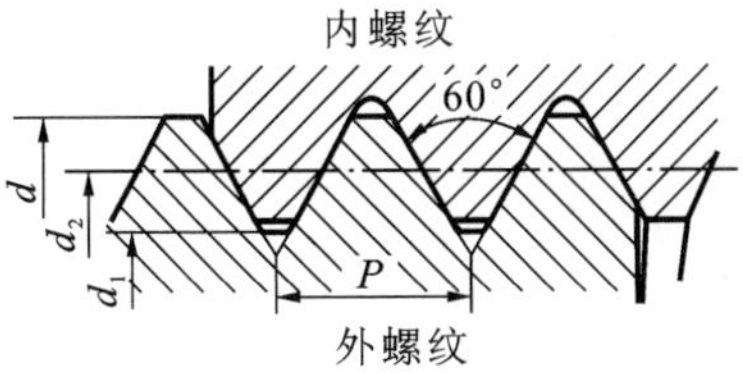	牙型为等边三角形,牙型角 $\alpha=60°$,内、外螺纹旋合后留有径向间隙。牙根厚,强度高。当量摩擦角大,易于自锁,广泛用于连接。同一公称直径按螺距大小分为粗牙和细牙两种,一般情况下用粗牙;细牙螺纹螺距小,对螺纹零件的强度削弱小,但因牙细不耐磨,易滑扣,故常用于细小零件、薄壁管件,或受冲击、振动和变载荷的连接,也用于液压系统内的一些连接以及微调机构的调整螺纹
	55°非螺纹密封管螺纹	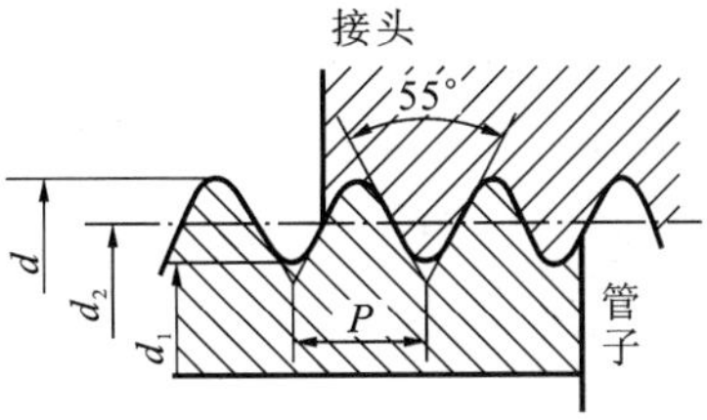	牙型为等腰三角形,牙型角 $\alpha=55°$,牙顶呈圆弧形。内、外螺纹旋合后无径向间隙,但螺纹副本身不具密封性。若连接要求密封性,可压紧被连接件螺纹副外的密封面,也可在密封面间添加密封物。公称直径近似等于管子孔径,以英寸为单位。多用于压力在 1.57 MPa 以下的管子连接
	55°螺纹密封管螺纹	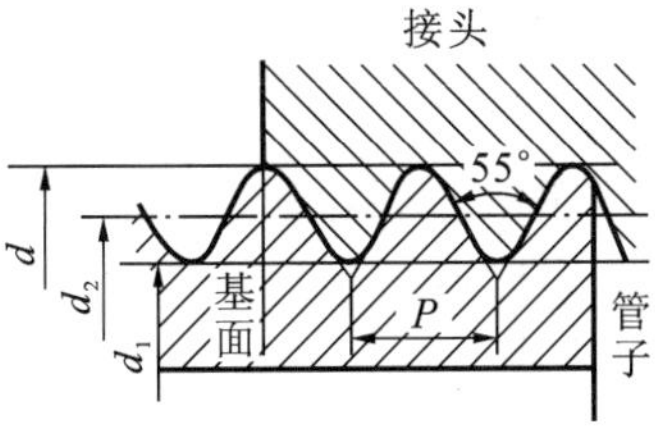	牙型为等腰三角形,牙型角 $\alpha=55°$,与圆柱管螺纹相似,但螺纹分布在 1:16 的圆锥表面上。内、外螺纹旋合后无间隙,利用本身的变形就可以保证连接的紧密性。通常用于高温、高压条件下工作的管子连接,旋塞、阀门及其他螺纹连接的附件。当与内圆柱管螺纹配用时,在 1 MPa 压力下已足够紧密
传动螺纹	矩形螺纹	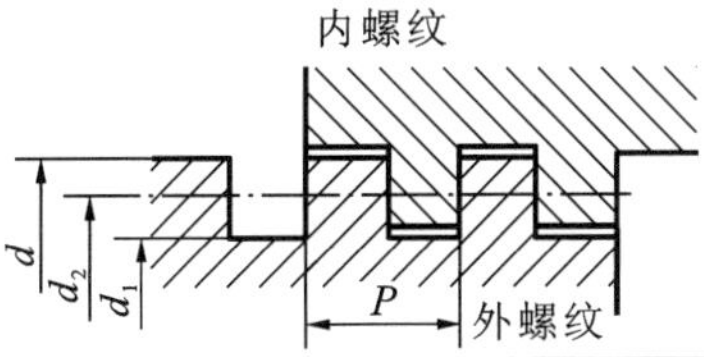	牙型为正方形,牙型角 $\alpha=0°$。当量摩擦角小,传动效率高。牙厚为螺距的一半,尚未标准化。牙根强度低,难于精确加工。螺纹副磨损后,间隙难以补偿,对中精度低。逐渐被梯形螺纹所代替
	梯形螺纹	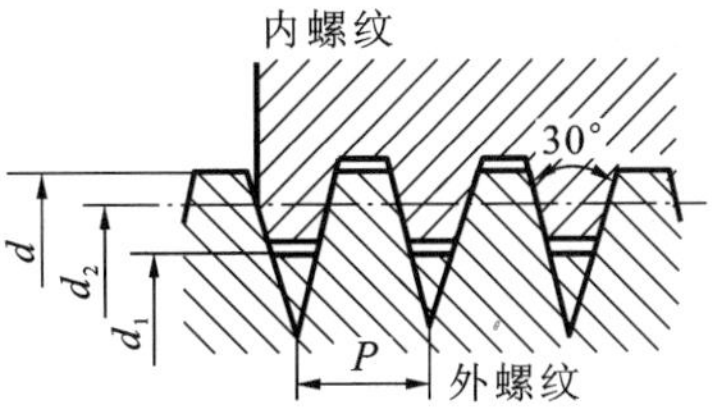	牙型为等腰梯形,牙型角 $\alpha=30°$。传动效率比矩形螺纹低,但工艺性好,牙根强度高,对中性好。内、外螺纹以锥面贴紧,不易松动。若用剖分螺母,还可调整间隙。是应用最广泛的传动螺纹
	锯齿形螺纹	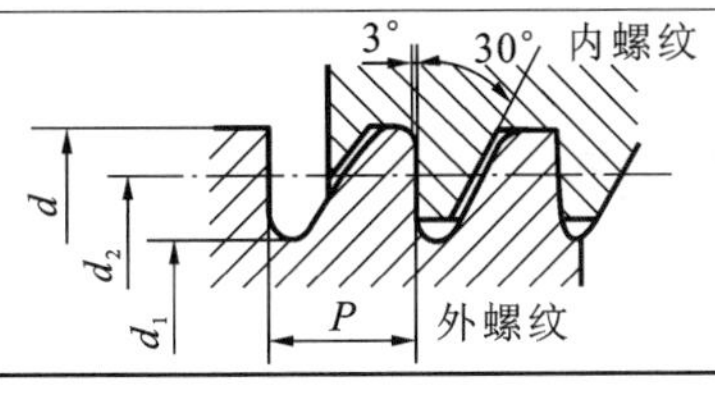	牙型为不等腰梯形,工作面的牙型斜角为 3°,非工作面的牙型斜角为 30°。综合了矩形螺纹效率高和梯形螺纹牙根强度高的特点。是只能用于单向受力的传动螺纹

14.1.3 螺纹的主要参数

下面以普通螺纹为例说明螺纹的主要参数，如图 14-2 所示。

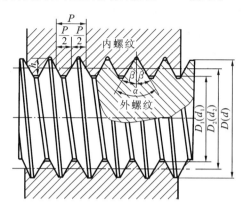

图 14-2 螺纹的几何参数

大径 D、d（内螺纹用大写字母，外螺纹用小写字母，下同）：螺纹的最大直径，即与外螺纹牙顶或内螺纹牙底相切的假想圆柱面的直径。大径是螺纹的公称直径。

小径 D_1、d_1：螺纹的最小直径，即与外螺纹牙底或内螺纹牙顶相切的假想圆柱面的直径。

中径 D_2、d_2：圆柱的母线通过牙型上牙厚和牙间宽度相等处的一个假想圆柱面的直径。中径是确定螺纹几何参数和配合性质的直径，近似等于螺纹的平均直径。

牙型角 α：轴向剖面内，螺纹牙型两侧边的夹角。

牙型斜角 β：轴向剖面内，螺纹牙型一侧边与螺纹轴线的垂线之间的夹角。

螺距 P：螺纹相邻两牙在中径线上对应两点间的轴向距离。

导程 S：同一条螺旋线上的相邻两牙对应点间的轴向距离，$S=nP$。

螺纹线数 n：螺纹的螺旋线数目。沿一根螺旋线形成的螺纹称为单线螺纹；沿两根及以上的等距螺旋线形成的螺纹称为多线螺纹。常用的连接螺纹要求有自锁性，故多用单线螺纹；传动螺纹要求传动效率高，故多用双线或三线螺纹。为了便于制造，一般取线数 $n \leqslant 4$。

螺纹升角 ψ：螺旋线的切线与垂直于螺纹轴线的平面间夹角。螺纹升角各不相同，通常按中径处计算，如图 14-1(a)所示，有

$$\psi = \arctan[S/(\pi d_2)] \tag{14-1}$$

螺纹旋向：根据螺旋线绕行方向，螺纹分为右旋螺纹和左旋螺纹两类。规定将螺纹直立时螺旋线的方向向右上升的称为右旋螺纹，向左上升的称为左旋螺纹。最常用的是右旋螺纹，左旋螺纹用于有特殊要求的场合。

接触高度 h：内、外螺纹旋合后接触面的径向高度。

14.2 螺 纹 连 接

14.2.1 螺纹连接的主要类型、特点及应用

螺纹连接的主要类型有螺栓连接、双头螺柱连接、螺钉连接、紧定螺钉连接。它们的主要特点及应用如表 14-2 所示。

表 14-2　螺纹连接的主要类型、特点及应用

类型		连接结构图	主要尺寸关系	特点及应用
螺栓连接	普通螺栓连接	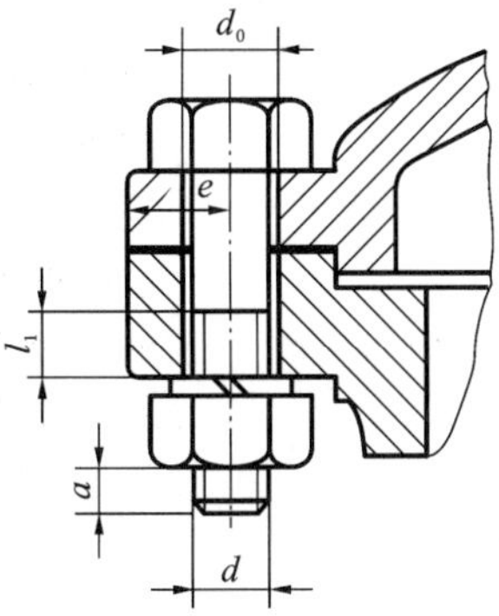	螺纹余留长度 l_1： 静载荷 $l_1 \geq (0.3 \sim 0.5)d$； 变载荷 $l_1 \geq 0.75d$； 冲击载荷、弯曲载荷 $l_1 \geq d$。 螺纹伸出长度 a： $a \geq (0.3 \sim 0.5)d$ 螺栓轴线到被连接件边缘的距离 e： $e \approx d + (3 \sim 6)$ mm 通孔直径 d_0： $d_0 \approx 1.1d$	用于两被连接件都不太厚，容易加工出通孔并能从连接的两边进行装配的场合。 通孔与螺栓杆间有间隙，无须在被连接件上加工螺纹，故不受被连接件材料的限制，构造简单，装拆方便，应用广泛
	铰制孔用螺栓连接	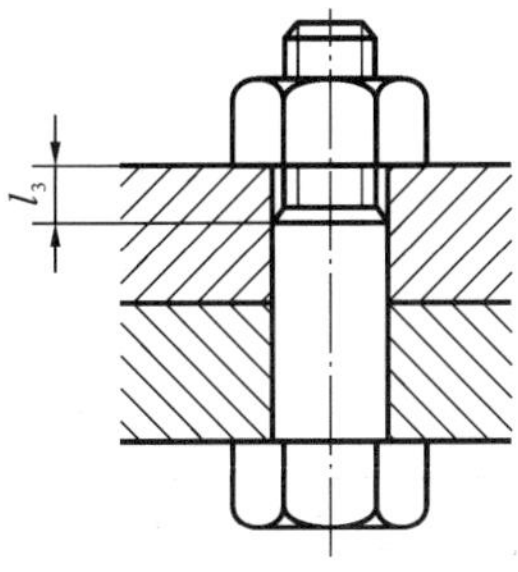	螺纹余留长度 l_3： $l_3 \approx d$ 螺纹伸出长度 a： $a \geq (0.3 \sim 0.5)d$ 螺栓轴线到被连接件边缘的距离 e： $e \approx d + (3 \sim 6)$ mm 通孔直径 d_0： $d_0 \approx 1.1d$	螺栓杆与孔多采用基孔制过渡配合。连接能精确固定被连接件的相对位置，并能承受横向载荷，但对孔的加工精度要求高
双头螺柱连接		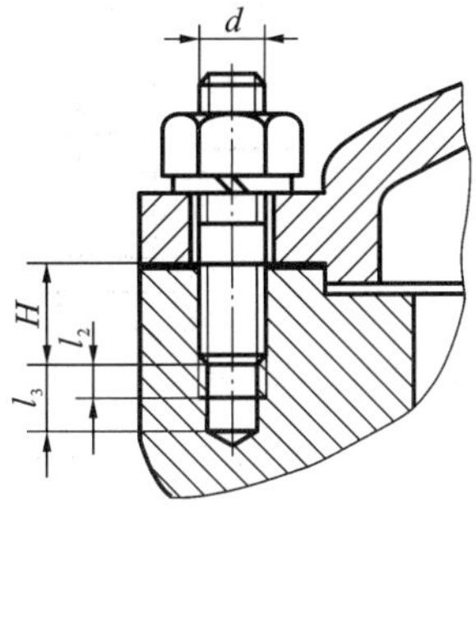	拧入深度 H，当螺孔零件材料为： 钢或青铜 $H \approx d$ 铸铁 $H \approx (1.25 \sim 1.5)d$ 铝合金 $H \approx (1.5 \sim 2.5)d$ 螺纹孔深度 H_1： $H_1 = H + l_2 \approx (2 \sim 2.5)P$ 钻孔深度 H_2： $H_2 = H + l_3 \approx H_1 + (0.5 \sim 1)d$ l_1、a、e、d_0 值同螺栓连接	用于被连接件之一太厚，不便穿通孔，不能用螺栓连接，且需要经常装拆的场合。双头螺柱的旋入端旋紧在较厚连接件的螺孔中，拆卸时只需拆下螺母，不必将双头螺柱从被连接件中拧出，避免了被连接件磨损失效。这种连接下应注意，双头螺柱必须拧紧，应保证拧松螺母时，双头螺柱在螺孔中不得转动

续表

类型	连接结构图	主要尺寸关系	特点及应用
螺钉连接		拧入深度 H，当螺孔零件材料为： 钢或青铜 $H \approx d$ 铸铁 $H \approx (1.25 \sim 1.5)d$ 铝合金 $H \approx (1.5 \sim 2.5)d$ 螺纹孔深度 H_1： $H_1 = H + l_2 \approx (2 \sim 2.5)P$ 钻孔深度 H_2： $H_2 = H + l_3 \approx H_1 + (0.5 \sim 1)d$ l_1、a、e、d_0 值同螺栓连接	螺钉直接拧入被连接件的螺孔中，不用螺母，较双头螺柱连接简单。应用与双头螺柱相似。但经常拆卸易使螺孔损坏，多用于受力不大、不需要经常装拆的场合
紧定螺钉连接			将螺钉拧入一个零件的螺纹孔，使螺钉的末端顶住另一个零件表面或顶入相应的凹坑中。紧定螺钉连接主要用于固定两个零件的相互位置，并可传递不大的力或力矩

除上述四种基本螺纹连接形式外，还有一些特殊结构的连接，如专门用于将机架固定在地基上的地脚螺栓连接，如图 14-3 所示；装在机器或大型零部件的顶盖或外壳上、便于起吊用的吊环螺钉连接，如图 14-4 所示；用于工装设备中的 T 形槽螺栓连接，如图 14-5 所示。

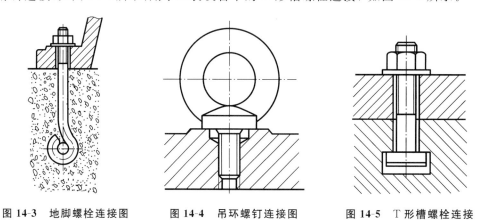

图 14-3　地脚螺栓连接图　　　图 14-4　吊环螺钉连接图　　　图 14-5　T 形槽螺栓连接

14.2.2　标准螺纹连接件

螺纹连接件的类型很多，在机械制造业中常见的螺纹连接件有普通螺栓、铰制孔用螺栓、双头螺柱、螺钉、螺母、垫圈及紧定螺钉等。这些零件的结构形式和尺寸等都已标准化，设计时可根据使用要求从有关标准中选用。

螺纹连接件按制造精度,分为粗制、精制两类。粗制螺纹连接件多用于建筑、木结构及其他次要场合,机械制造业多用精制螺纹连接件。精制螺纹连接件按公差等级分 A、B、C 三级。A 级精度最高,用于载荷较大,要求配合精度高或受冲击、振动载荷等重要零件的连接;B 级多用于受载较大且经常装拆、调整或承受变载荷的连接;C 级精度最低,多用于一般的螺纹连接。

螺栓和螺钉的头部形式有六角头、方头、圆柱头、沉头、扁圆头等。为拧紧,头部开有一字槽、十字槽、内六角槽等。其中六角头螺栓能够承受较大的拧紧力矩,应用最为普遍。内六角螺钉也可施加较大的拧紧力矩,头部能埋入零件内,用于要求外形平整或结构紧凑处。十字槽螺钉头部强度高,便于自动装配。一字槽或十字槽螺钉则不宜施加较大的拧紧力矩。螺母根据其厚度,分为标准型和薄型两种,其形状有六角形、方形和圆形等。其中,六角形应用最广。双头螺柱两端都制有螺纹,两端螺纹可相同或不同,螺柱可带退刀槽或制成腰杆,也可制成全螺纹的螺柱。紧定螺钉的末端形状有锥端、平端和圆柱端等,锥端适用于被紧定零件的表面硬度较低或不经常拆卸的场合;平端接触面积大,不伤零件表面,常用于顶紧硬度较大的平面或经常拆卸的场合;圆柱端压入轴上的凹坑中,适用于紧定空心轴上的零件位置。垫圈是常放置于螺母和被连接件之间,起保护支承表面等作用的零件。斜垫圈只用于倾斜的支承面上。弹簧垫圈放置在螺母与被连接件之间,装配时被压平。它除起垫圈作用外,还是防松元件。

14.3　螺纹连接的预紧与防松

14.3.1　螺纹连接的预紧

1. 预紧的目的

大多数螺纹连接在受载前都要预先拧紧到一定程度,称为螺纹连接的预紧。预紧使被连接件受到压缩,螺纹连接件受到拉伸,这种大小相等、方向相反的作用力称为预紧力。

预紧的目的在于增强连接的刚度,提高连接的可靠性和紧密性,防止被连接件受载后产生缝隙或发生相对滑移。考虑到零件接触面处的压陷作用,为提高螺栓疲劳强度,特别对于如气缸盖、管路法兰盘、齿轮箱、轴承盖等处紧密性要求高的螺纹连接,适当选用较大的预紧力是有利的。但预紧力过大会导致整个连接结构尺寸增大,也会使连接件在装配或工作中偶然过载时被拉断。因此,为了保证连接所需预紧力,又不使连接过载,对于重要的螺纹连接,要严格控制装配时的预紧力。

2. 预紧力的控制

通常规定,螺纹连接件的预紧应力不得超过其材料屈服强度 σ_s 的 80%。对于一般连接用的钢制螺栓的预紧力 F_0,推荐按下列关系确定。

$$
\left.
\begin{array}{ll}
\text{对于碳素钢螺栓} & F_0 \leqslant (0.6 \sim 0.7)\sigma_s A_1 \\
\text{对于合金钢螺栓} & F_0 \leqslant (0.5 \sim 0.6)\sigma_s A_1
\end{array}
\right\}
\tag{14-2}
$$

式中:σ_s 为螺栓材料屈服强度,MPa;A_1 为螺栓危险截面的面积,mm²,$A_1 \approx \pi d_1^2 / 4$。

预紧力的具体数值应根据载荷性质、连接刚度等具体工作条件确定。受变载荷的螺栓连接的预紧力应比受静载荷的大些。

1) 控制拧紧力矩

用扳手拧紧螺母,如图 14-6 所示,其拧紧力矩为

$$T_{\Sigma} = FL$$

式中:F 为作用在手柄上的力;L 为力臂长度。

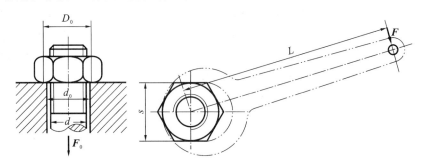

图 14-6　拧紧力矩

拧紧力矩 T 用于克服螺母与被连接件或垫圈支承面间的摩擦力矩 T_1 和螺纹副间的摩擦力矩 T_2,使连接产生预紧力 F_0。对于公称直径为 d 的螺栓,螺母与支承面间的摩擦力矩 T_1 为

$$T_1 = (1/3)\mu F_0 (D_0^3 - d_0^3)/(D_0^2 - d_0^2) \tag{14-3}$$

螺纹副间的摩擦力矩 T_2 为

$$T_2 = F_t d_2/2 = F_0 \tan(\psi + \varphi_v) d_2/2 \tag{14-4}$$

则拧紧力矩为

$$T_\Sigma = T_2 + T_1 = F_0 \tan(\psi + \varphi_v) d_2/2 + (1/3)\mu F_0 (D_0^3 - d_0^3)/(D_0^2 - d_0^2) \tag{14-5}$$

式中:F_0 为预紧力,N;ψ 为螺纹升角,(°);φ_v 为螺纹副的当量摩擦角,(°);d_2 为螺纹中径,mm;μ 为螺母与被连接件支承面间的摩擦因数;D_0、d_0 为螺母支承面的外径和内径,mm。

对于 M10～M68 粗牙普通螺纹的钢制螺栓,螺纹升角 $\psi = 1°42' \sim 3°2'$;螺纹中径 $d_2 \approx 0.9d$;当量摩擦角 $\varphi_v \approx \arctan 1.155\mu_c$($\mu_c$ 为螺纹副间的摩擦因数,无润滑时 $\mu_c = 0.1 \sim 0.2$);螺栓孔直径 $d_0 \approx 1.1d$;螺母环形支承面的外径 $D_0 \approx 1.5d$;无润滑时,取螺母与支承面间的摩擦因数 $\mu = 0.15$。将上述各参数代入式(14-5),整理可得

$$T_\Sigma \approx 0.2 F_0 d \tag{14-6}$$

式中:d 为螺纹公称直径,mm。

对于一般的螺纹连接,当螺栓公称直径 d 及所要求的预紧力 F_0 已知时,即可按式(14-6)确定扳手的拧紧力矩 T_Σ,并凭工人的经验来控制扳手的拧紧力矩。也可用测力矩扳手或定力矩扳手控制拧紧力矩,如图 14-7、图 14-8 所示。定力矩扳手的工作原理是,当拧紧力矩达到规定值时,弹簧 3 被压缩,扳手卡盘 1 与圆柱销 2 之间打滑,如果继续转动手柄,卡盘也不再转动。拧紧力矩的大小可通过螺钉 4 调节弹簧 3 的压紧力来进行控制。

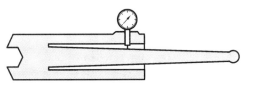

图 14-7　测力矩扳手

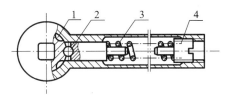

图 14-8　定力矩扳手

1—扳手卡盘;2—圆柱销;3—弹簧;4—螺钉

一般标准扳手的长度 $L \approx 15d$,若拧紧力为 F,则 $T_\Sigma = FL$,并将其代入式(14-6),可得 $F_0 \approx 75F$,即 F_0 约为作用在扳手上力 F 的 75 倍。如 $F = 200$ N,则 $F_0 \approx 1500$ N,这个力足以

拧断 M12 以下的螺栓。因此,对于重要的螺纹连接,应尽量选用 M12 以上的螺栓。

　　2) 控制螺栓伸长量

　　对于大直径的重要螺栓连接,可以通过测量拧紧时螺栓在弹性范围内的伸长量 λ 的方法来控制预紧力。

$$F_0 = (\pi\lambda E d^2)/l \tag{14-7}$$

式中:E 为螺栓材料的弹性模量;d 为螺栓杆的直径;l 为螺栓的有效长度。

　　这种方法的控制精度较高,偏差为 $\pm1\% \sim \pm10\%$,但操作较困难。常用的测量和控制方法如下。

　　(1) 千分尺法　用千分尺在螺栓两端面测量,测出拧紧前后螺栓的长度,即可求得伸长量 λ,但受结构限制较大,如图 14-9 所示。

　　(2) 应变计法　将电阻应变片粘贴在被测量螺栓无螺纹的杆部,通过拧紧时的电阻变化测出预紧力。这种方法的控制精度高,偏差为 $\pm1\%$,但费用较高。

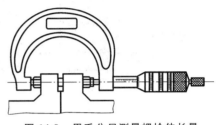

图 14-9　用千分尺测量螺栓伸长量

　　(3) 螺栓预胀法　用电阻加热或液压拉伸装置使螺栓膨胀到预期程度,拧上螺母,待螺栓恢复后获得规定的预紧力。这种方法用于大规格螺纹连接。

　　3) 采用预紧力指示垫圈

　　图 14-10(a)、(b)所示为两种预紧力指示垫圈。以图 14-10(a)为例,在拧紧螺母过程中,当垫圈与外套筒端面接触时,内套筒的压缩变形量 λ 恰好对应设计的预紧力。这种方法操作方便,控制精度高,预紧力偏差为 $\pm10\%$。

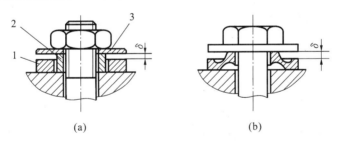

(a)　　　　　　　　　　　　　　(b)

图 14-10　预紧力指示垫圈
1—外套筒;2—内套筒;3—垫圈

14.3.2　螺纹连接的防松

　　通常螺纹连接采用单线普通螺纹,其螺纹升角 ψ 小于螺纹副的当量摩擦角 φ_v,已满足自锁条件。且拧紧后的螺母或螺钉头部与被连接件支承面间的摩擦力也起一定的防松作用,所以在静载荷和工作温度变化不大时,螺纹连接不会松脱。但在冲击、振动、变载荷或温度变化较大的情况下,螺纹牙间和支撑面间的摩擦力会瞬时减小或消失。这种现象多次重复,就会使螺纹连接松动,轻者会影响机器正常运转,重者会造成严重事故。所以,设计螺纹连接时,必须按照工作条件、工作可靠性要求、结构特点等,采取有效的防松措施。

　　防松的根本问题在于防止螺纹副相对转动。防松的装置和方法很多,按其工作原理可以分为摩擦防松、机械防松和破坏螺纹副运动关系防松等。

　　通常摩擦防松简单方便;机械防松可靠性高,用于重要的连接或机器内部不易检查的连接;破坏螺纹副运动关系防松工作可靠,适用于装配后不拆或很少拆卸的连接。螺纹连接常用的防松方法、特点及应用如表14-3所示。

表 14-3　螺纹连接防松方法、特点及应用

防 松 方 法		结 构 形 式	特 点 及 应 用
摩擦防松	对顶螺母	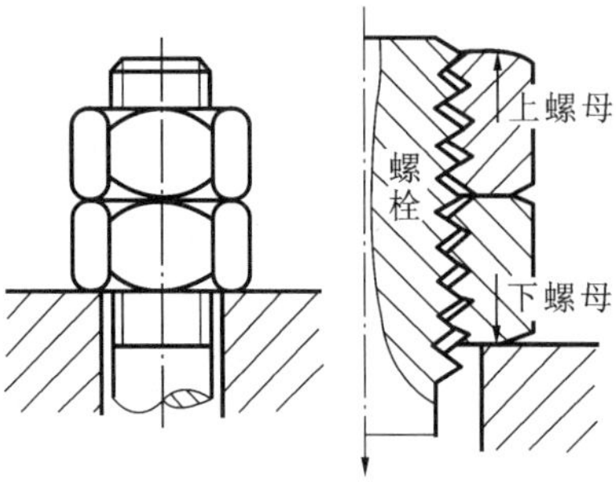	两螺母对顶拧紧后,旋合螺纹间始终受到附加压力和摩擦力的作用。工作载荷有变动时,该摩擦力仍然存在。旋合螺纹间的接触情况如图(a)所示,为安装方便,两螺母的高度相等。 　　这种方法结构简单,适用于平稳、低速和重载的固定装置上的连接
	弹簧垫圈	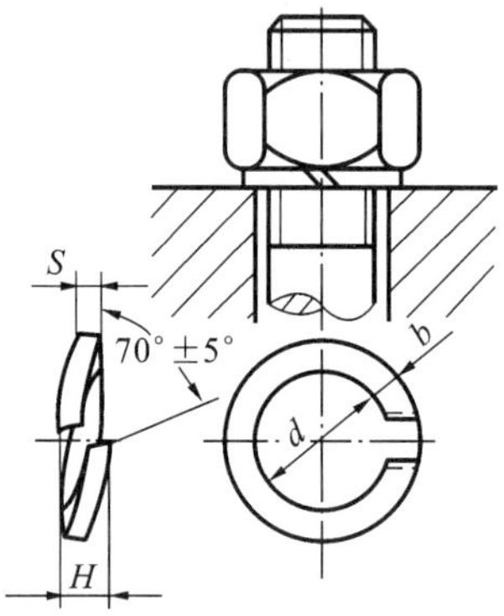	弹簧垫圈材料为弹簧钢,螺母拧紧后,靠垫圈压平而产生的弹性反力使旋合螺纹间压紧。同时,垫圈斜口的尖端抵住螺母与被连接件的支承面,也有防松作用。 　　这种方法结构简单,使用方便。但由于垫圈的弹力不均匀,在冲击、振动的工作条件下,其防松效果较差,一般用于不甚重要的连接
	自锁螺母	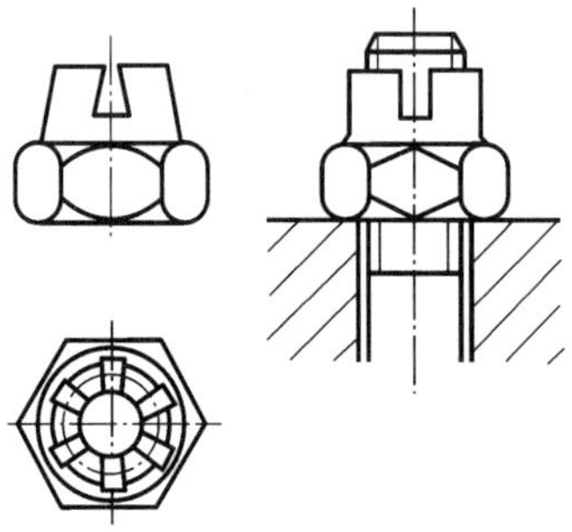	螺母一端制成非圆形收口或开缝后径向收口。当螺母拧紧后,收口胀开,利用收口的弹力使旋合螺纹间压紧。 　　这种方法结构简单,防松可靠,可多次装拆而不降低防松性能
机械防松	开口销与六角开槽螺母	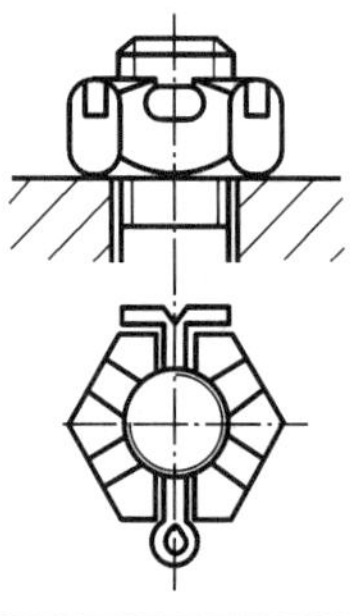	六角开槽螺母拧紧后,将开口销穿过螺栓尾部小孔和螺母的槽,并将开口销尾部掰开与螺母侧面贴紧,使螺栓、螺母相互约束。也可用普通螺母拧紧后再配钻开口销孔。 　　这种方法适用于有较大冲击、振动的高速机械中运动部件的连接

防松方法		结构形式	特点及应用
机械防松	止动垫圈与圆螺母	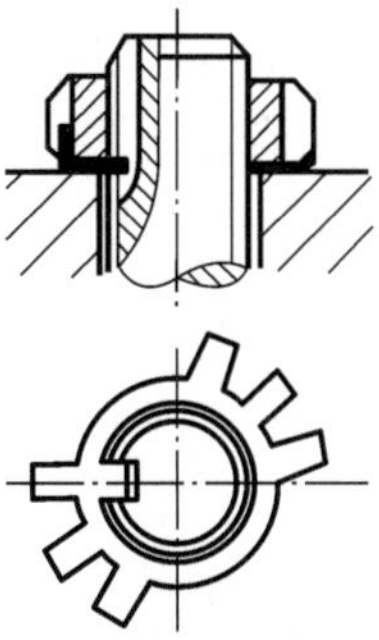	将止动垫片的内舌放入螺栓的槽内，待螺母拧紧后，把止动垫片的外舌之一折嵌到螺母的一个槽内，使螺栓、螺母相互约束，起到防松作用。 这种方法结构简单，使用方便，防松可靠，应用较广
	串联钢丝与头部带孔螺钉	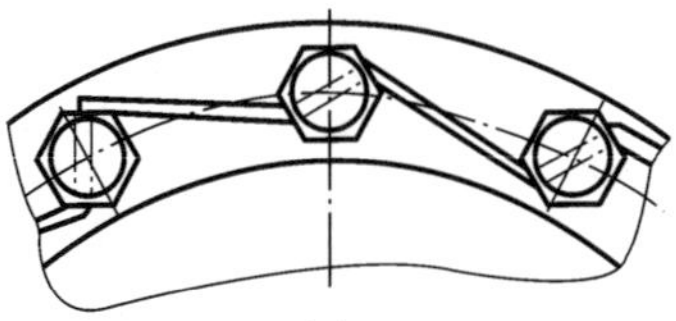 (a) 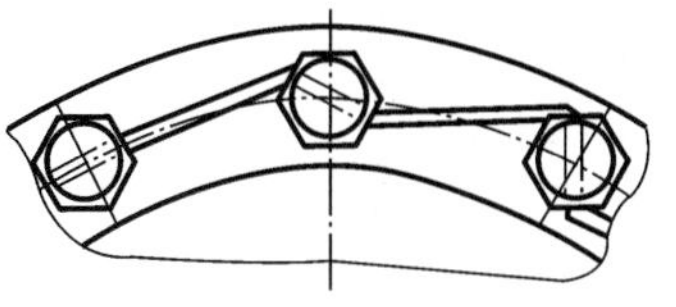 (b)	用低碳钢丝穿入各螺钉头部的孔内，将一组螺钉串联起来，使其相互约束，当有松动趋势时，钢丝被拉得更紧。使用时必须注意钢丝的穿入方向(图(a)正确，图(b)错误)。 这种方法适用于螺钉组连接，防松可靠，但装拆不便
破坏螺纹副运动关系防松	焊接、铆接或冲点	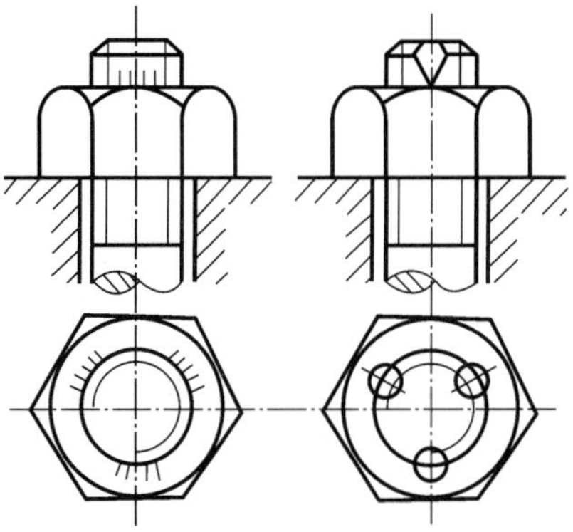	用焊接、铆合或冲点的方法，破坏螺纹副的运动关系，使其转化为非运动副。 这种方法工作可靠，但拆卸后连接件不能重复使用
	黏接型	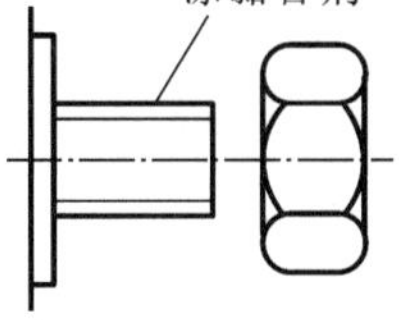 涂黏合剂	在旋合螺纹间涂金属黏合剂，拧紧螺母后，待黏合剂硬化、固化，可防止螺纹副的相对转动。 这种方法简单易行、经济有效。其防松性能与黏合剂的性能直接相关

14.4 单个螺栓连接的强度计算

单个螺栓连接的强度计算是螺栓连接强度计算的基础。螺栓连接、双头螺柱连接及螺钉连接的设计计算基本相同,本节以螺栓连接为例讨论螺纹连接的设计与计算问题,其结论也适用于双头螺柱连接和螺钉连接。

14.4.1 螺栓连接的失效形式和计算准则

1.失效形式

单个螺栓连接的受载形式分为轴向受拉和横向受剪两类。

受拉螺栓连接在静载荷作用下,其主要失效形式为螺栓杆被拉断或螺纹部分发生塑性变形。在变载荷作用下,受拉螺栓的失效多为螺栓杆的疲劳断裂。统计资料表明,在静载时螺栓连接破坏很少发生,只有在严重过载的情况下才会发生。约有 90% 的螺栓连接失效属于疲劳破坏,疲劳断裂约 85% 发生在有螺纹的部位及有应力集中的部位,如图 14-11 所示。

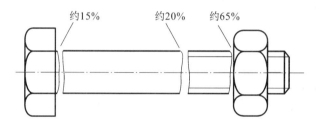

约15%　　　约20%　　　约65%

图 14-11　变载荷螺栓连接失效部位

铰制孔用螺栓连接在横向剪力作用下的主要失效形式为螺栓杆可能被剪断或螺栓杆与孔壁发生压溃等。

2.计算准则

对于受拉螺栓,其计算准则是保证螺栓的静力或疲劳抗拉强度;对于受剪螺栓,其计算准则是保证连接的挤压强度和螺栓的抗剪强度,其中连接的挤压强度对连接的可靠性起决定性作用。

螺栓连接的强度计算,首先根据连接的类型、连接的装配情况(是否预紧)和受载状态等条件,确定螺栓的受力;其次选择相应的强度计算准则,计算螺栓危险截面的尺寸(即螺纹小径 d_1,对于铰制孔用螺栓确定螺栓杆无螺纹部分的截面直径 d_0)或校核其强度。螺栓的其他部分和螺母、垫圈的结构尺寸,是根据等强度条件及使用经验规定确定的,不需要进行强度计算,均可根据螺栓的公称直径 d,按螺纹连接件的标准,查表选定。

14.4.2 普通螺栓连接的强度计算

1.受拉松螺栓连接的强度计算

松螺栓连接装配时,螺母不需拧紧,即不加预紧力。连接承受载荷时,只受工作拉力,如拉杆、起重吊钩等。

现以起重吊钩的螺栓连接为例,说明松螺栓连接的强度计算方法。如图 14-12 所示,连接承受工作载荷 F 时,螺栓所受拉力为 F,螺栓的强度条件为

$$\sigma = F/(\pi d_1^2/4) \leqslant [\sigma] \tag{14-8}$$

设计公式为

$$d_1 \geqslant \sqrt{4F/\pi[\sigma]} \tag{14-9}$$

式中：F 为螺栓承受的轴向工作拉力，N；d_1 为螺纹小径，mm；$[\sigma]$ 为螺栓材料的许用拉应力，MPa，对于钢制螺栓，$[\sigma] = \dfrac{\sigma_s}{1.2 \sim 1.7}$。

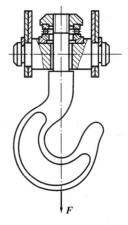

2. 受拉紧螺栓连接的强度计算

紧螺栓连接在装配时，螺母需拧紧，在承受工作载荷前，螺栓已受到预紧力 F_0 和螺纹副间的摩擦力矩 T_2 的联合作用，所以，螺栓除受预紧力 F_0 产生的拉应力外，还受螺纹副摩擦力矩 T_2 产生的扭转切应力作用，即螺栓处于拉伸与扭转的复合应力状态下。因此，紧螺栓连接的强度计算，应综合考虑拉应力和切应力的联合作用。

螺栓危险截面上的拉应力为

图 14-12　松螺栓连接

$$\sigma = F_0/(\pi d_1^2/4) \tag{14-10}$$

螺栓危险截面上的扭转切应力为

$$\tau = T_2/(\pi d_1^3/16) \tag{14-11}$$

将式(14-4)代入式(14-11)，得

$$\tau = [F_0 \tan(\psi + \varphi_v) d_2/2]/(\pi d_1^3/16) = (2d_2/d_1)\tan(\psi + \varphi_v)F_0/(\pi d_1^2/4) \tag{14-12}$$

对于 M10～M68 普通螺纹的钢制螺栓，$d_2 = (1.04 \sim 1.08)d_1$，并取 $\psi = 2°30'$，$\varphi_v = 10°55'$，代入式(14-12)并整理得

$$\tau \approx 0.5\sigma$$

由于螺栓材料是塑性材料，按第四强度理论，螺栓所受的计算应力 σ_{ca} 为

$$\sigma_{ca} = \sqrt{\sigma^2 + 3\tau^2} = \sqrt{\sigma^2 + 3 \times (0.5\sigma)^2} \approx 1.3\sigma \tag{14-13}$$

式(14-13)表明，对同时受拉伸和扭转联合作用的紧螺栓连接，可将拉力增大 30%，按纯拉伸来计算螺栓的强度，以考虑扭转的影响。

1）只受预紧力的紧螺栓连接

图 14-13 所示为受横向工作载荷的普通螺栓连接，它是靠螺栓连接预紧后在被连接件接合面间产生的摩擦力来抵抗横向工作载荷 F 的，因此，螺栓仅受预紧力的作用。

工作时为防止被连接件相对滑动，并考虑摩擦力不稳定等因素的影响，螺栓的预紧力 F_0 应为

$$F_0 \geqslant K_\mu F/(\mu m) \tag{14-14}$$

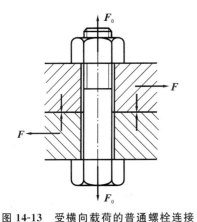

图 14-13　受横向载荷的普通螺栓连接

式中：K_μ 为可靠性系数，通常 $K_\mu = 1.1 \sim 1.3$；μ 为接合面间摩擦因数，取值见表 14-4；m 为接合面数。

表 14-4　连接接合面的摩擦因数

被 连 接 件	接合面的表面状态	摩擦因数 μ
钢或铸铁零件	干燥的加工表面	0.10～0.16
	有油的加工表面	0.06～0.10

续表

被 连 接 件	接合面的表面状态	摩擦因数 μ
钢结构件	轧制表面,钢丝刷清理浮锈	$0.30\sim0.35$
	涂富锌漆	$0.35\sim0.40$
	喷砂处理	$0.45\sim0.55$
铸铁对砖料、混凝土或木材	干燥表面	$0.40\sim0.45$

考虑扭转的影响,可得该连接螺栓的强度条件为

$$\sigma_{ca}=1.3F_0/(\pi d_1^2/4)\leqslant[\sigma] \tag{14-15}$$

设计公式为

$$d_1\geqslant\sqrt{4\times1.3F_0/(\pi[\sigma])} \tag{14-16}$$

这种靠摩擦力抵抗横向工作载荷的紧螺栓连接,具有结构简单、装配方便的优点,但要求保持较大的预紧力。若取 $K_\mu=1.2, m=1, \mu=0.15$,则由式(14-14)得 $F_0\geqslant8F$,表明所需螺栓的结构尺寸较大。特别是在冲击、振动或变载荷下,摩擦因数 μ 的变动,将使连接的可靠性降低,有可能出现松脱。

为了避免上述缺陷,可以考虑用各种抗剪元件来承担横向工作载荷,如图 14-14 所示。但这种连接增加了结构和工艺的复杂性。其连接强度应按抗剪元件的剪切和挤压强度计算。

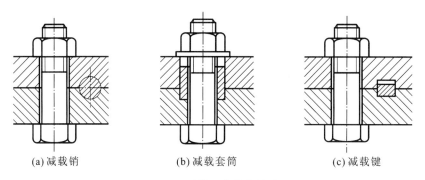

(a) 减载销　　　　　　　(b) 减载套筒　　　　　　(c) 减载键

图 14-14　承受横向载荷的抗剪元件

2) 受预紧力和轴向工作拉力的紧螺栓连接

这种紧螺栓连接承受轴向拉伸工作载荷后,由于螺栓和被连接件的弹性变形,螺栓所受到的总拉力并不等于预紧力和工作拉力之和。螺栓的总拉力不仅和预紧力 $\boldsymbol{F}_0$、工作拉力 $\boldsymbol{F}$ 有关,而且受到螺栓刚度 C_b 和被连接件刚度 C_m 等因素的影响。因此,应从螺栓连接的受力和变形入手,求出螺栓所受总拉力的大小。

根据工作拉力的性质,螺栓连接受力分为两种情况:工作拉力为静载荷和工作拉力为变载荷。

(1) 工作拉力为静载荷　图 14-15 所示为单个螺栓连接在承受轴向拉伸载荷前后的受力及变形情况,设螺栓和被连接件的材料在弹性变形范围内。

图 14-15(a)所示为螺母刚好拧到与被连接件接触,但尚未拧紧的情况。此时,螺栓、被连接件及螺母均不受力,因而也不产生变形。

图 14-15(b)所示为螺母已拧紧,但尚未承受工作拉力的情况。此时,螺栓只受预紧力 $\boldsymbol{F}_0$ 的拉伸作用,其伸长量为 λ_b;被连接件在 $\boldsymbol{F}_0$ 的作用下被压缩,其压缩量为 λ_m。

图 14-15(c)所示为螺栓连接承受工作载荷时的情况。在工作拉力 $\boldsymbol{F}$ 的作用下,螺栓受到

的拉力由 F_0 增至 F_2，将继续伸长，伸长增量为 $\Delta\lambda$，总伸长量为 $\lambda_b + \Delta\lambda$；与此同时，原来受压缩的被连接件因螺栓伸长被放松，其压缩量减小。根据连接的变形协调条件，被连接件压缩变形的变化量应等于螺栓拉伸变形的增量 $\Delta\lambda$。故被连接件的总压缩量为 $\lambda_m - \Delta\lambda$。相应地，被连接件所受到的压缩力由 F_0 减至 F_1，F_1 称为残余预紧力。

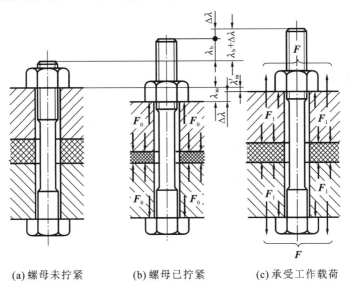

(a) 螺母未拧紧　　　(b) 螺母已拧紧　　　(c) 承受工作载荷

图 14-15　单个紧螺栓连接受力变形图

为了保证连接的紧密性和刚度，防止连接受载后接合面间产生缝隙，应保证工作时残余预紧力 $F_1 > 0$。推荐采用的 F_1 为：对于有密封性要求的连接，$F_1 = (1.5 \sim 1.8)F$；对于工作载荷稳定的一般连接，$F_1 = (0.2 \sim 0.6)F$；对于工作载荷不稳定的连接，$F_1 = (0.6 \sim 1.0)F$；对于地脚螺栓连接，$F_1 \geqslant F$。

显然，紧螺栓连接承受轴向拉伸工作载荷后，由于预紧力的变化，螺栓所受到的总拉力 F_2 并不等于预紧力 F_0 和工作拉力 F 之和，而等于残余预紧力 F_1 与工作拉力 F 之和。

上述螺栓和被连接件的受力与变形关系，还可以用线图来表示。如图 14-16 所示，纵坐标代表力，横坐标代表变形。螺栓的拉伸变形由坐标原点 O_b 向右，如图 14-16(a) 所示。被连接件压缩变形由坐标原点 O_m 向左，如图 14-16(b) 所示。在连接尚未承受工作拉力 F 时，螺栓的拉力和被连接件的压缩力都等于预紧力 F_0。为方便分析，将图 14-16(a)、(b) 合并成图14-16(c) 所示的变形曲线。

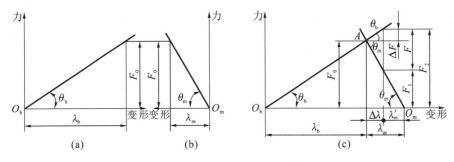

图 14-16　单个紧螺栓连接受力变形曲线图

如图 14-16(c) 所示，当连接承受工作拉力 F 时，螺栓所受到的总拉力为 F_2，总伸长量为 $\lambda_b + \Delta\lambda$；被连接件的压缩力等于残余预紧力 F_1，总压缩量为 $\lambda_m - \Delta\lambda$。螺栓所受的总拉力 F_2

等于残余预紧力 F_1 与工作拉力 F 之和，即

$$F_2 = F_1 + F \tag{14-17}$$

螺栓的预紧力 F_0 与残余预紧力 F_1、总拉力 F_2 的关系，可由图 14-16(c) 所示的几何关系推出：

$$F_0 = F_1 + (F - \Delta F) \tag{14-18}$$

$$F_0 / \lambda_b = \tan\theta_b = C_b$$

$$F_0 / \lambda_m = \tan\theta_m = C_m \tag{14-19}$$

式中：C_b 为螺栓的刚度，N/mm；C_m 为被连接件的刚度，N/mm。二者均为定值。

按图中的几何关系得

$$\Delta F / (F - \Delta F) = \Delta\lambda\tan\theta_b / (\Delta\lambda\tan\theta_m) = C_b / C_m$$

$$\Delta F = [C_b / (C_b + C_m)]F \tag{14-20}$$

将式(14-20)代入式(14-18)，螺栓的预紧力为

$$F_0 = F_1 + [1 - C_b / (C_b + C_m)]F$$

$$= F_1 + [C_m / (C_b + C_m)]F \tag{14-21}$$

螺栓的总拉力为

$$F_2 = F_0 + \Delta F$$

或

$$F_2 = F_0 + [C_b / (C_b + C_m)]F \tag{14-22}$$

式(14-22)是螺栓总拉力的另一种表达方式。

式(14-22)中，$C_b / (C_b + C_m)$ 称为螺栓的相对刚度，其大小与螺栓、被连接件的材料、结构、尺寸以及工作载荷作用点的位置、垫片等有关，其值在 $0\sim1$ 之间变动。若被连接件的刚度很大，螺栓的刚度很小，则螺栓的相对刚度趋于零。此时，工作载荷的作用将使螺栓所受的总拉力增加很少。反之，若螺栓的相对刚度较大，则工作载荷的作用将使螺栓所受的总拉力有较大的增加。为降低螺栓的受力，提高螺栓连接的承载能力，应使 $C_b / (C_b + C_m)$ 值尽量小些。螺栓的相对刚度值可通过计算或试验确定。一般设计时，螺栓的相对刚度可根据垫片材料的不同，选用表14-5中的推荐数值。

表 14-5　螺栓的相对刚度 $C_b / (C_b + C_m)$

垫 片 材 料	金属垫片或无垫片	皮革垫片	铜皮石棉垫片	橡胶垫片
$C_b / (C_b + C_m)$	$0.2\sim0.3$	0.7	0.8	0.9

考虑到螺栓连接在总拉力 F_2 作用下可能需要补充拧紧，即螺栓除受总拉力 F_2 外，同时受螺纹副摩擦力矩 T_2 的作用，仿照式(14-15)，将总拉力 F_2 增加30%以考虑扭转切应力的影响，于是螺栓危险截面的强度条件为

$$\sigma_{ca} = 1.3F_2 / (\pi d_1^2 / 4) \leqslant [\sigma] \tag{14-23}$$

设计公式为

$$d_1 \geqslant \sqrt{4 \times 1.3F_2 / (\pi[\sigma])} \tag{14-24}$$

式中：各符号含义及单位同前。

（2）工作拉力为变载荷　对于受轴向变载荷的重要螺纹连接（如内燃机气缸盖等），除按式(14-23)作静强度计算外，还要按下述方法验算螺栓的疲劳强度。

若工作拉力在 $0\sim F$ 之间变化，则螺栓总拉力 F_2 将在 $F_0\sim F_2$ 之间变化，如图 14-17 所

示,螺栓的拉力变化幅值 $F_a = (F_2 - F_0)/2 = F/2 \cdot C_b/(C_b + C_m)$。显然,比工作拉力变化幅值($F/2$)小得多,由于影响变载荷零件疲劳强度的主要因素是应力幅,所以受变载荷螺栓的疲劳强度应计算应力幅 σ_a,故受变载荷螺栓的疲劳强度校核公式为

$$\sigma_a = F_a/(\pi d_1^2/4) = C_b/(C_b + C_m) \cdot 2F/(\pi d_1^2) \leqslant [\sigma_a] \tag{14-25}$$

式中:σ_a 为螺栓的应力幅,MPa;$[\sigma_a]$ 为许用应力幅,MPa,其计算方法可查表 14-8。

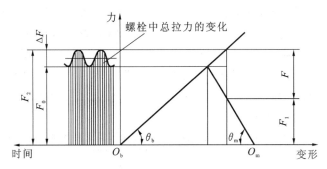

图 14-17　承受轴向变载荷的紧螺栓连接

14.4.3　铰制孔用螺栓连接的强度计算

如图 14-18 所示,铰制孔用螺栓连接中,螺栓杆与孔壁之间为过渡配合或过盈配合。在装配时,只需适当拧紧,预紧力很小,计算时可不考虑预紧力和摩擦力矩的影响,并假设螺栓杆与孔壁表面的压力是均匀的。连接工作靠螺栓的抗剪强度及螺栓杆与孔壁间的挤压强度来保证。

1. 抗剪强度条件

螺栓的抗剪强度条件为

$$\tau = F/(\pi d_0^2 m/4) \leqslant [\tau] \tag{14-26}$$

设计公式为

$$d_0 \geqslant \sqrt{4F/(\pi[\tau]m)} \tag{14-27}$$

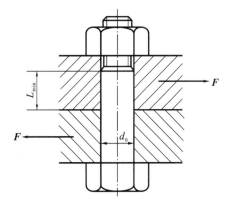

图 14-18　铰制孔用螺栓连接

式中:F 为螺栓承受的横向工作载荷,N;d_0 为螺栓杆受剪面的直径,mm;m 为螺栓抗剪面的数目;$[\tau]$ 为螺栓的许用切应力,MPa。

2. 挤压强度条件

螺栓杆与孔壁接触面的挤压强度条件为

$$\sigma_p = F/(d_0 L_{\min}) \leqslant [\sigma_p] \tag{14-28}$$

式中:$L_{\min}$ 为螺栓杆与孔壁接触面的最小高度,mm,建议 $L_{\min} \geqslant 1.25 d_0$;$[\sigma_p]$ 为螺栓杆与孔壁较弱材料的许用挤压应力,MPa,取值查表 14-13。

铰制孔用螺栓连接的设计计算,通常由式(14-27)求得螺栓杆的直径 d_0,依此值查得螺纹公称直径 d,然后进行挤压强度验算。

14.4.4　螺纹连接件的常用材料和许用应力

1. 螺纹连接件的常用材料

螺纹连接在机械行业及其相关行业中起着非常重要的作用。为使螺纹连接不失效,对螺

纹连接件材料的要求是有足够的强度和可靠性,较大的塑性和较高的韧度,对应力集中不很敏感,便于加工。

螺纹连接件的常用材料一般是 Q215、Q235、10、35、45 等碳素钢。对于重要的连接及承受冲击、振动或变载荷的螺纹连接件,其材料采用 15Cr、20Cr、40Cr、15MnVB、30CrMnSi、65Mn 等合金钢。

根据螺纹连接件材质,国家标准(GB/T 3098.1—2010 和 GB/T 3098.2—2015)规定螺纹连接件按其力学性能进行分级(见表 14-6、表 14-7)。螺栓、螺柱、螺钉的性能等级分 10 级,从 3.6 到 12.9,小数点前的数字表示材料抗拉强度的 $1/100(\sigma_b/100)$,小数点后的数字代表屈服强度(σ_s)与抗拉强度极限(σ_b)之比值(屈强比)的 10 倍。螺母的性能等级分 7 级,从 4 到 12。数字粗略表示螺母保证能承受的最小应力 σ_{min}的 $1/100$。选用时,须注意所用螺母的性能等级应不低于与其相配的螺栓的性能等级。

表 14-6 螺栓、螺柱和螺钉的性能等级及推荐材料

性 能 等 级	3.6	4.6	4.8	5.6	5.8	6.8	8.8	9.8	10.9	12.9
抗拉强度极限 σ_b/MPa	300	400		500		600	800	900	1000	1200
屈服强度 σ_s/MPa	100	240	320	300	400	480	640	720	900	1080
最小硬度/HBW	90	114	124	147	152	181	238	276	304	366
推荐材料	低碳钢	低碳钢或中碳钢					低碳合金,中碳钢,淬火并回火		中碳钢,低、中碳合金钢,合金钢,淬火并回火	合金钢,淬火并回火

注:规定性能等级的螺栓、螺母在图纸上只标出性能等级,不标材料牌号。

表 14-7 螺母的性能等级及推荐材料

性能等级	4	5	6	8	9	10	12
螺母保证最小应力 σ_{min}/MPa	510 $(d\geqslant16\sim39\ mm)$	520 $(d\geqslant3\sim4\ mm)$,右同	600	800	900	1040	1150
推荐材料	易切削钢,低碳钢		低碳钢或中碳钢		中碳钢	中碳钢,低、中碳合金钢,淬火并回火	
相配螺栓的性能等级	3.6,4.6,4.8 $(d>16\ mm)$	3.6,4.6,4.8 $(d\leqslant16\ mm)$; 5.6,5.8	6.8	8.8	8.8$(d>16\sim39\ mm)$, 9.8$(d\leqslant16\ mm)$	10.9	12.9

注:① 均指粗牙螺纹螺母;

② 性能等级 10、12 的硬度最大值为 38 HRC,其余性能等级的硬度最大值为 30 HRC。

2. 螺纹连接件的许用应力

螺纹连接件的许用应力与连接件的材料、结构尺寸、所受载荷的性质、装配特点等多种因素有关。为保证连接的可靠性,应精确选用许用应力。一般受拉螺栓连接的许用应力和安全系数如表 14-8 所示,螺栓的尺寸系数如表 14-9 所示,螺栓的应力集中系数如表 14-10 所示,铰制孔用螺栓连接的许用应力如表 14-11 所示。

表 14-8　受拉螺栓连接的许用应力与安全系数

载荷性质	许用应力		不控制预紧力时的安全系数 S			控制预紧力时的安全系数 S
		材料	直径			不分直径
			M6～M16	M16～M30	M30～M60	
静载荷	$[\sigma]=\sigma_s/S$	碳钢	3～4	2～3	1.3～2	1.2～1.5
		合金钢	4～5	2.5～4	2.5	
变载荷	按最大应力 $[\sigma]=\sigma_s/S$	碳钢	6.5～10	6.5	6.5～10	2.5～11.2
		合金钢	5～7.5	5	5～7.5	
	按应力幅 $[\sigma_a]=\varepsilon_\sigma\sigma_{-1}/(K_\sigma S_a)$		$S_a=2.5～5$			$S_a=1.5～2.5$

注：σ_{-1} 为螺栓的对称循环疲劳极限，可近似 $\sigma_{-1}=0.32\sigma_b$；ε_σ 为螺栓的尺寸系数；K_σ 为螺栓的应力集中系数。

表 14-9　螺栓的尺寸系数

螺栓公称直径	≤M2	M16	M20	M24	M30	M36	M42	M48	M56	M64	M72	M80
尺寸系数 ε_σ	1.00	0.87	0.80	0.74	0.65	0.64	0.60	0.56	0.54	0.53	0.51	0.49

表 14-10　螺栓的应力集中系数

螺栓的抗拉强度 σ_b/MPa		400	600	800	1000
应力集中系数 K_σ	车制螺纹	3.0	3.9	4.8	5.2
	碾压螺纹	2.1～2.4	2.7～3.1	3.4～3.8	3.6～4.2

表 14-11　受剪螺栓连接的许用应力

载荷	材料	剪切		挤压	
		许用应力	安全系数 S	许用应力	安全系数 S
静载荷	钢	$[\tau]=\sigma_s/S$	2.5	$[\sigma_p]=\sigma_s/S$	1.25
	铸铁	—		$[\sigma_p]=\sigma_b/S$	2～2.5
变载荷	钢	$[\tau]=\sigma_s/S$	3.5～5	按静载荷降低 20%～30%	
	铸铁	—			

14.5　螺栓组连接的结构设计与受力分析

由两个或两个以上螺栓，共同承担同一项连接任务，所组成的连接称为螺栓组连接。在机器上大多数的螺纹连接件都是成组使用的，以螺栓组连接最具有典型性。下面以螺栓组连接为例讨论其结构设计与计算问题，所得结论也适用于双头螺柱组连接和螺钉组连接。

设计螺栓组连接时，首先应根据连接的用途、被连接件结构及受载情况，确定螺栓数目和布置形式，即进行螺栓组连接的结构设计；然后分析螺栓组中各螺栓的受力情况，找出受力最大的螺栓及其所受的力,对其进行强度校核计算。

14.5.1 螺栓组连接的结构设计

螺栓组连接结构设计的主要目的是确定连接接合面合理的几何形状和螺栓的布置形式,力求使各螺栓和连接接合面间受力均匀,便于加工和装配。因此,在进行螺栓组的结构设计时应综合考虑如下问题。

(1)连接接合面的几何形状 连接接合面通常都设计成轴对称的简单几何形状,并对称布置螺栓,使螺栓组的对称中心和连接接合面的形心重合,以保证连接接合面受力比较均匀,如图 14-19 所示的环形、圆形、三角形、矩形、框形等。

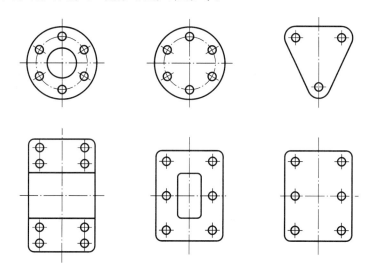

图 14-19 接合面的几何形状

(2)螺栓的布置 为使各螺栓的受力合理,对于铰制孔用螺栓连接,在平行于工作载荷的方向上不要成排地布置 8 个以上的螺栓,以免载荷分布过于不均匀。当螺栓连接承受弯矩或转矩时,螺栓的位置应适当靠近连接接合面的边缘,以减小螺栓的受力,如图 14-20 所示。如果同时承受轴向载荷和较大的横向载荷,则应采用图 14-14 所示的抗剪元件来承受横向载荷,以减小螺栓的预紧力及其结构尺寸。

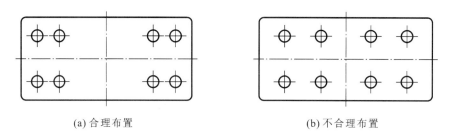

(a) 合理布置   (b) 不合理布置

图 14-20 承受弯矩或转矩的螺栓布置

(3)螺栓的排列 螺栓的排列应有合理的间距、边距,以利于扳手转动和保证连接的紧密性。布置螺栓时,各螺栓轴线间以及螺栓轴线和机体壁间的最小距离,应根据扳手所需活动空间来决定。扳手空间尺寸如图 14-21 所示,其值可查阅有关标准。对于压力容器等对紧密性要求较高的重要连接,螺栓的间距 t_0 可参考表 14-12 推荐的数值选取。

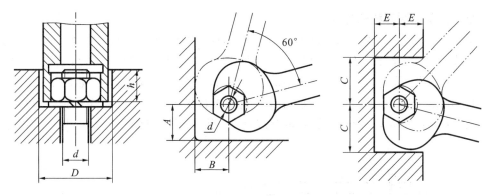

图 14-21 扳手空间尺寸

表 14-12 螺栓间距 t_0 （单位:mm）

	工作压力 p/MPa					
	$0\sim1.6$	$1.6\sim4$	$4\sim10$	$10\sim16$	$16\sim20$	$20\sim30$
	$7.0d$	$5.5d$	$4.5d$	$4d$	$3.5d$	$3d$

注:表中 d 为螺纹公称直径。

（4）螺栓的数目　分布在同一圆周上的螺栓数目,应取成 4、6、8 等偶数,以便分度画线和加工。

（5）避免螺栓受偏心载荷　在结构上设法保证载荷不偏心,不在斜支承面上布置螺栓。在工艺上保证螺栓头部、螺母与被连接件的接触表面平整,并与螺栓轴线相垂直。在铸件、锻件等的粗糙表面上安装螺栓时,铸（锻）件的安装孔上应制出如图 14-22 所示的凸台或沉头座。

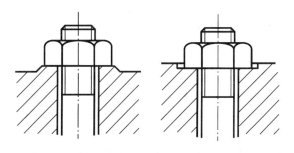

图 14-22 凸台与沉头座

14.5.2 螺栓组连接的受力分析

螺栓组连接受力分析的目的是根据连接的结构和受载情况,确定螺栓组中受力最大的螺栓及其所受的力,以便对螺栓进行强度计算。为简化计算,在分析螺栓组的受力时,通常作以下假设。

（1）同一螺栓组连接中,各螺栓的材料、直径、长度和预紧力均相同。

（2）螺栓组的对称中心与连接接合面的形心重合。

（3）受载后,连接接合面仍保持为平面。

（4）螺栓和被连接件的变形均在弹性范围内。

下面对四种典型的螺栓组连接的受载情况进行分析。

1. 受横向载荷的螺栓组连接

图 14-23 所示为一个由 4 个螺栓组成的受横向载荷的螺栓组连接。横向载荷的作用线与螺栓的轴线垂直,并通过螺栓组的对称中心。载荷可通过两种不同方式传递:如图 14-23(a)所示的普通螺栓连接,靠连接预紧后在接合面间产生的摩擦力来传递载荷;如图 14-23(b)所示的铰制孔用螺栓连接,靠螺栓杆与被连接件相互挤压和螺栓杆受剪切传递载荷。虽然二者的传力方式不同,但计算时可认为在横向总载荷 F_Σ 作用下,各螺栓所承担的工作载荷是均等的。

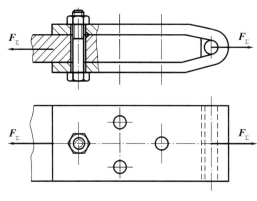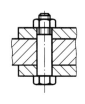

(a) 普通螺栓连接   (b) 铰制孔用螺栓连接

图 14-23 受横向载荷的螺栓组连接

(1)采用普通螺栓连接 为防止工作时被连接件之间产生相对滑动,应保证连接预紧后,接合面间产生的最大摩擦力大于或等于横向总载荷,并考虑摩擦力不稳定等因素的影响,有 $\mu F_0 z m \geqslant K_\mu F_\Sigma$,由此可得单个螺栓所需要的预紧力 F_0 为

$$F_0 \geqslant K_\mu F_\Sigma / (\mu z m) \tag{14-29}$$

式中:z 为螺栓数目;其余符号含义参看式(14-14)的说明。

由式(14-29)求出预紧力 F_0 后,按式(14-15)校核螺栓的强度。

(2)采用铰制孔用螺栓连接 每个螺栓所受的横向工作载荷为

$$F = F_\Sigma / z \tag{14-30}$$

求出 F 后,按式(14-26)和式(14-28)校核螺栓连接的抗剪强度与挤压强度。

2. 受轴向载荷的螺栓组连接

图 14-24 所示为气缸盖螺栓组连接,其轴向总载荷为 F_Σ。这种连接通常采用普通螺栓连

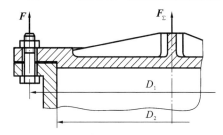

图 14-24 受轴向载荷的螺栓组连接

接。F_Σ 的作用线与螺栓轴线平行,并通过螺栓组的对称中心,螺栓组中每个螺栓所受的工作拉力 F 相等,其值为

$$F = F_\Sigma / z \tag{14-31}$$

求出 F 后,按式(14-22)算出螺栓的总拉力 F_2,再按式(14-23)进行静强度校核或按式(14-25)验算螺栓的疲劳强度。

3. 受转矩的螺栓组连接

如图 14-25 所示,转矩 T 作用在底板与座体的连接接合面。在转矩 T 的作用下,底板有绕螺栓组的对称中心轴 O 旋转的趋势,则螺栓组中各螺栓连接都将受到横向力的作用,其传

力方式与受横向载荷的螺栓组连接的相同。

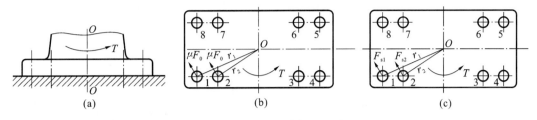

图 14-25　受转矩的螺栓组连接

（1）采用普通螺栓连接　如图 14-25（b）所示，靠接合面间产生的摩擦力矩来平衡转矩 T。此时，因假设各螺栓的预紧力相同，均为 F_0，则各螺栓连接处的摩擦力也相等，为 μF_0。假设摩擦力集中作用在螺栓中心处，且与该螺栓的轴线到螺栓组对称中心 O 的连线相垂直。根据底板静力平衡条件得

$$\mu F_0 r_1 + \mu F_0 r_2 + \cdots + \mu F_0 r_z \geqslant K_\mu T \tag{14-32}$$

则每个螺栓所需的预紧力为

$$F_0 \geqslant K_\mu T / [\mu(r_1 + r_2 + \cdots + r_z)] = K_\mu T / \left(\mu \sum_{i=1}^{z} r_i\right) \tag{14-33}$$

式中：K_μ 为可靠性系数；μ 为接合面间摩擦因数；z 为螺栓数目；r_i 为第 i 个螺栓的轴线到螺栓组对称中心 $O\text{—}O$ 的距离。

（2）采用铰制孔用螺栓连接　如图 14-25（c）所示，在转矩 T 的作用下，各螺栓受到剪切和挤压作用，其反作用力的力矩与转矩 T 相平衡。螺栓所受的横向工作载荷与该螺栓轴线到螺栓组对称中心 O 的连线相垂直。忽略连接中的预紧力和摩擦力，则根据底板的力矩平衡条件得

$$F_{s1} r_1 + F_{s2} r_2 + \cdots + F_{sz} r_z = T \tag{14-34}$$

根据螺栓的变形协调条件，各螺栓的剪切变形量和所受剪力的大小与螺栓轴线到螺栓组对称中心 O 的距离成正比，即

$$F_{s1}/r_1 = F_{s2}/r_2 = \cdots = F_{sz}/r_z = F_{smax}/r_{max} \tag{14-35}$$

将式（14-34）和式（14-35）联立，可得受力最大的螺栓所受的横向工作载荷为

$$F_{smax} = T r_{max} / (r_1^2 + r_2^2 + \cdots + r_z^2) = T r_{max} / \sum_{i=1}^{z} r_i^2 \tag{14-36}$$

式中：F_{si} 为第 i 个螺栓所受的工作载荷，N；F_{smax} 为受力最大的螺栓所受的工作载荷，在图 14-25（c）中，1、4、5、8 四个螺栓受力最大，N；r_{max} 为受力最大的螺栓中心到螺栓组对称中心 $O\text{—}O$ 的距离，mm。

求出 F_{smax} 后，按式（14-26）和式（14-28）校核螺栓连接的抗剪强度与挤压强度。

4. 受倾覆力矩的螺栓组连接

图 14-26 所示为受倾覆力矩 M 的底板螺栓组连接。在底板受倾覆力矩之前，连接螺栓只受预紧力 F_0 的作用，各螺栓对底板的紧固力（压缩力）与基座对底板的支承力相平衡。假设底板为刚体，接合面始终保持为平面，而基座与螺栓为弹性体，则在倾覆力矩 M 的作用下，底板有绕螺栓组对称轴线 $O\text{—}O$ 翻转的趋势，此时，对称轴线左侧的各螺栓受到由于 M 的作用而产生的工作拉力 F_i，被进一步拉伸，使拉力增大，而基座被放松；对称轴线右侧的各螺栓相当于受到了负的拉力被放松，而基座被进一步压缩，其对底板的支承力增大。为简便起见，将此支承力（分布载荷）用作用在各螺栓中心的集中力 F_i 代替，则根据底板的静力平衡条件，左

边各螺栓和右边基座对底板绕 O—O 轴的反力矩之和将与倾覆力矩 M 平衡,即

$$F_1 L_1 + F_2 L_2 + \cdots + F_z L_z = M \tag{14-37}$$

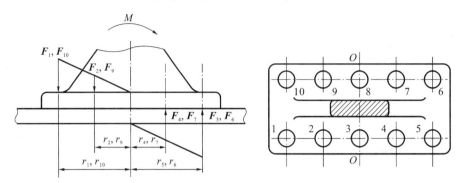

图 14-26 受倾覆力矩的螺栓组连接

根据螺栓的变形协调条件,各螺栓的拉伸变形与螺栓中心到对称轴线 O—O 的距离 L_i 成正比。由于假设各螺栓刚度相同,所以各螺栓的工作载荷 F_i 与距离 L_i 成正比。即

$$F_1/L_1 = F_2/L_2 = \cdots = F_i/L_i = F_{\max}/L_{\max} \tag{14-38}$$

将式(14-37)与式(14-38)联立,即可求得受力最大螺栓的工作拉力为

$$F_{\max} = M L_{\max} / \sum_{i=1}^{z} L_i^2 \tag{14-39}$$

式中:$F_{\max}$ 为受力最大螺栓的工作拉力,N;z 为螺栓数目;L_i 为任一螺栓轴线到底板轴线 O—O 的距离,mm;$L_{\max}$ 为螺栓轴线到底板轴线 O—O 的距离中的最大值,mm。对于图 14-26 所示的受倾覆力矩的螺栓组连接,1、10 螺栓受力最大。根据预紧力 F_0、最大工作拉力 $F_{\max}$ 按式(14-22)求出受载最大的螺栓所受的总拉力 F_2,然后按式(14-23)进行螺栓的强度计算。此外,为防止接合面受压最大处被压溃或受压最小处出现间隙,应该保证受载后基座接合面上的最大压应力值不超过允许值,最小压应力不小于零,则有

$$\sigma_{p\max} \approx (z F_0 / A) + (M/W) \leqslant [\sigma_p] \tag{14-40}$$

$$\sigma_{p\min} \approx (z F_0 / A) - (M/W) > 0 \tag{14-41}$$

式中:A 为接合面的接触面积,mm²;W 为接合面对 O—O 轴的抗弯截面系数,mm;$[\sigma_p]$ 为接合面材料的许用挤压应力,MPa,其值可查表 14-13。

表 14-13 连接接合面材料的许用挤压应力 $[\sigma_p]$

材　料	钢	铸铁	混凝土	砖(水泥浆缝)	木材
$[\sigma_p]$/MPa	$0.8\sigma_s$	$(0.4 \sim 0.5)\sigma_b$	$2.0 \sim 3.0$	$1.5 \sim 2.0$	$2.0 \sim 4.0$

注:① σ_s 为材料的屈服强度,单位为 MPa;σ_b 为材料的抗拉强度,单位为 MPa。

②当连接接合面的材料不同时,按强度较弱者选取。

③连接承受静载荷时,$[\sigma_p]$ 应取表中较大值;承受变载荷时,应取表中较小值。

前面分析了螺栓组连接的四种基本受力形式:受横向载荷的螺栓组连接、受轴向载荷的螺栓组连接、受转矩的螺栓组连接、受倾覆力矩的螺栓组连接。在工程实际中,螺栓组连接的受力状态常常是以上四种基本受力形式的不同组合。但无论受力状态如何复杂,都可利用静力平衡的分析方法将其简化为上述四种基本受力形式。因此,只要计算出螺栓组在这些基本受力形式下每个螺栓的工作载荷,然后进行向量合成,便可求出在组合受力形式下受力最大的螺栓所受的工作载荷。一般情况下,对普通螺栓,按受轴向载荷或倾覆力矩的螺栓组连接确定螺

栓的轴向工作拉力;按受横向载荷或转矩的螺栓组连接确定螺栓所需要的预紧力,然后求出螺栓的总拉力。对铰制孔用螺栓,则按受横向载荷或转矩的螺栓组连接确定螺栓的工作剪力。在求出受力最大的螺栓后,再进行单个螺栓连接的强度计算。

例 14-1　如图 14-27 所示,需将一托架紧固在钢架上,托架材料为铸铁,外载荷的作用线与竖直方向间的夹角 $\alpha = 50°$,其值 $F_\Sigma = 4800$ N,托架底板高 $h = 340$ mm,宽 $b = 150$ mm。试设计此螺栓组连接。

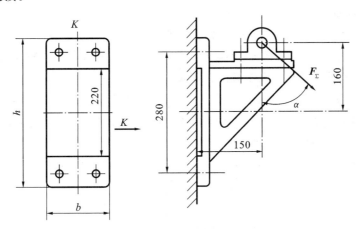

图 14-27　托架底板螺栓组连接

解　(1)螺栓组结构设计。

采取图 14-27 所示的结构,用普通螺栓连接,螺栓数 $z = 4$,对称布置。

(2)螺栓受力分析。

① 在总载荷 $\boldsymbol{F}_\Sigma$ 的作用下,螺栓组连接承受以下各载荷和倾覆力矩的作用如下。

轴向载荷:$\boldsymbol{F}_\Sigma$ 的水平分力 $\boldsymbol{F}_{\Sigma H}$,作用于螺栓组中心,方向水平向右,有

$$F_{\Sigma H} = F_\Sigma \sin\alpha = 4800 \times \sin 50° \text{ N} = 3677.01 \text{ N}$$

横向载荷:$\boldsymbol{F}_\Sigma$ 的竖直分力 $\boldsymbol{F}_{\Sigma V}$,作用于接合面,方向垂直向下,有

$$F_{\Sigma V} = F_\Sigma \cos\alpha = 4800 \times \cos 50° \text{ N} = 3085.38 \text{ N}$$

倾覆力矩:顺时针方向,有

$$M = F_{\Sigma H} \times 160 + F_{\Sigma V} \times 150 = 1051128.68 \text{ N} \cdot \text{mm}$$

② 在轴向载荷 $F_{\Sigma H}$ 的作用下,各螺栓所受的轴向载荷为

$$F_a = F_{\Sigma H}/z = 3677.01/4 \text{ N} = 919.25 \text{ N}$$

③ 在倾覆力矩 M 的作用下,上面两个螺栓受到进一步拉伸作用,而下面两个螺栓拉伸量减小,故上面两螺栓的受力最大,所受的载荷按式(14-39)确定,有

$$F_{\max} = ML_{\max} / \sum_{i=1}^{z} L_i^2 = 1051128.68 \times 140 / (4 \times 140^2) \text{ N} = 1877.02 \text{ N}$$

受力最大的螺栓所受的轴向工作载荷为

$$F = F_a + F_{\max} = (919.25 + 1877.02) \text{ N} = 2796.27 \text{ N}$$

④ 在横向力 $\boldsymbol{F}_{\Sigma V}$ 的作用下,底板连接接合面可能产生滑移,根据底板接合面不滑移的条件,有

$$\mu[zF_0 - F_{\Sigma H}C_m/(C_b + C_m)] \geqslant K_\mu F_{\Sigma V}$$

查表 14-4 取接合面间的摩擦因数 $\mu = 0.15$;查表 14-5,取 $C_b/(C_b + C_m) = 0.25$,则 $C_m/$

$(C_b + C_m) = 1 - C_b/(C_b + C_m) = 0.75$；取可靠性系数 $K_\mu = 1.2$。则各螺栓所需要的预紧力为

$$F_0 \geqslant [(K_\mu F_{\Sigma V}/\mu) + F_{\Sigma H} C_m/(C_b + C_m)]/z$$
$$= (1.2 \times 3085.38/0.15 + 0.75 \times 3677.01)/4 \text{ N} = 6860.20 \text{ N}$$

⑤ 受力最大的螺栓所受的总拉力 F_2 按式(14-22)求得

$$F_2 = F_0 + FC_b/(C_b + C_m)$$
$$= (6860.20 + 0.25 \times 2796.27) \text{ N} = 7559.27 \text{ N}$$

(3) 确定螺栓直径。

选择材料为 Q235、性能等级为 4.6 的螺栓，由表 14-6 查得材料屈服强度 $\sigma_s = 240$ MPa，由表 14-8 查得安全系数 $S = 1.5$，故螺栓材料的许用应力 $[\sigma] = \sigma_s/S = 240/1.5$ MPa $= 160$ MPa。

根据式(14-24)求得螺栓危险截面的直径 d_1 为

$$d_1 \geqslant \sqrt{(4 \times 1.3 F_2)/(\pi[\sigma])} = \sqrt{(4 \times 1.3 \times 7559.27)/(3.14 \times 160)} \text{ mm} = 8.85 \text{ mm}$$

按粗牙普通螺纹标准(GB/T 196—2003)，选用螺纹公称直径 $d = 12$ mm($d_1 = 10.106$ mm)。

(4) 校核螺栓组连接接合面的工作能力。

① 连接接合面下端的挤压应力不超过许用值，以防止接合面压碎。参考式(14-40)，有

$$\sigma_{pmax} = [zF_0 - F_{\Sigma H} C_m/(C_b + C_m)]/A + M/W$$
$$= (4 \times 6860.20 - 3677.01 \times 0.75)/[150 \times (340 - 220)]$$
$$+ 1051128.68/\{[150 \times (340^3 - 220^3)]/(6 \times 340)\} \text{ MPa}$$
$$= 1.87 \text{ MPa}$$

查表 14-13，$[\sigma_p] = 0.5\sigma_b = 0.5 \times 250$ MPa $= 125$ MPa $\gg 1.87$ MPa，所以连接接合面下端不致压碎。

② 连接接合面上端应保持一定的残余预紧力，以防止托架受力时接合面间产生间隙，即 $\sigma_{pmin} > 0$，参考式(14-41)，有

$$\sigma_{pmin} = [zF_0 - F_{\Sigma H} C_m/(C_b + C_m)]/A - M/W \approx 0.72 \text{ MPa} > 0$$

所以，接合面上端受压最小处不会产生间隙。

(5) 校核螺栓所需的预紧力。

参考式(14-2)，对于碳素钢螺栓，要求

$$F_0 \leqslant (0.6 \sim 0.7)\sigma_s A_1$$

已知 $\sigma_s = 240$ MPa，$A_1 = \pi d_1^2/4 = (3.14 \times 10.106^2/4)$ mm^2 $= 80.17$ mm^2，取预紧力下限，得

$$0.6\sigma_s A_1 = 0.6 \times 240 \times 80.17 \text{ N} = 11544.48 \text{ N}$$

螺栓所需的预紧力 $F_0 = 6860.20$ N，小于要求的最小值，所以螺栓所需的预紧力满足要求。

确定了螺栓的公称直径 $d = 12$ mm 后，螺栓的类型、长度、精度以及与其配合使用的螺母、垫圈等的结构尺寸，可根据托架底板厚度、螺栓在钢架上的固定方法及防松措施等，经全面考虑后定出。

14.6　提高螺栓连接强度的措施

螺栓连接的强度主要取决于螺栓的强度，因此研究影响螺栓强度的因素和提高螺栓强度的措施，对提高螺栓连接的可靠性和承载能力十分重要。

影响螺栓强度的因素很多，主要涉及螺纹牙的载荷分配、应力变化幅度、应力集中、附加应

力、材料的力学性能和制造工艺等方面。因受拉螺栓的破坏多属于疲劳破坏,下面分析上述各种因素对螺栓疲劳强度的影响以及提高螺栓疲劳强度的相应措施。

14.6.1　改善螺纹牙上载荷分布不均匀现象

普通螺栓连接受载时,螺栓受拉伸,螺母受压缩,螺栓所受的总拉力 F_2 通过螺母与螺栓螺纹牙面相接触来传递。如图 14-28 所示,由于螺栓受拉,外螺纹的螺距增大;而螺母受压,内螺纹的螺距减小。但二者的螺纹始终是旋合贴紧的。因此,这种螺距变化差主要靠旋合后各圈螺纹牙的变形来补偿,从而造成各圈螺纹牙受力不均匀。螺纹螺距的变化差以旋合的第一圈处为最大,因而其受力也最大,以后各圈递减。旋合螺纹牙间的受力分布如图 14-29 所示,试验证明,约有 1/3 的载荷集中在第一圈上,第八圈以后的螺纹牙几乎不承受载荷。因此,采用螺纹牙圈数过多的加厚螺母,不但对提高连接强度的作用不大,反而使螺纹牙间的受力更不均匀。

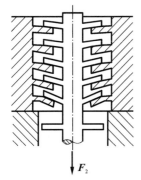

图 14-28　旋合螺纹的受力和变形示意图

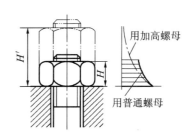

图 14-29　旋合螺纹牙间的受力分布

为了改善螺纹牙间的受力分布,以提高连接疲劳强度,可以采用下述措施。

(1)悬置螺母　如图 14-30(a)所示,螺栓和螺母同时受拉,二者变形性质相同,减小了二者间的螺距变化差,使螺纹牙间的载荷分布趋于均匀,可提高螺栓疲劳强度约 40%。

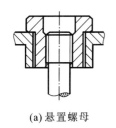
(a)悬置螺母

(b)环槽螺母

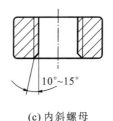
(c)内斜螺母

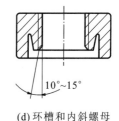
(d)环槽和内斜螺母

图 14-30　改善螺纹牙间受力不均匀的螺母结构

(2)环槽螺母　如图 14-30(b)所示,螺纹下端局部受力和刚度降低,使螺纹牙间的受力分布趋于均匀。

(3)内斜螺母　将螺母旋入端受力大的几圈螺纹切去一部分,制成 20°～30° 的内锥,使螺纹牙受力位置由上而下逐渐外移,则载荷将向上移,使各圈螺纹牙的受力趋于均匀,如图 14-30(c)所示。图 14-30(d)所示结构则兼有环槽螺母和内斜螺母的优势。

这几种螺母结构特殊,加工较复杂,成本较高,只用于重要或大型的螺纹连接。

对于螺钉连接,为保护非铁金属螺纹孔,可将钢丝螺套旋入并紧固在螺纹孔内。其弹性可起到均载和减振的作用,能显著提高螺纹连接件的疲劳强度,如图 14-31 所示。

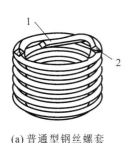
(a) 普通型钢丝螺套

(b) 锁紧型钢丝螺套

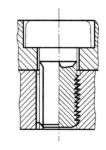
(c) 螺纹孔中用螺套的连接

图 14-31　钢丝螺套的结构和应用
1—安装柄;2—安装柄根折断缺口;3—锁紧圈

14.6.2　降低螺栓的应力幅

受轴向变载荷的紧螺栓连接,应力幅是影响其疲劳强度的主要因素。在螺栓的最大应力一定的条件下,应力幅越小,疲劳强度越高。为此,在保证螺栓所受的工作拉力 F 和残余预紧力 F_1 不变的情况下,采取减小螺栓刚度或增大被连接件刚度,同时适当增大预紧力的方法,都能达到减小应力幅、提高螺栓连接疲劳强度的目的,如图 14-32 所示。

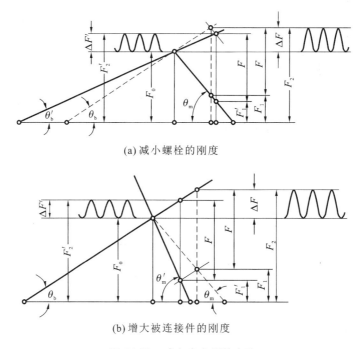

(a) 减小螺栓的刚度

(b) 增大被连接件的刚度

图 14-32　减小应力幅的方法

减小螺栓刚度的措施:适当增大螺栓的长度和部分减小螺杆直径或做成中空的结构——柔性螺栓。柔性螺栓受力时变形量大,吸收能量作用强,适用于承受冲击和振动的情况,如图 14-33所示。在螺母下面安装弹性元件,当工作载荷由被连接件传来时,弹性元件应产生较大变形,这也能达到柔性螺栓的效果,如图 14-34 所示的碟形弹簧。

增大被连接件刚度的措施:主要是采用刚度较大的垫片或不用垫片。对于有密封性要求的紧螺栓连接,采用密封环效果较好,如图 14-35 所示,它既可增大被连接件的刚度,又有较好的密封性。

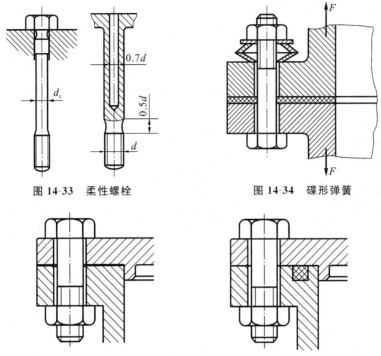

图 14-33　柔性螺栓　　　　　　　　图 14-34　碟形弹簧

图 14-35　密封垫片和密封环

14.6.3　减小应力集中的影响

螺纹收尾、螺栓头与螺栓杆的过渡处及螺栓横截面面积发生变化的部位,都要产生应力集中,是发生断裂的危险部位。特别是在旋合螺纹的牙根处,由于螺栓杆的拉伸,牙受弯剪,且受力不均匀,应力集中更为严重。为了减小应力集中,提高螺栓连接的疲劳强度,可以加大牙根圆角半径,采用较大的过渡圆角和切制卸载结构,将螺纹收尾处改为退刀槽,在螺母承压面以内的螺杆有余留螺纹等,如图 14-36 所示。但应注意,螺纹的各部分尺寸都有国标规定,采用一些特殊结构会使制造成本增高,一般只在重要的连接时才考虑。尺寸因素对应力集中也有影响,随着螺栓直径(螺距)增大,材料的疲劳强度降低。因此,螺栓组连接采用直径较小、数目较多的螺栓有利。

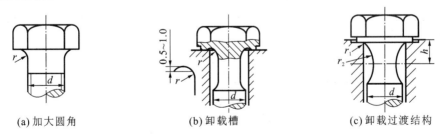

(a) 加大圆角　　　　　　　(b) 卸载槽　　　　　　　(c) 卸载过渡结构

$$r=0.2d;r_1\approx0.15d;r_2\approx1.0d;h=0.5d$$

图 14-36　圆角和卸载结构

14.6.4　避免附加弯曲应力

螺栓连接的设计不当或制造与装配误差,都会使螺栓承受偏心载荷而产生附加弯曲应力,严重降低螺栓的强度。如图 14-37 所示的钩头螺栓连接,若取 $e=d$,则偏心载荷的作用将引起附加弯曲应力，其产生的附加弯曲应力为拉应力的 8 倍。如图 14-38 所示，被连接件的刚度不足、支承面粗糙不平或倾斜等，均会使螺栓除受拉伸外，还要产生附加弯曲应力，这样将严重降低螺栓的强度。为避免附加弯曲应力的产生，应从结构、制造及装配等方面采取措施。如规定螺母、螺栓头部和被连接件的支承面的加工要求，螺纹的精度等级、装配精度等；又如采用球面垫圈、斜垫圈、带腰环或细长的螺栓等来保证连接的装配精度，如图 14-39 所示。

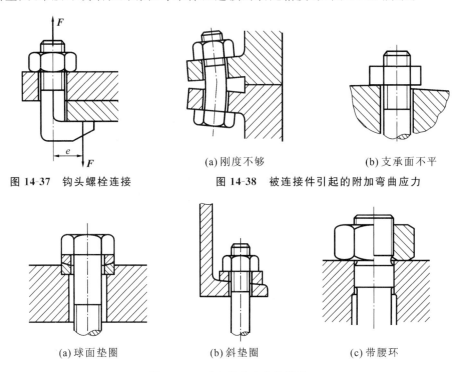

图 14-37　钩头螺栓连接

(a) 刚度不够　　　　　　(b) 支承面不平

图 14-38　被连接件引起的附加弯曲应力

(a) 球面垫圈　　　　　　(b) 斜垫圈　　　　　　(c) 带腰环

图 14-39　减小弯曲应力的措施

14.6.5　控制恰当的预紧力

由于零件接触面处的压陷作用，连接装配后的初期一段时间里，螺栓的预紧力有所减退。若螺栓和被连接件的刚度不变，只恰当地增大预紧力，能提高螺栓的疲劳强度。如图 14-40 所示，由于压陷作用，同样的预紧力和被连接件压缩变形减少量时，螺栓刚度小，引起的预紧力减少量小。因此，选择适当的螺栓，准确控制预紧力并保持不减小，对克服压陷作用、提高螺栓的疲劳强度非常重要。

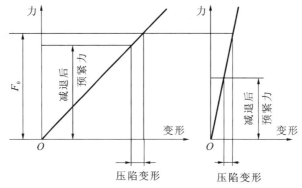

图 14-40　螺栓刚度不同时压陷作用对预紧力减退的影响

14.6.6　采用合理的制造工艺

合理的制造工艺制作螺纹连接件,对提高螺纹连接的疲劳强度非常重要。采用冷镦螺栓头部和滚压螺纹的工艺,金属流线走向合理,可降低应力集中,而且有冷作硬化的效果,使表层留有残余应力,如图 14-41 所示。与车制螺纹相比,该螺栓的疲劳强度提高 30%～40%;热处理后再滚压螺纹,其疲劳强度可提高 70%～100%。

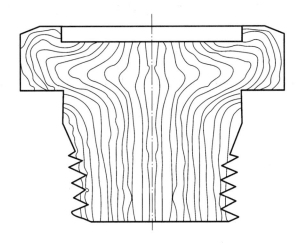

图 14-41　冷镦和滚压螺栓中的金属流线

在工艺上采用渗氮、液体碳氮共渗、喷丸等处理,都是提高螺纹连接件疲劳强度的有效方法。

对于铰制孔用螺栓连接,其失效形式多为被连接件孔壁的压溃,主要应提高孔壁强度。

知识链接

C919 大飞机采用了哪些航空紧固件?

C919 飞机中使用了大约 800 余种不同类型和规格的紧固件,总数量可达 100 余万件,包括螺栓、螺母、螺钉、铆钉、高锁螺栓、托板螺母、盲铆钉、盲螺栓、销类、锁类等。

这些紧固件按安装后是否可以拆卸,划分为可拆卸型和永久型;按材料种类,可分为钛合金紧固件、不锈钢紧固件、合金钢紧固件等;按受力类型,可分为抗拉型和抗剪型;按孔径尺寸,可分为标准级、加大一级、加大二级等。

可拆卸型紧固件常见的有螺栓、螺母等,它们可以拆卸并重复使用。

永久型紧固件包括高锁螺栓、高锁螺母、盲铆钉、盲螺栓、托板螺母等,它们必须在破坏系统构件后才能拆除,不能重复使用。

高锁螺栓主要用于干涉配合孔,是使用最为广泛的高强度永久型紧固件,与高锁螺母配合使用,在规定扭矩下螺母会剪断脱离,通过固定安装力矩来保持夹紧力,连接的疲劳性能较好。

盲紧固件主要用在被连接件因一侧空间不足而无法安装常规紧固件的区域,盲紧固件分为盲铆钉和盲螺栓两类。

盲铆钉的安装成本低,但抗拉能力差,对夹层长度的要求严格。盲螺栓成本高,但可用于高强度载荷区域。

托板螺母用于空间受到限制的,在连接部位内部需要提供永久型内螺纹的部位。

另外还有一些特殊用途的紧固件：

（1）用于将隔热毯固定在飞机的纵梁、框架或结构上的隔热毯紧固件；

（2）专为手动或使用简单的手动工具快速操作而设计的锁类紧固件；

（3）为飞机提供雷击保护，采用过盈配合而不会对复合材料结构造成损坏的新型高锁螺栓；

（4）为延长组件和结构的疲劳寿命，设计的拉入式螺栓，可以保证过盈装配过程安全、安静；

（5）为了与新型高锁螺栓配合使用，设计的新型减重钛合金螺母。

（资料来源：贤集网）

习　题

14.1　选择题

（1）螺纹按用途可分为_____螺纹两大类。

A.左旋和右旋　　　　B.外和内　　　　C.连接和传动　　　　D.三角形和梯形

（2）标准管螺纹的牙型角为_____。

A.$60°$　　　　　　B.$55°$　　　　　C.$33°$　　　　　　D.$30°$

（3）多线螺纹导程 S、螺距 P 和线数 n 的关系为_____。

A.$S = n \cdot P$　　　　B.$S = P/n$　　　　C.$S = n/P$　　　　D.$P = S \cdot n$

（4）_____螺纹用于连接。

A.三角形　　　　　　B.梯形　　　　　C.矩形　　　　　　D.锯齿形

（5）连接螺纹要求自锁性好，传动螺纹要求_____。

A.平稳性好　　　　　B.刚性好　　　　C.效率高　　　　　D.螺距大

（6）当被连接件之一很厚，连接需常拆装时，采用_____连接。

A.双头螺柱　　　　　B.螺钉　　　　　C.紧定螺钉　　　　D.螺栓

（7）重要连接的螺栓直径不宜小于 M12，这是由于_____。

A.结构要求　　　　　　　　　　　B.防止拧紧时过载折断

C.便于加工和装配　　　　　　　　D.要求精度高

（8）受横向载荷的铰制孔螺栓连接所受的载荷是_____。

A.工作载荷　　　　　　　　　　　B.预紧力

C.工作载荷＋预紧力　　　　　　　D.工作载荷＋螺纹力矩

（9）受轴向载荷的紧螺栓连接所受的载荷是_____。

A.工作载荷　　　　　　　　　　　B.预紧力

C.工作载荷＋预紧力　　　　　　　D.工作载荷＋螺纹力矩

（10）同一螺栓组的螺栓即使受力不同，一般应采用相同的材料和尺寸，其原因是_____。

A.使接合面受力均匀　　　　　　　B.为了外形美观

C.便于降低成本和购买零件　　　　D.便于装配

14.2　判断题

（1）螺纹轴线铅垂放置，若螺旋线左高右低，可判断为右旋螺纹。　　　　　　（　　）

（2）细牙螺纹 M20×2 与 M20×1 相比，后者中径较大。　　　　　　　　　（　　）

（3）直径和螺距都相等的单头螺纹和双头螺纹相比，前者较易松脱。　　　　（　　）

(4) 拆卸双头螺柱连接,不必卸下外螺纹件。　　　　　　　　　　　　(　　)

(5) 螺纹连接属于机械静连接。　　　　　　　　　　　　　　　　　(　　)

(6) 螺旋传动中,螺杆一定是主动件。　　　　　　　　　　　　　　　(　　)

(7) 弹簧、垫圈和对顶螺母都属于机械防松。　　　　　　　　　　　　(　　)

(8) 双头螺柱在装配时,要把螺纹较长的一端,旋紧在被连接件的螺孔内。　(　　)

(9) 机床上的丝杠及螺旋千斤顶等的螺纹都是矩形的。　　　　　　　　(　　)

(10) 在螺纹连接中,为了提升连接处的刚性和自锁性能,需要拧紧螺母。　(　　)

14.3　常用的螺纹按牙型不同分哪几种? 试分析比较它们的特点,并举例说明其应用。

14.4　螺纹连接的主要类型有哪些? 各适合于什么条件下的连接?

14.5　什么是螺纹连接的预紧? 为什么对重要的螺纹连接,要严格控制装配时的预紧力? 控制预紧力的方法有哪些?

14.6　为什么设计螺纹连接时,必须采取有效的防松措施? 防松的根本问题是什么? 常用的防松方法有哪些?

14.7　单个受拉螺栓连接有哪几种不同的受力情况? 其强度计算有何异同?

14.8　已知拉杆材料为 Q235 钢,其所受稳定载荷 $F = 56$ kN,螺纹连接方式如图 14-42 所示,试设计此连接。

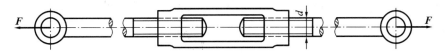

图 14-42　拉杆螺栓连接

14.9　两块钢板用两个 M12 的普通螺栓连接,接合面的摩擦因数 $\mu = 0.3$。螺栓用性能等级为 4.8 的中碳钢制造,所受预紧力控制为屈服强度的 70%。试求此连接所能传递的横向载荷。

14.10　已知连接螺栓的预紧力 $F_0 = 15000$ N,所受轴向载荷 $F = 10000$ N。被连接钢板间用橡胶垫片。试求螺栓所受的总拉力及被连接件之间的残余预紧力。

14.11　设计盘形铣刀的夹紧装置,如图 14-43 所示。铣刀 1 夹在两个夹紧盘 2 之间,拧紧轴上的螺母后,随主轴转动。

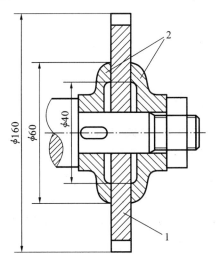

图 14-43　盘形铣刀的夹紧装置

1—铣刀;2—夹紧盘

14.12　图 14-44 所示托架 2 用 6 个普通螺栓固定在机架 1 上。接合面摩擦因数 $\mu =$ 0.15，工作中所受载荷 $F_\Sigma = 1000$ N，取可靠性系数 $K_\mu = 1.2$，现有两种螺栓布置方案，见图 14-44。试求：

（1）哪种方案所需螺栓直径较小？

（2）方案 I 中螺栓所需的预紧力。

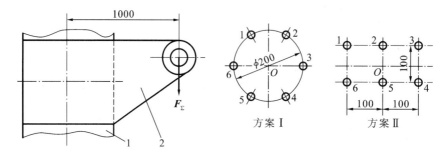

图 14-44　托架的螺栓连接

1—机架；2—托架

14.13　底板螺栓组连接及受力情况如图 14-45 所示，外力 F_Σ 作用在前后对称面，即包含 x 轴并垂直于底板接合面的平面内。试分析螺栓连接的受力情况，判断受力最大的螺栓，列出保证连接安全工作的计算式。

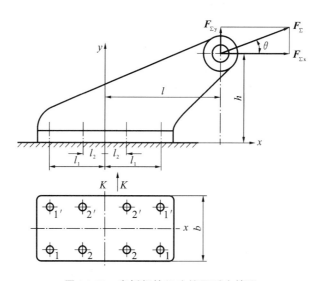

图 14-45　底板螺栓组连接及受力情况

＊14.14　如图 14-24 所示的气缸盖螺栓组连接，$D_1 = 350$ mm，$D_2 = 250$ mm，气缸内的工作压力 $p = 0 \sim 1$ MPa，缸盖、缸体均为钢制，上、下凸缘厚度均为 25 mm，试设计此连接。

＊14.15　图 14-46 所示的方形盖板用四个性能等级为 6.6 级的 M16 螺钉与箱体连接。工作载荷 $F_\Sigma = 20$ kN，通过吊环作用于盖板中心 O，取残余预紧力 $F_1 = 0.6F$，装配时不控制预紧力。

（1）试校核螺钉的强度；

（2）若由于制造误差，方形盖板上的吊环偏移至 O' 位置，$OO' = 5\sqrt{2}$ mm，试求受力最大的螺钉所受的工作拉力，并校核其强度。

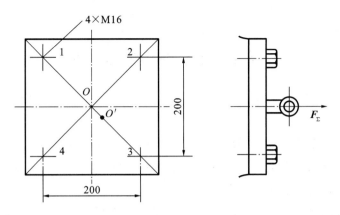

图 14-46　方形盖板螺钉连接

　　*14.16　起重机卷筒与大齿轮用 8 个普通螺栓连接在一起,如图 14-47 所示。已知卷筒直径 $D=400$ mm,螺栓分布圆直径 $D_0=500$ mm,接合面间摩擦因数 $\mu=0.12$,可靠性系数 $K_\mu=1.2$,起重机钢索拉力 $F_Q=50$ kN。试设计此螺栓组连接的螺栓。

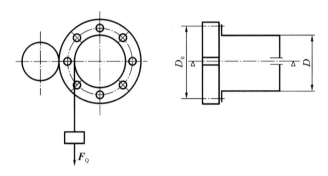

图 14-47　卷筒与大齿轮用螺栓组连接

第15章 轴毂连接

【本章学习要求】

1. 掌握键连接的基本类型、结构特点、尺寸选择及强度校核；

2. 掌握花键连接的基本类型、结构特点、尺寸选择及强度校核；

3. 了解销连接的基本类型；

4. 了解过盈连接的特点和应用；

5. 了解型面连接的特点和类型；

6. 了解胀紧套连接的特点和类型。

轴毂连接指的是轴与轮毂之间的连接，其主要作用是实现周向固定以传递转矩。此外，有些轴毂连接能实现轴上零件的轴向固定，有些轴毂连接还能实现轴向滑动的导向移动。常用的轴毂连接方式有键连接、花键连接、销连接、型面连接、过盈连接和胀套连接等。

15.1　键　连　接

15.1.1　键连接的类型、特点和应用

键是标准零件。键连接的主要类型有平键连接、半圆键连接、楔键连接和切向键连接等。

1. 平键连接

平键横截面为矩形，按用途分为普通平键、薄型平键、导向平键和滑键四种。其中，普通平键和薄型平键用于静连接，即轴与轮毂间无相对轴向移动的连接；导向平键和滑键用于动连接，即轴与轮毂间有相对轴向移动的连接。

平键连接如图 15-1(a)所示(参见标准 GB/T 1096—2003)。键的两侧面是工作面，工作时靠键与键槽侧面的相互挤压来传递转矩，所以键宽与键槽需配合。键的上表面和轮毂上键槽底面间留有间隙。平键连接具有结构简单、装拆方便、对中性好、加工方便等优点，在冲击、变载荷下不易松脱，因此，常用于精度和转速较高或承受冲击、变载荷的场合，但它不能实现轴上零件的轴向固定。

1) 普通平键

普通平键按端部形状分为圆头(A 型)、平头(B 型)及单圆头(C 型)三种，如图 15-1(b)所示。圆头平键放在用指状铣刀铣出的键槽中，键槽两端具有与键相同的形状，键在键槽中能实现良好的轴向定位，但轴上键槽端部的应力集中大。平头平键放在用盘铣刀铣出的键槽中，键槽端部应力集中小，平键靠紧定螺钉固定在轴上，以防松动。单圆头平键常用于轴端与毂类零件的连接。

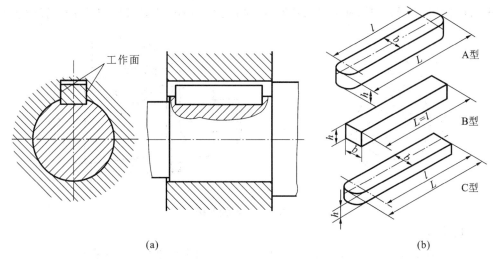

(a)　　　　　　　　　　　　　　　　　(b)

图 15-1　普通平键连接

2）薄型平键

薄型平键（参见标准 GB/T 1567—2003）也分为圆头（A 型）、平头（B 型）及单圆头（C 型）三种，与普通平键的主要区别是薄型平键的高度为普通平键的 60%～70%，其传递转矩的能力较低，常用于薄壁结构、空心轴及一些径向尺寸受限制的场合。

3）导向平键或滑键

导向平键或滑键用于毂类零件在工作过程中必须在轴上做轴向移动（如变速箱中的滑移齿轮）的连接。如图 15-2（a）所示，导向平键（参见标准 GB/T 1097—2003）是一种较长的平键，分为圆头和方头两种，用螺钉固定在轴上的键槽中。为了拆卸方便，键上制有起键螺纹孔。键与轴上的键槽是间隙配合，用于轴上零件沿轴向移动距离不大的场合。如图 15-2（b）所示，滑键的键长较短，固定在轮毂上，轮毂带动滑键在轴上的长键槽中做轴向滑移，用于轴上零件沿轴向滑移距离较大的场合。

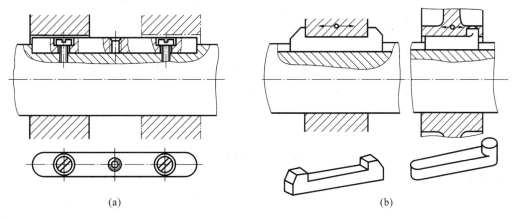

(a)　　　　　　　　　　　　　　　　　(b)

图 15-2　导向平键和滑键连接

2. 半圆键连接

半圆键（参见标准 GB/T 1099.1—2003）连接如图 15-3 所示，与平键一样，键的两侧面为工作面，定心性好。轴上键槽用尺寸与半圆键相同的半圆键槽铣刀铣出，因而键在槽中能绕其几何中心摆动以适应轮毂上键槽底面。半圆键加工工艺性较好，装配方便，尤其适用于锥形轴端与轮毂的连接。其缺点是,轴上键槽较深,对轴的强度削弱较大,所以一般只用于轻载连接中。

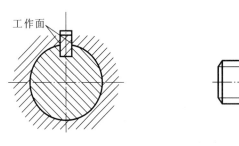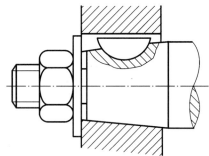

图 15-3 半圆键连接

3. 楔键连接

楔键有普通楔键(参见标准 GB/T 1564—2003)和钩头楔键(参见标准 GB/T 1565—2003)两种。普通楔键按其端部形状分为圆头、平头和单圆头三种形式。楔键连接如图 15-4 所示,楔键的上、下两面是工作面,键的上表面和轮毂键槽底面均具有 1:100 的斜度。圆头楔键连接装配时,先将键装入轴上键槽中,然后打紧轮毂。平头、单圆头普通楔键和钩头楔键连接装配时,先将轮毂装到轴上适当位置,然后将键装入并沿轴向打紧,楔紧后键的上、下两面分别与轮毂和轴上键槽的底面贴合,并产生很大的预紧力,工作时依靠此预紧力所产生的摩擦力来传递转矩,同时还可以承受单向的轴向载荷,对轮毂起到单向的轴向固定作用。楔键连接的缺点是,楔紧后会使轴和轮毂的配合产生偏心和偏斜,在冲击、变载荷下容易松脱,因而楔键连接仅适用于定心精度要求不高、载荷稳定的低速场合。钩头楔键的钩头供拆卸用,安装在轴端时,应注意加装防护罩。

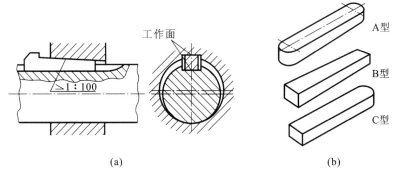

(a)   (b)

图 15-4 楔键连接

4. 切向键连接

切向键(参见标准 GB/T 1974—2003)连接如图 15-5 所示。切向键是由两个斜度为 1:100 的楔键组成的。装配时,两键的斜面互相贴合,分别从轮毂的两端打入,沿轴的切线方向共同楔紧在轴、毂之间。

装配后,相互平行的两个窄面是其工作面,且必须使其一个工作面通过轴心线。工作时,工作面上挤压力沿轴的切向,靠两工作面与轴和轮毂间的挤压力以及轴与轮毂间的摩擦力来传递转矩。用一个切向键时,只能传递单向转矩,当要传递双向转矩时,必须用两个切向键,一

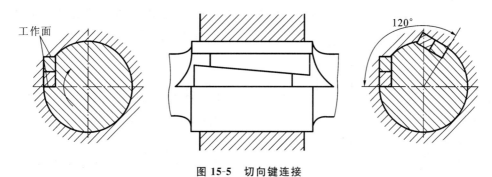

图 15-5　切向键连接

般两个键相隔 $120°\sim130°$。

切向键连接的优点是承载能力很大,适用于传递大转矩;其缺点是装配后轴和毂的对中性差,键槽对轴的削弱较大。因此,其常用于直径大于 100 mm 的轴上和低速、重载、定心精度要求不高的场合。

15.1.2　键的选择和键连接的强度计算

1. 键的选择

键的选择包括类型选择和尺寸选择两个方面。

1) 键的类型选择

键的类型应根据需要传递的转矩、载荷性质、转速高低、安装空间、轮毂在轴上的位置、轮在轴上的位置是否需要移动、传动对定心精度要求等,结合各种类型键连接的特点进行选择。

2) 键的尺寸选择

键连接的尺寸即键宽 b、键高 h、轴上键槽深 t、轮毂上键槽深 t_1,根据轴的直径并依据有关国家标准进行选择(见表 15-1)。键的长度 L 根据轮毂长度确定:键的长度应符合国家标准规定的长度系列;一般键的长度略短于轮毂长度,轮毂长度 $L' \approx (1.5 \sim 2)d$,d 为轴的直径;导向平键的长度应考虑键的移动距离。

表 15-1　普通平键和普通楔键的主要尺寸　　　　　　　　　　(单位:mm)

轴的直径 d	$6\sim8$	$>8\sim10$	$>10\sim12$	$>12\sim17$	$>17\sim22$	$>22\sim30$	$>30\sim38$	$>38\sim44$
键宽 $b\times$键高 h	2×2	3×3	4×4	5×5	6×6	8×7	10×8	12×8
轴的直径 d	$>44\sim50$	$>50\sim58$	$>58\sim65$	$>65\sim75$	$>75\sim85$	$>85\sim95$	$>95\sim110$	$>110\sim130$
键宽 $b\times$键高 h	14×9	16×10	18×11	20×12	22×14	25×14	28×16	32×18
键的长度系列 L	\multicolumn{8}{l}{6,8,10,12,14,16,18,20,22,25,28,32,36,40,45,50,56,63,70,80,90,100,110,125,140,180,200,220,250,…}

2. 键连接的强度计算

重要的键连接在选出键的类型和尺寸后,还应进行强度校核计算。

平键连接工作时的受力情况如图 15-6 所示。用于静连接的普通平键连接,其主要失效形式是键、轴、轮毂三者中最弱的工作面被压溃。由于轮毂上的键槽深度较浅,轮毂的材料强度通常在三者中最小,所以强度计算通常以轮毂为计算对象。计算平键连接强度时通常只按工作面上的挤压强度计算。用于动连接的导向平键和滑键连接,其主要失效形式是工作面的过

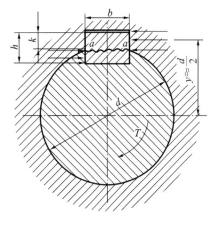

图 15-6　平键连接受力简图

度磨损。除非有严重过载,一般不会出现键的剪断(见图 15-6 中沿 a—a 面的剪断)。因此,用于动连接的导向平键和滑键连接的强度计算主要是限制工作面间的压强。

假定载荷在键的工作面上均匀分布,并假设合力的作用点在轴的半径处,普通平键连接的强度条件为

$$\sigma_{\mathrm{p}} = 2T/(kdl) \leqslant [\sigma_{\mathrm{p}}] \tag{15-1}$$

导向平键连接和滑键连接的强度条件为

$$p = 2T/(kdl) \leqslant [p] \tag{15-2}$$

式中:T 为传递的转矩,N·mm;k 为键与轮毂键槽的接触高度,$k \approx 0.5h$,h 为键的高度,mm;l 为键的工作长度,对于圆头平键,$l = L - b$,对于平头平键,$l = L$,对于单圆头平键,$l = L - b/2$,L 为键的公称长度,mm,b 为键的宽度,mm;d 为轴的直径,mm;$[\sigma_{\mathrm{p}}]$ 为键、轴、轮毂三者中最弱材料的许用挤压应力,MPa,取值见表 15-2;$[p]$ 为键、轴、轮毂三者中最弱材料的许用压力,MPa,取值见表 15-2。

表 15-2　键连接的许用挤压应力、许用压力　　　　　　　　　　(单位:MPa)

许用值	连接工作方式	键或毂、轴的材料	载荷性质		
			静载荷	轻微冲击	冲击
$[\sigma_{\mathrm{p}}]$	静连接	钢	120～150	100～120	60～90
		铸铁	70～80	50～60	30～45
$[p]$	动连接	钢	50	40	30

注:如果与键有相对滑动的被连接件表面经过了淬火处理,则动连接的许用压力 $[p]$ 可提高 2～3 倍。

　　进行强度校核后,若强度不够,则可采用两个平键,两键最好沿周向相隔 $180°$ 布置。考虑到两键上载荷分配的不均匀性,在强度校核中只按 1.5 个键计算。若轮毂允许适当加长,也可相应地增加键的长度,以提高单键连接的承载能力。但由于传递转矩时,键上载荷沿其长度分布不均匀,故键的长度不宜过大。当键的长度大于 $2.25d$ 时,其多出的长度实际上并不承受载荷,故一般采用的键长不宜超过 $(1.6 \sim 1.8)d$,d 为轴的直径。

　　例 15-1　已知蜗轮传递的功率 $P = 8.5$ kW,轴径 $d = 65$ mm,轮毂宽度为 85 mm,轴的材料为 45 钢,蜗轮轮毂材料为 HT250。蜗轮安装在两支承点之间,转速 $n = 75$ r/min,载荷稳定。试设计该轴与蜗轮的键连接。

　　解　(1)选择键的类型。

　　因蜗轮传动对对中性要求较高,应选用平键连接。又由于蜗轮不在轴端,故选用圆头普通平键(A 型)。

　　(2)确定键的尺寸。

　　根据 $d = 65$ mm,从表 15-1 中查得键的截面尺寸为:宽度 $b = 18$ mm,高度 $h = 11$ mm。由轮毂宽度为 85 mm,并参考键的长度系列,取键长 $L = 80$ mm(略短于轮毂宽度)。

　　(3)校核键连接的强度。

　　键、轴材料都是钢,轮毂的材料为 HT250,由表 15-2 查得许用挤压应力 $[\sigma_{\mathrm{p}}] = 70 \sim 80$ MPa。

键的工作长度 $l = L - b = (80 - 18)\ \text{mm} = 62\ \text{mm}$，键与轮毂键槽的接触高度 $k \approx 0.5h \approx 5.5\ \text{mm}$，转矩 $T = 9.55 \times 10^6 (P/n) = 9.55 \times 10^6 \times (8.5/75)\ \text{N} \cdot \text{mm} = 1082333\ \text{N} \cdot \text{mm}$。由式(15-1)可得

$$\sigma_p = 2T/(kdl) = [2 \times 1082333/(5.5 \times 65 \times 62)]\ \text{MPa} = 97.66\ \text{MPa} > [\sigma_p]$$

可见连接的挤压强度不够。考虑到相差较大，改用双键，两个键相隔 $180°$ 布置。双键的工作长度 $l = 1.5 \times 62\ \text{mm} = 93\ \text{mm}$，由式(15-1)可得

$$\sigma_p = 2T/(kdl) = [2 \times 1082333/(5.5 \times 65 \times 93)]\ \text{MPa} = 65.11\ \text{MPa} < [\sigma_p]$$

键的标记为：GB/T 1096—2003 键 $18 \times 11 \times 80$（一般 A 型键可不标出"A"，对于 B 型或 C 型键，应将"键"标为"键 B"或"键 C"）。

15.2　花 键 连 接

15.2.1　花键连接的类型、特点和应用

花键(参见标准 GB/T 15758—2008)由外花键和内花键组成，如图 15-7 所示。外花键的键齿与轴做成一体，是一个带有多个纵向键齿的轴，内花键是带有多个键槽的毂孔，因此，花键连接是平键连接在数目上的扩展。键的侧面是工作面，依靠内、外花键侧面间的相互挤压来传递转矩。花键的多个键齿在轴和毂孔周向均布，适用于定心精度要求高、载荷大的静连接或动连接。

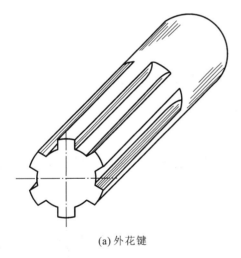

(a) 外花键

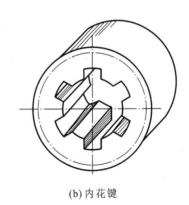

(b) 内花键

图 15-7　花键

与平键连接比较，花键连接在强度、工艺和使用方面有以下优点。

(1) 齿数较多，总接触面积较大，因而可承受较大的载荷。

(2) 因槽较浅，齿根处应力集中较小，对轴与毂的强度削弱较小。

(3) 轴上零件与轴的对中性(这对高速及精密机器很重要)和导向性(这对动连接很重要)较好。

(4) 可用磨削的方法提高加工精度及连接质量。

花键连接的缺点是，齿根仍有应力集中，加工时需用专门设备、量具、刀具，成本较高。

花键连接按齿形可分为矩形花键连接和渐开线花键连接等。

1. 矩形花键连接

矩形花键连接如图 15-8 所示。矩形花键连接采用小径定心,键齿侧面为平行的平面,便

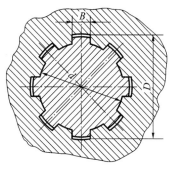

于加工。外花键可铣削加工,经热处理后磨削加工,以提高定心面和齿侧面的精度。内花键用拉削和插削加工,经热处理后磨削加工,以提高定心面的精度。

矩形花键按齿形尺寸,分轻系列、中系列两类,轻系列花键的键高较小,承载能力弱,常用于轻载或静连接;中系列花键用于中等载荷的连接。

2. 渐开线花键连接

渐开线花键连接如图 15-9 所示,它的齿廓为渐开线,分

图 15-8 矩形花键连接

度圆压力角比齿轮的大,有 $30°$、$45°$ 两种,齿顶高比齿轮的小,分别为 $0.5m$ 和 $0.4m$ (m 为模数),不发生根切的最小齿数少。渐开线花键可以用制造齿轮的设备和方法来加工,制造工艺性较好,加工精度较高。与矩形花键相比,其齿根较厚,齿根圆角大,强度高,承载能力强。渐开线花键连接采用齿面接触定心,当齿受力时会产生径向分力,该径向力具有自动定心作用,因此其定心精度高,有利于各齿的均匀承载。

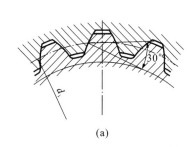
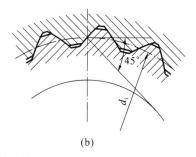

(a)   (b)

图 15-9 渐开线花键连接

15.2.2 花键连接的选择和强度计算

1. 花键连接的选择

根据连接的结构特点、使用要求和工作条件选择花键类型,根据轴的直径选择花键连接的截面尺寸,根据轮毂的宽度选择花键连接的长度。

2. 花键连接的强度计算

花键连接的强度计算与平键连接的相似,在选定类型、尺寸后,进行必要的强度校核计算。假定载荷在键的工作面上均匀分布,每个齿工作面上压力的合力作用在平均直径 d_m 处。花键连接的受力情况如图 15-10 所示。静连接的主要失效形式是工作面被压溃,动连接的主要失效形式是工作面过度磨损。通常静连接按挤压应力进行强度计算,动连接按压强进行耐磨性计算。则花键连接的强度条件为

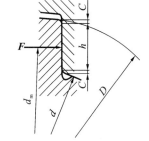

图 15-10 花键连接受力简图

对于静连接

$$\sigma_p = 2T/(\psi z h l d_m) \leqslant [\sigma_p] \tag{15-3}$$

对于动连接

$$p = 2T/(\psi z h l d_m) \leqslant [p] \tag{15-4}$$

式中：T 为传递的转矩，$N \cdot mm$；ψ 为载荷分配不均系数，与齿数多少有关，一般取 $\psi = 0.7 \sim$ 0.8，齿数多时取偏小值；z 为花键的齿数；l 为齿的工作长度，mm；h 为花键齿侧面的工作高度，mm（对于矩形花键，$h = [(D-d)/2] - 2C$，D 为外花键的大径，d 为内花键的小径，C 为倒角尺寸；对于渐开线花键，当分度圆压力角 $\alpha = 30°$ 时 $h = m$，$\alpha = 45°$ 时 $h = 0.8m$，m 为模数）；d_m 为花键的平均直径，对于矩形花键，$d_m = (D+d)/2$，对于渐开线花键，$d_m = d_i$，d_i 为分度圆直径，mm；$[\sigma_p]$、$[p]$ 分别为花键连接的许用挤压应力和许用压强，MPa，取值见表 15-3。

表 15-3　花键连接的许用挤压应力 $[\sigma_p]$ 和许用压强 $[p]$　　　　　　（单位：MPa）

连接方式		工作条件	$[\sigma_p]$、$[p]$	
			齿面未经热处理	齿面经热处理
静连接		不良	35～50	40～70
		中等	60～100	100～140
		良好	80～120	120～200
动连接	空载下移动	不良	15～20	20～35
		中等	20～30	30～60
		良好	25～40	40～70
	载荷作用下移动	不良	—	3～10
		中等	—	5～15
		良好	—	10～20

注：① 工作条件不良是指承受变载荷、有双向冲击、振动频率高和振幅大、动连接润滑不良等；

　　② 对于工作时间长和较重要的场合，$[\sigma_p]$ 或 $[p]$ 取较小值；

　　③ 花键采用抗拉强度不低于 600 MPa 的钢制造。

15.3　销　连　接

　　销主要用来实现零件之间的定位，还可用作安全装置中的过载剪断零件，销连接通常只能传递很小的载荷。用于连接且传递不大的载荷的销称为连接销，如图 15-11 所示，连接销对轴的强度削弱较大，故一般多用于轻载或不重要的连接；用于定位与固定两零件之间的相对位置的销称为定位销，如图 15-12 所示，它是组合加工和装配时的重要辅助零件；用作安全装置中的过载剪断元件的销称为安全销，如图 15-13 所示。

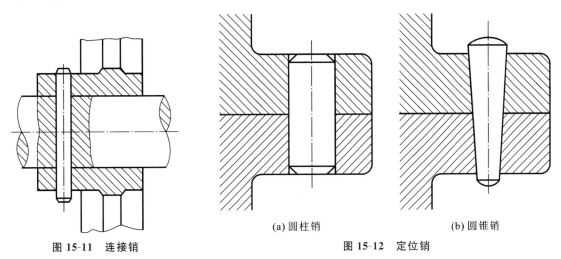

图 15-11　连接销　　　　　　　(a) 圆柱销　　　　　　　　　　(b) 圆锥销

图 15-12　定位销

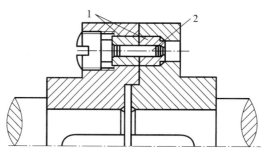

图 15-13　安全销

1—销套；2—安全销

销可分为圆柱销、圆锥销、开口销、槽销和销轴等，这些销均已标准化。

圆柱销如图 15-12(a)所示，利用微量过盈配合固定在铰制孔中，经多次装拆会使其定位精度和连接可靠性降低。圆柱销的直径偏差有 u8、m6、h8 和 h11 四种，以满足不同的使用要求。

圆锥销如图 15-12(b)所示，有 1：50 的锥度，在受横向力时可以自锁；靠锥面挤压作用固定在铰制孔中，安装方便，定位精度高，可多次装拆而不影响定位精度。内螺纹圆锥销和螺尾圆锥销如图 15-14(a)、(b)所示，可用于不通孔或拆卸困难的场合。开尾圆锥销如图15-14(c)所示，适用于有冲击、振动或变载荷的场合。

槽销是沿圆柱或圆锥的轴线方向开有纵向凹槽的销，通常有三条凹槽，用弹簧钢碾压或模锻而成，如图 15-15 所示。将槽销打入销孔后，由于材料的弹性使销挤紧在销孔中，不易松脱，安装槽销的孔不需要铰制，加工方便，可多次装拆。槽销因能承受振动和变载荷，故近年来应用较为普遍。

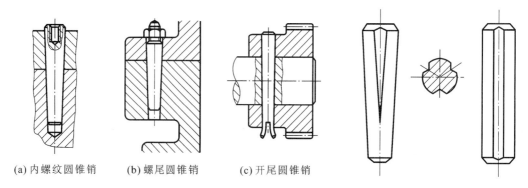

(a) 内螺纹圆锥销　　(b) 螺尾圆锥销　　(c) 开尾圆锥销

图 15-14　特殊结构的圆锥销　　　　　**图 15-15　槽销**

图 15-16　弹性圆柱销

弹性圆柱销如图 15-16 所示，是由弹簧钢带制成的纵向开缝的圆管，凭借弹性均匀挤紧在销孔中，该销比实心销轻，孔无须铰制，可多次装拆。

开口销如图 15-17 所示，装入销孔后，将尾部分开，以防脱出。开口销可用于图 15-18 所示的销轴连接的锁定，也用于螺纹连接中的防松。

定位销通常不受载荷或只受很小的载荷，故不进行强度校核计算。销的直径可按结构确定，其数量在同一平面上不少于两个。销装入每一被连接件内的长度，为销直径的 1～2 倍。两销尽量离得远一些，以提高定位精度。

连接销的类型可根据工作要求选定，其尺寸可根据连接的结构特点按经验或规范确定，必要时再按剪切和挤压强度条件进行校核计算，设计时应考虑防松和拆卸方便。

　　安全销设计时应考虑销剪断后不易飞出和易于更换问题。其直径应按过载时被剪断的条件确定。为避免安全销在剪断时损坏孔壁,可在销孔内加套筒。

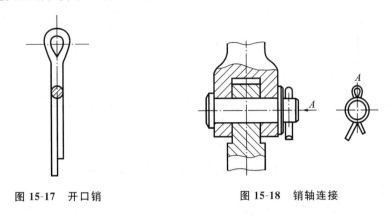

图 15-17　开口销　　　　　　　　　图 15-18　销轴连接

15.4　过 盈 连 接

15.4.1　过盈连接的特点和应用

　　过盈连接由包容件和被包容件组成,利用二者之间过盈配合实现连接,如图 15-19 所示。装配前,包容件的孔径小于被包容件的轴径。装配后,包容件的孔径被撑开变大,被包容件的轴径被挤压变小,在包容件和被包容件的配合面间产生很大的径向压力,工作时,靠此压力所产生的摩擦力来传递外载荷。

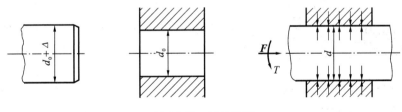

图 15-19　过盈连接

　　过盈连接结构简单、对中性好、承载能力大、对轴强度削弱小,不需附加其他零件即可实现轴和轮毂的连接,在冲击和振动条件下能够可靠工作,但对配合面加工精度要求较高,装拆不便。
　　过盈连接常用于轴与毂的连接,大型蜗轮、齿轮的齿圈与轮心的连接,滚动轴承与轴或座孔的连接等。

15.4.2　过盈连接的装拆方法

　　过盈连接的配合面有圆柱面,也有圆锥面,分别称为圆柱面过盈连接和圆锥面过盈连接。当配合面为圆柱面时,装配方法有压入法和胀缩法两种。
　　1. 压入法
　　压入法是在常温下利用压力机将被包容件直接压入包容件中的方法。由于过盈量的存在,在压入的过程中,配合表面的微观凸起会被擦伤或压平,使装配后的实际过盈量减小,降低了连接的紧固性。因此,包容件和被包容件上分别制出导锥,如图 15-20 所示,并对配合表面进行润滑,方便二者装配。如果包容件和被包容件的材料相同,则应使其具有不同的硬度,以避免压入过程中发生胶合。压入法一般用于配合尺寸和过盈量较小的过盈连接。

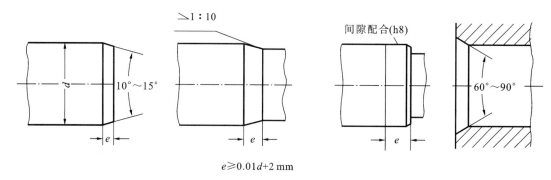

$e \geq 0.01d + 2 \text{ mm}$

图 15-20　过盈连接零件压入端的结构

2. 胀缩法

胀缩法也称温差法，即加热包容件使其膨胀或（和）冷却被包容件使其收缩，完成装后配待温度恢复到常温时即形成牢固的连接。采用胀缩法装配，可减轻或避免配合表面损伤，常用于对连接质量要求较高的场合。

胀缩法一般利用电炉、煤气或在热油中进行加热，冷却则多采用液态氮（沸点为 −195℃）、低温箱（温度为 −140 ℃）或固态二氧化碳（又称干冰，沸点为 −79 ℃）。加热时应防止配合面上产生氧化皮。加热法常用于配合直径较大时，冷却法则常用于配合直径较小时。

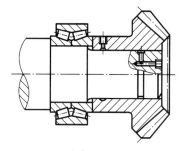

图 15-21　轴与轴承、齿轮的过盈连接及拆卸时所用注油管道

由于过盈连接配合面间的法向压力大，拆卸困难，经过多次拆装后，配合面会受到严重损伤，当装配过盈量很大时，拆卸就更加困难。因此，对需要多次装拆、重复使用的过盈连接，为了保证多次装拆后配合仍具有良好的紧固性，在设计时为方便拆卸应采取必要的结构措施，即在包容件和（或）被包容件上制出油孔和油沟，如图 15-21 所示，采用液压拆卸。拆卸时，在配合面间注入高压油，以胀大包容件的内径，缩小被包容件的外径，从而使连接件便于拆开，并减小配合面的擦伤。

15.5　型面连接

型面连接是利用非圆形截面的轴与相应的毂孔构成的轴毂连接，如图 15-22 所示。轴和毂孔可做成柱形，也可做成锥形，两种形状均能传递转矩，前者可用于不带载荷下移动的动连接，后者能承受单方向的轴向力。

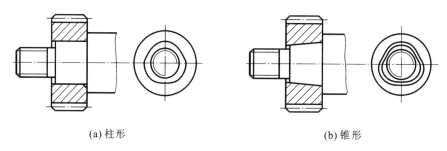

(a) 柱形　　　　　　　　　　　　　　　(b) 锥形

图 15-22　型面连接

型面连接与键连接相比,没有应力集中源,定心性好,承载能力强,装拆也方便。非圆截面形状要能适合磨削,轴先经车削,然后磨制;毂孔先经钻镗或拉削,然后磨制。型面连接由于加工比较复杂,应用并不普遍。

型面连接常用的型面曲线有摆线和等距曲线两种。等距曲线如图 15-23 所示,因与其轮廓曲线相切的两平行直线 t 间的距离 D 为一常数,故把此轮廓曲线称为等距曲线。与摆线相比,其加工与测量均较简单。

此外,型面连接也有采用方形、正六边形及带切口的圆形等截面形状。

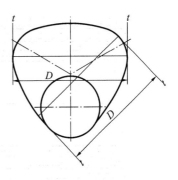

图 15-23 等距曲线

15.6 胀紧套连接

胀紧套连接是将具有圆锥形结合面的内、外胀套装在轴与轮毂之间而构成的一种静连接。装配时,拧紧螺纹连接产生的轴向力使内、外胀套的圆锥形结合面相互压紧,内胀套收缩箍紧在轴上,外胀套被撑大胀紧在轮毂孔中,同时在内胀套与轴、外胀套与轮毂孔的结合面上均产生径向压力。工作中,靠各结合面上产生的摩擦力传递转矩或(和)轴向力。

胀紧套连接具有装拆容易,装拆中不会损伤结合面,可多次装拆反复使用,装配时结合面无过盈,对轴和轮毂孔结合面的加工精度要求低等优点;但也有结构比较复杂,沿轴向和径向占用的空间较大,有时会因结构的限制而不能使用等缺点。

胀紧连接套是标准件。根据胀紧连接套结构形式的不同,GB/T 28701—2012 规定了 19 种型号,即 ZJ1 型至 ZJ19 型。下面简要介绍 ZJ1、ZJ2 型胀紧连接套连接。

ZJ1 型胀紧连接套如图 15-24 所示,根据载荷的大小确定装入一组或几组胀套,当载荷较小时,可只用一对胀套。根据轴和轮毂的结构及胀套的组数等情况,确定是采用图 15-24 所示的单向压紧还是采用图 15-25 所示的双向压紧。采用多组胀套时,从压紧端起,各对胀套产生的轴向压力和径向压力将依次减小,从而使所传递的载荷也依次减小。因此,胀套的串联组数不宜过多,单向压紧一般不超过 4 对,双向压紧一般不超过 8 对。

ZJ2 型胀紧连接套如图 15-26 所示。ZJ2 型胀紧连接套中,与轴或毂孔贴合的套均开有纵向缝隙,以利于变形和胀紧。根据传递载荷的大小,可在轴与毂孔间装入一个或几个胀套。拧紧连接螺钉,可将轴、毂胀紧,以传递载荷。

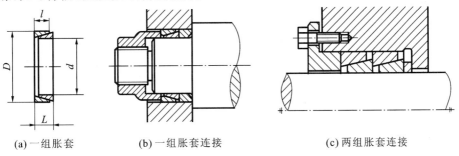

(a) 一组胀套   (b) 一组胀套连接   (c) 两组胀套连接

图 15-24 ZJ1 型胀紧连接套(单向压紧)

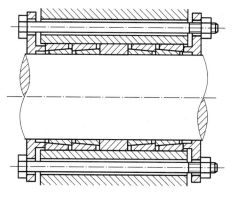

图 15-25　ZJ1 型胀紧连接套(双向压紧)

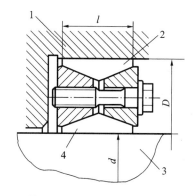

图 15-26　ZJ2 型胀紧连接套

1—轮毂;2—外胀套;3—轴;4—内胀套

知识链接

滚 珠 花 键

　　目前市面上常见的花键轴的种类大致分为三种:第一种是矩形花键轴,它的应用比较广泛,比如机床、汽车、飞机等;第二种是渐开线花键轴,主要用在那些对定心精度要求高、载荷大、尺寸大的连接上;第三种是三角形花键轴,用于薄壁零件的连接。

　　滚珠花键是利用装在花键轴外筒内的滚珠在精密研磨的滚动沟槽中平滑滚动以传动力矩,它采用独特的接触点设计,具有更大的接触角度(40°)。除了具有高度的灵敏性外,滚珠花键能大幅提升负载能力,适用于振动、冲击负荷过大,定位精度要求高以及需要高速运动性能的场合。同时,即使代替直线滚珠套使用,因轴径相同,滚珠花键所具有的额定负荷是线性轨套的十几倍,所以能使机械变得十分小巧,即使在悬臂负荷、力矩等作用下,也可安全使用且具有高耐用性。

　　滚珠花键的优点如下。

　　1.大负荷容量:滚珠的滚动沟槽由精密研磨成型,且采用歌德型 40°角接触,因接触角度大,故在径向和扭矩方向都具有很大的负荷容量。

　　2.旋转方向零间隙:采用接触角度为 40°的相对 2～4 排滚珠列,将花键与花键外筒结合,并可通过预压调整方式,使旋转方向的间隙为零。

　　3.高度灵敏性:由于钢珠接触点采用特殊的设计,除具有高刚性外,还具有高度的灵敏性,并可降低能耗。

　　4.高刚性:由于接触角大,故具有高刚性,并可视情况施加恰当的预压,所以能获得较高的扭矩刚性、力矩刚性。

　　5.装配简单:由于采用特殊的设计,可及时将花键外筒从花键轴上脱离,且钢珠也不会脱落,故装配、保养、检查都很容易。

(资料来源:微信公众平台)

习　　题

15.1　选择题

(1)普通平键连接与楔键连接相比,最重要的优点是_____。

A. 键槽加工方便　　　　　　　　　　　　B. 对中性好

C. 应力集中小　　　　　　　　　　　　　D. 可承受轴向力

(2) 半圆键连接的主要优点是_____。

A. 对轴强度的削弱较小　　　　　　　　　B. 键槽的应力集中小

C. 键槽加工方便　　　　　　　　　　　　D. 传递的载荷大

(3) 平键连接的工作面是键的_____。

A. 两个侧面　　　　　　B. 上、下两面　　　　　　C. 两个端面　　　　　　D. 侧面和上、下面

(4) 一般普通平键连接的主要失效形式是_____。

A. 剪断　　　　　　　　B. 磨损　　　　　　　　　C. 胶合　　　　　　　　D. 压溃

(5) 一般导向键连接的主要失效形式是_____。

A. 剪断　　　　　　　　B. 磨损　　　　　　　　　C. 胶合　　　　　　　　D. 压溃

(6) 楔键连接的工作面是键的_____。

A. 两个侧面　　　　　　B. 上、下两面　　　　　　C. 两个端面　　　　　　D. 侧面和上、下面

(7) 设计普通平键连接时,根据_____来选择键的长度尺寸。

A. 传递的转矩　　　　　B. 传递的功率　　　　　　C. 轴的直径　　　　　　D. 轮毂长度

(8) 设计普通平键连接时,根据_____来选择键的截面尺寸。

A. 传递的力矩　　　　　B. 传递的功率　　　　　　C. 轴的直径　　　　　　D. 轮毂长度

(9) 用圆盘铣刀加工轴上键槽的优点是_____。

A. 装配方便　　　　　　　　　　　　　　B. 对中性好

C. 应力集中小　　　　　　　　　　　　　D. 键的轴向固定好

(10) 当采用一个平键不能满足强度要求时,可采用两个平键错开_____布置。

A. 90°　　　　　　　　　B. 120°　　　　　　　　　C. 150°　　　　　　　　D. 180°

(11) 当轴双向工作时,必须采用两组切向键连接,并错开_____布置。

A. 90°　　　　　　　　　B. 120°　　　　　　　　　C. 150°　　　　　　　　D. 180°

(12) 楔键连接的主要缺点是_____。

A. 轴和轴上零件对中性差　　　　　　　　B. 键安装时易损坏

C. 装入后在轮鼓中产生初应力　　　　　　D. 键的斜面加工困难

(13) 花键连接与平键连接相比较,_____的观点是错误的。

A. 承载能力较大　　　　　　　　　　　　B. 对中性和导向性都比较好

C. 对轴强度的削弱比较严重　　　　　　　D. 可采用磨削加工提高连接质量

(14) 矩形花键连接通常采用_____定心。

A. 小径　　　　　　　　B. 大径　　　　　　　　　C. 侧边　　　　　　　　D. 齿廓

(15) 通常用来制造键的材料是_____。

A. 低碳钢　　　　　　　B. 中碳钢　　　　　　　　C. 高碳钢　　　　　　　D. 合金钢

15.2　判断题

(1) 键连接可以是机械静连接,也可以组成机械动连接。　　　　　　　　　　（　　）

(2) 圆头平键的工作长度,就是键的实际长度。　　　　　　　　　　　　　　（　　）

(3) 普通平键的主要失效形式是键被剪断。　　　　　　　　　　　　　　　　（　　）

(4) 键的剖面尺寸通常是根据传递的功率按标准选择。　　　　　　　　　　　（　　）

(5) 如需在轴上安装一对半圆键,则应将它们布置在相隔180°的位置。　　　（　　）

（6）楔键连接能对轴上零件进行周向固定，且只能承受单向轴向力。　　　　（　　）

（7）花键连接受力较为均匀，承载能力大，定心性和导向性较好。　　　　（　　）

（8）渐开线花键的齿廓和齿轮的齿廓都为渐开线，所以其分度圆压力角也一样。（　　）

（9）切向键相互平行的两个窄面是其工作面，靠两工作面与轴和轮毂间的挤压力以及轴和轮毂间的摩擦力来传递转矩。　　　　　　　　　　　　　　　　　　　　（　　）

（10）当过盈连接的配合面为圆柱面时，为减轻或避免配合表面损伤，对连接质量要求较高的场合，宜采用压入法。　　　　　　　　　　　　　　　　　　　　　　　　（　　）

15.3　轴毂连接的主要类型有哪些？

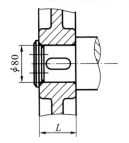

图 15-27　轴端键连接设计

15.4　为什么采用两个平键时，一般布置在沿周向相隔 $180°$ 的位置；采用两个楔键时，布置在相隔 $90°\sim180°$ 的位置；采用两个半圆键时，却布置在轴的同一母线上？

15.5　如图 15-27 所示，材料为 45 钢、直径 $d=80$ mm 的轴端，安装一钢制直齿圆柱齿轮，轮毂宽度 $L=140$ mm，工作时有轻微冲击。试确定平键连接的尺寸，并计算其允许传递的最大转矩。

15.6　如图 15-28 所示的转轴上，直齿圆柱齿轮及直齿圆锥齿轮两处分别采用平键和半圆键连接。已知：传递功率 $P=5.5$ kW，转速 $n=200$ r/min，连接处轴和轮毂尺寸如图 15-28 所示，工作时有轻微冲击，齿轮用锻钢制造并经过热处理。试分别确定两处键连接的尺寸，并校核其连接强度。

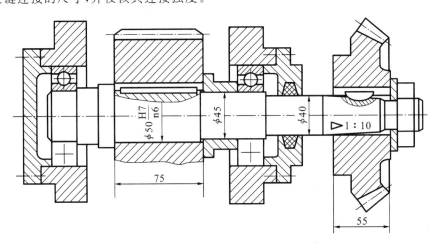

图 15-28　键连接设计

15.7　平键连接的主要失效形式是什么？确定键及键槽横截面尺寸的主要依据是什么？

15.8　平键连接中，轴及轮上的键槽是怎样加工的？

15.9　在平键连接中，为什么键的顶部与键槽底部不接触？在楔键连接中，为什么键的侧面与键槽侧面不接触？

15.10　半圆键连接中，键槽深度应根据哪些原则确定？

*15.11　图 15-29 所示变速箱中的双联滑移齿轮采用矩形花键连接。已知：传递转矩 $T=140$ N·m，齿轮在空载下移动，工作情况良好，轴径 $D=28$ mm，齿轮轮毂宽度 $L=40$ mm，轴及齿轮均采用钢制并经热处理，硬度值 $\leqslant 40$ HRC。试选择矩形花键尺寸及定心方式，校核连接强度，并注明连接代号。

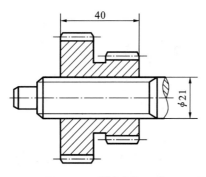

图 15-29 花键连接设计

＊15.12 图 15-30 所示为分别用平键及半圆键与两轴相连的套筒式联轴器。已知联轴器的材料为灰铸铁,轴径 $d = 38$ mm,外径 $D_1 = 90$ mm。试分别计算两种连接允许传递的转矩,并比较其优缺点。

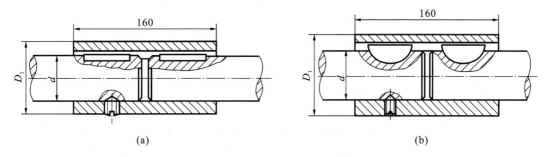

图 15-30 平键连接与半圆键连接对比

第16章 弹 簧

【本章学习要求】

1. 了解弹簧类型、特点、材料与制造方法;

2. 熟练掌握各种圆柱螺旋弹簧的设计计算方法,包括结构设计、几何参数计算、特性曲线、强度计算、刚度计算以及压缩弹簧稳定性的验算等。

弹簧是机器中广泛应用的一种弹性零件,其种类很多,而圆柱螺旋弹簧制造简便、成本低,在机械制造中使用得最为普遍。本章将介绍各种弹簧的特点及其适用场合,并以圆柱螺旋弹簧为例,对弹簧设计的基本理论、基本设计方法和设计过程进行讨论。

16.1 概 述

16.1.1 弹簧的类型和特点

弹簧是利用材料的弹性及其结构特点,通过变形和储存能量而工作的一种机械零件,在各种机械和日常生活中应用极为广泛。按照所承受的载荷,弹簧主要分为拉伸弹簧、压缩弹簧、扭转弹簧和弯曲弹簧四种。按照弹簧形状,弹簧又可分为螺旋弹簧、碟形弹簧、环形弹簧、板簧、盘簧等。弹簧的主要类型见表16-1。

表 16-1 弹簧的主要类型

弹簧形状	承受拉伸载荷	承受压缩载荷		承受扭转载荷	承受弯曲载荷
螺旋形	圆柱螺旋拉伸弹簧 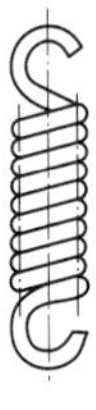	圆柱螺旋压缩弹簧 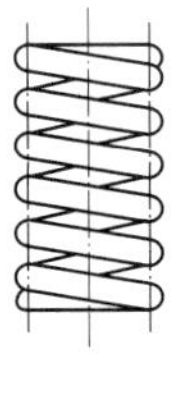	圆锥螺旋压缩弹簧 	圆柱螺旋扭转弹簧 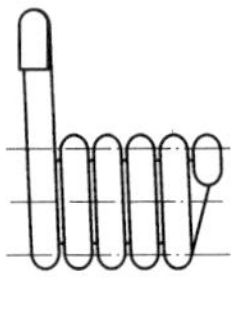	—
其他形状	—	环形弹簧 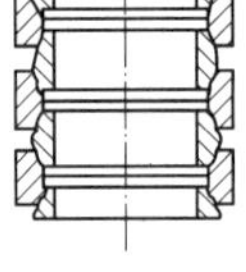	碟形弹簧 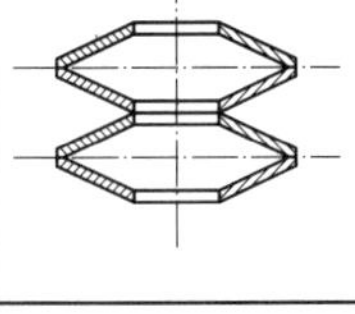	平面涡卷弹簧 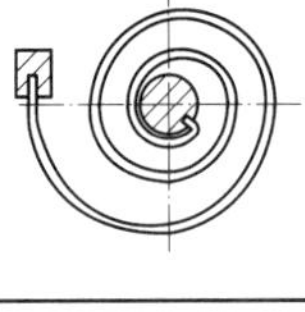	板簧 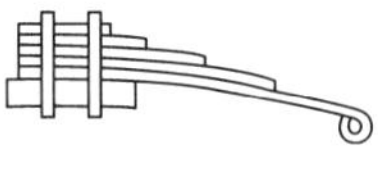

螺旋弹簧是用弹簧丝卷绕制成的,由于制造简便,所以应用最广。

碟形弹簧和环形弹簧能承受很大的冲击载荷,并具有良好的吸振能力,所以常用作缓冲弹簧。在载荷相当大和弹簧轴向尺寸受限制的地方,可以采用碟形弹簧。环形弹簧是目前最强力的缓冲弹簧,近代重型列车、锻压设备和飞机着陆装置中用它作为缓冲零件。

螺旋扭转弹簧是扭转弹簧中最常用的一种。当受载不很大而轴向尺寸又很小时,可以采用盘簧。盘簧在各种仪器中广泛地用作储能装置。

板簧主要受弯曲作用,它常用于受载方向尺寸有限制而变形量又较大的地方。由于板簧具有较好的减振能力,所以在汽车、铁路客货车等车辆中应用很普遍。

16.1.2　弹簧的应用

弹簧具有弹性大、易产生弹性变形的特点,可以把机械功或动能转变成变形能,或把变形能转变成动能或机械功。弹簧在各类机器中的应用十分广泛,其主要功用如下。

(1) 控制机械的运动,例如内燃机中控制气缸阀门启闭的弹簧、离合器中的控制弹簧(见图 16-1(a))。

(2) 吸收振动和冲击能量,例如各种车辆中的减振弹簧(见图 16-1(b))及各种缓冲器的弹簧等。

(3) 储存和释放能量,例如钟表弹簧(见图 16-1(c))、枪栓弹簧等。

(4) 测量力的大小,例如弹簧秤(见图 16-1(d))和测力器中的弹簧等。

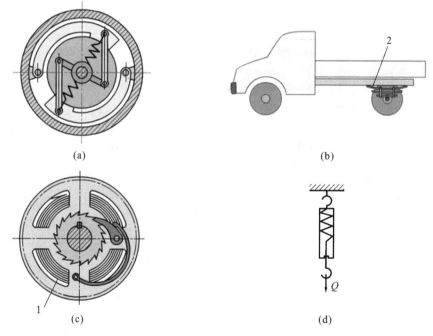

(a)　　　　　　　　　　　　　　　(b)

(c)　　　　　　　　　　　　　　　(d)

图 16-1　弹簧的应用
1—发条;2—减振弹簧

16.2　弹簧的材料与制造

16.2.1　弹簧的常用材料

为了保障弹簧能够可靠地工作,其材料除应满足具有较高的抗拉强度和屈服强度外,还必须具有较高的弹性极限、疲劳极限、冲击韧度、塑性和良好的热处理工艺性等。表 16-2 列出了几种主要弹簧材料及其力学性能。表 16-3 给出了碳素弹簧钢丝的抗拉强度。

表 16-2　常用弹簧材料及其力学性能

材料及牌号	许用切应力 $[\tau]$/MPa			许用弯曲应力 $[\sigma_b]$/MPa		弹性模量 E/MPa	切变模量 G/MPa	推荐使用温度/℃	推荐硬度/HRC
	Ⅰ类弹簧	Ⅱ类弹簧	Ⅲ类弹簧	Ⅱ类弹簧	Ⅲ类弹簧				
碳素弹簧钢丝 B、C、D 级	$0.3\sigma_b$	$0.4\sigma_b$	$0.5\sigma_b$	$0.5\sigma_b$	$0.625\sigma_b$	0.5 mm≤d ≤4 mm 207500 d>4 mm 200000	0.5 mm≤d ≤4 mm 83000 d>4 mm 80000	−40～130	
65 Mn									
60Si2Mn 60Si2MnA	480	640	800	800	10000	200000	80000	−40～200	45～50
50CrVA	450	600	750	750	940			−40～210	
不锈钢丝 1Cr18Ni9 1Cr18Ni9Ti	330	440	550	550	690	197000	73000	−200～300	

注：① 弹簧按载荷性质分为三类：Ⅰ类，受变载荷作用次数在 10^6 以上的弹簧；Ⅱ类，受变载荷作用次数在 10^3～10^5 及受冲击载荷的弹簧；Ⅲ类，受变载荷作用次数在 10^3 以下的弹簧。

② 碳素弹簧钢丝按力学性能高低分为 B、C、D 级（见表 16-3）。

③ 弹簧材料的拉伸强度极限，查表 16-3。

④ 各类螺旋拉、压弹簧的极限工作应力 τ_{lim}，对于Ⅰ类、Ⅱ类弹簧，$\tau_{lim}\leqslant 0.5\sigma_b$，对于Ⅲ类弹簧，$\tau_{lim}\leqslant 0.56\sigma_b$。

⑤ 表中许用切应力为压缩弹簧的许用值，拉伸弹簧的许用应力为压缩弹簧的 80%。

⑥ 经强压处理的弹簧，其许用应力可增大 25%。

表 16-3　碳素弹簧钢丝的拉伸强度极限 σ_b　　　　（单位：MPa）

钢丝直径 d/mm	级　别			钢丝直径 d/mm	级　别		
	B	C	D		B	C	D
0.9	1710～2060	2010～2350	2350～2750	2.8	1370～1670	1620～1910	1710～2010
1.0	1660～2010	1960～2360	2300～2690	3.0	1370～1670	1570～1860	1710～1960
1.2	1620～1960	1910～2250	2250～2550	3.2	1320～1620	1570～1810	1660～1910
1.4	1620～1910	1860～2210	2150～2450	3.5	1320～1620	1570～1810	1660～1910
1.6	1570～1860	1810～2160	2110～2400	4.0	1320～1620	1520～1760	1620～1860
1.8	1520～1810	1760～2110	2010～2300	4.5	1320～1570	1520～1760	1620～1860
2.0	1470～1760	1710～2010	1910～2200	5.0	1320～1570	1470～1710	1570～1810
2.2	1420～1710	1660～1960	1710～2110	5.5	1270～1520	1470～1710	1570～1810
2.5	1420～1710	1660～1960	1760～2060	6.0	1220～1470	1420～1660	1520～1760

注：B 级用于低应力弹簧，C 级用于中等应力弹簧，D 级用于高应力弹簧。

我国的弹簧钢主要有以下几种。

1. 碳素弹簧钢（如 65 钢、70 钢等）

其优点是，价格便宜，原材料来源广，取材方便；其缺点是，弹性极限低，多次重复变形后易失去弹性,且不能在高于 130 ℃ 的温度下正常工作。

2. 低碳锰钢(如 65Mn 等)

其优点是,淬透性较好和强度较高;其缺点是,淬火后易产生裂纹及具有热脆性。但其由于价格便宜,所以一般机械上常用于制造尺寸不大的弹簧,例如离合器弹簧等。

3. 硅锰弹簧钢(如 60Si2MnA 等)

硅锰弹簧钢由于加入了硅,故可显著地提高弹性极限,并提高了回火稳定性,因此可以在更高的温度下回火,从而得到良好的力学性能。硅锰弹簧钢在工业中应用广泛,一般用于制造汽车、拖拉机中的螺旋弹簧。

4. 铬钒钢(如 50CrVA 等)

加入钒后,铬钒钢晶粒细化,提高了强度和冲击韧度,具有较高的耐疲劳性能和良好的抗冲击性能,淬透性和回火稳定性好,能在 −40~210 ℃ 的温度下工作,但价格较高,多用于要求较高的场合,如用于制造航空发动机系统中的弹簧。

此外,某些不锈钢和青铜等材料,具有耐蚀性的特点,青铜还具有防磁性和导电性,故常用于制造化工设备或工作于腐蚀性介质中的弹簧。其缺点是,不容易热处理,力学性能较差,所以在一般机械中很少采用。

在选择弹簧材料时,应考虑弹簧的功用、重要程度、工作条件(如载荷大小、性质、工作温度、周围介质情况等),以及加工、热处理和经济性等因素,同时参考现有设备中的弹簧,选择比较合适的材料。钢是最常用的弹簧材料。当受力较小而又要求防腐蚀、防磁等特性时,可以采用非铁金属。此外,还有用非金属材料制成的弹簧,如橡胶、塑料、软木及空气等。

16.2.2　弹簧的制造方法

螺旋弹簧的制造工艺过程如下:① 绕制;② 钩环制造;③ 端部的制作与精加工;④ 热处理;⑤ 工艺试验。

弹簧的绕制方法分冷卷法与热卷法两种。

(1)冷卷法　弹簧丝直径 $d \leqslant 8$ mm 的采用冷卷法绕制。冷态下卷绕的弹簧常用冷拉并经预先热处理的优质碳素弹簧钢丝制作,卷绕后一般不再进行淬火处理,只需低温回火以消除卷绕时的内应力。

(2)热卷法　弹簧丝直径较大($d > 8$ mm)的弹簧则用热卷法绕制。在热态下卷制的弹簧,卷成后必须进行淬火、中温回火等处理。

对于重要的压缩弹簧,为了保证两端的承压面与其轴线垂直,应将端面圈在专用的磨床上磨平;对于拉伸及扭转弹簧,为了便于连接、固着及加载,两端应制有挂钩或杆臂(见图 16-5 及图 16-15)。

此外,弹簧还需进行工艺试验和根据弹簧技术条件的规定进行精度、冲击、疲劳等试验,以检验弹簧是否符合技术要求。需特别指出的是,弹簧的持久强度和抗冲击强度,在很大程度上取决于弹簧丝的表面状况,所以弹簧丝表面必须光洁,没有裂纹和伤痕等缺陷。表面脱碳会严重影响材料的持久强度和抗冲击性能,因此热处理后的弹簧,表面不应出现显著的脱碳层。

为了提高承载能力,还可在弹簧制成后进行强压处理或喷丸处理。强压处理是将弹簧在超过极限载荷作用下持续 6~48 h,以便在弹簧丝截面的表层高应力区产生塑性变形和有益的与工作应力反向的残余应力,使弹簧在工作时的最大应力下降,从而提高弹簧的承载能力。但用于长期振动、高温或腐蚀性介质中的弹簧,不宜进行强压处理。

16.3　弹簧的参数、特性曲线与刚度

16.3.1　圆柱螺旋弹簧的结构形式

圆柱螺旋弹簧有压缩弹簧、拉伸弹簧和扭转弹簧三种。这三种弹簧的基本构成部分完全相同,只是端部结构有所不同。

1.圆柱螺旋压缩弹簧

如图 16-2 所示,弹簧的节距为 p,在自由状态下,各圈之间应有适当的间距 δ,以便弹簧受压时,有产生相应变形的可能。为了使弹簧在压缩后仍能保持一定的弹性,设计时还应考虑在最大载荷作用下,各圈之间仍需保留一定的间距 δ_1。δ_1 的大小一般推荐为

$$\delta_1 = 0.1d \geqslant 0.2 \text{ mm}$$

式中:d 为弹簧丝的直径,mm。

弹簧的两个端面圈应与邻圈并紧(无间隙),只起支承作用,不参与变形,故称为死圈。当弹簧的工作圈数 $n \leqslant 7$ 时,弹簧每端的死圈约为 0.75 圈;$n > 7$ 时,每端的死圈为 1~1.75 圈。这种弹簧端部的结构有多种形式(见图 16-3),最常用的有两个端面圈均与邻圈并紧且磨平的 YⅠ型(见图 16-3(a))、并紧不磨平的 YⅢ型(见图 16-3(c))和加热卷绕时弹簧丝两端锻扁且与邻圈并紧(端面圈可磨平,也可不磨平)的 YⅡ型(见图 16-3(b))三种。在重要的场合,应采用 YⅠ型,以保证两支承端面与弹簧的轴线垂直,从而使弹簧受压时不致歪斜。弹簧丝直径 $d \leqslant 0.5$ mm 时,弹簧的两支承端面可不必磨平。$d > 0.5$ mm 的弹簧,两支承端面则需磨平。磨平部分应不小于圆周长的3/4。端头厚度一般不小于 $d/8$,端面表面粗糙度应小于 $Ra25$。

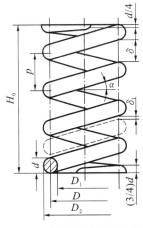

图 16-2　圆柱螺旋压缩弹簧

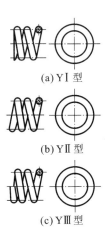

(a) YⅠ 型

(b) YⅡ 型

(c) YⅢ 型

图 16-3　圆柱螺旋压缩弹簧的端部结构

2.圆柱螺旋拉伸弹簧

如图 16-4 所示,圆柱螺旋拉伸弹簧空载时,各圈应相互并拢。另外,为了节省轴向工作空间,并保证弹簧在空载时各圈相互压紧,常在卷绕的过程中,使弹簧丝绕其本身的轴线产生扭转。这样制成的弹簧,各圈相互间既具有一定的压紧力,弹簧丝中也产生了一定的预应力,故称为有预应力的拉伸弹簧。这种弹簧一定要在外加的拉力大于初拉力 $\boldsymbol{F}_0$ 后,各圈才开始分离,故可较无预应力的拉伸弹簧节省轴向的工作空间。拉伸弹簧的端部制有挂钩,以便安装和

加载。挂钩的形式如图 16-5 所示。其中,L Ⅰ 型和 L Ⅱ 型制造方便,应用很广。但因在挂钩过渡处产生很大的弯曲应力,故只宜用于弹簧丝直径 $d \leqslant 10$ mm 的弹簧中。L Ⅶ 型、L Ⅷ 型挂钩不与弹簧丝连成一体,故无前述过渡处的缺点,而且这种挂钩可以转到任意方向,便于安装。在受力较大的场合,最好采用 L Ⅶ 型挂钩,但它的价格较贵。

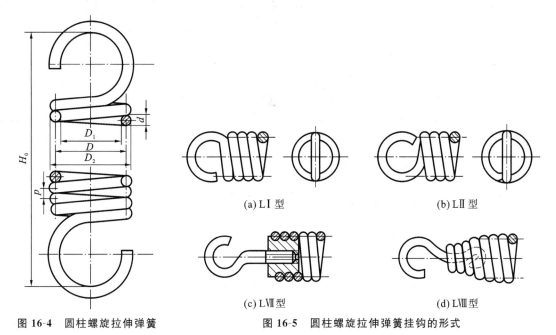

图 16-4　圆柱螺旋拉伸弹簧　　　　　　　　图 16-5　圆柱螺旋拉伸弹簧挂钩的形式

(a) L Ⅰ 型　　　　　　(b) L Ⅱ 型

(c) L Ⅶ 型　　　　　　(d) L Ⅷ 型

16.3.2　几何参数计算

圆柱螺旋弹簧的主要几何参数有大径 D_2、中径 D、小径 D_1、节距 p、螺旋升角 α 和弹簧丝直径 d,由图 16-6 可知,它们的关系为

$$\alpha = \arctan \frac{p}{\pi D} \tag{16-1}$$

式中:α 为弹簧的螺旋升角,对于圆柱螺旋压缩弹簧,一般应在 $5° \sim 9°$ 范围内选取。弹簧的旋向可以是右旋或左旋,但无特殊要求时,一般都用右旋。

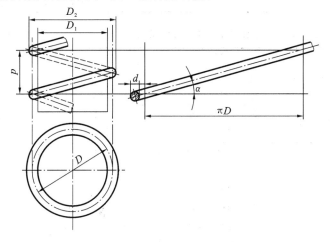

图 16-6　圆柱螺旋弹簧的几何尺寸参数

普通圆柱螺旋压缩及拉伸弹簧有关的结构尺寸计算公式如表 16-4 所示。计算出的弹簧丝直径 d 及中径 D 等按表 16-5 所示的数值圆整。

表 16-4　普通圆柱螺旋压缩及拉伸弹簧的结构尺寸计算公式　　　　　　（单位:mm）

参数名称及代号	计 算 公 式		备　　注
	压缩弹簧	拉伸弹簧	
中径 D	$D = Cd$		按表 16-5 取标准值
小径 D_1	$D_1 = D - d$		
大径 D_2	$D_2 = D + d$		
旋绕比 C	$C = D/d$		
压缩弹簧长细比 b	$b = \dfrac{H_0}{D}$		b 在 $1 \sim 5.3$ 的范围内选取
自由高度或长度 H_0	两端并紧,磨平: $H_0 \approx pn + (1.5 \sim 2)d$ 两端并紧,不磨平: $H_0 \approx pn + (3 \sim 3.5)d$	$H_0 = nd + H_h$	H_h 为钩环轴向长度
工作高度或长度 H_1 , H_2 ,$\cdots$, H_n	$H_n = H_0 - \lambda_n$	$H_n = H_0 + \lambda_n$	λ_n 为工作变形量
有效圈数 n	根据要求变形量按式(16-10)、式(16-11)计算		$n \geqslant 2$
总圈数 n_1	冷卷: $n_1 = n + (2 \sim 2.5)$ YII型热卷: $n_1 = n + (1.5 \sim 2)$	$n_1 = n$	拉伸弹簧 n_1 尾数为 $\dfrac{1}{4}$、$\dfrac{1}{2}$、$\dfrac{3}{4}$、整圈, 推荐用 $\dfrac{1}{2}$ 圈
节距 p	$p = (0.28 \sim 0.5)D$	$p = d$	
轴向间距 δ	$\delta = p - d$		
展开长度 L	$L = \dfrac{\pi D n_1}{\cos \alpha}$	$L = \pi D n + L_h$	L_h 为钩环展开长度
螺旋角 α	$\alpha = \arctan \dfrac{p}{\pi d}$		对于螺旋压缩弹簧,推荐 $\alpha = 5° \sim 9°$
质量 m_s	$m_s = \dfrac{\pi d^2}{4} L \gamma$		γ 为材料的密度,对于各种钢,$\gamma = 7700$ kg/m³;对于铍青铜,$\gamma = 8100$ kg/m³

表 16-5　普通圆柱螺旋弹簧尺寸系列(摘自 GB/T 1358—2009)

弹簧丝直径 d /mm	第一系列	0.3	0.35	0.4	0.45	0.5	0.6	0.7	0.8	0.9	1		
		0.2	0.6	2	2.5	3	3.5	4	4.5	5	6	8	10
		12	16	20	25	30	35	40	45	50	60	70	80
	第二系列	0.32	0.55	0.65	1.4	1.8	2.2	2.8	3.2	5.5	6.5	7	9
		11	14	18	22	28	32	38	42	55	65		
弹簧中径 D /mm		2	2.2	2.5	2.8	3	3.2	3.5	3.8	4	4.2	4.5	4.8
		5	5.5	6	6.5	7	7.5	8	8.5	9	10	12	14
		16	18	20	22	25	28	30	32	35	38	40	42
		45	48	50	52	55	58	60	65	70	75	80	85
		90	95	100	105	110	115	120	125	130	135	140	145
		150	160	170	180	190	200						

续表

有效圈数 n /圈	压缩弹簧	2	2.25	2.5	2.75	3	3.25	3.5	3.75	4	4.25	4.5	4.75
		5	5.5	6	6.5	7	7.5	8	8.5	9	9.5	10	10.5
		11.5	12.5	13.5	14.5	15	16	18	20	22	25	28	30
	拉伸弹簧	2	3	4	5	6	7	8	9	10	11	12	13
		14	15	16	17	18	19	20	22	25	28	30	35
		40	45	50	55	60	65	70	80	90	100		
自由高度 H_0 /mm	压缩弹簧	4	5	6	7	8	9	10	11	12	13	14	15
		16	17	18	19	20	22	24	26	28	30	32	35
		38	40	42	45	48	50	52	55	58	60	65	70
		75	80	85	90	95	100	105	110	115	120	130	140
		150	160	170	180	190	200	220	240	260	280	300	320
		340	360	380	400	420	450	480	500	520	550	580	600

注:① 本表适用于压缩、拉伸和扭转的圆截面弹簧丝的圆柱螺旋弹簧;

　　② 应优先采用第一系列;

　　③ 拉伸弹簧有效圈数除按表中规定外,由于两钩环相对位置不同,其尾数还可以为 0.25、0.5、0.75。

16.3.3　特性曲线和应力应变

1. 特性曲线

表征弹簧载荷与其变形之间关系的曲线,称为弹簧特性曲线。对于受压或受拉的弹簧,载荷是指压力或拉力,变形是指弹簧压缩量或伸长量;对于受扭转的弹簧,载荷是指扭矩,变形是指扭角。常见的弹簧特性曲线按照结构形式,分为直线型、刚度渐增型、刚度渐减型、混合型等多种,如图 16-7 所示。

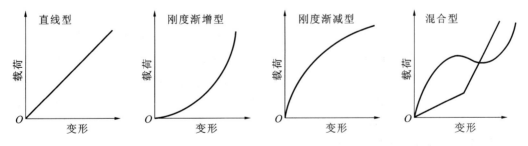

图 16-7　弹簧特性曲线

压缩弹簧的特性曲线如图 16-8 所示,图 16-8(a)中的 H_0 是压缩弹簧不受外力时的自由长度。弹簧在安装时,通常预受一压缩力 F_{min},以使其可靠地稳定在安装位置上。F_{min} 称为弹簧的最小载荷(安装载荷)。在最小载荷作用下,弹簧的长度为 H_1,弹簧的压缩量为 λ_{min}。当弹簧承受最大工作载荷 F_{max} 时,弹簧压缩量增到 λ_{max},弹簧长度减至 H_2。λ_{max} 与 λ_{min} 之差即为弹簧的工作行程 h,$h = \lambda_{max} - \lambda_{min}$。$F_{lim}$ 为弹簧的极限载荷,在该力的作用下,弹簧丝内的应力达到了弹簧材料的弹性极限,这时相应的弹簧长度为 H_3,压缩量为 λ_{lim},产生的极限应力为 τ_{lim}。

等节距的圆柱螺旋压缩弹簧的特性曲线为一直线,即

$$\frac{F_{min}}{\lambda_{min}} = \frac{F_{max}}{\lambda_{max}} = \cdots = 常数 \tag{16-2}$$

拉伸弹簧的特性曲线如图 16-9 所示,图 16-9(b)所示为无预应力的拉伸弹簧的特性曲线;图 16-9(c)所示为有预应力的拉伸弹簧的特性曲线。对于有预应力的拉伸弹簧,应使 $F_{min}>F_0$,其中 $\boldsymbol{F}_0$ 为使具有预应力的拉伸弹簧开始变形时所需的初拉力。如图 16-9(c)所示,有预应力的拉伸弹簧相当于有预变形 x,因而在同样的作用下,有预应力的拉伸弹簧产生的变形要比没有预应力的小。

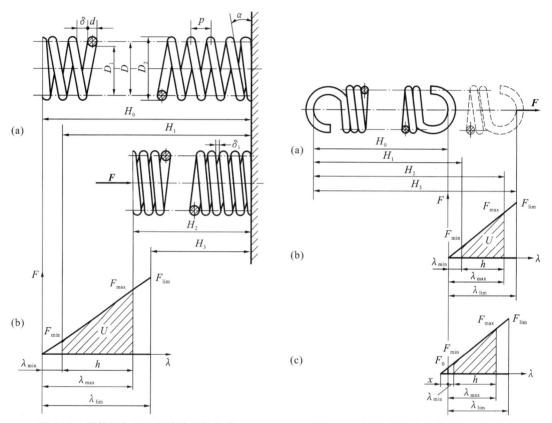

图 16-8   圆柱螺旋压缩弹簧的特性曲线   图 16-9   圆柱螺旋拉伸弹簧的特性曲线

弹簧的最小载荷通常取 $F_{min}=(0.1\sim0.5)F_{max}$。弹簧的最大载荷 F_{max},则由机构的工作条件决定。应用中,一般不希望弹簧失去直线特性关系,通常应满足 $F_{max}\leqslant0.8F_{lim}$。

弹簧的特性曲线应绘制在弹簧的工作图上,作为检验与试验的依据之一。同时还可在设计弹簧时,利用特性曲线进行载荷与变形关系的分析。

2. 圆柱螺旋弹簧受载时的应力及应变

圆柱螺旋弹簧丝的截面多为圆截面,也有矩形截面的情况。以下分析主要是针对圆截面弹簧丝的圆柱螺旋弹簧进行的。

圆柱螺旋弹簧受压或受拉时,弹簧丝的受力情况是完全一样的。现就图 16-10 所示的圆截面弹簧丝的压缩弹簧承受轴向载荷 $\boldsymbol{F}$ 的情况进行分析。

由图 16-10(a)(图中弹簧下部断去,未示出)可知,由于弹簧丝具有螺旋升角 α,故在通过弹簧轴线的截面上,弹簧丝的截面 $A—A$ 呈椭圆形,该截面上作用着力 $\boldsymbol{F}$ 及扭矩 $T=F\dfrac{D}{2}$。因而在弹簧丝的法向截面 $B—B$ 上则作用有横向力 $F\cos\alpha$、轴向力 $F\sin\alpha$、弯矩 $M=T\sin\alpha$ 及扭矩 $T'=T\cos\alpha$。

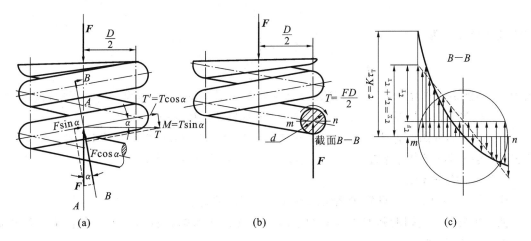

图 16-10　圆柱螺旋压缩弹簧的受力分析及应力分析

由于 $\alpha = 5° \sim 9°$，故 $\sin\alpha \approx 0$，$\cos\alpha \approx 1$，则截面 $B—B$ 上的应力（见图 16-10(b)和(c)）可近似地取为

$$\tau_\Sigma = \tau_F + \tau_T = \frac{F}{\frac{\pi d^2}{4}} + \frac{F\frac{D}{2}}{\frac{\pi d^3}{16}} = \frac{4F}{\pi d^2}\left(1 + \frac{2D}{d}\right) = \frac{4F}{\pi d^2}(1 + 2C) \tag{16-3}$$

式中：$C = \dfrac{D}{d}$，称为旋绕比（或弹簧指数）。为了避免卷绕时弹簧丝受到强烈弯曲，C 值不应太小；但为使弹簧本身较为稳定，不致颤动和过软，C 值又不能太大。C 值一般为 $4 \sim 16$（见表 16-6），常用值为 $5 \sim 8$。

表 16-6　常用旋绕比 C 值

d/mm	$0.2 \sim 0.4$	$0.45 \sim 1$	$1.1 \sim 2.2$	$2.5 \sim 6$	$7 \sim 16$	$18 \sim 42$
$C = \dfrac{D}{d}$	$7 \sim 14$	$5 \sim 12$	$5 \sim 10$	$4 \sim 9$	$4 \sim 8$	$4 \sim 6$

16.3.4　圆柱螺旋弹簧的强度和刚度计算

1. 弹簧的强度计算

设计弹簧时，强度计算的目的是确定弹簧丝的直径 d。

为了简化计算，通常在式(16-3)中取 $1 + 2C \approx 2C$（因为当 $C = 4 \sim 16$，$2C \gg 1$，实质上是略去了 τ_F），受弹簧丝的升角和曲率的影响，弹簧丝截面中的应力分布将如图 16-10(c)中的粗实线所示。可以看出，最大应力产生在弹簧丝截面内侧的 m 点。实践证明，弹簧的破坏也大多由这点开始。为了考虑弹簧丝的升角和曲率对弹簧丝中的应力的影响，现引进一个曲度系数 K，则弹簧丝内侧的最大应力及弹簧强度条件可表示为

$$\tau = K\tau_T = K\frac{8CF}{\pi d^2} \leqslant [\tau] \tag{16-4}$$

式中：K 为曲度系数，对于圆截面弹簧丝，有

$$K \approx \frac{4C - 1}{4C - 4} + \frac{0.615}{C} \tag{16-5}$$

对于受静载荷作用的弹簧，其强度条件为

$$\tau \leqslant [\tau]$$

则弹簧丝直径 d 为

$$d \geqslant \sqrt{\frac{8KFC}{\pi[\tau]}} = 1.6\sqrt{\frac{KFC}{[\tau]}} \tag{16-6}$$

式中：d 为弹簧丝直径，mm；K 为弹簧的曲度系数，见式(16-5)；F 为弹簧所承受的轴向载荷，N；C 为弹簧的旋绕比，取值见表 16-6；$[\tau]$ 为弹簧材料的许用切应力，MPa。

由式(16-6)求出的弹簧丝直径 d 应圆整成标准值。应用式(16-6)计算时，如用碳素钢弹簧材料，其许用切应力与弹簧丝直径、旋绕比有关，所以需采用试算法。

2. 弹簧的刚度计算

刚度计算的目的在于确定弹簧丝的有效工作圈的数目 n。

圆柱螺旋压缩(拉伸)弹簧受载后的轴向变形量 λ，可根据材料力学关于圆柱螺旋弹簧变形量的公式求得，即

$$\lambda = \frac{8FD^3n}{Gd^4} = \frac{8FC^3n}{Gd} \tag{16-7}$$

式中：n 为弹簧的有效圈数；G 为弹簧材料的切变模量，取值见表 16-2。

如以 $\boldsymbol{F}_{\max}$ 代替 $\boldsymbol{F}$，则最大轴向变形量如下。

（1）对于压缩弹簧和无预应力的拉伸弹簧：

$$\lambda_{\max} = \frac{8F_{\max}C^3n}{Gd} \tag{16-8}$$

（2）对于有预应力的拉伸弹簧：

$$\lambda_{\max} = \frac{8(F_{\max} - F_0)C^3n}{Gd} \tag{16-9}$$

由式(16-7)可得弹簧的有效工作圈数为

$$n = \frac{G\lambda d}{8FC^3} = \frac{G\lambda d^4}{8FD^3} \tag{16-10}$$

弹簧的有效工作圈数 $n \geqslant 2$，才能保证弹簧具有稳定的性能。对于拉伸弹簧，$n > 20$ 时，应圆整为整圈数；$n < 20$ 时，则圆整为 1/2 圈。对于压缩弹簧，n 的尾数宜取 1/4、1/2 或整数圈。

使弹簧产生单位变形所需的载荷 k_F 称为弹簧刚度，即

$$k_F = \frac{F}{\lambda} = \frac{Gd}{8C^3n} = \frac{Gd^4}{8D^3n} \tag{16-11}$$

弹簧刚度是表征弹簧性能的主要参数之一。它表示使弹簧产生单位变形时所需的力，刚度越大，需要的力越大，则弹簧的弹力就越大。影响弹簧刚度的因素很多，由式(16-11)可知，k_F 与 C 三次方成反比，即 C 值对 k_F 的影响很大。所以，合理地选择 C 值就能控制弹簧的弹力。另外，k_F 还与 G、d、n 有关。在调整弹簧刚度 k_F 时，应综合考虑这些因素的影响。

16.4　圆柱螺旋拉伸弹簧的设计计算

在设计时，通常根据弹簧的最大载荷、最大变形，以及结构要求(如安装空间对弹簧尺寸的限制)等来确定弹簧丝直径、弹簧中径、工作圈数、弹簧的螺旋升角和长度等。

具体设计方法和步骤如下。

（1）根据工作情况及具体条件选定材料，并查取力学性能数据。

（2）选择旋绕比 C。通常可取 $C \approx 5 \sim 8$（极限状态时不小于 4 或者超过 16），并按式（16-5）算出曲度系数 K 值。

（3）根据安装空间初设弹簧中径 D，根据 C 值估取弹簧丝直径 d，并由表 16-2 查取弹簧丝的许用应力。

（4）算出弹簧丝直径 d'，由式（16-4）可得

$$d' \geqslant 1.6 \sqrt{\frac{F_{max} K C}{[\tau]}} \tag{16-12}$$

当弹簧材料选用碳素弹簧钢丝或 65 Mn 弹簧钢丝时，因钢丝的许用应力取决于其 σ_b，而 σ_b 是随着钢丝的直径 d 的变化而变化的（见表 16-3），所以计算时需要假设一个 d 值，然后进行试算。最终的 d、D、n 及 H_0 值应符合表 16-5 所给的标准尺寸系列。

（5）根据变形条件求出弹簧工作圈数。

由式（16-8）、式（16-9）可知，对于有预应力的拉伸弹簧，有

$$n = \frac{Gd}{8(F_{max} - F_0)C^3} \lambda_{max} \tag{16-13}$$

对于压缩弹簧或无预应力的拉伸弹簧，有

$$n = \frac{Gd}{8 F_{max} C^3} \lambda_{max} \tag{16-14}$$

（6）求出弹簧的尺寸 D_2、D_1、H_0，并检查其是否符合安全要求等。如不符合，则应改选有关参数（例如 C 值）重新设计。

（7）验算稳定性。对于压缩弹簧，如其长度较大，则受力后容易失去稳定性（见图 16-11），这在工作中是不允许的。为了便于制造及避免失稳现象，建议一般压缩弹簧的长细比 $b = \dfrac{H_0}{D}$ 按下列情况选取：当弹簧固定时，取 $b < 5.3$；当一端固定，另一端自由回转时，取 $b < 3.7$；当两端自由回转时，取 $b < 2.6$。

当 b 大于上述数值时，要进行稳定性计算，并应满足

$$F_c = C_u k_F H_0 > F_{max} \tag{16-15}$$

式中：F_c 为稳定时的临界载荷；C_u 为不稳定系数，由图 16-12 查得；k_F 为弹簧刚度，N/mm；H_0 为弹簧的自由高度，mm；F_{max} 为弹簧的最大工作载荷，N。

图 16-11 压缩弹簧的失稳

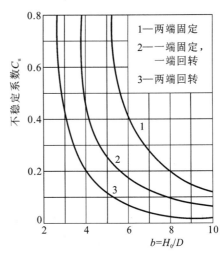

图 16-12 不稳定系数值

如 $F_{max} > F_c$ 时,要重新选取参数,改变 b 值,提高 F_c 值,使其大于 F_{max} 值,以保证弹簧的稳定性。如受结构限制而不能改变参数,则应设置导杆(见图 16-13(a))或导套(见图 16-13(b))。导杆(导套)与弹簧的间隙 c 值(直径差)按表 16-7 的规定选取。

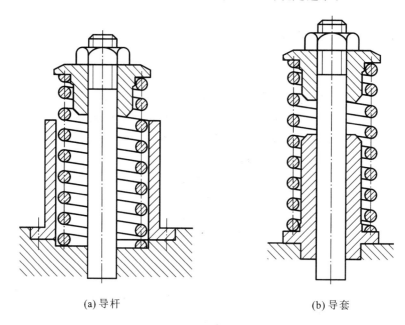

(a) 导杆　　　　　　　　　　　　　　　　(b) 导套

图 16-13　导杆与导套

表 16-7　导杆(导套)与弹簧的间隙　　　　　　　　(单位:mm)

中径 D	$\leqslant 5$	$> 5 \sim 10$	$> 10 \sim 18$	$> 18 \sim 30$	$> 30 \sim 50$	$> 50 \sim 80$	$> 80 \sim 120$	$> 120 \sim 150$
间隙 c	0.6	1	2	3	4	5	6	7

(8) 疲劳强度和静应力强度的验算。对于循环次数较多、在变应力下工作的重要弹簧,还应该进一步对弹簧的疲劳强度和静应力强度进行验算(如果变载荷的作用次数 $N \leqslant 10^3$ 次,或载荷变化的幅度不大,则可只进行静应力强度验算)。

① 疲劳强度验算。图 16-14 所示为弹簧在变载荷作用下的应力变化状态。图中, H_0 为弹簧的自由长度, F_1 和 λ_1 为安装载荷和预压变形量, F_2 和 λ_2 为工作时的最大载荷和最大变形量。当弹簧所受载荷 F 在 F_1 和 F_2 之间不断循环变化时,则根据式(16-4)可得弹簧材料内部所产生的最大和最小循环切应力分别为

$$\tau_{max} = \frac{8KD}{\pi d^3} F_2$$

$$\tau_{min} = \frac{8KD}{\pi d^3} F_1$$

对应于上述变应力作用下的普通圆柱螺旋压缩弹簧,疲劳强度安全系数计算值 S_{ca} 及强度条件可按下式计算:

$$S_{ca} = \frac{\tau_0 + 0.75\tau_{min}}{\tau_{max}} \geqslant S_F \tag{16-16}$$

式中: τ_0 为弹簧材料的脉动循环剪切疲劳极限,按变载荷作用次数 N 由表 16-8 查取; S_F 为弹簧疲劳强度的设计安全系数,当弹簧的设计计算和材料的力学性能数据精确度高时,取 $S_F = 1.3 \sim 1.7$,精确度低时,取 $S_F = 1.8 \sim 2.2$。

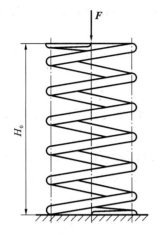
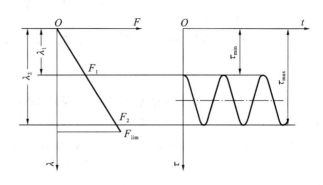

图 16-14　弹簧在变载荷作用下的应力变化

表 16-8　弹簧材料的脉动循环剪切疲劳极限

变载荷作用次数 N/次	10^4	10^5	10^6	10^7
τ_0/MPa	$0.45\sigma_b$	$0.35\sigma_b$	$0.33\sigma_b$	$0.3\sigma_b$

注:① 此表适用于高优质钢丝、不锈钢丝、铍青铜丝和硅青铜丝;

　　② 对喷丸处理的弹簧,表中数值可提高 20%;

　　③ 对于硅青铜丝、不锈钢丝,$N=10^4$ 次时的 τ_0 值可取 $0.35\,\sigma_b$;

　　④ 表中 σ_b 为弹簧材料的拉伸强度,MPa。

② 静应力强度验算。静应力强度安全系数计算值 S_{Sca} 计算公式及强度条件为

$$S_{Sca} = \frac{\tau_s}{\tau_{max}} \geqslant S_S \tag{16-17}$$

式中:τ_s 为弹簧材料的剪切屈服强度。静应力强度的设计安全系数 S_S 的选取与 S_F 相同。

（9）振动验算。承受变载荷的圆柱螺旋弹簧通常是在加载频率很高的情况下工作的（如内燃机气缸阀门弹簧等）。为了避免引起弹簧的谐振而导致弹簧的破坏,需对弹簧进行振动验算,以保证其临界工作频率（即工作频率的许用值）远低于其基本自振频率。

圆柱螺旋弹簧的基本自振频率 f_b（单位为 Hz）为

$$f_b = \frac{1}{2}\sqrt{\frac{k_F}{m_s}} \tag{16-18}$$

式中:k_F 为弹簧刚度,N/mm,见式(16-11);m_s 为弹簧的质量,kg,见表 16-4。

将 k_F、m_s 的关系式代入式(16-18),并取 $n \approx n_1$,则有

$$f_b = \frac{1}{2}\sqrt{\frac{Gd^4/(8D^3 n)}{\pi^2 d^2 D n_1 \gamma/(4\cos\alpha)}} \approx \frac{d}{8.9 D^2 n_1}\sqrt{\frac{G\cos\alpha}{\gamma}} \tag{16-19}$$

式中:各符号含义及单位同前（见式(16-11)及表 16-4）。

弹簧的基本自振频率 f_b 应不低于其工作频率 f_w（单位为 Hz）的 15~20 倍,以免引起严重的振动,即

$$f_b \geqslant (15 \sim 20) f_w$$

或

$$f_w \leqslant \frac{f_b}{15 \sim 20} \tag{16-20}$$

但弹簧的工作频率一般是预先给定的,故当弹簧的基本自振频率不能满足上式时,应增大 k_F 或减小 m_s,重新进行设计。

（10）进行弹簧的结构设计。如对拉伸弹簧确定其钩环类型等,并按表 16-4 计算出全部有关尺寸。

（11）绘制弹簧工作图。

对于不重要的普通圆柱螺旋弹簧,也可以采用 GB/T 2088—2009 提供的选型设计方法,具体方法可以参考该标准中的选用举例。

例 16-1 设计一圆柱螺旋拉伸弹簧。已知该弹簧在一般载荷条件下工作,要求中径 $D = 18$ mm,大径 $D_2 \leqslant 22$ mm。当弹簧拉伸变形量 $\lambda_1 = 7.5$ mm 时,拉力 $F_1 = 180$ N;拉伸变形量 $\lambda_2 = 17$ mm 时,拉力 $F_2 = 340$ N。

解 （1）根据工作条件选择材料并确定其许用应力。

因弹簧在一般载荷条件下工作,可以按Ⅲ类弹簧来考虑。可选用价格较低的 B 级碳素弹簧钢丝。并根据 $D_2 - D \leqslant 4$ mm,先选取 $d = 3$ mm。由表 16-3 得 $\sigma_b = 1618$ MPa,根据表16-2 可知 $[\tau] = 0.5\sigma_b = 0.5 \times 1618$ MPa $= 809$ MPa。

（2）选择旋绕比 C。

现选取旋绕比 $C = 6$,则由式(16-5)得

$$K \approx \frac{4C-1}{4C-4} + \frac{0.615}{C} = \frac{4 \times 6 - 1}{4 \times 6 - 4} + \frac{0.615}{6} \approx 1.25$$

（3）弹簧丝直径 d 的计算。

由式(16-12)得

$$d' \geqslant 1.6\sqrt{\frac{F_2 K C}{[\tau]}} = 1.6 \times \sqrt{\frac{340 \times 1.25 \times 6}{809}} \text{ mm} = 2.84 \text{ mm}$$

故试取的直径 $d = 3$ mm 符合强度要求。

弹簧中径

$$D = Cd = 6 \times 3 \text{ mm} = 18 \text{ mm}$$

弹簧大径

$$D_2 = D + d = (18 + 3) \text{ mm} = 21 \text{ mm} < 22 \text{ mm}$$

所得尺寸与题中的限制条件相符,合适。

（4）弹簧工作圈数 n 的计算。

由式(16-11)得弹簧刚度为

$$k_F = \frac{F}{\lambda} = \frac{F_2 - F_1}{\lambda_2 - \lambda_1} = \frac{340 - 180}{17 - 7.5} \text{ N/mm} = 16.8 \text{ N/mm}$$

由表 16-2 得 $G = 83000$ MPa。由式(16-11)得

$$n = \frac{Gd}{8k_F C^3} = \frac{83000 \times 3}{8 \times 16.8 \times 6^3} = 8.58$$

由表 16-4 知,总圈数 n_1 尾数推荐用 1/2 圈,故取实际工作圈数 $n = 8.5$ 圈。此时弹簧的刚度为

$$k_F = 8.58 \times 16.8 / 8.5 \text{ N/mm} = 16.96 \text{ N/mm}$$

（5）验算有关数据。

① 弹簧初拉力 F_0 为

$$F_0 = F_1 - k_F \lambda_1 = (180 - 16.96 \times 7.5) \text{ N} = 52.8 \text{ N}$$

则弹簧的初应力 τ'_0 为

$$\tau'_0 = K\frac{8F_0D}{\pi d^3} = 1.25 \times \frac{8 \times 52.8 \times 18}{\pi \times 3^3}\,\text{MPa} = 112.1\,\text{MPa}$$

② 极限工作应力 $\tau_{\lim}$。按Ⅲ类弹簧,取 $\tau_{\lim} = 1.12[\tau]$,则

$$\tau_{\lim} = 1.12[\tau] = 1.12 \times 809\,\text{MPa} = 906.1\,\text{MPa}$$

③ 极限工作载荷 $F_{\lim}$ 为

$$F_{\lim} = \frac{\pi d^3 \tau_{\lim}}{8KD} = \frac{\pi \times 3^3 \times 906.1}{8 \times 1.25 \times 18}\,\text{N} = 427\,\text{N}$$

（6）结构设计。

选定两端挂钩形式,并计算出全部尺寸(从略)。

（7）绘制工作图(从略)。

16.5　圆柱螺旋扭转弹簧

扭转弹簧常用于压紧、储能及传递扭矩等,使用十分广泛,可作为汽车启动装置的弹簧、电动机电刷上的弹簧等。它的两端有杆臂或挂钩,以便固定或加载。如图 16-15 所示,NⅠ型为内臂扭转弹簧,NⅡ型为外臂扭转弹簧,NⅢ型为中心臂扭转弹簧,NⅣ型为双扭簧。螺旋扭转弹簧在相邻两圈间一般留有微小的间距,以免扭转变形时相互摩擦。

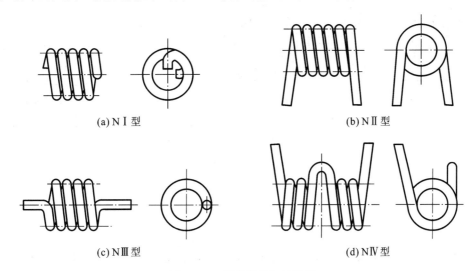

(a) NⅠ型　　　　　　　　　　(b) NⅡ型

(c) NⅢ型　　　　　　　　　　(d) NⅣ型

图 16-15　圆柱螺旋扭转弹簧

16.5.1　特性曲线和应力应变

扭转弹簧要在其工作应力处于材料的弹性极限工作范围内才能正常工作,故载荷 T 与扭转角 φ 间仍为直线关系,其特性曲线如图 16-16 所示。图中各符号含义如下。

$T_{\lim}$:极限工作扭矩,即达到这个载荷时,弹簧丝中的应力已接近其弹性极限。

$T_{\max}$:最大工作扭矩,即对应于弹簧丝中的弯曲应力达到许可值时的最大工作载荷。

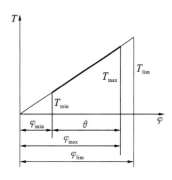

图 16-16　扭转弹簧的特性曲线

T_{min}：最小工作扭矩（安装值），按弹簧的功用选定，一般取 $T_{min}=(0.1\sim0.5)T_{max}$。

φ_{lim}、φ_{max}、φ_{min}：分别对应于上述各载荷的扭转角。

16.5.2　圆柱螺旋扭转弹簧的强度和刚度

扭转弹簧的端部应能施加绕弹簧曲线的扭矩 T（见图 16-17）。取弹簧丝的任意圆形截面 B—B，扭矩 T 对此截面作用的载荷为一引起弯曲应力的力矩 M 及一引起扭转切应力的扭矩 T'。而 $M=T\cos\alpha$，$T'=T\sin\alpha$。因 α 很小，故 T' 的作用可以忽略不计。而 $M\approx T$，即弹簧丝截面上的应力，可以近似地按受弯矩的梁计算（见图 16-18），其最大弯曲应力 σ_{max}（单位为 MPa）及强度条件（以 T_{max} 代替 T，单位为 N·mm）为

$$\sigma_{max}=\frac{K_1M}{W}\approx\frac{K_1T_{max}}{0.1d^3}\leqslant[\sigma_b]\qquad(16\text{-}21)$$

式中：W 为圆截面弹簧丝的抗弯截面系数，即 $W=\dfrac{\pi d^3}{32}=0.1d^3$；$d$ 为弹簧丝直径，mm；K_1 为扭转弹簧的曲度系数（其含义与前述拉压弹簧的曲度系数 K 相似），对于圆截面弹簧丝的扭转弹簧，曲度系数 $K_1=\dfrac{4C-1}{4C-4}$，常用 C 值为 $4\sim16$；$[\sigma_b]$ 为弹簧丝的许用弯曲应力，MPa，由表 16-2 选取。

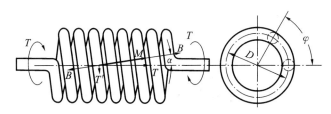

图 16-17　扭转弹簧的载荷分析　　　　　　　图 16-18　计算简图

扭转弹簧承载时的变形以其角位移来测定。弹簧受扭矩 T 作用后，因扭矩变形而产生的扭转角 φ（单位为(°)）可按材料力学中的公式做近似计算，即

$$\varphi\approx\frac{180TDn}{EI}\qquad(16\text{-}22)$$

扭转弹簧的刚度为

$$k_T=\frac{T}{\varphi}=\frac{EI}{180Dn}\qquad(16\text{-}23)$$

式中：k_T 为弹簧的扭转刚度，N·mm/(°)；I 为弹簧丝的截面惯性矩，mm⁴，对于圆形截面，$I=\dfrac{\pi d^4}{64}$；E 为弹簧材料的弹性模量，MPa，见表 16-2；其余各符号的含义和单位同前。

扭转弹簧的轴向长度的计算，可仿照表 16-4 中拉伸弹簧自由长度的计算公式进行计算，即

$$H_0=n(d+\delta_0)+H_h$$

式中：δ_0 为弹簧相邻两圈间的轴向间距，一般取 $\delta_0=0.1\sim0.5$ mm；H_h 为挂钩或杆臂沿弹簧轴向的长度，mm。

16.5.3　圆柱螺旋扭转弹簧的设计

圆柱螺旋扭转弹簧的设计方法和步骤是：首先选定材料及许用应力，并选择 C 值，计算出

K_1（或暂取 $K_1=1$）；对于圆截面弹簧丝的弹簧，以 $W=\dfrac{\pi d^3}{32}\approx0.1d^3$ 代入式(16-21)，试算出弹簧丝直径，即

$$d'=\sqrt[3]{\frac{K_1 T_{max}}{0.1[\sigma_b]}} \tag{16-24}$$

同前理，如果弹簧选用碳素弹簧钢丝或 65 Mn 弹簧钢丝制造，则仍应检查 d' 与原来估计的 d 值是否接近。如接近，即可将 d' 圆整为标准直径 d，并按 d 求出弹簧的其他尺寸。然后检查各尺寸是否合适。

由式(16-22)整理后，可得出扭转弹簧工作圈数的计算公式为

$$n=\frac{EI\varphi}{180TD} \tag{16-25}$$

扭转弹簧的弹簧丝长度可仿照表 16-4 中拉伸弹簧展开长度的计算公式进行计算，即

$$L\approx\pi Dn+L_h \tag{16-26}$$

式中：L_h 为制作挂钩或杆臂的弹簧丝长度。

最后绘制弹簧的工作图。

例 16-2 试设计一 N Ⅲ 型圆柱螺旋扭转弹簧。最大工作扭矩 $T_{max}=7$ N・m，最小工作扭矩 $T_{min}=2$ N・m，工作扭转角 $\varphi=\varphi_{max}-\varphi_{min}=50°$，载荷循环次数 N 为 10^5 次。

解 （1）选择材料并确定其许用弯曲应力。

根据弹簧的工作情况，该弹簧属于 Ⅱ 类弹簧。现选用碳素弹簧钢丝 B 级制造，由表 16-2 查得 $[\sigma_b]=0.5\sigma_b$，估取弹簧钢丝直径为 5 mm，由表 16-3 选取 $\sigma_b=1320$ MPa，则

$$[\sigma_b]=0.5\times1320\ \text{MPa}=660\ \text{MPa}$$

（2）选择旋绕比 C 并计算曲度系数 K_1。

选取 $C=6$，则

$$K_1=\frac{4C-1}{4C-4}=\frac{4\times6-1}{4\times6-4}=\frac{23}{20}=1.15$$

（3）根据强度条件试算弹簧钢丝直径。

由式(16-24)得

$$d'=\sqrt[3]{\frac{K_1 T_{max}}{0.1[\sigma_b]}}=\sqrt[3]{\frac{1.15\times7000}{0.1\times660}}\ \text{mm}=4.95\ \text{mm}$$

原值 $d=5$ mm 可用，不需重算。

（4）计算弹簧的基本几何参数。

$$D=Cd=6\times5\ \text{mm}=30\ \text{mm}$$
$$D_2=D+d=(30+5)\ \text{mm}=35\ \text{mm}$$
$$D_1=D-d=(30-5)\ \text{mm}=25\ \text{mm}$$

取间距 $\delta_0=0.5$ mm，则

$$p=d+\delta_0=(5.0+0.5)\ \text{mm}=5.5\ \text{mm}$$
$$\alpha=\arctan\frac{p}{\pi D}=\arctan\frac{5.5}{\pi\times30}=3°20'$$

（5）按刚度条件计算弹簧的工作圈数。

由表 16-2 知，$E=200000$ MPa，$I=\dfrac{\pi d^4}{64}=\dfrac{\pi\times5^4}{64}$ mm^4=30.68 mm^4。故由式(16-25)得

$$n = \frac{EI\varphi}{180TD} = \frac{200000 \times 30.68 \times 50}{180 \times (7000 - 2000) \times 30} \; \text{圈} = 11.36 \; \text{圈}$$

取 $n = 11.5$ 圈。

（6）计算弹簧的扭转刚度。

由式(16-23)得

$$k_T = \frac{EI}{180Dn} = \frac{200000 \times 30.68}{180 \times 30 \times 11.5} \; \text{N} \cdot \text{mm}/(°) = 98.8 \; \text{N} \cdot \text{mm}/(°)$$

（7）计算 φ_{max} 及 φ_{min}。

因为 $T_{max} = k_T \varphi_{max}$，所以

$$\varphi_{max} = \frac{T_{max}}{k_T} = \left(\frac{7000}{98.8}\right)° = 70.85° = 70°51'$$

$$\varphi_{min} = \varphi_{max} - \varphi = 70.85° - 50° = 20.85° = 20°51'$$

（8）计算自由高度 H_0。

取 $H_h = 40 \; \text{mm}$，则

$$H_0 = n(d + \delta_0) + H_h = 11.5 \times (5 + 0.5) \; \text{mm} + 40 \; \text{mm} = 103.25 \; \text{mm}$$

（9）计算弹簧丝展开长度 L。

取 $L_h = H_h = 40 \; \text{mm}$，则由式(16-26)得

$$L \approx \pi D n + L_h = (\pi \times 30 \times 11.5 + 40) \; \text{mm} = 1123.8 \; \text{mm}$$

（10）绘制工作图（从略）。

知识链接

乘坐动车为何感觉平稳舒适？和贵州造的这件东西有关

贵州和动车有什么联系呢？

大家乘坐动车的时候，有没有想过乘坐动车为什么感觉那么平稳、舒适？除了轨道、车辆的技术水平外，非常关键的核心减振元件就是动车的承重弹簧，这里就有贵州产品的功劳了。你知道吗，250 公里/时动车的标准弹簧就是贵州制造的，中车贵阳车辆有限公司年产各类圆弹簧 1.5 万吨、150 万组，涉及弹簧产品上百种，除了运用在"复兴号"动车上外，还运用在铁路货车、客车、地铁、船舶和工程机械上，产品远销美国及东南亚、南非等国家。

（资料来源：贵州网络广播电视台）

习 题

16.1 圆柱形螺旋压缩弹簧的主要几何参数有哪些？它们对弹簧的性能有什么影响？

16.2 弹簧的特性曲线表示什么性能？在设计弹簧时起什么作用？

16.3 弹簧的旋绕比（弹簧指数）C 对弹簧性能有什么影响？怎样选取 C 值？

16.4 弹簧应力的计算式中为什么要引入曲度系数 K？它与什么因素有关？

16.5 试设计一在静载荷、常温下工作的阀门用圆柱螺旋压缩弹簧。已知：最大工作载荷 $F_{max} = 220 \; \text{N}$，最小工作载荷 $F_{min} = 150 \; \text{N}$，工作行程 $h = 5 \; \text{mm}$，弹簧大径不大于 16 mm，工作介质为空气，两端固定支承。

16.6 某牙嵌式离合器用的圆柱螺旋压缩弹簧的参数如下：$D_2 = 36 \; \text{mm}$，$d = 3 \; \text{mm}$，$n = 5$

圈,弹簧材料为碳素弹簧钢丝(C 级),最大工作载荷 $F_{max}=100$ N,载荷性质为Ⅱ类。试校核此弹簧的强度,并计算其最大变形量 λ_{max}。

16.7　试设计一具有预应力的圆柱螺旋拉伸弹簧。已知:弹簧中径 $D\approx10$ mm,大径 D_1 <15 mm。要求:当弹簧变形量为 6 mm 时拉力为 160 N,变形量为 15 mm 时拉力为320 N。

16.8　试设计一圆柱螺旋扭转弹簧。已知该弹簧用于受力平衡的一般机构中,安装时的预加扭矩 $T_1=2$ N・m,工作扭矩 $T_2=6$ N・m,工作时的扭转角 $\varphi=\varphi_{max}-\varphi_{min}=40°$。

16.9　某圆柱螺旋扭转弹簧用在 760 mm 宽的门上,如图 16-19 所示。当关门后,手把上加 4.5 N 的推力 F 能把门打开;当门转到180°时,手把上的推力为 13.5 N。若材料的许用弯曲应力 $[\sigma_b]=1100$ MPa,求:(1)该弹簧的弹簧钢丝直径 d 和中径 D;(2)所需的初始变形角 φ_{min};(3)弹簧的工作圈数 n。

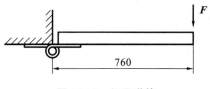

图 16-19　门用弹簧

第17章　平面连杆机构的结构设计

【本章学习要求】

1. 了解连杆机构结构设计的特点和基本要求；
2. 掌握连杆机构结构设计的步骤；
3. 掌握平面连杆机构的构件结构及应用；
4. 掌握转动副和移动副的结构类型；
5. 了解构件长度及支座位置的调节方法；
6. 掌握机架的结构设计的一般要求和机架的结构类型。

连杆机构由若干构件用低副连接而成，具有传动可靠、承载能力高、抗磨损性强等特点，是广泛应用于各种机器的重要机构。按照机器的功能要求，在完成机器的构型设计和运动设计之后进行结构设计，以确定机器各主要零件的材料、形状、尺寸、加工方法、装配方法和质量等，以及进行主要零部件的工作能力验算，并绘制主要零、部件草图。若发现原来选用的结构不可行，就必须调整或修改结构。同时，还应考虑结构中是否存在产生过热、过度磨损或振动的部位。最后，完成结构设计和绘制初步总图。连杆机构的运动尺寸的设计已在机械原理课程中讲授，本章主要介绍平面连杆机构的结构设计。

17.1　连杆机构结构设计的特点和步骤

机械的原理方案设计是机械产品设计的重要阶段，是决定产品质量、性能和经济效益的关键环节。机械结构设计则将原理方案设计结构化，即把机构系统转化为机械实体系统的过程，是涉及问题最多、最具体、工作量最大的工作阶段。据统计，在整个机械设计过程中，平均约80％的时间用于结构设计。结构设计的工作质量对满足产品的功能要求、保证产品质量和可靠性、降低产品成本具有十分重要的作用。结构设计的主要目标：一是要满足功能要求；二是要经济地实现设计目标；三是对人和环境均是安全的。机械结构设计具有以下特点。

（1）细节性特点　机械结构设计是一种细节性设计，是集思考、绘图、计算于一体的设计过程。细节的差别会导致整个产品的技术、经济、性能的显著差异。结构细节决定了产品质量。实际中，绝大多数机械故障、质量问题，不是因为工作原理，而是错误的或不合理的结构细节所致。结构上的细节缺陷可能导致整个零件难以甚至无法制造和实现其功能。

（2）多样性特点　体现为机械结构设计问题的多解性，即满足同一设计要求的机械结构并不是唯一的。改变零件结构本身的形状、位置、数目、尺寸、零件的材料、零件间的连接方式和运动方式等，得到一个尽可能大的结构设计方案解空间，是进行机械结构创新设计中的一个不可缺少的环节。

（3）实践性特点　机械结构设计阶段是一个很活跃的设计环节，常常需反复交叉进行。只有通过实践，创新的思想才能转化为现实；只有通过不断实践，才能发现设计中的问题，进而完善设计。

为此，在进行机械结构设计时，必须了解从机器的整体出发对机械结构的基本要求。其基本要求如下。

（1）功能要求：传递需要的运动和动力；保证运动轨迹；保证零部件间的相对位置。

（2）使用要求：受力合理；提高强度和刚度；节省材料；延长使用寿命。

（3）结构工艺性要求：零件形状简单合理；适应生产条件和规模；合理选用毛坯类型；便于切削加工；便于装配和拆卸；易于维护和维修。

（4）人机学要求：安全；操作舒适；保护环境。

连杆机构构件运动形式多样，如可实现转动、摆动、移动，以及平面或空间复杂运动，从而可用于实现已知运动规律和已知轨迹。此外，面接触的结构使连杆机构具有以下优点：一是运动副单位面积所受压力较小，且面接触便于润滑，故磨损小；二是制造方便，易获得较高的精度；三是两构件之间的接触是靠本身的几何封闭来维系的，而不需利用弹簧力等力封闭来保持接触。因此，平面连杆机构广泛应用于各种机械、仪表和机电产品中。其缺点有：一般情况下，只能近似实现给定的运动规律或运动轨迹，且设计较为复杂；当给定的运动要求较多或较复杂时，需要的构件数和运动副数往往较多，这样就使机构结构复杂，工作效率降低，不仅发生自锁的可能性增加，而且机构运动规律对制造、安装误差的敏感性增加；机构中做复杂运动和做往复运动的构件所产生的惯性力难以平衡，在高速时将引起较大的振动和动载荷，故连杆机构常用于速度较低的场合。近年来，随着连杆机构设计方法的发展，电子计算机的普及应用与有关设计软件的开发使用，连杆机构的设计速度和精度有了较大的提高，而且在满足运动学要求的同时，还可考虑动力学特性。尤其是微电子技术及自动控制技术的引入，多自由度连杆机构的采用，使连杆机构的结构和设计大为简化，使用范围更为广泛。连杆机构的结构设计过程是综合分析、绘图、计算三者相结合的复杂过程。其主要步骤如下。

（1）在开始进行结构设计以前，必须先确定设计任务和制定机构的整体方案。设计者能够从整体出发对机构的结构提出要求，如动作要求、运动范围、工作能力、生产率、传动功率、工作条件、加工及装配条件、使用条件等，以及对寿命、成本等方面的要求。

（2）将机构分为若干个构件，初步确定各构件的基本尺寸、形状、材料等，然后确定全部的共同形成运动副的构件连接部位的结构形式，最后通过绘制草图，初定连杆机构的结构。对初定的连杆机构的结构方案进行综合分析，确定最后的结构方案。对机构的承载零部件的结构进行受力分析以及强度、刚度、耐磨性计算，验算主要零部件的工作能力。设计时应不断完善结构，以便结构能更加合理地承受载荷、提高承载能力及工作精度。同时还应考虑零部件装拆、材料、加工工艺的要求等，以及考虑零部件的通用化、标准化，减少零部件的品种，以降低生产成本。

（3）设计过程中注意各零、部件之间的关系协调，反复进行方案对比并进行必要的修改。最后，完成装配图、零件工作图和计算说明书。

总之，连杆机构的结构设计过程是从内到外、从重要到次要、从局部到总体、从粗略到精细，通过对比分析而逐步改进和完善的过程。

17.2 平面连杆机构的构件结构

连杆机构的基本组成元素是构件和运动副。平面连杆机构的运动副有转动副和移动副两种形式，即构件的一端或为转动副元素或为移动副元素。

1. 带有转动副元素的构件结构

平面连杆机构中的构件有杆状、块状、偏心轮、偏心轴和曲轴等形式。由于杆状结构构造简单，加工方便，当构件杆长较长时，一般做成杆状。杆状通常制成直杆，如图 17-1（a）所示，有时为避免构件之间的运动干涉，提高其强度或刚度，或有其他特殊要求，也可将构件制成曲杆，如图 17-1(b)所示。杆状构件有空心和实心之分,当杆在工作过程中始终受拉力作用时可以用钢丝绳作为杆件。带三个转动副元素的三副杆结构有三个转动副中心位于一条直线上的情况,如图 17-2 所示,也有三个转动副中心构成三角形的结构(见图 17-3)。图 17-3 所示结构为方案较好的几种常用的三副杆结构形式。杆状结构设计较为灵活,主要与三个转动副的相对位置和构件的加工工艺有关。三副杆构件工作时受力较为复杂,往往要产生拉伸或压缩、弯曲或(和)扭转等变形,应根据不同截面形状的抗弯截面系数和惯性矩合理选择。另外,根据对构件强度、刚度等要求的不同,构件的横截面可以设计成不同的形状,如图 17-4 所示。相同截面面积的不同形状的构件,其弯曲强度、扭转强度、弯曲刚度及扭转刚度都是不同的,设计时应根据受力特点、机械制造和使用成本等要求综合考虑后选用。图 17-5 所示为常见的杆类构件端部与其他构件形成铰接的结构形式。

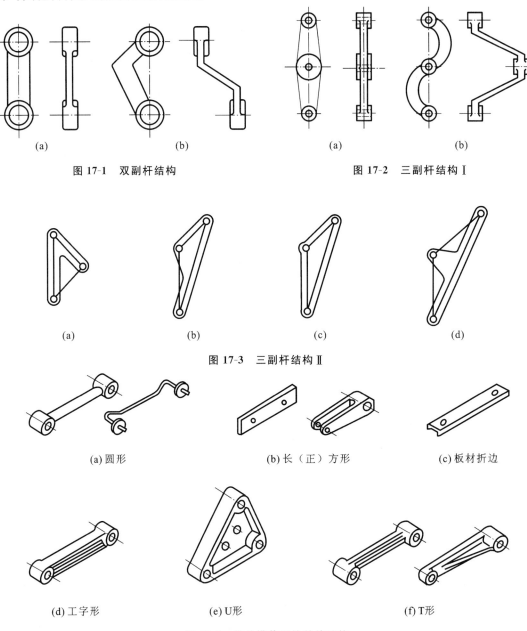

| (a) | (b) | (a) | (b) |

图 17-1　双副杆结构　　　　　　　　图 17-2　三副杆结构Ⅰ

| (a) | (b) | (c) | (d) |

图 17-3　三副杆结构Ⅱ

(a)圆形　　　　　　　(b)长(正)方形　　　　　　(c)板材折边

(d)工字形　　　　　　(e)U形　　　　　　(f)T形

图 17-4　构件横截面的其他结构

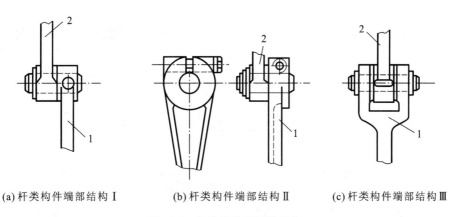

(a) 杆类构件端部结构 Ⅰ　　　　(b) 杆类构件端部结构 Ⅱ　　　　(c) 杆类构件端部结构 Ⅲ

图 17-5　杆类构件端部的结构

1,2—被连接件

块状构件大都是做往复移动的构件,其结构和形状与移动副的构造有关,故在移动副的结构设计中一并讨论。

当同一构件上的两转动副轴线间距很小,且需传递较大动力时,难以在一个构件上设置两个紧贴着的轴销或轴孔,此时可采用如图 17-6(a)所示的偏心轮或偏心轴结构,偏心轮或偏心轴就相当于连杆机构中的曲柄,且其几何中心与回转中心间的距离等于曲柄长度。另外,当曲柄需安装在直轴的两支承之间时,为避免连杆与曲柄轴的运动干涉,也常采用偏心轮或偏心轴结构。当曲柄较长且又必须装在轴的中间时,常用图 17-6(b)所示的曲轴式曲柄。图 17-6(b)中结构形式 1 结构简单,与其组成运动副的构件可做成整体式的。当工作载荷和尺寸较大,或曲柄需装在轴的中间时,可采用图 17-6(b)中结构形式 2。这种形式在内燃机、压缩机等机械中经常采用,曲柄在中间轴颈处与剖分式连杆相连。

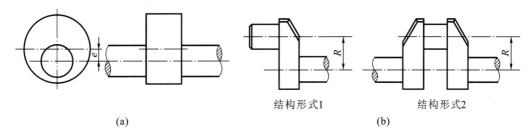

结构形式1　　　　　　　　结构形式2

(a)　　　　　　　　　　　　　　(b)

图 17-6　典型的曲柄结构

2. 带转动副和移动副元素的构件结构

带转动副和移动副元素的构件结构形式主要取决于转动副轴线与移动副导路的相对位置及移动副元素接触部位的数目和形状。图 17-7 所示为带转动副和移动副元素构件的几种常用结构形式。

3. 带两个移动副元素的构件结构

当一个构件带有两个移动副元素时,其结构与移动副导路的相对位置及移动副元素形状有关。其典型结构如图 13-6 和图 17-8 所示。图 13-6 所示为十字滑块联轴器,其中,构件 2 为十字滑块,分别与两侧面开有矩形槽的半联轴器组成相互垂直的移动副;图 17-8(a)所示为十字滑槽椭圆画器,其中固定构件为十字滑槽 4,它与滑块 1、2 组成相互垂直的两移动副,两滑块通过转动副分别铰接在构件 3 上;图 17-8(b)所示为带移动导杆 9 的六杆机构,该导杆上部的导槽与滑块 8 组成移动副,其下部的直杆与机架组成移动副,两移动副导路相互垂直。

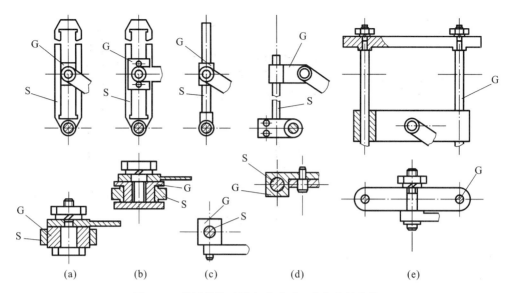

图 17-7　常用带转动副和移动副元素构件的结构

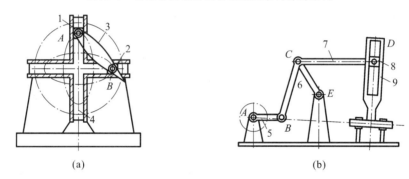

图 17-8　带两个移动副构件的结构

1,2,8—滑块；3—构件；4—十字滑槽；5—曲柄；6—摇杆；7—连杆；9—移动导杆

17.3　转动副和移动副的结构

机器中的任何零件都不是孤立存在的，相邻两构件需通过运动副连接。因此在连杆机构的结构设计中除了研究构件本身的功能和特征外，还必须研究构件之间的相互关系。

1. 转动副结构

转动副要保证两个连接的构件之间的相对运动是纯转动。转动副的结构如图 17-9 所示，构件 1 与构件 2 用销轴连接，两构件只能相对转动。合理的转动副结构应保证两相对回转件的位置精度高、承受压力小、使用寿命长和摩擦损失较小。为了减轻摩擦和磨损，通常将相对转动的圆柱表面用滚动轴承和滑动轴承代替。平面连杆机构的转动副有滚动轴承式和滑动轴承式两种结构形式。

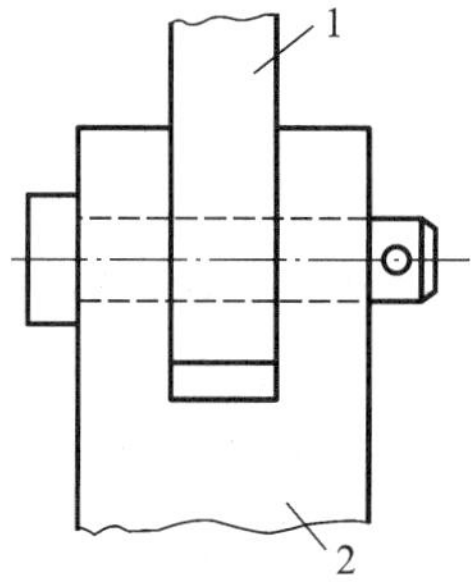

典型的滚动轴承式转动副结构如图 17-10 所示。滚动轴承内圈连接一个构件，外圈连接另一个构件。该结构具有摩擦小、换向灵活、润滑和维护方便等优点，存在对振动敏感、易产生噪声、径向尺寸较大等缺点。如图 17-10(a)

图 17-9　转动副的结构图

所示,圆盘状曲柄 1 通过凸缘式轴承壳 3 内的两个球轴承与机架 4 构成转动副,连杆 2 通过一个球轴承与曲柄 1 组成转动副。如图 17-10(b)所示,构件 5 通过球轴承与销轴 7 组成转动副,而销轴与连杆 6 用螺纹连接为一刚体,构件 5 与连杆 6 组成了转动副。如图 17-10(c)所示,两个构件通过滚针轴承形成转动副,该结构适用于铰链接头要求径向尺寸较小的场合。由于常用滚动轴承为标准件,设计时主要要解决滚动轴承的类型选择、零件的轴向定位与周向定位、零件与轴承内外圈的配合等问题。与滚动轴承内、外圈配合的零件表面应分别采用基孔制和基轴制的较高精度的过渡配合。

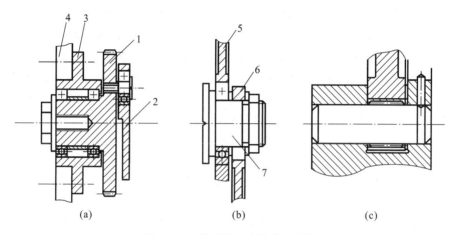

图 17-10　滚动轴承式转动副结构

1—盘状曲柄;2,6—连杆;3—轴承壳;4—机架;5—构件;7—销轴

典型的滑动轴承式转动副结构如图 17-11 所示,具有结构简单,径向尺寸较小,减振能力较强,但滑动表面摩擦较大等特点。设计时应考虑润滑或采用减摩材料,或将转动副元素选用不同的硬度相配。滑动轴承式转动副适用于高速或低速重载以及结构要求剖分等场合。如图 17-11所示,构件 1 与构件 2 之间用销轴连接,构件 2 与销轴间为间隙配合,其上常开设加油孔。有时在构件 2 的轴孔内可压配含油轴承衬或铜套(见图 17-11(c)),以避免直接磨损构件 2。构件 1 与销轴 3 形成固定连接,其连接方式有螺纹连接(见图 17-11(a))、过盈配合(见图 17-11(b))、紧定螺钉连接(见图 17-11(c)、(d)),以及销连接、键连接等。在转动副的结构设计中应注意限制相连接构件间的相对轴向移动。图 17-11 中与销轴滑动配合的构件 2 应考虑其轴向定位问题。图 17-11(a)中,构件 2 的轴向定位直接由销轴 3 自身完成。图 17-11(b)中,采用轴端挡圈 5 作为构件 2 的轴向定位。图 17-11(c)中,构件 2 的轴向定位由构件 1 自身

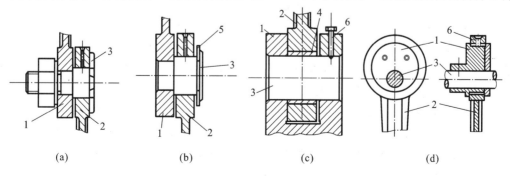

图 17-11　滑动轴承式转动副结构

1,2—构件;3—销轴;4—轴承衬;5—挡圈;6—紧定螺钉

完成。图 17-11(d)中,则是在构件 1 上附加一侧盖板作为构件 2 的右侧定位。

2. 移动副结构

移动副是相连接的两个构件只能做相对移动的运动副,如往复式活塞泵中活塞和缸套之间所组成的运动副。合理的移动副结构应保证导向精度高、刚度高、耐磨性高及较好的结构工艺性。移动副的结构设计要注意限制两个构件的相对转动和间隙的调整。其中,运动的配合面称为动导轨,不动的配合面称为静导轨,二者合称导轨副。按照动导轨和静导轨相对移动的摩擦性质,移动副结构有滑动导轨式和滚动导轨式两种形式。

滑动导轨具有结构较简单、制造较容易、承载能力大、刚度高和抗振性强等优点,在数控机床上应用广泛。对于常用的金属对金属形式,静摩擦因数大,且动摩擦因数也随速度变化而变化,但在低速时易产生爬行现象。要提高导轨的耐磨性,改善摩擦性能,可通过选用合适的导轨材料和热处理方法等来实现。例如,导轨材料可采用优质铸铁、耐磨铸铁或镶淬火钢,导轨表面采用滚压强化、表面淬硬、镀铬、镀钼等方法来提高机床导轨的耐磨性能。目前,多数数控机床导轨使用金属对塑料形式,称为贴塑导轨或注塑导轨。导轨的常用截面有 V 形、矩形、燕尾形、圆柱形。较为常用的导轨为一种截面或两种截面的组合。图 17-12 所示为常用的典型的滑动导轨结构。其中,图 17-12(a)所示为带有调整板 3 的 T 形导轨;图 17-12(b)所示为圆柱形导轨,侧板 4 限制构件 1 相对构件 2 的转动;图 17-12(c)所示为带有倾斜侧挡板 5 的棱柱形导轨,借助螺钉及其孔隙调整导轨的间隙;图 17-12(d)所示为 V 形-矩形组合导轨;图 17-12(e)所示为可调整的带有燕尾形的组合导轨,用盖板 6 和 7 分别调整两个方向的间隙。

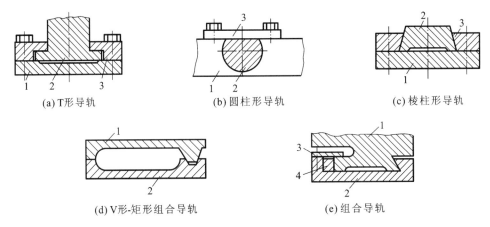

图 17-12　典型的滑动导轨结构

1,2—构件;3—调整板;4—侧板;5—侧挡板;6,7—盖板

滚动导轨是在导轨面之间放置滚珠、滚柱、滚针等滚动体,使导轨面之间的滑动摩擦变为滚动摩擦的导轨。图 17-13 所示为常见的滚动导轨结构。与滑动导轨相比较,滚动导轨摩擦和磨损小,寿命长,润滑简便,运动平稳且灵活,低速移动时不易出现爬行现象,导向和定位精度高,且精度保持性好,重复定位精度可达 $0.2~\mu m$;但其结构复杂,结构尺寸较大,加工困难,成本较高,且接触面小,刚度较低,吸振性差,抗冲击能力不好,对脏物及导轨面的误差比较敏感,防护要求较高。滚动导轨特别适用于机床的工作部件要求移动均匀、运动灵敏及定位精度高的场合。故在中小载荷的高精度机械中或当需要移动副有较高的运动灵活度和较小的摩擦时,可选用滚动导轨。常见的滚动导轨结构,有图 17-13(a)所示的滚柱导轨,导轨以滚柱作为滚动体,精度高,承载能力及刚度都比滚珠导轨的要大,但对配对导轨副平行度要求高,安装的

要求也高。安装不良,会引起偏移和侧向滑动,使导轨磨损加快。图 17-13(b)和(c)所示为滚珠导轨,导轨以滚珠作为滚动体,结构简单、紧凑,运动灵敏性好,定位度高;制造容易,成本相对较低。但其承载能力和刚度较小,一般都需要通过预紧来提高承载能力和刚度。为了避免在导轨上压出凹坑而丧失精度,其一般采用淬火钢制造导轨面。滚珠导轨适用于运动部件质量不大,切削力较小的数控机床。图 17-13(d)所示为滚针导轨,导轨以滚针作为滚动体,滚针比同直径的滚柱更长。滚针导轨的承载能力大,径向尺寸小,结构紧凑,但摩擦阻力较大。为了提高工作台的移动精度,滚针的尺寸应按直径分组。滚针导轨适用于导轨尺寸受限制的机床。图 17-13(e)所示的滚动轴承导轨则结构简单,由于采用的滚动轴承为标准件,其制造较为容易。

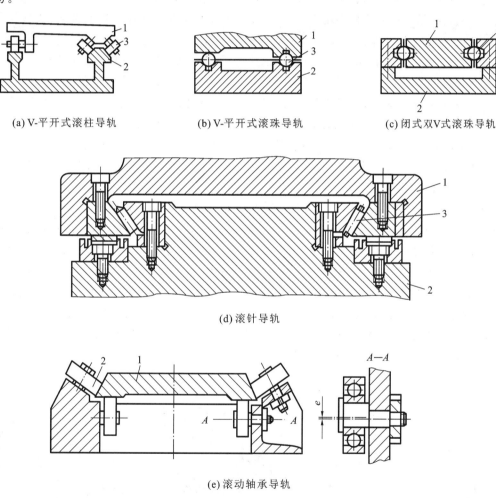

(a) V-平开式滚柱导轨 (b) V-平开式滚珠导轨 (c) 闭式双V式滚珠导轨

(d) 滚针导轨

(e) 滚动轴承导轨

图 17-13 典型的滚动导轨结构

1,2—构件;3—滚动体

除上述介绍的滑动导轨和滚动导轨用作移动副外,一些新结构的滚动导轨组件也可用于移动副,如直线滚动导轨副、滚动导轨支承及直线运动球轴承等广泛用于精密机床等机械中。

3. 运动副的润滑与密封

组成运动副的两构件表面的相互运动必然产生摩擦和磨损,为了提高机械的效率和延长使用寿命,在连杆机构的结构设计中必须考虑运动副的润滑和密封。不同运动副类型,对保证良好润滑的能力以及润滑的方便程度是不同的。转动副的孔、轴表面间容易保持润滑油,因而润滑较方便;移动副常由于润滑剂不能很好地黏附在导杆上而使得润滑较困难;高副由于润滑剂有被挤出运动副的趋势而使得润滑更加困难。润滑和密封的设计可参考机械设计手册或其他设计资料。

17.4　构件长度及支座位置的调节

1. 调节活动构件长度

在某些情况下,连杆机构的结构要求具备一定的调节能力,以满足实际应用中的一些特殊要求,如改变从动杆件的行程、摆角等运动参数。构件长度的调节方法主要有:① 用螺纹连接调节;② 用长槽调节;③ 用偏心轮调节。图 17-14(a)所示为连架杆用长槽调节、连杆用螺纹连接调节的四杆机构。其中,连架杆 2 上有一长槽,通过连杆 1 与连架杆 2 的铰接点 C 在槽内的上下移动来调节连架杆 2 的长度,连杆 1 的长度调节则通过松紧连杆 1 上的螺纹连接实现。调节结束后应将该位置固定。图 17-14(b)所示的六杆曲柄滑块机构利用偏心轮调节摇杆长度。偏心轮 4 绕 A 点旋转,摇杆 5 的长度 AB 和 AE 随之变化,从而改变滑块 3 的输出运动。图 17-14(c)所示为曲柄及连杆长度均可调节的四杆机构,调节螺旋 8 可以改变曲柄销 B 点的位置,从而改变曲柄 6 的长度 AB。调节紧定螺钉 9 可以改变连杆 7 的长度 BC。图 17-15 所示为两种连架杆长度可调的连杆机构的结构形式。其中图 17-15(a)所示的方案调节连架杆长度 R 时,可松开螺母 2,在杆 1 的长槽内活动销子 3,然后紧固。图 17-15(b)所示方案利用螺杆调节连架杆长度,转动螺杆 7,滑块 5 连同与它相固联的销轴 6 即在杆 4 的滑槽内上下移动,从而改变连架杆长度 R。图 17-15(c)所示方案的导块 11 可在曲柄 8 的导槽 b 内移动,并紧固在某一所需要的位置,即可改变曲柄 8 的长度,构件 9 的摆角及棘轮 10 每次的转角都将随之变化。图 17-16 所示为连杆长度可调的结构形式。其中,图 17-16(a)所示为采用螺旋机构来调节连杆长度的实用结构。图 17-16(b)所示方案利用螺钉 1 来调节连杆 2 的长度。如图 17-16(c)所示方案,连杆 4 做成左右两节,两节靠近的端部均带有螺纹,但旋向相反,并与连接套 3 构成螺旋副,转动连接套即可调节连杆 4 的长度。此外,还可以通过偏心轮或在活动构件上布置多个柱销孔等方法来调节构件的长度。

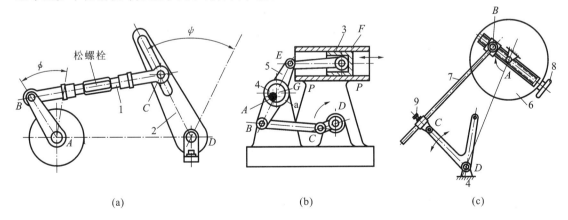

(a)　　　　　　　　　　　　(b)　　　　　　　　　　　　(c)

图 17-14　活动构件长度可以调节的结构

1—连杆;2—连架杆;3—滑块;4—偏心轮;5—摇杆;6—曲柄;7—连杆;8—螺旋;9—紧定螺钉

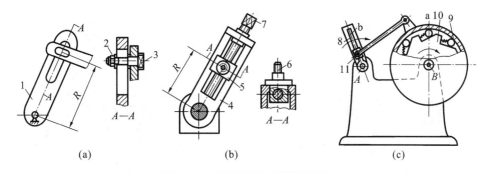

图 17-15 连架杆长度可调的结构

1,4—杆;2—螺母;3—销子;5—滑块;6—销轴;7—螺杆;8—曲柄;9—构件;10—棘轮;11—导块

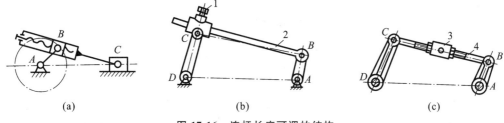

图 17-16 连杆长度可调的结构

1—螺钉;2,4—连杆;3—连接套

2. 调节支座位置

调节支座的位置就是为了得到符合要求的机构尺寸和位置关系,以实现行程调节,满足运动学和动力学要求。主要采用蜗杆传动机构、螺旋机构等来实现支座位置调节。当然,也可以通过调节滑块在槽中的位置以及加装或减少垫块等方法来调整。

图 17-17 所示为 5 种常用调节机架的结构。图 17-17(a)所示方案中,主动偏心轮 1 绕固定轴 A 回转时,带动导杆 2 运动。调节螺旋 3 改变机架 AC 的长度,可以改变输出杆 4 的行程。图 17-17(b)所示方案中,调节滑块 5 的位置,可改变机架支座的位置,从而改变从动件 6 的摆动行程。图 17-17(c)所示方案中,旋转手轮 7,再通过蜗杆传动实现固接在蜗轮上的机架铰链点 A 的位置改变。图 17-17(d)所示方案通过旋转手轮,经螺旋传动改变杆 8 上的机构固定铰链点 A 的位置。图 17-17(e)所示方案则通过改变滑块 9 在机架滑槽的位置来调节在滑块上的机构固定铰链点 E 的位置。位置调整好后,机架上的构件应予固定。

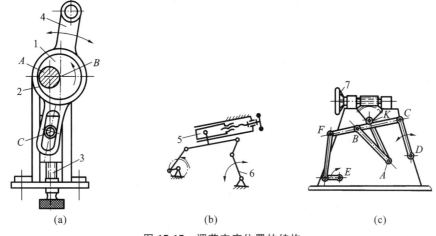

图 17-17 调节支座位置的结构

1—主动偏心轮;2—导杆;3—螺旋;4—输出杆;5,9—滑块;6—从动件;7—手轮;8—杆

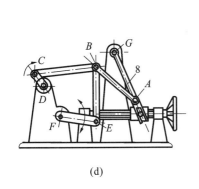

(d)

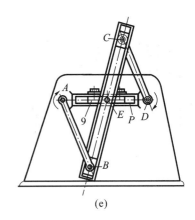

(e)

续图 17-17

17.5 机架的结构设计

机架是机械中不动的构件,主要起着支承和容纳其他零件的作用。机架是底座、机体、床身、立柱、壳体、箱体以及基础平台等零件的统称。机架占一台机器的总质量的百分比很大,它与其他活动构件以运动副相连,在很大程度上影响机器的工作精度及抗振能力。有些还兼作移动副元素的机架,影响着机器的耐磨性。机架零件承受各种力和力矩的作用,一般体积较大且形状复杂,其设计和制造质量对整个机器的质量有很大的影响。正确选择机架类零件的材料、加工工艺和正确设计机架的结构形式及尺寸,是减小机器质量、节约材料、提高工作精度、增强机器的刚度及耐磨性等的重要途径。

1. 机架设计的一般要求

机架的设计主要应保证刚度、强度及稳定性。机架的刚度决定了机构的传动精度,它是评价机架工作能力的主要指标;根据机器在运转过程中可能发生的最大载荷或安全装置所能传递的最大载荷来校核机架的静强度和疲劳强度,它是评价重载机架工作性能的基本原则。机架的强度和刚度都需要从静态和动态两方面来考虑。动刚度是衡量机架抗振能力的指标,而提高机架抗振能力应从提高机架构件的静刚度、控制固有频率、加大阻尼等方面着手。受压结构及受压弯结构机架都存在失稳问题。有些构件制成薄壁腹式也存在局部失稳的危险。稳定性是保证机架正常工作的基本条件,应予以校核。

机架的结构设计要满足机械对机架的功能要求,其一般要求如下:① 在满足强度和刚度的前提下,机架的质量要轻、精度足够、成本要低;② 结构应设计合理,工艺性良好,便于铸造、焊接和机械加工,还应便于安装、调整及维修;③ 结构应具有较好的稳定性和抗振性,噪声小;④ 外观要美观。

机架的设计步骤为:① 初步确定机架的形状和尺寸;② 利用力学理论和计算公式,对机架进行强度、刚度和稳定性等方面的校核,对于机床、仪器等精密机械,还应考虑热变形,热变形将直接影响机架原有精度,使产品精度下降;③ 进行机架结构有限元静态分析、模型试验(或实物试验)和优化设计;④ 进行机架的制造工艺性和经济性分析。

2. 机架的常用材料、制法及热处理

(1) 机架的材料及制法　材料主要要满足机架的使用要求。多数机架形状较复杂,而且刚度要求高,故一般采用铸造方法制造。图 17-18 所示为铸造机架。铸造机架常用的材料有铸铁、铸造碳钢和铸造铝合金。铸铁的铸造性能好、价廉和吸振能力强,所以应用最广。铸铁流动性好,体收缩和线收缩小,容易获得形状复杂的铸件。铸铁的内摩擦大、阻尼作用强,故动态刚性好。另外,铸铁还有切削性能好、价格便宜和易于大量生产等优点。用于铸造机架的铸铁主要有灰铸铁和球墨铸铁,如 HT150、HT200、HT250、QT500-7 和 QT600-3 等。铸钢的弹性模量大,强度也比铸铁的高,故用于受力较大的机架。由于钢水流动性差,在铸型中凝固冷却时体收缩和线收缩都较大,故铸钢不宜铸造复杂形状的铸件。用于铸钢机架的铸钢材料有 ZG270-500、ZG310-570 等。一般情况下,固定式机架通常采用铸铁或铸钢材料铸造而成。铝合金密度小、质量轻,通过热处理强化,具有足够高的强度、较好的塑性、较高的韧度。铸造时常采用铸铝合金或压铸铝合金,如 ZL101、ZL104、ZL401 等材料。焊接机架由钢板、型钢焊接而成,具有制造周期短、结构设计灵活、强度高、比铸造件的耗材少等特点,但价格较高、抗振性较差。图 17-19 所示为焊接机架。焊接机架主要适用于承受载荷大而复杂、结构形状不很复杂、单件小批量生产或铸造困难的特大型机架零件。对于运行式机器,如飞机、汽车及运行式起重机等,减小机架的质量非常重要,故常用钢或轻合金型材焊制。在机械制造业中,焊接机架正日益增多。

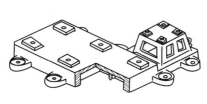

图 17-18　铸造机架

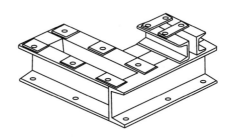

图 17-19　焊接机架

（2）机架的热处理　铸钢件一般都要经过热处理。热处理的目的是消除铸造内应力和改善力学性能。铸钢机架的热处理方法一般有正火加回火、退火、高温扩散退火和焊补后回火等。铸铁机架时效处理的目的是在不降低铸件力学性能的前提下,使铸件的内应力和机加工切削应力得到消除或稳定,以减小长期使用中的变形,保证几何精度。焊接机架的热处理一般采用退火处理方法。

3. 机架的结构

常见机器的机架结构根据其形状的不同可分为箱体类、机架类和机座类三种基本类型,主要由铸造或焊接方法加工而成。图 17-20 所示为常见的机架结构。其中,图 17-20(a) 所示为用于各种减、变速器的箱体;图 17-20(b) 所示为框架式机架;图 17-20(c) 和 (d) 所示为用于各种机床床身的卧式和立式机座。一些结构复杂机器的机架通常由基本类型组合而成,如抽油机,其机架结构就包括减速器的箱体、抽油机的底座(机座类)和抽油机的支架(机架类)等。

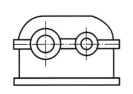

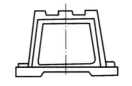

(a)　　　　　　　　　　　　　　　　　　　　　(b)

图 17-20　常用的机架结构

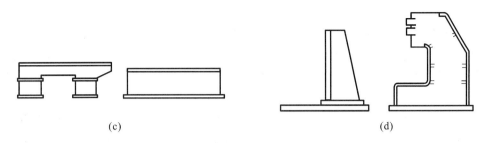

续图 **17-20**

4. 保证机架功能的结构措施

（1）合理确定截面的形状和尺寸　截面形状的合理选择是机架设计的一个重要问题。如果截面面积不变，则合理改变截面形状、增大它的惯性矩和截面系数，就可以提高零件的强度和刚度。合理选择截面形状可以充分发挥材料的作用。主要受弯曲的零件以选用工字形截面为最好；主要受扭转的零件，从强度方面考虑，以选用圆管形截面为最好，空心矩形次之，而仅从刚度方面考虑，则以选用空心矩形截面最为合理。另外，加大外廓尺寸、减小壁厚可提高抗弯、抗扭刚度，封闭截面比开口截面的刚度大等，这些经验在设计时应予以考虑。受动载荷的机架零件，为了提高它的吸振能力，也应采用合理的截面形状。

（2）合理布置隔板和加强肋　隔板和加强肋也称肋板和肋条。合理布置隔板和加强肋通常比增加支承件的壁厚的综合效果要好。对于铸件，它可不增加壁厚，同时可减少铸造的缺陷；对于焊件，则壁薄时更易保证焊接的品质。

（3）壁厚选择　铸造零件的最小壁厚主要受铸造工艺的限制。当机架零件的外廓尺寸一定时，在满足强度、刚度、振动稳定性及制造工艺性等要求的情况下，应尽量选用最小的壁厚。同一铸件的壁厚应力求趋于相近。在机架壁上开孔会降低机架刚度，为此，应合理开孔。通常，孔宽或孔径以不大于壁宽的 1/4 为宜，且开在支承件壁的几何中心附近或中心线附近。

（4）隔振　工作过程中的任何机械都会发生不同程度的振动，动力、锻压机械尤其严重。即使是工作载荷变化较小的旋转机械，也常会因轴系的质量不平衡等而引起振动。机械设备的振动频率一般在 $10\sim100$ Hz 范围内。由于外界因素的干扰，一般生产车间地基的振动频率为 $2\sim60$ Hz，振幅为 $1\sim20$ μm。隔振的目的就是要尽量隔离和减轻振动波的传递。常用的方法是在机器或仪器的底座与基础之间设置弹性零件，通常称为隔振器或隔振垫，以使振波的传递很快衰减。隔振器中的弹性零件可以是金属弹簧，也可以是橡胶弹簧。

习　　题

17.1　选择题

（1）多数机架形状较为复杂，且刚度要求高，故大批量生产时一般采用_____方法制造。

A. 焊接　　　　　　　　B. 铸造　　　　　　　　C. 锻造

（2）调节支座的位置就是为了得到符合要求的机构尺寸和位置关系，以调节行程，满足运动学和动力学的要求，主要采用蜗杆传动机构、_____来实现。

A. 齿轮齿条机构　　　　B. 螺旋机构　　　　　　C. 曲柄滑块机构

（3）平面连杆机构的运动副有_____和_____两种形式。

A. 转动副　　　　　　　B. 圆柱副　　　　　　　C. 移动副　　　　　　　D. 球销副

17.2　判断题

(1) 机械结构设计具有细节性、多样性和实践性等特点。　　　　　　　　　　(　　)

(2) 活动构件的长度是不可调节的。　　　　　　　　　　　　　　　　　　(　　)

(3) 机架是机械中不动的构件,主要起支撑和容纳其他零件的作用。　　　　　(　　)

17.3　画出内燃机曲轴的结构图。

17.4　内燃机机体为什么要固定? 有哪些固定方式?

17.5　对机架零件的一般要求有哪些?

17.6　举例说明滑动导轨和滚动导轨在机器中的应用实例。

17.7　如何实现与销轴滑动配合的构件的轴向定位? 试举两例说明。

17.8　绘制图 17-17(b)所示机构的结构图。

17.9　绘制图 17-17(c)所示机构的结构图。

17.10　一级斜齿圆柱齿轮减速器的分箱面连接螺栓、轴承盖固定螺钉的受力应如何确定?

第18章 机械传动系统方案设计

【本章学习要求】

1. 了解常用机械传动的主要性能和特点；
2. 掌握选择机械传动类型的依据和基本原则；
3. 掌握机械传动系统方案设计的一般步骤和设计方法。

18.1 常用机械传动的主要性能、特点和类型选择

机械传动系统通常具有减速或增速、变速，改变运动形式或运动方向，传递、分配或合成动力和运动以及实现停歇、制动或反转等功用。机械传动系统的设计就是以执行机构或执行构件的运动和动力要求为目标，结合所采用的原动机的输出特性及控制方式，合理选择并设计基本传动机构及其组合，使原动机与执行机构或执行构件之间在运动和动力方面得到合理的匹配的过程。一部机器的工作性能、成本以及整体尺寸在很大程度上取决于机械传动系统的状况。

18.1.1 常用机械传动的主要性能和特点

常用机械传动的主要性能和特点如表 18-1 所示。

表 18-1　常用机械传动的主要性能和特点

选用指标	传动机构							
	普通平带传动	普通V带传动	摩擦轮传动	链传动	普通齿轮传动		蜗杆传动	行星齿轮传动
常用功率/kW	小 （≤20）	中 （≤100）	小 （≤20）	中 （≤20）	大 （最大达50000）		小 （≤50）	中 （最大达3500）
单级传动比常用值（最大值）	2～4 （5）	2～4 （7）	2～4 （5）	2～5 （6）	圆柱 3～5(8)	圆锥 2～3(5)	7～40 （80）	3～87 （500）
传动效率	中	中	较低	中	高		低	中
常用的线速度/(m/s)	≤25	≤25～30	≤15～25	≤40	6级精度直齿≤18 非直齿≤36 5级精度≤100		≤15～35	基本同圆柱齿轮传动
外廓尺寸	大	大	大	大	小		小	小
传动精度	低	低	低	中等	高		高	高
工作平稳性	好	好	好	较差	一般		好	一般
自锁能力	无	无	无	无	无		可有	无
过载保护作用	有	有	有	无	无		无	无

选用指标	传动机构						
	普通平带传动	普通 V 带传动	摩擦轮传动	链传动	普通齿轮传动	蜗杆传动	行星齿轮传动
使用寿命	短	短	短	中等	长	中等	长
缓冲吸振能力	好	好	好	中等	差	差	差
要求制造及安装精度	低	低	中等	中等	高	高	高
要求润滑条件	不需要	不需要	一般不需要	中等	高	高	高
环境适应性	不能接触酸、碱、油类及爆炸气体	一般	好	一般	一般	一般	一般
成本	低	低	低	中	中	高	高

18.1.2　机械传动类型的选择

1. 选择机械传动类型的依据

（1）工作机的性能参数和工况要求，如工作机的工作阻力、运动参数及运动精度要求等。据此选用的机械传动类型应在其适用的功率、速度范围内。

（2）原动机的类型、结构、容量和转速。选用的传动类型的传动比应在其适用的传动比范围内。对于载荷稳定（或变化很小）、长期连续运转的机械（如带式输送机等），可以按照电动机的额定功率去选择，选择时应保证电动机的额定功率 P_{ed} 不低于工作机所需电动机功率值 P_d。而对于载荷不稳定（或变化较大）的机械，P_{ed} 则可稍小于 P_d，例如，选择抽油机用电动机时不是依据最大曲柄轴转矩，而是依据均方根扭矩、角速度和传动效率选择电动机。因此，不同的机械电动机的额定功率通常有不同的确定方法，应参照有关规定计算。

（3）机械传动系统结构尺寸和安装位置等的设计要求。

（4）机械传动系统的工作条件，如温度、湿度、粉尘、噪声等方面的要求。

（5）制造工艺性和经济性要求，如制造和维护费用、生产批量、使用寿命、传动效率等。

2. 选择机械传动类型的基本原则

（1）大功率传动时，应优先选用传动效率高的齿轮传动，以减少能耗，降低运行成本。

（2）中小功率传动或传动尺寸较大时，宜选用结构简单、价格低、标准化程度高的带传动或链传动，以降低制造成本。

（3）载荷变化较大或工作中可能出现过载时，应选用具有吸振缓冲和过载保护作用的带传动或摩擦轮传动。

（4）工作温度较高、潮湿、多粉尘、易燃易爆场合，宜选用链传动、齿轮传动或蜗杆传动。

（5）要求两轴保持准确的传动比时，应选用齿轮传动、蜗杆传动或同步带传动。

（6）有自锁要求时，应选用螺旋传动或蜗杆传动。

（7）要求传动尺寸紧凑时，应优先选用齿轮传动。当传动比较大又要求传动尺寸紧凑时，可选用蜗杆传动或行星齿轮传动。

（8）当要求间歇运动时，可选用槽轮机构、棘轮机构、凸轮机构或不完全齿轮机构。

(9) 当两轴平行布置时,可选用摩擦轮传动、带传动、链传动或圆柱齿轮传动。当两轴相交布置时,可选用锥摩擦轮传动或锥齿轮传动。当两轴交错布置时,可选用蜗杆传动或螺旋齿轮传动。

(10) 要求反转时,首先考虑采用电动机,然后考虑采用变速箱。

18.2 机械传动系统方案的设计与设计示例

18.2.1 选择合理的机械传动方案

合理的机械传动方案首先应满足工作机的性能要求,其次要与工作条件相适应,最后还要保证工作可靠、结构简单、尺寸紧凑、传动效率高、使用维护方便、工艺性和经济性好。通常情况下,满足工作机性能要求的机械传动方案有多种,要同时满足上述各方面要求是比较困难的。为此,要有目的地保证重点要求,多方案比较,选择其中既能保证重点又能兼顾其他要求的合理传动方案作为最终确定的传动方案。

(1) 带传动承载能力较低,在传递相同转矩时其结构尺寸较啮合传动等其他传动形式的结构尺寸大;但带传动平稳,能缓冲减振,因此应尽量布置于传动系统转速较高、传动相同功率时转矩较小的高速级。

(2) 滚子链传动运转平稳性差,有冲击、振动,不适于高速传动,宜布置在传动系统的低速级。

(3) 斜齿轮(或人字形齿轮)传动的平稳性较直齿轮的传动平稳性要好,常用于高速级或要求传动平稳的场合。

(4) 锥齿轮加工较为困难,特别是大直径的锥齿轮加工更为困难,所以只有在需要改变轴线布置方向时方可采用,一般应将其布置于传动系统的高速级,且对其传动比加以限制,以减小锥齿轮的直径和模数。但需注意,当锥齿轮的速度过高时,其精度也需相应地提高,因此会增加制造成本。

(5) 蜗杆传动可实现较大的传动比,结构紧凑,传动平稳,还可实现反向自锁,但承载能力较齿轮传动的低,且传动效率较低。常将蜗杆传动布置于传动系统的高速级,可以获得较小的结构尺寸和较高的齿面滑动速度,并有利于形成液体动力润滑油膜,提高承载能力和传动能力。

(6) 开式齿轮传动一般工作环境较差,润滑条件不良,磨损较严重,寿命较短,但对外廓尺寸的紧凑性要求低于闭式齿轮传动,所以应布置在低速级。

(7) 改变运动形式的机构(如连杆机构、凸轮机构等)一般应布置在传动系统的最后一级或低速处,以简化传动装置。控制机构一般也应尽量放在传动系统的末端或低速处,以免造成大的累积误差而降低传动精度。

(8) 传动装置的布局应尽量做到结构紧凑、匀称,强度和刚度高,便于拆装和维修操作。

18.2.2 机械传动系统方案设计的一般步骤

(1) 根据设计任务书的设计参数和要求,确定机器的工作原理和技术要求。

(2) 根据原始数据和机器的工作条件,选择原动机,并确定传动系统总传动比。

(3) 选择传动类型,拟定从原动机到工作机之间的传动系统总体布置方案,并绘制传动系统示意图(可实现的传动方案有多种,应进行多方案的比较和技术经济分析,选出最佳方案)。

(4) 根据传动方案的设计要求,将总传动比合理地分配到各级传动上。

(5) 确定传动系统各轴所传递的功率、转矩和转速。

　　（6）对传动系统的各个零件进行承载能力计算,确定其几何参数、尺寸和型号。

　　（7）绘制传动系统的机构运动简图、总装配图、部件装配图和零件工作图。

18.2.3　机械传动系统方案的设计示例

　　例 18-1　设计带式输送机的机械传动装置。原始数据:输送带拉力 $F=2.735\ \mathrm{kN}$,输送带速度 $v=1.2\ \mathrm{m/s}$,滚筒直径 $D=300\ \mathrm{mm}$,工作机传动效率 $\eta_\mathrm{w}=0.96$。工作条件:单向运转,有轻微冲击,效率高,经常满载,空载启动,两班制工作,使用期限 6 年(每年按 250 d 计),机构往复次数误差不大于 $\pm5\%$。

　　解　（1）机械传动方案的设计。

　　一般情况下,原动机采用电动机,并通过机械传动系统使带式输送机的执行构件滚筒按预定的工作要求,安全、可靠运转。为此,初步拟定如下四种传动方案。

　　方案 1:电动机→V 带传动→闭式单级圆柱齿轮传动→工作机。

　　方案 2:电动机→闭式单级圆柱齿轮传动→链传动→工作机。

　　方案 3:电动机→闭式两级圆柱齿轮传动→工作机。

　　方案 4:电动机→蜗杆传动→工作机。

　　四种方案的评价如表 18-2 所示。各种方案各有特点,如方案 1 结构简单,带传动成本低,可吸振缓冲,工作平稳性好;方案 3、方案 4 的传动比大,结构紧凑,传动平稳。因此,应根据带式输送机的工作条件和要求合理选择传动方案。根据本例带式输送机的工作情况,选择方案 3。下面以展开式二级斜齿圆柱齿轮减速器(见图 18-1)为例进行分析。

表 18-2　四种带式输送机传动方案评价

评价指标	方案 1	方案 2	方案 3	方案 4
结构尺寸	大	较大	中等	小
工作寿命	短	中等	长	中等
传动效率	较高	较高	高	低
连续工作情况	较好	中等	好	间歇
工作平稳性	好	中等	较好	好
成本	低	较低	中等	高
使用维护	较好	较好	好	中等
环境适应性	差	中等	较好	较好

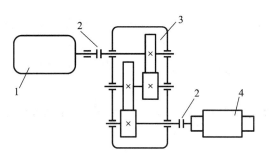

图 18-1　带式输送机传动方案(含展开式二级斜齿圆柱齿轮减速器)

1—带式输送机;2—联轴器;3—减速器;4—电动机

（2）带式输送机的运动和动力设计。

① 选择电动机。

a. 电动机类型的选择。

按动力源和工作条件，选用 Y 系列全封闭自扇冷式结构三相异步电动机，其额定电压为 380 V。

b. 电动机功率的选择。

考虑带式输送机工作载荷较为平稳，电动机的额定功率等于或稍大于电动机工作所需要的功率即可。

工作机需要的有效功率为

$$P_w = \frac{Fv}{1000\eta_w} = \frac{2735 \times 1.2}{1000 \times 0.96} \text{ kW} = 3.42 \text{ kW}$$

查"机械设计手册"或"机械设计课程设计"得：各联轴器的传动效率 $\eta_1 = 0.99$；每对滚动轴承传动效率 $\eta_2 = 0.98$；各对齿轮传动效率 $\eta_3 = 0.97$(8 级精度，稀油润滑)。

从电动机到工作机之间的传动总效率为

$$\eta = \eta_1^2 \times \eta_2^3 \times \eta_3^2 = 0.99^2 \times 0.98^3 \times 0.97^2 = 0.868$$

所以电动机所需的工作功率为

$$P_d = \frac{P_w}{\eta} = \frac{3.42}{0.868} \text{ kW} = 3.94 \text{ kW}$$

查手册，选择电动机额定功率 $P_{ed} = 4 \text{ kW}$。

c. 选择电动机的转速。

通常设计时，优先考虑选择同步转速为 1500 r/min 和 1000 r/min 的电动机。此处初步选择同步转速为 1500 r/min。查手册，选电动机的型号为 Y112M-4，其满载转速为 1440 r/min。

② 确定传动系统的总传动比和分配各级传动比。

a. 传动装置总传动比 i。

因滚筒转速为

$$n_滚 = \frac{60 \times 1000v}{\pi D} = \frac{60000 \times 1.2}{3.14159 \times 300} \text{ r/min} = 76.4 \text{ r/min}$$

故

$$i = \frac{n_m}{n_滚} = \frac{1440}{76.4} = 18.85$$

b. 分配传动系统的传动比。

对于展开式两级齿轮传动，$i = i_1 \times i_2$，取 $i_1 = (1.3 \sim 1.5)i_2$，其中 i_1 为减速器高速级传动比，i_2 为减速器低速级传动比，$i_1 = 4.95 \sim 5.325$，$i_2 = 3.54 \sim 3.81$，故可先取 $i_1 = 5.2$，则 $i_2 = 3.63$。

③ 计算传动系统的运动和动力参数。

a. 计算各轴的转速。

从电动机到滚筒，依次为电动机轴、Ⅰ轴、Ⅱ轴、Ⅲ轴和滚筒轴，转速分别为

$$n_m = 1440 \text{ r/min}$$

$$n_Ⅰ = n_m = 1440 \text{ r/min}$$

$$n_Ⅱ = \frac{n_Ⅰ}{i_1} = \frac{1440}{5.2} \text{ r/min} = 276.92 \text{ r/min}$$

$$n_{\text{Ⅲ}} = \frac{n_{\text{m}}}{i} = \frac{1440}{5.2 \times 3.63} \text{ r/min} = 76.29 \text{ r/min}$$

$$n_{\text{滚}} = n_{\text{Ⅲ}} = 76.29 \text{ r/min}$$

该转速处在允许的工作机转速与要求转速的误差±(3~5)%之间。

b. 计算各轴的输入功率。

$$P_{\text{d}} = 3.94 \text{ kW}$$

$$P_{\text{Ⅰ}} = P_{\text{d}} \eta_1 = 3.94 \times 0.99 \text{ kW} = 3.90 \text{ kW}$$

$$P_{\text{Ⅱ}} = P_{\text{Ⅰ}} \eta_2 \eta_3 = 3.90 \times 0.98 \times 0.97 \text{ kW} = 3.71 \text{ kW}$$

$$P_{\text{Ⅲ}} = P_{\text{Ⅱ}} \eta_2 \eta_3 = 3.71 \times 0.98 \times 0.97 \text{ kW} = 3.52 \text{ kW}$$

$$P_{\text{w}} = P_{\text{Ⅲ}} \eta_1 \eta_2 = 3.52 \times 0.99 \times 0.98 \text{ kW} = 3.42 \text{ kW}$$

c. 计算各轴的输入转矩。

$$T_{\text{d}} = 9550 \frac{P_{\text{d}}}{n_{\text{m}}} = 9550 \times \frac{3.94}{1440} \text{ N·m} = 26.13 \text{ N·m}$$

$$T_{\text{Ⅰ}} = 9550 \frac{P_{\text{Ⅰ}}}{n_{\text{Ⅰ}}} = 9550 \times \frac{3.90}{1440} \text{ N·m} = 25.86 \text{ N·m}$$

$$T_{\text{Ⅱ}} = 9550 \frac{P_{\text{Ⅱ}}}{n_{\text{Ⅱ}}} = 9550 \times \frac{3.71}{276.92} \text{ N·m} = 127.94 \text{ N·m}$$

$$T_{\text{Ⅲ}} = 9550 \frac{P_{\text{Ⅲ}}}{n_{\text{Ⅲ}}} = 9550 \times \frac{3.52}{76.29} \text{ N·m} = 440.63 \text{ N·m}$$

$$T_{\text{w}} = 9550 \frac{P_{\text{w}}}{n_{\text{滚}}} = 9550 \times \frac{3.42}{76.29} \text{ N·m} = 428.11 \text{ N·m}$$

以上各轴的计算结果如表 18-3 所示(传动零部件的设计按这些数据进行)。

表 18-3　各轴的计算结果

轴　　　名	功率 P/kW	转矩 T/(N·m)	转速 n/(r/min)
电动机轴	3.94	26.13	1440
Ⅰ轴	3.90	25.86	1440
Ⅱ轴	3.71	127.94	276.92
Ⅲ轴	3.52	440.63	76.29
滚筒轴	3.42	428.11	76.29

(3) 传动系统中机械零件的设计。

机械零件的设计是机械设计的一个重要阶段,该阶段的具体任务是对传动装置中零件的强度、刚度、寿命等方面的工作能力进行设计计算,然后确定各零件的尺寸,进行结构设计,并绘出总装配图和零件工作图。

① 齿轮传动设计计算(以高速级为例)。

a. 选择齿轮类型、精度等级、材料及齿数。

输送机为一般工作机,速度不高,故选用 8 级精度。作为一般机械,选择小齿轮材料为 45 钢(调质),硬度为 235 HBW,大齿轮材料为 ZG340-640(正火),硬度为 190 HBW,二者材料硬度差为 45 HBW。

选择小齿轮齿数 $z_1 = 21$,大齿轮齿数 $z_2 = i_1 \times z_1 = 5.2 \times 21 = 109.2$,取 $z_2 = 109$,$u = 109/21 = 5.2$。

b. 初步计算传动主要尺寸。

由于高速级为闭式软齿面,故按齿面接触疲劳强度进行设计。由式(7-19),得

$$d_{1t} \geqslant \sqrt[3]{\frac{2K_t T_1}{\psi_d} \frac{u+1}{u} \left(\frac{Z_H Z_E Z_\varepsilon Z_\beta}{[\sigma_H]}\right)^2}$$

式中:初选螺旋角 $\beta = 12°$;试选载荷系数 $K_t = 1.4$;小齿轮的传递转矩由前面算得 $T_1 = 25860$ N·mm;由表7-5 选取齿宽系数 $\psi_d = 1.1$;由表 7-4 查得材料的弹性系数 $Z_E = 189.8$ MPa$^{\frac{1}{2}}$。

（ⅰ）计算接触疲劳许用应力。由图 7-16,按齿面硬度查得小齿轮的接触疲劳极限应力 $\sigma_{Hlim1} = 570$ MPa,大齿轮的接触疲劳极限应力 $\sigma_{Hlim2} = 390$ MPa。

由式(7-16)计算应力循环次数为

$$N_1 = 60 \cdot n_1 \cdot j \cdot L_h = 60 \times 1440 \times 1 \times (2 \times 8 \times 250 \times 6) \text{次} = 2.07 \times 10^9 \text{ 次}$$

$$N_2 = \frac{N_1}{i_1} = \frac{2.07 \times 10^9}{5.2} \text{次} = 3.99 \times 10^8 \text{ 次}$$

由图 7-19 取接触疲劳强度寿命系数 $Z_{N1} = 1, Z_{N2} = 1.05$。

（ⅱ）计算接触疲劳许用应力(取安全系数 $S_H = 1$)

$$[\sigma_H]_1 = \frac{Z_{N1}\sigma_{lim1}}{S_H} = 1 \times 570 \text{ MPa} = 570 \text{ MPa}$$

$$[\sigma_H]_2 = \frac{Z_{N2}\sigma_{lim2}}{S_H} = 1.05 \times 390 \text{ MPa} = 410 \text{ MPa}$$

$$[\sigma]_H = [\sigma]_{H2} = 410 \text{ MPa}$$

（ⅲ）由图 7-12 选取节点区域系数 $Z_H = 2.46$。

（ⅳ）确定重合度系数。

$$\varepsilon_\alpha = \left[1.88 - 3.2\left(\frac{1}{z_1} + \frac{1}{z_2}\right)\right]\cos\beta = \left[1.88 - 3.2 \times \left(\frac{1}{21} + \frac{1}{109}\right)\right] \times \cos 12° = 1.66$$

$$\varepsilon_\beta = 0.318\psi_d z_1 \tan\beta = 0.318 \times 1.1 \times 21 \times \tan 12° = 1.56 > 1$$

取 $\varepsilon_\beta = 1$,则

$$Z_\varepsilon = \sqrt{\frac{4-\varepsilon_\alpha}{3}(1-\varepsilon_\beta) + \frac{\varepsilon_\beta}{\varepsilon_\alpha}} = \sqrt{\frac{4-1.66}{3} \times (1-1) + \frac{1}{1.66}} = 0.776$$

（ⅴ）确定螺旋角系数。

$$Z_\beta = \sqrt{\cos\beta} = \sqrt{\cos 12°} = 0.99$$

初算小齿轮分度圆直径 d_{1t},得

$$d_{1t} \geqslant \sqrt[3]{\frac{2 \times 1.4 \times 25860}{1.1} \times \frac{5.2+1}{5.2} \times \left(\frac{2.46 \times 189.8 \times 0.776 \times 0.99}{410}\right)^2} \text{ mm} = 39.13 \text{ mm}$$

c. 确定传动尺寸。

（ⅰ）计算载荷系数。

$$v = \frac{\pi \cdot d_{1t} \cdot n_1}{60 \times 1000} = \frac{\pi \times 39.13 \times 1440}{60 \times 1000} \text{ m/s} = 2.95 \text{ m/s}$$

由图或表得, $K_A = 1.0$(见表 7-2), $K_v = 1.18$(见图 7-7), $K_\beta = 1.11$(见图 7-9), $K_\alpha = 1.2$(见表 7-3)。

故载荷系数为

$$K = K_A K_v K_\alpha K_\beta = 1.0 \times 1.18 \times 1.2 \times 1.11 = 1.57$$

（ⅱ）修正 d_{1t}。

因 K 与 K_t 有较大差异,故需对 d_{1t} 进行修正,即

$$d_1 = d_{1t}\sqrt[3]{\frac{K}{K_t}} = 39.13 \times \sqrt[3]{\frac{1.57}{1.4}} \text{ mm} = 40.65 \text{ mm}$$

（ⅲ）确定模数。

$$m_n = \frac{d_1 \cdot \cos\beta}{z_1} = \frac{40.65 \times \cos 12°}{21} \text{ mm} = 1.89 \text{ mm}$$

取 $m_n = 2$ mm。

（ⅳ）计算传动尺寸。

中心距 $a = \dfrac{m_n(z_1+z_2)}{2\cos\beta} = \dfrac{2 \times (21+109)}{2 \times \cos 12°}$ mm $= 132.9$ mm,圆整,取 $a = 135$ mm,则螺旋角

$$\beta = \arccos\frac{m_n(z_1+z_2)}{2a} = \arccos\frac{2 \times (21+109)}{2 \times 135} = 15.642°$$

因螺旋角与初选值相差较大,故与螺旋角值有关的数值需修正,修正的结果是:$\varepsilon_a = 1.63$,$\varepsilon_\beta = 2.055$,$Z_H = 2.43$,$Z_\varepsilon = 0.79$,$d_{1t} = 39.15$ mm,$d_1 = 40.67$ mm。显然螺旋角值改变后,d_1 的值变化量很小,因此不再修正 m_n 和 a。故

$$d_1 = \frac{m_n z_1}{\cos\beta} = \frac{2 \times 21}{\cos 15.642°} \text{ mm} = 43.615 \text{ mm} \quad (d_1 > 40.67 \text{ mm},\text{合适})$$

$$d_2 = \frac{m_n z_2}{\cos\beta} = \frac{2 \times 109}{\cos 15.642°} \text{ mm} = 226.385 \text{ mm}$$

$$b = \psi_d \cdot d_1 = 1.1 \times 43.615 \text{ mm} = 47.977 \text{ mm}$$

取 $b_2 = b = 48$ mm。

$$b_1 = b_2 + (5 \sim 10) \text{ mm}$$

取 $b_1 = 55$ mm。

d. 校核齿根弯曲疲劳强度。

由式(7-20),有

$$\sigma_F = \frac{2KT_1}{bm_n d_1}Y_{Fa}Y_{Sa}Y_\varepsilon Y_\beta \leqslant [\sigma]_F$$

式中,各参数取值方法如下。

（ⅰ）K、T_1、m_n、d_1 值同前。

（ⅱ）齿宽 $b = 48$ mm。

（ⅲ）确定齿形系数和应力校正系数。

当量齿数为

$$z_{v1} = \frac{z_1}{\cos^3\beta} = \frac{21}{\cos^3 15.642°} = 23.52$$

$$z_{v2} = \frac{z_2}{\cos^3\beta} = \frac{109}{\cos^3 15.642°} = 122.07$$

由图 7-15 查得 $Y_{Fa1} = 2.68$,$Y_{Fa2} = 2.22$。

由图 7-14 查得 $Y_{Sa1} = 1.58$,$Y_{Sa2} = 1.81$。

（ⅳ）确定重合度系数。

$$Y_\varepsilon = 0.25 + 0.75/\varepsilon_a = 0.25 + 0.75/1.63 = 0.71$$

（ⅴ）取螺旋角系数 $Y_\beta = 0.86$。

（ⅵ）确定许用弯曲应力。

许用弯曲应力由$[\sigma_F] = \dfrac{Y_N \sigma_{Flim}}{S_F}$计算得到。

查图 7-17 得 $\sigma_{Flim1} = 210$ MPa，$\sigma_{Flim2} = 140$ MPa。

由图 7-18 取弯曲疲劳寿命系数为 $Y_{N1} = 1$，$Y_{N2} = 1$。

计算弯曲许用应力。查表 7-10，取弯曲疲劳安全系数 $S_F = 1.25$，由式（7-15）得

$$[\sigma_F]_1 = \frac{Y_{N1} \sigma_{Flim1}}{S_F} = \frac{1 \times 210}{1.25} \text{ MPa} = 168 \text{ MPa}$$

$$[\sigma_F]_2 = \frac{Y_{N2} \sigma_{Flim2}}{S_F} = \frac{1 \times 140}{1.25} \text{ MPa} = 112 \text{ MPa}$$

（ⅶ）校核齿根弯曲疲劳强度。

$$\sigma_{F1} = \frac{2KT_1}{bm_n d_1} Y_{Fa1} Y_{Sa1} Y_\varepsilon Y_\beta = \frac{2 \times 1.57 \times 25860}{48 \times 2 \times 43.615} \times 2.68 \times 1.58 \times 0.71 \times 0.86 \text{ MPa}$$

$$= 50.14 \text{ MPa} < [\sigma]_{F1}$$

$$\sigma_{F2} = \sigma_{F1} \frac{Y_{Fa2} Y_{Sa2}}{Y_{Fa1} Y_{Sa1}} = 50.14 \times \frac{2.22 \times 1.81}{2.68 \times 1.58} \text{ MPa} = 47.58 \text{ MPa} < [\sigma]_{F2}$$

满足齿根弯曲疲劳强度。

e. 计算齿轮传动其他尺寸（略）。

f. 结构设计并绘制零件工作图（略）。

同理，可以确定低速级齿轮的基本参数：模数、齿数、压力角、螺旋角、齿顶高系数、顶隙系数、齿宽等。据此，通过计算可得到减速器低速级齿轮传动的其他尺寸：分度圆直径、齿顶圆直径、齿根圆直径、中心距等。

② 初算轴的最小直径（参见第 10 章）。

轴的最小直径按扭转强度进行估算，并考虑键槽对轴强度的削弱影响。此传动方案高速轴外伸端通过联轴器与电动机相连，其轴径应综合考虑电动机轴及联轴器毂孔的直径尺寸，外伸端轴径应与电动机轴径相差不大，且应与所选联轴器毂孔直径相同。所选型号联轴器允许的最大转矩应小于计算转矩。

③ 联轴器的选择（参见第 13 章）。

本例电动机与减速器高速轴连接的联轴器，由于转速较高，为减小启动载荷，缓和冲击，选用有较小转动惯量和具有弹性的弹性套柱销联轴器。而减速器输出轴与工作机之间的连接，考虑到轴的转速低、传递的转矩较大，选用承载能力较高的鼓形齿式联轴器。

（4）减速器装配草图设计。

① 初步确定减速器的结构设计方案。

选用剖分式箱体结构。齿轮、联轴器与轴的周上采用键连接定位，轴及轴上零件的轴向采用轴肩和套筒等实现定位。选择阶梯轴结构，轴承的类型为角接触球轴承，轴承盖的结构为凸缘式，密封采用毡圈油封方案。选择 A1 图纸，1∶2 比例尺。采用俯视图和主视图表达减速器。

② 初绘装配草图。

第一，确定箱体主要结构尺寸（参见"机械设计课程设计"）；第二，确定箱体内齿轮的轮廓尺寸和高速级、低速级齿轮中心距；第三，确定箱体内壁位置；第四，轴的结构设计，确定出轴的径向尺寸、各轴段长度，与滚动轴承及毡圈油封等标准件配合处轴径尺寸应符合国家标准；第五，轴承装置的设计（内容包括采用双支点各单向固定；轴向紧固用轴肩和轴承端盖等实现；轴承游隙及轴向零件的位置通过端盖下的垫片来调整）；第六，轴上零件的选择与校核（内容包括

确定力的作用点和支承点之间的距离;轴的强度校核(参见第 10 章);滚动轴承的寿命校核计算(参见第 11 章);键的选择和校核(参见第 15 章))。

③ 设计箱体及附件的结构(参见"机械设计课程设计")。

④ 装配草图的检查。

分别对计算、结构、工艺及制图进行检验,确保正确无误。

(5)减速器装配图设计(参见"机械设计课程设计")。

(6)零件工作图设计(参见"机械设计课程设计")。

例 18-2　已知:悬点载荷 80 kN,减速器额定转矩 $T = 37$ kN·m,冲程 $S = 3$ m,冲次 12 次/min。试分析图 18-2 所示游梁式抽油机传动系统方案。

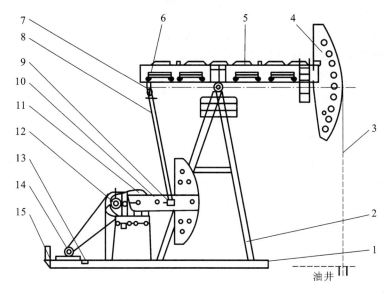

图 18-2　游梁式抽油机结构简图

1—底座;2—支架;3—钢丝绳;4—驴头;5—游梁;6—横梁轴承座;7—横梁;
8—连杆;9—曲柄销;10—曲柄;11—减速器;12—刹车保险装置;
13—调节螺栓(刹车装置);14—电动机;15—配电箱

解　游梁式抽油机传动系统方案如图 18-2 所示。它的结构特点是曲柄摇杆机构和驴头分别位于支架的前、后两边。它主要由电动机、减速器、曲柄、连杆、横梁、游梁、驴头、支架、底座、刹车装置、悬绳以及平衡重等部分组成。抽油机的工作过程是:工作时,电动机 14 通过 V 带传动,两级齿轮减速器 11 和曲柄摇杆机构带动游梁前臂上驴头 4 绕支架 2 上的支承轴承做往复摆动,固联在驴头上的钢丝绳经悬绳器、光杆和抽油杆,带动井下抽油泵往复运动,实现抽油工作。这种传动类型的选择是合理的,原因如下。

(1)高速级选择(联组)V 带传动。

① 抽油机工作速度低,载荷变化大且有换向冲击。V 带传动具有减振缓冲和过载保护作用,这对用作抽油机的电动机来说是十分必要的。

② 高速级转速高、转矩小,可以减小 V 带的尺寸和根数,也可减小 V 带轮的尺寸,从而降低成本。

(2)选用闭式两级圆柱齿轮减速器放在中间环节。

① 实现抽油机减速器减速增矩要求的方案有多种,如闭式两级圆柱齿轮传动、蜗杆传动、两级圆锥圆柱齿轮传动等。考虑到工作过程功率较大、承受变载荷和对传动效率要求高的特

点,采用闭式分流式两级圆柱齿轮传动,实现输出轴双侧输出,保证曲柄摇杆机构的动力输入要求。

② 闭式两级减速器的传动比较大,输入轴转速较高,齿轮能够承受较大的输出轴转矩。

③ 两级齿轮传动效率高,尺寸小,但成本高,可以满足抽油机的工作要求。

(3) 选择曲柄摇杆机构放在传动系统的最后一级。

该机构将回转运动转换为上下往复运动,实现井下抽油泵的工作,并且该机构具有急回特性,可使载荷较大的上冲程平均速度慢些,载荷较小的下冲程平均速度快些,减小动载荷,提高抽油效率。

习　　题

18.1　选择机械传动类型时应考虑哪些主要因素?

18.2　机械传动系统设计包括哪些基本内容?

18.3　分析下列减速传动方案:

(1) 电动机→链传动→直齿圆柱齿轮传动→斜齿圆柱齿轮传动→工作机;

(2) 电动机→开式直齿圆柱齿轮传动→闭式直齿圆柱齿轮传动→工作机;

(3) 电动机→V 带传动→闭式斜齿圆柱齿轮传动→链传动→工作机。

18.4　试设计带式输送机传动装置,已知输送带工作拉力 $F = 6.5$ kN,输送带工作速度 $v = 0.9$ m/s,滚筒直径 $D = 400$ mm。工作环境:室内,清洁。工作情况:两班制,连续单向运转,载荷平稳。工作年限:10 年。检修间隔期:四年一次大修,两年一次中修,半年一次小修。输送机效率为 0.96。

(1) 确定传动方案和传动类型,并绘制带式输送机传动装置简图;

(2) 请选择电动机的型号;

(3) 计算总传动比和各级传动比;

(4) 计算传动装置主要的运动和动力参数。

18.5　已知电动机功率 $P_{ed} = 4$ kW,转速 $n = 1440$ r/min,被推物料的移动速度 $v = 0.4$ m/min,螺杆螺距 $P = 6$ mm,单线,螺旋传动效率 $\eta_s = 0.40$。试设计三种螺旋推力机传动装置方案,并求出一种传动装置的螺旋的功率和推力。

参 考 文 献

[1] 辛绍杰,蔡业彬,王君玲.机械设计[M].武汉:华中科技大学出版社,2014.

[2] 濮良费,纪名刚.机械设计[M].8 版.北京:高等教育出版社,2006.

[3] 宋宝玉,王黎欣.机械设计[M].北京:高等教育出版社,2010.

[4] 《现代机械传动手册》编辑委员会.现代机械传动手册[M].北京:机械工业出版社,1995.

[5] 吴宗泽.机械设计[M].北京:高等教育出版社,2001.

[6] 徐锦康.机械设计[M].2 版.北京:高等教育出版社,2002.

[7] 刘莹,吴宗泽.机械设计教程[M].2 版.北京:机械工业出版社,2008.

[8] 中国机械工程学会,中国机械设计大典编委会.中国机械设计大典:第 2 卷,机械设计基础
[M].南昌:江西科学技术出版社,2002.

[9] 陆凤仪,钟守炎.机械设计[M].2 版.北京:机械工业出版社,2010.

[10] 张锋.机械设计思考题与习题解答[M].北京:高等教育出版社,2010.

[11] 龙振宇.机械设计[M].北京:机械工业出版社,2002.

[12] 李建功.机械设计[M].北京:机械工业出版社,2007.

[13] 许若菊.机械设计[M].北京:化学工业出版社,2005.

[14] 张策.机械原理与机械设计(下册)[M].2 版.北京:机械工业出版社,2011.

[15] 吴宗泽.机械零件设计手册[M].北京:机械工业出版社,2003.

[16] 成大先.机械设计手册　单行本　机构[M].北京:化学工业出版社,2004.

[17] 机械设计手册编委会.机械设计手册[M].3 版.北京:机械工业出版社,2004.

[18] 吴宗泽,肖丽英.机械设计学习指南[M].北京:机械工业出版社,2005.

[19] 钟毅芳,杨家军,程德云,等.机械设计原理与方法[M].武汉:华中科技大学出版
社,2000.

[20] 吴宗泽.机械结构设计[M].北京:机械工业出版社,1988.

[21] 王贤民,霍仕武.机械设计[M].北京:北京大学出版社,2012.

[22] 张祖立.机械设计基础[M].北京:中国农业大学出版社,2004.

[23] 骆素君,刘瑛,李玉兰.机械设计课程设计实例与禁忌[M].北京:化学工业出版社,2009.

[24] 朱文坚,黄平,吴昌林.机械设计[M].北京:高等教育出版社,2005.

[25] 殷玉枫.机械设计课程设计[M].北京:机械工业出版社,2008.

[26] 李良军.机械设计基础[M].北京:高等教育出版社,2007.

[27] 周元康,林昌华,张海兵.机械设计课程设计[M].2 版.重庆:重庆大学出版社,2007.

[28] 师素娟,张秀花.机械设计[M].北京:北京大学出版社,2012.

[29] 张祖立.机械设计[M].北京:中国农业出版社,2004.

[30] 张有忱,张莉彦.机械创新设计[M].北京:清华大学出版社,2011.

［31］任嘉卉,李建平,王之栎,等.机械设计课程设计［M］.北京:北京航空航天大学出版社,2001.

［32］李育锡.机械设计作业集［M］.3 版.北京:高等教育出版社,2006.

［33］安琦,顾大强.机械设计［M］.2 版.北京:科学出版社,2016.

［34］杨明忠.机械设计［M］.北京:机械工业出版社,2001.